Electronics Cookbook
전자공학 만능 레시피

Electronics Cookbook:
Practical Electronic Recipes with Arduino and Raspberry Pi
by Simon Monk

Authorized Korean translation of the English edition of Electronics Cookbook
ISBN 9781491953402 ⓒ 2017 Simon Monk
Korean language edition copyright ⓒ 2018 Insight Press
This translation is published and sold by permission of O'Reilly Media, Inc.,
which owns or controls all rights to publish and sell the same.

이 책의 한국어판 저작권은 에이전시 원을 통해 저작권자와의 독점 계약으로 인사이트에 있습니다.
저작권법에 의해 한국 내에서 보호를 받는 저작물이므로 무단전재와 무단복제를 금합니다.

전자공학 만능 레시피: 아두이노, 라즈베리 파이를 요리하는 21가지 레시피

초판 1쇄 발행 2018년 6월 15일 **3쇄 발행** 2024년 3월 26일 **지은이** 사이먼 몽크 **옮긴이** 이하영 **펴낸이** 한기성 **펴낸곳** (주)도서출판 인사이트 **편집** 김민희, 정수진 **영업마케팅** 김진불 **제작·관리** 이유현 **용지** 월드페이퍼 **출력·인쇄** 예림인쇄 **제본** 예림원색 **등록번호** 제2002-000049호 **등록일자** 2002년 2월 19일 **주소** 서울시 마포구 연남로5길 19-5 **전화** 02-322-5143 **팩스** 02-3143-5579 **ISBN** 978-89-6626-222-9 책값은 뒤표지에 있습니다. 잘못 만들어진 책은 바꾸어 드립니다. 이 책의 정오표는 https://blog.insightbook.co.kr에서 확인하실 수 있습니다.

전자공학 만능 레시피

아두이노, 라즈베리 파이를 요리하는 21가지 레시피

사이먼 몽크 지음 | 이하영 옮김

인사이트

차례

옮긴이의 글 ·· xii
서문 ··· xiv

1장 이론 ··· 1

1.0 개요 ·· 1
1.1 전류 이해하기 ·· 1
1.2 전압 이해하기 ·· 2
1.3 전압, 전류, 저항 계산하기 ·· 4
1.4 회로의 한 지점에서 전류 계산하기 ··· 5
1.5 회로에서의 전압 계산하기 ·· 6
1.6 전력 이해하기 ·· 7
1.7 교류 ·· 8

2장 저항 ··· 11

2.0 개요 ·· 11
2.1 저항값 확인하기 ·· 11
2.2 표준 저항값 찾기 ··· 13
2.3 가변저항 선택하기 ··· 14
2.4 직렬로 저항 연결하기 ·· 15
2.5 병렬로 저항 연결하기 ·· 16
2.6 전압을 측정 가능한 수준으로 낮추기 ·· 17
2.7 타지 않는 저항 선택하기 ·· 19
2.8 조도 측정하기 ·· 20
2.9 온도 측정하기 ·· 20
2.10 적절한 전선 선택하기 ·· 21

3장 커패시터와 인덕터 — 25

- 3.0 개요 — 25
- 3.1 일시적으로 회로에 에너지 저장하기 — 25
- 3.2 커패시터 유형 구별하기 — 29
- 3.3 커패시터의 정전 용량 확인하기 — 31
- 3.4 커패시터를 병렬로 연결하기 — 32
- 3.5 커패시터를 직렬로 연결하기 — 33
- 3.6 많은 양의 에너지를 저장하기 — 33
- 3.7 커패시터에 저장되는 에너지량 계산하기 — 34
- 3.8 전류를 변경하고 조정하기 — 35
- 3.9 AC 전압 변환하기 — 37

4장 다이오드 — 39

- 4.0 개요 — 39
- 4.1 하나의 다이오드에서 전류의 흐름 막기 — 39
- 4.2 자신이 사용하는 다이오드 알아보기 — 41
- 4.3 다이오드로 DC 전압 제어하기 — 43
- 4.4 빛이 있으라 — 44
- 4.5 빛 감지하기 — 46

5장 트랜지스터와 집적회로 — 49

- 5.0 개요 — 49
- 5.1 약한 전류를 사용해서 강한 전류를 스위칭하기 — 50
- 5.2 최소 제어 전류로 전류 스위칭하기 — 53
- 5.3 높은 전류 부하를 효율적으로 스위칭하기 — 55
- 5.4 아주 높은 전압을 스위칭하기 — 58
- 5.5 딱 맞는 트랜지스터 선택하기 — 59
- 5.6 교류 스위칭하기 — 62
- 5.7 트랜지스터로 빛 검출하기 — 63
- 5.8 안전이나 잡음 제거를 위해 신호 절연하기 — 64
- 5.9 집적회로 발견하기 — 66

6장   스위치와 릴레이 — 69

- 6.0 개요 — 69
- 6.1 기계적인 방식으로 전기를 스위칭하기 — 69
- 6.2 가지고 있는 스위치 이해하기 — 70
- 6.3 자성을 이용해 스위칭하기 — 73
- 6.4 릴레이 재발견하기 — 73

7장   전원 공급 장치 — 75

- 7.0 개요 — 75
- 7.1 AC를 AC로 변환하기 — 76
- 7.2 빠르고 간단하게 AC를 DC로 변환하기 — 77
- 7.3 AC를 DC로 전환할 때 리플 전압 낮추기 — 79
- 7.4 AC를 조정 DC로 변환하기 — 80
- 7.5 AC를 가변 DC로 변환하기 — 83
- 7.6 배터리 전압 조정하기 — 84
- 7.7 정전류 전원 공급 장치 만들기 — 85
- 7.8 DC 전압을 효율적으로 조정하기 — 86
- 7.9 낮은 DC 전압을 높은 DC 전압으로 변환하기 — 87
- 7.10 DC를 AC로 변환하기 — 88
- 7.11 110V나 220V AC로 프로젝트에 전원 공급하기 — 91
- 7.12 전압 높이기 — 92
- 7.13 450V의 높은 전압 공급하기 — 94
- 7.14 더 높은 전압의 전원 공급 장치(>1kV) — 96
- 7.15 아주 높은 전압 공급 장치(고체 상태 테슬라 코일) — 97
- 7.16 퓨즈 태우기 — 99
- 7.17 극성 문제로부터 보호하기 — 101

8장   배터리 — 103

- 8.0 개요 — 103
- 8.1 배터리 수명 추정하기 — 103
- 8.2 비충전식 배터리 선택하기 — 105
- 8.3 충전식 배터리 선택하기 — 106
- 8.4 세류 충전 — 107
- 8.5 자동 배터리 백업 — 109

| | 8.6 LiPo 배터리 충전하기 | 110 |
| | 8.7 에너지 도둑 회로로 마지막 한 방울의 에너지까지 사용하기 | 112 |

9장 태양열 발전 — 115

9.0 개요 — 115
9.1 태양열을 이용해 프로젝트에 전원 공급하기 — 115
9.2 태양전지 패널 선택하기 — 118
9.3 태양전지 패널의 실제 출력 전력 측정하기 — 120
9.4 태양열로 아두이노에 전원 공급하기 — 122
9.5 태양열로 라즈베리 파이에 전원 공급하기 — 123

10장 아두이노와 라즈베리 파이 — 125

10.0 개요 — 125
10.1 아두이노 살펴 보기 — 125
10.2 이 책에 수록된 아두이노 스케치를 다운로드해 사용하기 — 129
10.3 라즈베리 파이 살펴 보기 — 130
10.4 이 책에 수록된 파이썬 프로그램을 다운로드해 사용하기 — 131
10.5 라즈베리 파이가 부팅될 때 프로그램 실행시키기 — 133
10.6 아두이노와 라즈베리 파이의 대안 살펴 보기 — 133
10.7 장치를 끄고 켜기 — 135
10.8 아두이노에서 디지털 출력 제어하기 — 139
10.9 라즈베리 파이에서 디지털 출력 제어하기 — 141
10.10 아두이노를 스위치 등 디지털 입력에 연결하기 — 142
10.11 라즈베리 파이를 스위치 등 디지털 입력에 연결하기 — 145
10.12 아두이노에서 아날로그 입력 읽어 오기 — 146
10.13 아두이노에서 아날로그 출력 생성하기 — 148
10.14 라즈베리 파이에서 아날로그 출력 생성하기 — 151
10.15 라즈베리 파이를 I2C 장치에 연결하기 — 152
10.16 라즈베리 파이를 SPI 장치에 연결하기 — 155
10.17 전압 크기 변환하기 — 156

11장 스위칭 — 159

11.0 개요 — 159
11.1 라즈베리 파이나 아두이노가 처리할 수 있는 크기 이상의 전원 스위칭하기 — 159

11.2 하이사이드에서 전원 스위칭하기 — 161
11.3 더 큰 전력을 스위칭하기 — 163
11.4 하이사이드에서 더 큰 전력 스위칭하기 — 165
11.5 BJT와 MOSFET 중 선택하기 — 166
11.6 아두이노로 스위칭하기 — 167
11.7 라즈베리 파이로 스위칭하기 — 171
11.8 리버서블 스위칭 — 173
11.9 GPIO 핀으로 릴레이 제어하기 — 174
11.10 GPIO 핀으로 무접점식 고체 릴레이 제어하기 — 176
11.11 오픈 컬렉터 출력에 연결하기 — 177

12장 센서   179

12.0 개요 — 179
12.1 아두이노나 라즈베리 파이에 스위치 연결하기 — 179
12.2 회전 위치 감지하기 — 184
12.3 저항 센서에서 아날로그 입력 감지하기 — 188
12.4 라즈베리 파이에 아날로그 입력 추가하기 — 190
12.5 저항 센서를 ADC 없이 라즈베리 파이에 연결하기 — 191
12.6 빛의 세기 측정하기 — 193
12.7 아두이노나 라즈베리 파이에서 온도 측정하기 — 194
12.8 라즈베리 파이에서 ADC 없이 온도 측정하기 — 196
12.9 포텐셔미터를 사용해 회전 측정하기 — 197
12.10 아날로그 IC로 온도 측정하기 — 199
12.11 디지털 IC로 온도 측정하기 — 201
12.12 습도 측정하기 — 205
12.13 거리 측정하기 — 207

13장 모터   211

13.0 개요 — 211
13.1 DC 모터의 전원 스위칭하기 — 212
13.2 DC 모터의 속도 측정하기 — 213
13.3 DC 모터의 방향 제어하기 — 215
13.4 모터에 정확한 위치 설정하기 — 220
13.5 모터를 정확한 단계 수만큼 이동시키기 — 224

13.6 더 간단한 스테퍼 모터 선택하기 — 230

14장 LED와 디스플레이   235

14.0 개요 — 235
14.1 표준 LED 연결하기 — 235
14.2 고전력 LED에 전원 공급하기 — 237
14.3 LED 여러 개에 전원 공급하기 — 240
14.4 LED 여러 개를 동시에 스위칭하기 — 241
14.5 7-세그먼트 디스플레이에 신호 멀티플렉싱하기 — 242
14.6 LED 여러 개를 제어하기 — 245
14.7 RGB LED의 색깔 바꾸기 — 250
14.8 주소 지정 가능한 LED 띠 연결하기 — 253
14.9 I2C 7-세그먼트 LED 디스플레이 사용하기 — 257
14.10 OLED 디스플레이에 그래픽이나 문자 출력하기 — 260
14.11 LCD 디스플레이에 메시지 표시하기 — 263

15장 디지털 IC   267

15.0 개요 — 267
15.1 전기 잡음으로부터 IC 보호하기 — 267
15.2 논리 제품군에 대해 배워 보기 — 269
15.3 GPIO 핀에 허용된 수보다 많은 출력 제어하기 — 270
15.4 디지털 토글 스위치 만들기 — 274
15.5 신호의 주파수 낮추기 — 275
15.6 십진 카운터에 연결하기 — 276

16장 아날로그   281

16.0 개요 — 281
16.1 고주파 필터링하기(쉽고 빠른 방법) — 281
16.2 발진기 만들기 — 285
16.3 LED 연속으로 밝히기 — 286
16.4 입력에서 출력 사이의 전압 강하 방지하기 — 287
16.5 낮은 비용으로 발진기 만들기 — 289
16.6 가변 듀티 사이클 발진기 만들기 — 291
16.7 원샷 타이머 만들기 — 293

16.8 모터 속도 제어하기 — 294
16.9 아날로그 신호에 펄스 폭 변조 적용하기 — 296
16.10 전압 제어 발진기(VCO) 만들기 — 298
16.11 데시벨 측정하기 — 300

17장 OP 앰프 — 303

17.0 개요 — 303
17.1 OP 앰프 선택하기 — 304
17.2 OP 앰프에 전원 인가하기(양전원) — 306
17.3 OP 앰프에 전원 인가하기(단전원) — 307
17.4 반전 증폭기 만들기 — 309
17.5 비반전 증폭기 만들기 — 310
17.6 신호에 버퍼 사용하기 — 312
17.7 고주파의 진폭 줄이기 — 313
17.8 저주파 필터링으로 주파수 제거하기 — 317
17.9 고주파와 저주파 필터링으로 주파수 제거하기 — 319
17.10 두 전압 비교하기 — 321

18장 오디오 — 323

18.0 개요 — 323
18.1 아두이노에서 소리 듣기 — 324
18.2 라즈베리 파이에서 소리 듣기 — 327
18.3 프로젝트에 일렉트릿 마이크 연결하기 — 328
18.4 1W 전력 증폭기 만들기 — 331
18.5 10W 전력 증폭기 만들기 — 333

19장 무선 주파수 — 337

19.0 개요 — 337
19.1 FM 라디오 송신기 만들기 — 342
19.2 라즈베리 파이로 FM 송신기 소프트웨어 만들기 — 343
19.3 아두이노로 구동되는 FM 수신기 만들기 — 344
19.4 무선으로 디지털 데이터 전송하기 — 347

20장　제작　353

- 20.0 개요 — 353
- 20.1 임시 회로 만들기 — 353
- 20.2 영구 회로 만들기 — 358
- 20.3 나만의 회로 기판 만들기 — 361
- 20.4 스루홀 부품 납땜하기 — 363
- 20.5 표면실장형 부품 납땜하기 — 365
- 20.6 부품 땜납 제거하기 — 368
- 20.7 부품을 손상시키지 않으면서 납땜하기 — 369

21장　도구　371

- 21.0 개요 — 371
- 21.1 작업대용 전원 공급 장치 사용하기 — 371
- 21.2 DC 전압 측정하기 — 372
- 21.3 AC 전압 측정하기 — 374
- 21.4 전류 측정하기 — 374
- 21.5 연속성 측정하기 — 376
- 21.6 저항, 전기 용량, 인덕턴스 측정하기 — 376
- 21.7 커패시터 방전시키기 — 377
- 21.8 높은 전압 측정하기 — 379
- 21.9 오실로스코프 사용하기 — 381
- 21.10 함수 발생기 사용하기 — 383
- 21.11 시뮬레이션 — 385
- 21.12 높은 전압을 안전하게 사용하기 — 387

부록 A 부품과 공급 업체 — 389
부록 B 아두이노 핀 배열 — 399
부록 C 라즈베리 파이 핀 배열 — 401
부록 D 단위와 접두어 — 403

옮긴이의 글

이 책은 친절하지 않다. 평소에 새끼를 절벽 아래로 굴려 키운다는 사자의 양육 방식을 보며 자신은 그런 학습 방법이 맞지 않다고 생각했거나, 뭔가를 배울 때 밥을 한 숟가락씩 떠먹여 주듯이 가르쳐 줄 책을 찾는 사람이라면 얼른 이 책을 덮고 다른 책을 찾아 보자.

그러나 친절하지 않다고 해서 이 책이 좋은 책이 아니라는 뜻은 아니다. 저자가 말하는 것처럼 이 책에는 기본적인 내용과 심화된 내용을 적당히 다루면서도, 그 사이에서 흔히 간과하기 쉬운 내용들을 꼼꼼하게 다루고 있다. 많은 내용을 다루다 보니 설명이 부족해 보일 때도 있지만, 프로젝트를 만드는 과정에서 문제가 생겼을 때 해결의 실마리를 얻기에는 충분하다. 이 책 한 권만으로는 궁금증이 읽기 전보다 더 많아질 수도 있지만, 그 궁금증을 해결하기 위해 이 책에서 권하는 여러 가지 자료를 살펴보다 보면 자신도 모르는 사이 실력이 훌쩍 자라나 있을 것이다.

요리를 자주 하는 사람들이 음식을 하는 과정을 보고 있으면 세상에서 요리만큼 쉬운 일이 없어 보인다. 특별히 레시피를 보지도 않고 양념도 그냥 툭툭 넣는 것 같은데 나중에 먹어 보면 신기하게도 맛이 있다. 음식점에서 요리를 먹어 본 것만으로 집에서 비슷한 음식을 뚝딱 만들기도 한다. 그러나 이런 사람이라도 처음부터 요리를 잘 했던 건 아닐 것이다. 처음에는 다른 사람이 요리하는 과정을 보거나 레시피를 참고하고, 가끔은 거기에 다른 재료를 추가해 보거나 빼보면서, 사용하는 재료와 양념이 어떤 맛을 내고 얼마나 사용해야 원하는 맛을 낼 수 있는지 배워 나갔을 것이다. 여러분도 이 책의 레시피를 참고해서 다양한 프로젝트를 만들어 보고 무언가를 더하거나 빼는 식으로 응용도 해 보고 그 과정에서 실패도 경험하다 보면, 어느 순간 굳이 레시피를 따로 확인하지 않더라도 내가 필요한 재료가 무엇이고 무엇을 해야 하는지 알 수 있게 될 것이다. 그 전까지는 레시피를 여러 번 들여다 볼 수밖에.

서문

보통 사람들은 전자공학을 어딘가 유용한 곳에 사용할 수 있으려면 적어도 전자공학 학위가 있어야 한다고 생각하기 마련이다. 그러나 이 책에서는 공신력을 인증받은 오라일리 쿡북의 방식에 따라 전자공학에 대한 전체 주제를 레시피로 세분화했기 때문에 독자들은 원하는 부분을 펼쳐서 레시피를 따라가며 문제점을 해결하고, 많건 적건 자신이 아는 만큼 이론을 배워 나가면 된다.

전자장치라는 복잡하고 광범위한 주제를 한 책에서 모두 다루기란 불가능하지만 가급적 다른 메이커, 취미공학자, 발명가와의 대화에서 가장 자주 등장하는 레시피를 고르려고 노력했다.

이 책의 대상 독자

전자장치에 취미가 있거나 이 분야를 새로 시작해 보고 싶은 사람이라면 이 책을 통해 더 많은 것들을 배울 수 있다. 이 책은 검증을 거친 레시피로 가득하기 때문에 자신의 지식 수준에 관계없이 필요한 부분을 그냥 믿고 따라가면 된다.

전자장치가 낯선 독자라면 이 책이 시작하기에 좋은 길잡이가 되어줄 것이다. 전자장치를 만들어 본 경험이 많은 독자라면, 이 책은 훌륭한 참고 서적이 되어 줄 것이다.

이 책을 집필한 이유

이 책이 나오기까지는 상당한 시간이 필요했다. 이 책을 처음 생각해냈던 사람이 바로 팀 오라일리(Tim O'Reilly)였던 것으로 기억한다. 그는 『아두이노 쿡북』이나 『라즈베리 파이 쿡북』과 무거운 전자공학 교재 중간에 해당하는 틈새 시장을 겨냥해 보자고 했다.

그렇기 때문에 이 책에서는 두꺼운 전자공학 교재가 아니라면 간과하고 넘어가기 쉬운, 전자공학의 기본 개념보다 조금 더 심화된 내용과 마이크로컨트롤러 사용에 관련된 주변 이야기를 다룬다. 이 책에는 프로젝트와 시험용 모델을 만들고 테스트 장치를 사용하는 방법 외에도 여러 유형의 전원 공급 장치를 만드는 방법, 스위칭에 알맞은 트랜지스터 사용법, 아날로그와 디지털 IC 사용법 등이 수록되어 있다.

오늘날 전자공학에 대한 한마디

아두이노와 라즈베리 파이 같은 보드는 완전히 새로운 세대의 메이커, 취미공학자, 발명가들을 전자공학의 세계로 끌어들였다. 지금의 부품과 도구 가격은 그 어느 때보다 저렴해져서 많은 사람들이 구입할 수 있게 되었다. 핵스페이스(Hackspaces)와 팹 랩(Fab Lab)은 전자장치를 사용할 수 있는 작업장을 제공하기 때문에 사람들은 이곳에서 제공하는 도구를 사용해서 프로젝트를 직접 만들어 볼 수도 있다.

상세 설계 등의 정보를 무료로 이용할 수 있게 되면서 다른 사람들의 작업에서 자신에게 필요한 부분을 찾아 배우고, 이를 변경해 사용할 수도 있게 되었다.

취미 삼아 전자공학을 배워보려는 이들은 정식으로 전자공학 교육 과정에 등록하거나 발명가와 사업가가 되어 제품 설계에 바로 뛰어들기도 한다. 어찌 됐건 컴퓨터, 도구 몇 가지, 부품 몇 가지만 손에 넣을 수 있으면 위대한 발명을 통해 시험용 모델을 만들어 작동시킬 수 있으며, 크라우드 펀딩의 도움으로 자금을 모아 이를 제작해 주는 사람도 구할 수 있다. 전자부품 사업의 진입 장벽은 그 어느 때보다 낮아졌다.

목차 살펴보기

이 책은 '요리책(쿡북)'이기 때문에 순서대로 읽을 필요 없이 어떤 레시피든 사용하면 된다. 레시피 중에는 다른 레시피에서 얻은 지식이나 기술에 바탕을 두고 있는 것들도 있기 때문에, 참고를 위해 해당되는 레시피를 함께 표기해 두었다.

레시피는 장에 따라 배치되어 있으며, 1장에서 6장까지는 기본적인 레시피를 담았다. 이 중 일부 레시피는 이론적인 내용을 다루지만, 대부분은 여러 부품 유형(레시피의 재료)을 설명하고 있다. 장별 구성은 다음과 같다.

- 1장, 이론. 제목에서 알 수 있듯이 1장의 레시피에서는 옴의 법칙이나 전력에 관한 법칙 등 피해갈 수 없는 이론적인 개념들을 설명한다.

- 2장, 저항. 가장 기본이 되는 전자부품인 저항과 그 사용법을 설명하는 레시피가 담겨 있다.
- 3장, 커패시터와 인덕터. 이 장에서는 커패시터와 인덕터의 원리, 구별 방법을 설명하는 레시피와 이들의 사용 방법을 담은 레시피를 소개한다.
- 4장, 다이오드. 다이오드에 대한 설명과 제너 다이오드, 포토다이오드, LED 등 다양한 유형의 다이오드 사용법을 안내하는 레시피가 수록되어 있다.
- 5장, 트랜지스터와 집적회로. 트랜지스터 사용을 위한 기본적인 레시피와 여러 설정 환경에서 다양한 유형의 트랜지스터를 사용하기 위한 지침을 주로 다룬다. IC(integrated circuits, 집적회로)도 소개하지만, IC에 관한 각 레시피는 이 책 전반에 나누어 수록했다.
- 6장, 스위치와 릴레이. 기본 레시피 섹션의 마지막은 흔히 사용되지만 간과하기 쉬운 스위치와 릴레이를 살펴보는 것으로 마무리한다.

다음 장부터는 전자장치를 설계하고자 할 때 주로 참고할 수 있는 다양한 레시피를 통해 첫 번째 섹션(1장~6장)에서 소개된 부품들을 사용하는 방법을 살펴본다.

- 7장, 전원 공급 장치. 어떤 프로젝트라도 전원 공급 장치는 필요하다. 이 장의 레시피에서는 기존에 사용되던 전원 공급 장치의 설계뿐 아니라 스위치 모드 전원 공급 장치(switched-mode power supply, SMPS)와 드물게 사용되는 고전압 전원 공급 장치도 소개한다.
- 8장, 배터리. 배터리 선택을 위한 레시피 외에, 충전식 배터리(LiPo 배터리 포함)와 자동 백업을 위한 실용적인 회로를 선택하는 레시피도 소개한다.
- 9장, 태양열 발전. 태양 전지판을 사용해서 프로젝트에 전력을 공급하고자 할 때 참고할 수 있는 레시피를 소개한다. 또한, 태양열 발전을 사용해서 아두이노와 라즈베리 파이에 전원을 공급하는 데 도움이 되는 레시피도 담겨 있다.
- 10장, 아두이노와 라즈베리 파이. 오늘날 대부분의 메이커 프로젝트에는 아두이노나 라즈베리 파이 같은 연산 장치가 사용된다. 이들 보드는 외부 부품을 제어하는 용도로, 해당 보드를 사용하는 레시피와 함께 소개한다.
- 11장, 스위칭. 이 장에서는 스위칭을 '스위치'와 혼동하지 않도록 아두이노나 라즈베리 파이에서 트랜지스터, 전자기계식 릴레이, 무접점식 고체 릴레이(solid-state relay)를 사용해 장치를 켜고 끄는 법을 보여주는 레시피를 살펴본다.

- 12장, 센서. 센서의 다양한 유형과 센서를 아두이노와 라즈베리 파이 양쪽에서 사용하는 레시피가 담겨 있다.
- 13장, 모터. 다양한 유형의 모터(DC 모터, 스테퍼 모터, 서보모터)를 아두이노와 라즈베리 파이 양쪽에서 사용할 때 참고할 수 있는 레시피가 수록되어 있다. 이 외에도 모터의 속도와 방향을 제어하기 위한 레시피도 소개한다.
- 14장, LED와 디스플레이. 이 장에서는 아두이노나 라즈베리 파이에서 표준 LED를 제어하기 위한 레시피 외에 고전력 LED나 OLED 그래픽 디스플레이, 주소 지정 가능 LED 스트립(네오픽셀), LCD 디스플레이와 같은 다양한 유형의 디스플레이 사용법을 다룬 레시피를 소개한다.
- 15장, 디지털 IC. 디지털 IC를 사용하는 레시피가 수록되어 있다. 마이크로컨트롤러가 등장했지만 디지털 IC는 지금도 프로젝트에서 유용하게 사용할 수 있다.
- 16장, 아날로그. 이 장에는 단순한 필터링부터 발진기와 타이머에 이르기까지 유용한 아날로그 설계 방식을 다양하게 소개하는 레시피가 수록되어 있다.
- 17장, op 앰프. 이 장에서는 아날로그라는 주제를 계속 이어나가 간단한 증폭에서부터 필터 설계, 버퍼링, 비교기 활용에 이르는 다양한 작업에 op 앰프를 사용하는 레시피를 소개한다.
- 18장, 오디오. 18장에는 아날로그와 디지털 전력 증폭기 설계 외에 아두이노와 라즈베리 파이에서 사운드를 생성하고 마이크에서 입력된 신호를 증폭하는 레시피가 수록되어 있다.
- 19장, 무선 주파수. 이 장에서는 FM 송신기와 수신기를 사용하는 레시피와 아두이노에서 다른 아두이노로 패킷 데이터를 전송하는 레시피를 소개한다.

이 책의 마지막 부분에는 제작 방법과 유용한 툴을 소개하는 레시피가 담겨 있다.

- 20장, 제작. 이 장에는 '납땜을 하지 않는' 시험용 모델을 제작하고, 이들을 납땜해서 좀 더 오래 사용할 수 있는 프로젝트로 만드는 데 필요한 레시피를 수록했다. 이 외에도 스루홀과 표면 실장형 장치를 납땜하기 위한 레시피도 소개한다.
- 21장, 도구. 작업대용 전원 공급 장치, 멀티미터, 오실로스코프의 사용법과 시뮬레이션 소프트웨어의 사용법을 정리해 소개한다.

이 책의 부록에서는 이 책에 사용된 모든 부품의 목록과 유용한 공급업체 목록을 함께 제공하며, 아두이노와 라즈베리 파이 같은 장치의 핀 배열도 수록했다.

온라인 자료

인터넷에는 전자부품을 좋아하는 이들이 사용할 수 있는 훌륭한 자료들이 많다.

프로젝트의 아이디어를 찾는다면, 해커데이(Hackaday)[1]와 인스트럭터블(Instructables)[2] 같은 사이트들이 풍부한 영감의 원천이 되어줄 것이다.

프로젝트에 도움을 받고 싶다면, 다음 포럼에서 지식과 경험이 풍부한 여러 사람들로부터 종종 훌륭한 조언을 받을 수 있다. 질문을 하기 전에는 이미 먼저 비슷한 질문이 올라왔을 경우를 대비해서(보통은 그렇다) 포럼을 검색해 보아야 하며 질문을 명확히 작성해야 한다는 사실을 잊지 말자. 그렇지 않으면 '전문가'들이 짜증 낼 수 있다.

- *http://forum.arduino.cc*
- *https://www.raspberrypi.org/forums*
- *http://www.eevblog.com/forum*
- *http://electronics.stackexchange.com*

이 책에 등장하는 아이콘의 의미

이 그림은 팁이나 제안을 뜻한다.

이 그림은 경고나 주의를 뜻한다.

코드 예제 사용하기

부록(코드 예제, 연습문제 등)은 *https://github.com/simonmonk/electronics_cookbook* 에서 내려 받을 수 있다.

이 책의 목적은 독자가 작업을 완성하도록 돕는 것이다. 보통 예제 코드가 책과 함께 제공되는 경우 코드는 자신의 프로그램이나 문서에서 사용할 수 있다. 코드의 상당 부분을 복사하지만 않는다면 직접 연락을 취해 사용 허가를 받을 필요가 없

1 *https://hackaday.com/*
2 *http://www.instructables.com/*

다. 예를 들어, 이 책에 나온 몇 부분의 코드를 사용해서 프로그램을 작성한다면 사용 허가를 받을 필요가 없다. 그러나 오라일리 도서에서 제공되는 예제 CD를 판매하거나 배포하려면 허가가 필요하다. 이 책을 언급하고 예제 코드를 인용해서 질문을 하는 경우라면 허가가 필요 없다. 그렇지만 이 책의 예제 코드 중 상당 분량을 판매하는 제품의 문서에 수록하려면 허가가 필요하다.

이 도서의 내용을 사용하는 이가 저작자를 표시해 준다면 감사한 일이지만, 우리 쪽에서 반드시 표시하도록 요구하지는 않는다. 저작자 표시에는 제목, 저자, 출판사, ISBN이 포함된다. 예를 들어, "Electronics Cookbook by Simon Monk (O'Reilly). Copyright 2017 Simon Monk, 978-1-491-95340-2"[3]라고 표시할 수 있다.

코드 예제의 사용이 공정 사용 범위를 벗어나거나 허가를 받아야 할 것 같다면 언제라도 *permissions@oreilly.com*로 연락하기 바란다.

---

[3] (옮긴이) 번역서의 경우 『전자공학 만능 레시피』(사이먼 몽크 지음, 이하영 옮김, 인사이트, 2018)로 표시해준다면 감사하겠다.

이론 1

1.0 개요

이 책은 기본적으로 이론보다는 실습을 다루고 있지만 어쩔 수 없이 다루어야 하는 이론적인 측면이 몇 가지 있다.

특히 전압, 전류, 저항 간의 관계를 이해하고 있다면, 다른 내용을 이해하기가 훨씬 쉬울 것이다.

마찬가지로, 전력, 전압, 전류 간의 관계도 반복해서 등장한다.

1.1 전류 이해하기

문제

전자공학에서 **전류**(current)가 의미하는 바를 알고 싶다.

해결책

전류를 뜻하는 영어 단어인 current가 흐름이라는 뜻을 지닌 것에서도 알 수 있듯이, 전자공학에서 전류란 강의 흐름과 비슷하다고 할 수 있다. 파이프에서 물이 흐르는 세기는 1초당 파이프의 한 지점을 지나가는 물의 양으로 생각할 수 있다. 이 세기는 초당 수십, 수백 리터가 될 수도 있다.

전자공학에서 전류는 1초당 전선의 한 지점을 지나가는 전자가 지니는 전하의 양을 뜻한다(그림 1-1). 전류의 단위는 암페어이며 간단히 amp 또는 단위 A로 나타낼 수 있다.

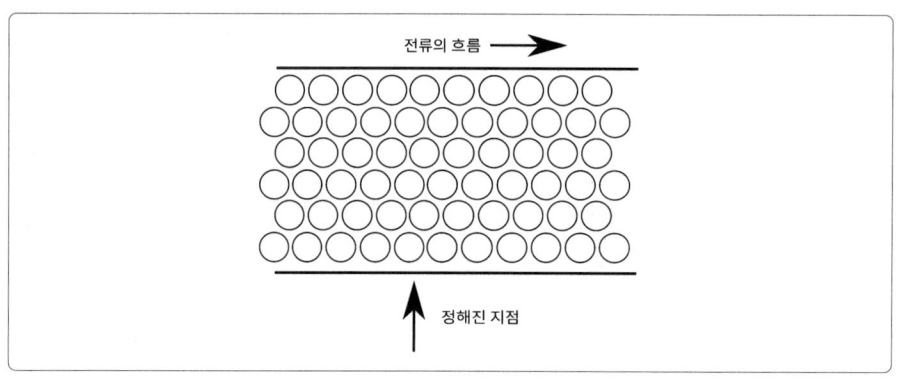

그림 1-1 전선을 흐르는 전류

논의 사항

많은 경우 회로에서 1A는 상당히 큰 전류이기 때문에 A보다 mA(밀리암페어, 1/1,000A) 단위를 자주 보게 될 것이다.

참고 사항

- 단위와 mA에서처럼 단위에 붙는 접두어의 목록은 부록 D를 참고한다.
- 회로에서의 전류에 대해 더 알고 싶다면 레시피 1.4를 참고한다.

1.2 전압 이해하기

문제

전자공학에서 **전압(voltage)**이 의미하는 바를 알고 싶다.

해결책

레시피 1.1에서 전하가 이동하는 속도를 전류라고 부르는 이유를 살펴보았다. 전류가 흐르려면 흐름에 영향을 미치는 원인이 있어야 한다. 수도관이라면 한쪽이 다른 쪽보다 높을 때 낮은 곳으로 물이 흐를 수 있다.

전압을 수도관에서의 높이와 비슷하다고 생각하면 이해하기가 쉽다. 높이라는 것은 상대적인 개념이기 때문에, 물이 파이프를 흐르는 속도는 해수면을 기준으로 한 파이프의 높이가 아니라 파이프의 한쪽 끝과 다른 쪽 끝의 높이 차에 의해 결정된다(그림 1-2).

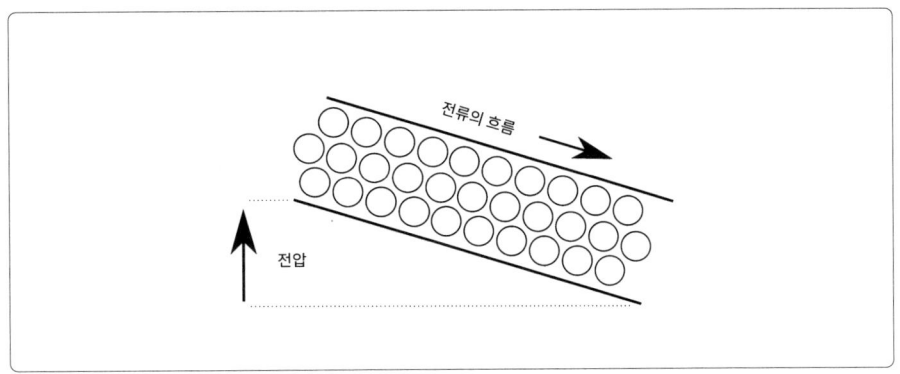

그림 1-2 전압을 높이에 비유해 나타냈다.

전압이라는 용어는 전선의 한쪽 끝에서 다른 쪽 끝까지의 전압을 뜻할 수도 있고, 배터리의 한쪽 단자에서 다른 쪽 단자까지의 전압을 뜻할 수도 있다. 공통적인 특성은 전압의 조건이 충족되려면 두 지점이 있어야 한다는 점이다. 두 지점 중 전압이 더 높은 쪽을 양의 전압(positive voltage)이라고 하고, 기호로는 +로 나타낸다.

전압의 차로 인해 전선에서는 전류가 흐른다. 전선의 한쪽 끝과 다른 쪽 끝의 전압 간에 차이가 없다면 전류는 흐르지 않는다.

전압의 단위는 볼트(V)다. AA 배터리의 단자 사이에 걸리는 전압은 1.5V다. 아두이노는 5V에서, 라즈베리 파이는 3.3V에서 작동한다. 그러나 라즈베리 파이에서 요구하는 전원은 5V이며, 인가된 5V의 전압은 3.3V로 낮춰 사용된다.

논의 사항

가끔은 전압이 전자회로에 위치한 두 지점 간의 전위차가 아니라 한 지점의 값을 나타낼 때 사용되는 것처럼 느껴질 때가 있다. 이런 경우 전압은 회로의 한 지점에서의 전위와 접지 사이의 전위차를 뜻한다. 접지(약어로 GND)는 회로의 모든 지점에 대해 전압을 측정하는 기준이 되는 전압이다. 접지는 0V라고 볼 수 있다.

참고 사항

전압에 대해 더 알고 싶다면 레시피 1.5를 참고한다.

1.3 전압, 전류, 저항 계산하기

문제

어딘가에 인가된 전압이 그 내부를 지나는 전류의 흐름을 어떻게 제어하는지 알고 싶다.

해결책

옴의 법칙을 사용하자.

옴의 법칙에 따르면 전선이나 전자부품을 통과하는 전류(I)는 전선이나 부품에 걸리는 전압(V)을 부품의 저항(R)으로 나눈 값이 된다. 이는 다음과 같이 나타낼 수 있다.

$$I = \frac{V}{R}$$

구하고자 하는 값이 전압(V)이라면, 식은 다음과 같이 나타낼 수 있다.

$$V = I \times R$$

저항을 통과하는 전류와 저항에 걸리는 전압을 안다면, 저항은 다음과 같이 구할 수 있다.

$$R = \frac{V}{I}$$

논의 사항

저항이란 물질이 전류의 흐름을 방해하는 성질을 말한다. 전선의 저항은 낮아야 하며, 이는 보통 전선을 통과해 흐르는 전류의 흐름이 불필요하게 지연되기를 바라지 않기 때문이다. 전선의 길이가 일정하면, 두께가 두꺼워질수록 저항이 줄어든다. 따라서 손전등 안의 전구(또는 LED)와 배터리를 연결하는 수십 센티미터의 얇은 전선의 저항 값이 0.1Ω에서 1Ω 사이라고 하면, AC 콘센트에 꽂는 전기 주전자의 두꺼운 케이블 전선의 경우 저항은 몇 밀리옴(mΩ)에 불과할 수 있다.

회로의 일부를 지나가는 전류량을 제한하고 싶을 때 가장 흔히 사용하는 방법은 저항이라는 부품의 형태로 저항값을 추가하는 것이다.

그림 1-3은 저항(지그재그 선)과 저항을 통과하는 전류(I), 저항에 인가된 전압(V)을 보여 준다.

1.5V 배터리를 100Ω 저항에 그림 1-4와 같이 연결했다고 해 보자. 그리스 문자 Ω(오메가)는 저항의 단위인 옴(ohm)을 나타내는 기호로 사용된다.

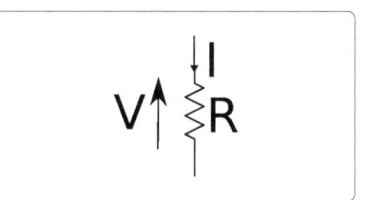

그림 1-3 전압, 전류, 저항

옴의 법칙을 사용하면 전류는 저항에 걸리는 전압을 저항의 저항값으로 나누어 구할 수 있다(전선의 저항은 0이라고 가정할 수 있다).

따라서, I = 1.5/100 = 0.015A 또는 15mA다.

참고 사항
- 회로의 저항과 전선을 통과해 흐르는 전류에 일어나는 일을 알고 싶다면 레시피 1.4를 참고한다.
- 전류, 전압, 전력 간의 관계를 알고 싶다면 레시피 1.6을 참고한다.

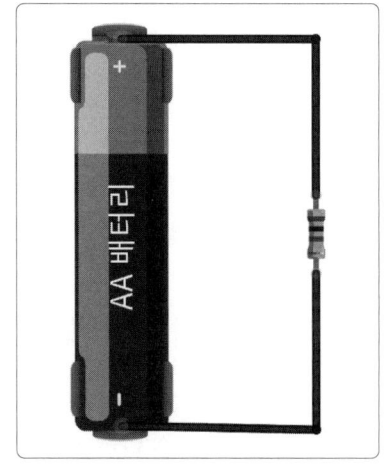

그림 1-4 배터리와 저항

1.4 회로의 한 지점에서 전류 계산하기

문제
회로의 한 지점을 통과해 흐르는 전류의 크기를 알고 싶다.

해결책
키르히호프의 전류 법칙(Kirchhoff's Current Law)을 사용하자.

간단히 설명하면, 키르히호프의 전류 법칙은 회로의 한 지점에서 이곳으로 들어오는 전류의 크기와 이곳에서 나가는 전류의 크기가 같음을 말한다.

논의 사항
예를 들어 그림 1-5에서 저항 2개를 병렬로 연결하고 배터리로 전압을 공급했다고 해 보자(그림 1-5의 왼편에 위치한 배터리의 회로도 기호를 확인하자).

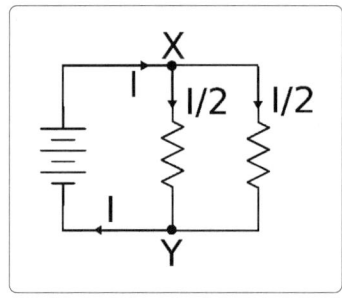

그림 1-5 병렬로 연결된 저항

점 X에서 전류 I는 배터리로부터 점 X로 흘러 들어가지만, 점 X로부터 나가는 전선은 2개다. 연결된 두 저항의 크기가 같다고 할 때, 각 전선에는 전류의 절반(I/2)이 통과해 지나간다.

점 Y에서 두 전선은 다시 만나며, 이때 두 곳으로부터 점 Y로 각각 흘러 들어오는 I/2의 전류는 합해지기 때문에 Y로부터 흘러 나오는 전류의 크기는 I가 된다.

참고 사항
- 키르히호프의 전압 법칙은 레시피 1.5를 참고한다.
- 저항의 병렬 연결에 대한 자세한 설명은 레시피 2.5를 참고한다.

1.5 회로에서의 전압 계산하기

문제
회로 주변에서 전압을 더하는 원리를 알고 싶다.

해결책
키르히호프의 전압 법칙(Kirchhoff's Voltage Law)을 사용해 본다.

전압 법칙에 따르면 회로의 여러 지점 간의 전압(양의 전압과 음의 전압)을 모두 더하면 0이 된다.

논의 사항
그림 1-6은 저항 2개를 배터리에 직렬로 연결한 모습을 보여 준다. 이때, 두 저항의 값은 같다고 가정한다.

언뜻 보면 키르히호프의 전압 법칙의 적용 방식을 분명히 알기가 쉽지 않지만, 전압의 극성을 생각해 보면 이해가 쉬워진다. 왼쪽에 위치한 배터리가 공급하는 전압 V는 각각의 저항에 인가

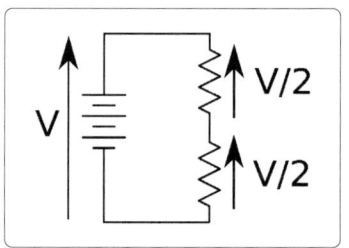

그림 1-6 직렬로 연결된 저항

되는 전압(V/2)을 합한 값과 크기는 같고 방향은 반대(화살표 방향 확인)가 된다.

이는 V가 저항에 걸리는 두 전압(각각 V/2)과 균형을 이루어야 한다고 생각할 수도 있다. 다시 말해, V=V/2+V/2 또는 V-(V/2+V/2)=0으로 나타낼 수 있다.

참고 사항
- 이러한 방식으로 한 쌍의 저항을 배열하면 전압을 낮출 수 있다(레시피 2.6 참고).
- 키르히호프의 전류 법칙은 레시피 1.4를 참고한다.

1.6 전력 이해하기

문제
전자공학에서 **전력**(power)의 의미를 알고 싶다.

해결책
전자공학에서 전력은 전기에너지가 다른 형태의 에너지(보통 열)로 전환되는 비율을 뜻한다. 전력의 측정 단위는 초당 에너지(J/s)이며, 와트(W)도 사용된다.

레시피 1.3의 그림 1-4와 같이 저항을 연결하면, 저항은 열을 발생시키며, 발생되는 열이 상당하면 저항이 뜨거워진다. 이때 열로 전환되는 전력의 크기는 다음의 식을 사용해서 계산할 수 있다.

$$P = I \times V$$

다시 말해, 전력(W)은 저항에 걸린 전압(V)을, 저항을 지나는 전류(I)와 곱한 값이 된다. 그림 1-4의 예에서 저항에 걸리는 전압이 1.5V, 저항을 통과하는 전류가 15mA라고 할 때 전력으로 인해 발생되는 열은 $1.5V \times 15mA = 22.5mW$가 된다.

논의 사항
저항의 크기와 저항에 걸리는 전압의 크기를 알고 있다면 옴의 법칙과 P=IV라는 공식을 결합한 다음의 식을 사용할 수 있다.

$$P = \frac{V^2}{R}$$

V = 1.5V이고 R = 100Ω일 때, 전력은 $1.5V \times 1.5V / 100\Omega = 22.5mW$가 된다.

참고 사항

- 옴의 법칙은 레시피 1.3을 참고한다.

1.7 교류

문제

전기에는 직류(direct current, DC)와 교류(alternating current, AC) 두 가지 맛이 있다는데 그 차이를 알고 싶다.

해결책

이 앞의 모든 레시피에서는 DC가 사용된다고 가정했다. DC에서 전압은 일정하며, 보통 배터리에서 공급되는 전압을 생각하면 된다.

AC는 벽의 콘센트에서 공급되며, 전압은 낮출 수는 있지만(레시피 3.9 참고) 일반적으로 높은(그래서 위험한) 전압으로 공급된다. 한국에서는 220V의 전압이, 미국의 경우는 110V의 전압이, 대부분의 다른 나라에서는 220V나 240V의 전압이 공급된다.

논의 사항

AC(alternating current)에서 교차(交叉)를 뜻하는 alternating이라는 영어 단어를 사용하는 이유는 AC에서의 전류 방향이 매초 수차례 바뀌기 때문이다. 그림 1-7은 미국의 AC 콘센트에서 전류가 변화하는 모습을 나타낸 것이다.

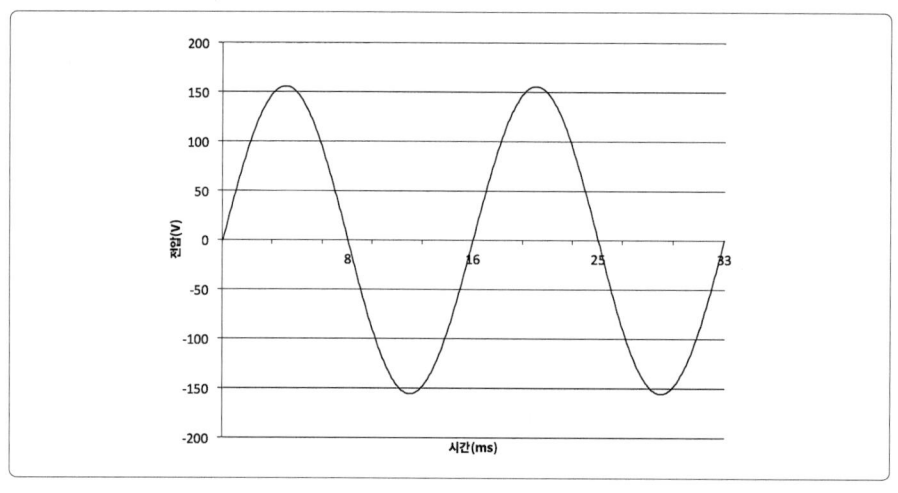

그림 1-7 교류

먼저 주목할 부분은 전압이 사인파의 형태를 띠면서 0V에서 완만하게 증가하다가 150V를 넘으면 떨어지기 시작해서 -150V로 줄어들었다가 다시 0V로 돌아가며, 이때 걸리는 시간은 16.6밀리초(ms, 1/1,000초)다. 여기까지가 파형이 완료되는 한 번의 주기가 된다.

AC 주기(period, 파형 하나가 완료될 때까지 걸리는 시간)와 주파수(frequency, 초당 반복되는 주기 수)는 다음과 같이 계산한다.

$$주파수 = \frac{1}{주기}$$

주파수의 단위는 헤르츠(Hz)다. 그림 1-7에서 AC의 주기는 16.6ms, 즉 0.0166초라는 것을 알 수 있기 때문에 주파수는 다음과 같이 계산할 수 있다.

$$주파수 = \frac{1}{주기} = \frac{1}{0.0166} \approx 60Hz$$

콘센트에서 나오는 AC는 실제로 최고점과 최저점 사이가 300V가 넘는 범위를 움직이는데 어째서 110V라고 칭하는지 궁금할 수 있다. 이 질문에 대해서는 110V라는 값이 동일한 전력량을 제공할 수 있는 DC 전압의 크기라고 대답할 수 있겠다. 110V는 RMS(root mean square) 또는 실효값이라고 부르며, 피크 전압을 $\sqrt{2}$(약 1.41)로 나누어 구할 수 있다. 따라서 앞의 예에서, 155V의 피크 전압을 1.41로 나누면 그 값은 대략 110V RMS가 된다.

참고 사항
- AC의 사용에 대해서는 7장을 참고한다.

저항 2

2.0 개요

저항은 거의 모든 전자회로에 사용되며, 형태와 크기가 매우 다양하다. 밀리옴(1/1,000Ω)에서부터 메가옴(1,000,000Ω)에 이르는 범위의 값에서 사용된다.

저항의 단위인 옴은 보통 그리스 문자 오메가(Ω)를 기호로 사용하지만, R을 사용한 경우도 볼 수 있다. 예를 들어 100Ω과 100R 모두 저항값이 100옴인 저항을 뜻한다.

2.1 저항값 확인하기

문제
저항의 저항값을 알고 싶다.

해결책
스루홀 유형의 저항(리드선이 달린 저항)에는 색 띠가 있으므로, 저항의 색깔 코드를 사용한다.

저항의 색 띠가 그림 2-1과 같은 위치가 되도록 놓으면 왼쪽의 띠 3개가 저항값을, 오른쪽의 띠 1개가 값의 정확성을 결정한다.

각 색이 가지는 값은 표 2-1을 참고한다.

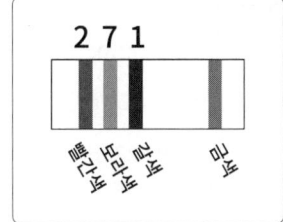

그림 2-1 띠가 3개인 저항

이처럼 띠가 3개인 저항의 경우 처음의 띠 2개는 기본값(그림 2-1에서는 27)을, 세 번째 띠는 그 뒤에 붙는 0의 개수를 결정한다. 따라서, 그림 2-1의 예에서 띠의 색이 빨간색, 보라색, 갈색인 저항의 저항값은 270Ω이

검정	0
갈색	1
빨간색	2
주황색	3
노랑색	4
초록색	5
파랑색	6
보라색	7
회색	8
흰색	9
금색	0.1배
은색	0.01배

표 2-1 저항의 색깔 코드

된다. 방금 이 세 번째 띠가 0의 개수를 결정한다고 말하기는 했지만, 좀 더 정확히 표현하면, 이 띠는 배율을 나타내는 역할을 한다. 그렇기 때문에 저항의 세 번째 띠가 금색인 경우, 이는 처음 두 수가 나타내는 기본값의 0.1배를 의미한다. 따라서 색 띠가 갈색, 검정색, 금색인 경우 저항의 저항값은 1Ω이 된다.

따로 떨어져 있는 띠는 저항의 허용 오차를 나타낸다. 은색(요즘은 흔하지 않다)은 허용 오차가 ±10%, 금색은 ±5%, 갈색은 ±1% 이내라는 뜻이다.

저항의 왼쪽 띠가 그림 2-2와 같이 4개라면 저항값을 나타낼 때 숫자 하나를 더 사용해서 더 정확한 수치를 얻을 수 있도록 한 것이다. 이 경우 처음의 띠 3개가 기본값(그림 2-2에서는 270)을, 마지막 숫자가 기본값 뒤에 붙는 0의 개수(이 경우 0개)를 나타낸다. 결국 이 경우에도 저항의 저항값은 270Ω이다.

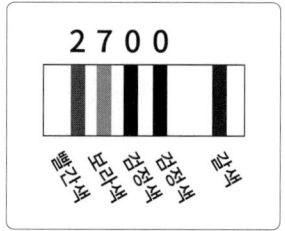

그림 2-2 띠가 4개인 저항

저항값이 낮은 저항에서 금색은 기본값의 0.1배, 은색은 0.01배를 나타내는 데 사용된다. 왼쪽의 띠가 4개인 저항의 값이 1Ω이라면 띠는 갈색, 검정색, 검정색, 은색(100×0.01)이 된다.

논의 사항

크기가 작은 표면실장형(surface mount technology, SMT) 저항은 보통 저항값이 표면에 인쇄되어 있다. 그러나 기본값 뒤에 배율을 나타내는 값이 따라오는 방식은 같기 때문에, 270Ω SMT 저항이라면 인쇄되는 숫자가 2700, 1kΩ 저항이라면 1001이 된다.

참고 사항

- 스루홀 유형의 커패시터도 SMT 저항과 비슷한 표기 방식을 사용한다(레시피 3.3 참고).

2.2 표준 저항값 찾기

문제
계산을 해보니 239Ω의 저항이 필요하다는 사실을 알았지만, 이 값에 맞도록 실제로 구입할 수 있는 표준 저항값은 어떻게 알 수 있는가?

해결책
±5% E24 제품군 중에서 저항을 구입한다.

E24 제품군의 기본 저항값에는 10, 11, 12, 13, 15, 16, 18, 20, 22, 24, 27, 30, 33, 36, 39, 43, 47, 51, 56, 62, 68, 75, 82, 91이 있으며, 이 뒤로 원하는 개수만큼 0이 붙은 저항을 살 수 있다.

논의 사항
±1% E96 제품군에 포함된 기본값은 E24 제품군에도 모두 포함되어 있으면서도, 기본값의 개수가 E24 제품군보다 4배 더 많다. 그러나 그렇게까지 정확한 저항값이 필요한 경우는 거의 없다.

손상될 수 있는 다른 부품으로 흐르는 전류를 제한하거나, LED(레시피 4.4)나 접합형 트랜지스터의 베이스(레시피 5.1)에 가해지는 전력을 제한하기 위해 저항을 사용할 때는 E24 제품군 중에서 원하는 값보다 큰 값 중 가장 작은 저항값을 선택한다.

예를 들어, 계산 결과 원하는 저항값이 239Ω이라고 하면, E24 제품군 중에서 240Ω의 저항을 선택하는 식이다.

실제로는 저항을 100개 묶음으로 파는 경우가 많기 때문에 오히려 모을 수 있는 저항을 모두 모으지 않도록 자제해야 할 수 있다. 내 경우는 시간이 지나면서 10Ω, 100Ω, 270Ω, 470Ω, 1k, 3.3k, 4.7k, 10k, 100k, 1M 저항을 모아 두게 되었다.

참고 사항

- 판매중인 모든 저항에 대한 상세 정보는 *http://www.logwell.com/tech/components/resistor_values.html*을 참고한다.

2.3 가변저항 선택하기

문제
가변저항의 원리를 알고 싶다.

해결책
포텐셔미터(pot, potentiometer)라고도 불리는 가변저항은 저항체와 저항체를 따라 위치를 바꿀 수 있는 슬라이더로 구성된다. 슬라이더의 위치를 바꾸면 슬라이더와 저항체 끝에 위치한 두 단자 중 하나 사이의 저항값을 변화시킬 수 있다. 가장 일반적인 유형의 포텐셔미터는 그림 2-3과 같은 회전식이다.

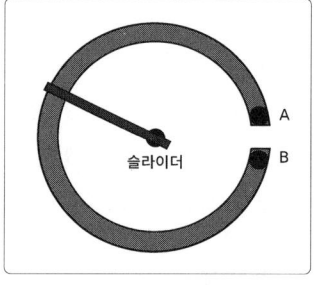

그림 2-3 회전식 포텐셔미터

논의 사항
포텐셔미터의 크기와 형태는 매우 다양하다. 그림 2-4는 여러 유형의 포텐셔미터를 모아 놓은 모습이다.

그림 2-4 포텐셔미터

그림 2-4의 제일 왼쪽 2개는 트리머라고 한다. 트리머는 드라이버를 사용해 돌리거나 엄지와 검지로 작은 손잡이를 돌려 저항값을 바꾸도록 고안되었다.

왼쪽에서 두 번째는 상당히 표준화된 유형으로 둥근 몸체에 나삿니가 있어서 포텐셔미터를 구멍에 고정시킬 수 있다. 축은 손잡이를 부착하기 전에 필요한 만큼만 남기고 잘라낼 수 있다.

그림 2-4의 가운데에 있는 것은 이중 포트 포텐셔미터다. 이 유형은 실제로는 포

텐셔미터 2개가 하나의 축을 공유하는 형태로, 스테레오의 볼륨 조절에 흔히 사용된다. 네 번째는 세 번째와 형태는 비슷하지만 온·오프 스위치가 결합된 유형이다. 마지막으로 가장 오른쪽에 있는 포텐셔미터는 슬라이딩 유형으로, 소리를 믹싱하는 믹싱 데스크에서 볼 수 있다.

포텐셔미터의 저항체에는 두 가지 유형이 있다. 선형 저항체의 경우 저항이 끝나는 부분이 포텐셔미터의 범위 위에 있다. 따라서 끝을 중간 지점에 두면 저항값은 전체 범위의 절반이 된다.

로그 저항체를 사용하는 포텐셔미터에서는 저항값이 슬라이더의 위치에 비례하지 않고 위치의 로그함수에 따라 증가한다. 이런 유형은 볼륨 조절에 사용하기 적합한데, 인간이 소음을 로그 방식으로 인식하기 때문이다. 오디오 앰프의 볼륨 조절기를 만들 게 아니라면 선형 포텐셔미터가 알맞을 것이다.

참고 사항
- 포텐셔미터를 아두이노나 라즈베리 파이와 연결하려면 레시피 12.9를 참고한다.
- 포텐셔미터는 가변 분압기로 사용할 수도 있다(레시피 2.6 참고).

2.4 직렬로 저항 연결하기

문제
여러 개의 저항을 직렬로 연결했을 때 전체 저항의 크기와 전력 조절에 미치는 영향을 알고 싶다.

해결책
여러 개의 저항을 직렬로 연결했을 때 전체 저항의 크기는 각각의 저항값을 모두 더한 값과 같다.

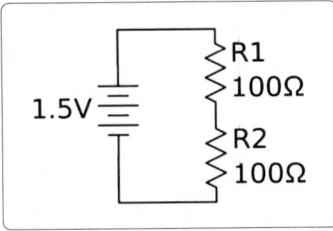

그림 2-5 직렬로 연결한 저항

논의 사항
그림 2-5는 저항 2개를 직렬로 연결한 모습이다. 전류는 하나의 저항을 통과해 두 번째 저항으로 흘러 간다. 한 쌍의 저항은 200Ω 저항 1개와 같다.

각 저항에서 열을 발생시키는 전력은 $\frac{V^2}{R} = \frac{0.75^2}{100\Omega}$

= 5.6mW다.

200Ω의 저항 하나만 쓴다면 전력은 다음과 같다.

전력 = $\frac{V^2}{R}$ = $\frac{1.5^2}{200}$ = 11.3mW

따라서, 저항을 2개 사용하면 전력을 두 배로 키울 수 있다.

저항을 하나만 써도 되는데 굳이 2개를 직렬로 사용하는 이유가 무엇인지 궁금해질 수도 있다. 한 가지 이유는 충분한 전력을 발생시키는 저항을 찾지 못했을 때 생길 수 있는 전력 손실이다.

그러나 다른 이유도 있다. 그림 2-6에서 보는 것처럼 가변저항(포텐셔미터)을 고정저항과 함께 사용하면 두 저항의 저항값이 더해지기 때문에 저항값이 고정저항의 저항값보다 낮아지지 않는다.

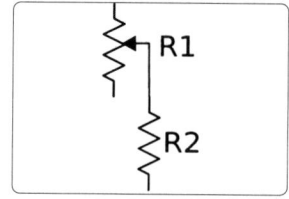

그림 2-6 포텐셔미터와 고정저항

참고 사항
- 직렬로 연결한 저항은 분압기를 구성하는 데 종종 사용된다(레시피 2.6 참고).

2.5 병렬로 저항 연결하기

문제
여러 개의 저항을 병렬로 연결했을 때 전체 저항의 크기과 전력 조절에 미치는 영향을 알고 싶다.

해결책
여러 개의 저항을 병렬로 연결했을 때 결합된 저항값은 각각의 저항값의 역수를 더한 값의 역수로 구할 수 있다. 다시 말해, 저항 R1과 R2를 병렬로 연결했을 때 전체 저항(R_{total})은 다음과 같이 구할 수 있다.

$$R_{total} = \frac{1}{\frac{1}{R_1} + \frac{1}{R_2}}$$

논의 사항
그림 2-7의 예에서 보듯이, 100Ω 저항 2개를 병렬로 연결하면 다음의 저항 1개와

저항값이 같다.

$$R_{total} = \frac{1}{\frac{1}{100\Omega} + \frac{1}{100\Omega}} = \frac{1}{\frac{2}{100\Omega}} = \frac{1}{\frac{1}{50\Omega}} = 50\Omega$$

직관적으로 생각했을 때, 이는 완벽하게 들어맞는 이야기다. 저항이 1개일 때와 달리 병렬로 연결하면 저항이 연결된 똑같은 경로가 2개 생기기 때문이다.

그림 2-7에서 100Ω의 저항 2개를 연결한 값은 50Ω 저항 1개와 같지만, 이렇게 연결했을 때 두 저항의 전력 소비는 어떻게 달라질까?

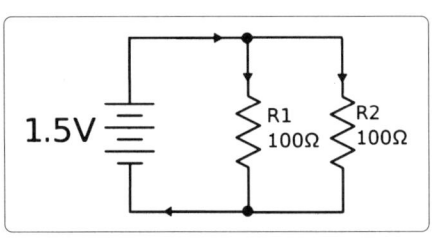

그림 2-7 병렬로 연결된 저항

직관적으로 생각한다면 100Ω 저항 2개의 총 소비 전력이 50Ω 저항 1개와 같다. 확인을 위해 실제로 계산해 보자.

100Ω 저항 각각에 해당하는 전력을 계산하면 다음과 같다.

$$전력 = \frac{V^2}{R} = \frac{1.5^2}{100} = 22.5mW$$

따라서 두 저항 전체에 걸리는 총 전력은 45mW가 되어서, 더 낮은 전력으로 더 많은 저항을 공통으로 사용할 수 있다.

예상한 대로 50Ω 저항 1개에 대한 전력의 크기를 계산하면 다음과 같다.

$$전력 = \frac{V^2}{R} = \frac{1.5^2}{50\Omega} = 45mW$$

참고 사항

- 저항의 직렬 연결은 레시피 2.4를 참고한다.

2.6 전압을 측정 가능한 수준으로 낮추기

문제

DC나 AC 전압을 낮추고 싶다.

해결책

저항 2개를 직렬로 연결해서 분압기(voltage divider, potential divider)로 사용해 보

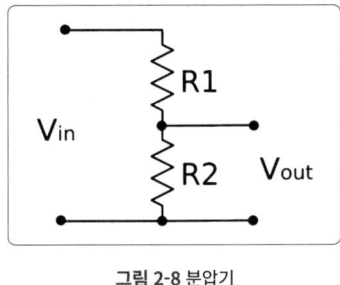

그림 2-8 분압기

자. 전압(voltage) 대신 전위차(potential)라는 용어를 쓰기도 하는데, potential이라는 단어는 잠재력이라는 뜻도 담고 있어서 전압이 일을 하거나 전류를 흐르게 할 수 있는 잠재력을 가진다는 점을 드러낸다.

그림 2-8은 분압기로 사용되는 한 쌍의 저항을 보여 준다.

출력 전압(V_{out})은 입력 전압(V_{in})보다 줄어들며, 그 값은 다음과 같이 계산한다.

$$V_{out} = \frac{R2}{R1 + R2} \times V_{in}$$

예를 들어, R1이 470Ω, 270Ω, V_{in}이 5V일 때 출력 전압은 다음과 같다.

$$V_{out} = \frac{R2}{R1 + R2} \times V_{in} = \frac{470}{270 + 470} \times 5V = 3.18V$$

논의 사항

R1과 R2가 같을 때 전압의 크기가 절반이 된다는 사실에 주목하자.

포텐셔미터는 당연하지만 분압기의 역할을 할 수 있다. 다시 말해, 총 합이 포텐셔미터와 같도록 저항 2개를 직렬로 연결한 것으로 생각할 수 있다. 그렇지만 포텐셔미터의 경우 손잡이를 돌려 R1과 R2의 저항비를 조절할 수 있다는 점이 다르다. 이는 볼륨 조절기에서 포텐셔미터가 사용되는 원리와 같다.

언뜻 생각하면 분압기는 전원 공급 장치의 전압을 줄일 때 유용할 것 같다. 그러나 사실은 그렇지 않은데, 분압기에서 출력 전압으로 다른 부하에 전력을 공급하려고 하면 마치 또 다른 저항이 R2에 직렬로 연결된되는 것 같은 결과를 가져오기 때문이다. 이 경우 분압기의 아래쪽 절반의 저항값이 크게 줄면 출력 전압 또한 낮아진다. 따라서 분압기를 이러한 방식으로 사용하려면 R1과 R2가 부하의 저항값보다 훨씬 낮아야 한다. 이러한 방식은 신호 수준을 낮추기에는 아주 유용하지만 출력이 높아야 하는 회로에서는 무용지물이 된다.

참고 사항

- 전원 공급 장치의 전압을 낮추는 여러 방법은 7장을 참고한다.
- 분압기를 사용한 전압 변환 방식은 레시피 10.17을 참고한다.

2.7 타지 않는 저항 선택하기

문제
저항이 과열되어 손상되지 않는 전력의 크기를 알고 싶다.

해결책
저항으로 인해 열로 변환되는 전력량을 계산해서(레시피 1.6) 이 값보다 훨씬 큰 값의 전력을 소비하는 저항을 선택한다.

예를 들어, 10Ω의 저항 1개가 1.5V 배터리 단자에 직접 연결되어 있다고 할 때, 저항으로 인해 열로 변환되는 전력의 크기는 다음과 같이 계산할 수 있다.

$$P = \frac{V^2}{R} = \frac{1.5 \times 1.5}{10} = 0.225W$$

이를 보면 1/4W의 표준 저항으로 충분하다는 것을 알 수 있지만, 이보다 한 단계 높은 1/2W 저항을 선택할 수도 있다.

논의 사항
취미공학자들이 가장 흔하게 사용하는 저항의 전력 소비량은 1/4W(250mW)다. 이들 저항은 너무 작지 않기 때문에 다루기 수월하고 리드선도 지나치게 가늘지 않아서 브레드보드에 사용할 때 연결이 안정적이고(레시피 20.1), LED의 전류를 제한하거나(레시피 14.1) 전압을 낮추기 위해 분압기로 사용(레시피 2.6)하는 등 대부분의 경우 충분한 전력을 처리할 수 있다.

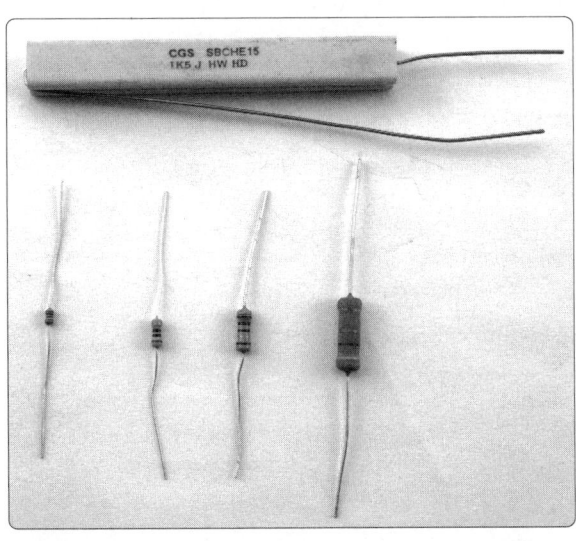

그 외에 리드선이 달린 스루홀 저항에 일반적으로 사용되는 정격 전력으로는 1/2W, 1W, 2W, 5W, 10W 등이 있다.

그림 2-9는 정격 전력이 다른 여러 저항을 보여 준다.

그림 2-9 위는 7W, 아래는 왼쪽부터 0.125W, 0.25W, 0.5W, 1W 저항이다.

회로 보드의 표면에 장착하는 크기가 작은 표면실장형 '칩 저항'의 경우 전력 소비량은 스루홀 유형보다 훨씬 작은 값부터 시작한다.

참고 사항
- 전력은 레시피 1.6을 참고한다.

2.8 조도 측정하기

문제
빛의 세기를 전기적인 방식으로 측정하고 싶다.

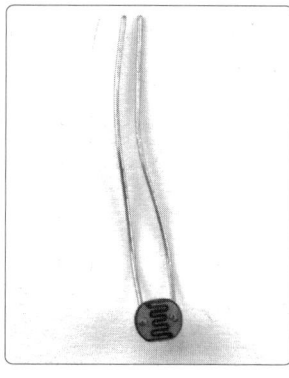

그림 2-10 포토레지스터

해결책
포토레지스터를 사용하자.

포토레지스터(그림 2-10)는 투명한 플라스틱 패키지에 든 저항으로, 저항값은 몸체에 닿는 빛의 양에 따라 달라진다. 포토레지스터가 밝게 빛날수록 저항값은 줄어든다.

일반적인 포토레지스터의 경우 직사 일광을 받았을 때의 저항이 1kΩ이라면 완전히 어두운 상태에서 이 값이 수 MΩ으로 증가할 수 있다.

논의 사항
포토레지스터는 분압기 회로(레시피 2.6)에서 고정저항과 함께 흔히 사용되며, 포토레지스터의 저항값은 전압으로 변환되어 마이크로컨트롤러(레시피 12.6)나 비교기(레시피 17.10)에 사용된다.

참고 사항
- 포토레지스터에 대한 자세한 설명은 레시피 12.6을 참고한다.

2.9 온도 측정하기

문제
온도를 전기적인 방식으로 측정하고 싶다.

해결책

한 가지 방법은 서미스터를 이용하는 것이다. 그 외의 방법은 레시피 12.10과 레시피 12.11에서 설명한다.

모든 저항은 온도 변화에 민감한 편이지만, 서미스터(그림 2-11)는 온도 변화에 특히 더 민감하다. 포토레지스터(레시피 2.8)에서처럼 분압기(레시피 2.6)에 종종 사용되어 저항을 좀 더 사용하기 편리한 전압으로 변환한다.

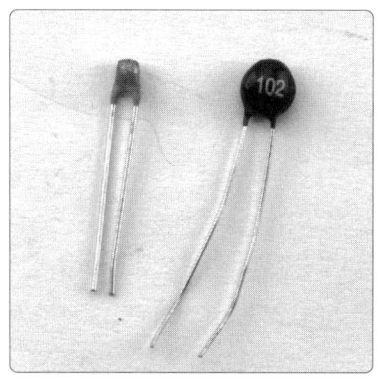

그림 2-11 두 가지 유형의 서미스터

논의 사항

서미스터에는 부온도계수(negative temperature coefficient, NTC)와 정온도계수 (positive temperature coefficient, PTC) 서미스터 두 가지 유형이 있다. 이중 NTC 서미스터가 조금 더 많이 사용되며, 온도가 증가할 때 저항값이 줄어든다. PTC 서미스터는 온도가 증가할 때 저항값도 증가한다.

PTC 서미스터는 온도 측정(레시피 12.7 참고) 외에 전류를 제한하는 데에도 사용된다. 서미스터를 지나는 전류가 증가하면 저항이 열을 발생시켜 저항값이 증가하고, 그 결과 전류가 감소한다.

참고 사항

- 서미스터를 사용해서 온도를 측정하는 실제 회로의 예는 레시피 12.7과 레시피 12.8을 참고한다.

2.10 적절한 전선 선택하기

문제

가능하다면 저항이 없는 전선이 가장 좋다. 그러나 실제로 전선에 저항이 없을 수는 없기 때문에 전선의 여러 유형뿐 아니라 전선의 저항도 설계에 반영하는 법을 알고 싶다.

해결책

전선은 모두 저항을 가진다. 구리선의 경우 길이가 같다면 두꺼운 쪽이 얇은 쪽보다 저항값이 낮다. '표준이 좋은 점은 언제나 선택지가 많다는 것이다'라는 말이 있다. 전선의 두께, 즉, 게이지(gauge)에 대해서는 이보다 더 적절한 표현이 없다. 가장 일반적으로 사용되는 표준으로는 미국 전선 규격 AWG(American Wire Gauge)와 영국의 표준 전선 규격 SWG(Standard Wire Gauge), 그리고 가장 논리적으로 전선의 직경을 단순히 mm로 표시하는 방식 세 가지가 있다.

전자공학 분야에서 사용되는 거의 모든 전선은 구리로 만들어진다. 전선의 피복을 벗겼을 때 은색으로 보이는 전선이라도 실제로는 산화를 막고 납땜이 편하도록 구리에 주석을 도금한 것일 때가 많다.

표 2-2는 일반적으로 사용되는 전선 게이지를 구리 전선의 피트당 저항(Ω) 및 직경과 함께 나타낸 것이다.

AWG	직경(mm)	미터당 저항	피트당 저항	최대 전류(A)	비고
30	0.255	339	103	0.14	
28	0.376	213	64.9	0.27	
24	0.559	84.2	25.7	0.58	연결용 단선
19	0.95	26.4	8.05	1.8	범용 연선
15	1.8	10.4	3.18	4.7	두꺼운 연선

표 2-2 일반적으로 사용되는 전선 게이지의 속성

AWG 숫자가 커지면 전선이 두꺼워진다. 24AWG보다 얇은 전선은 대부분 그림 2-12의 전선 같이 변압기와 인디케이터(indictor)를 감는 용도의 얇은 에나멜 전선이다.

그림 2-12 에나멜 절연처리된 인덕터용 30~22 AWG 권선

단선은 플라스틱 피복으로 감싸인 구리선 하나로 이루어진다(그림 2-13). 단선은 무납땜 브레드보드(레시피 20.1)에 사용하기 좋지만, 앞뒤로 반복해 구부리

면 금속 피로로 인해 끊어지기 때문에 접히는 부분에는 사용을 피해야 한다. 필자는 연선을 적어도 세 가지 색으로 구비해 두고, 검정색은 접지, 빨간색은 양의 전압, 그 외의 색은 전원과 직접 이어지지 않는 연결에 사용한다.

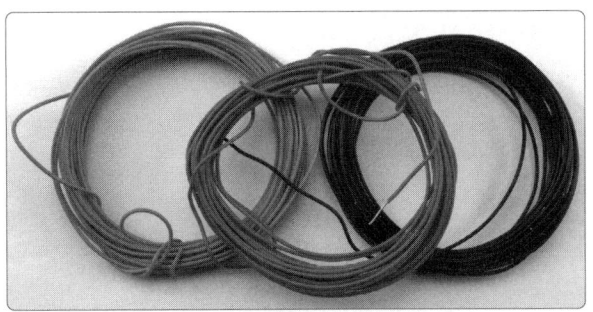

그림 2-13 연결용 단선(24 AWG)

휘어짐이 있을 수 있는 범용 전선은 여러 개의 선이 서로 꼬여 절연용 플라스틱 피복으로 감싸인 연선으로 이루어져 있다. 다시 말하지만, 전선의 색을 정해 두면 편리하다.

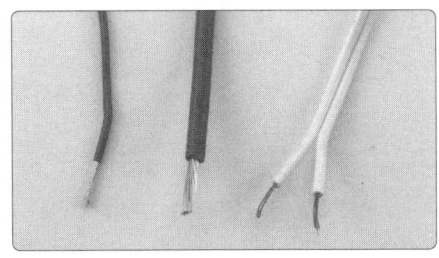

그림 2-14 19와 15 AWG 게이지의 인테리어용 이중 연선

논의 사항

표 2-2에 명시된 전류는 어디까지나 제안일 뿐이다. 각 게이지의 전선이 과열되지 않고 전달할 수 있는 실제 전류는 프로젝트에 사용되는 케이스의 통풍 상태가 어떤지, 여러 전선이 다른 전선의 부하와 합쳐져 가열되는지 등 여러 요인에 따라 달라진다. 그러니 표 2-2는 참고만 하자.

전선을 살 때 보면 보통 최대 절연 가능 온도가 명시되어 있다. 이는 전선 내부에서 열을 발생시키기 때문이기도 하지만, 절연이 오븐이나 화로 같이 온도가 높은 환경에서 이루어지기 때문이기도 하다.

높은 전압을 전달할 수 있는 전선을 원한다면, 피복이 튼튼한 제품을 찾아야 한다. 다시 한번 강조하지만, 보통은 절연을 위해 항복전압(breakdown voltage)이 명시되어 있다.

참고 사항

- 전선 게이지를 비교하기 위한 표는 *http://bit.ly/2lOyPIh*를 참고한다.
- 게이지에 따라 처리 가능한 전류의 크기는 *http://bit.ly/2mbgZS8*을 참고한다.

커패시터와 인덕터 3

3.0 개요

디지털 커패시터는 단기간 전하를 저장함으로써 회로의 안정성을 향상시키는 보험의 역할로 주로 사용된다. 그런 식으로 커패시터를 사용할 때는 특별히 계산할 필요 없이 IC의 데이터시트에 명시된 추천값을 따르면 된다.

그러나 아날로그 커패시터는 훨씬 더 다양한 방법으로 활용될 수 있다. 아날로그 커패시터는 소량의 전하를 단기간 저장할 수 있어서 발진기의 주파수를 설정하는 데 사용할 수 있다(레시피 16.5 참고). 또, 전원 공급 장치의 리플 전압(ripple voltage)을 정류하거나(레시피 7.2 참고) 신호의 DC 부분을 전송하지 않으면서 오디오 회로 2개를 동기화할 때(레시피 17.9 참고) 사용할 수도 있다.

사실 커패시터는 이 책 전반에서 가능한 모든 방식으로 사용되기 때문에 작동 원리, 적절한 커패시터 선택법 및 사용법을 이해하는 것이 중요하다.

인덕터는 커패시터만큼 흔히 사용되지는 않지만 전원 공급 장치 등에서 특별한 목적으로 널리 사용된다(7장 참고).

3.1 일시적으로 회로에 에너지 저장하기

문제

잠시 에너지를 저장하거나 펄스를 생성하거나 다른 부품을 전압 스파이크로부터 보호할 수 있는 전자 부품이 필요하다.

해결책

커패시터를 사용하자.

커패시터는 도체판 2개와 이를 분리하는 절연층만으로만 구성되어 있다(그림 3-1).

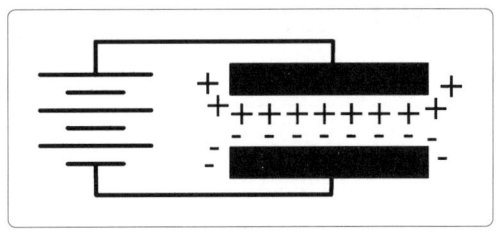

그림 3-1 커패시터

사실 커패시터의 도체판을 분리하는 절연층에는 공기를 사용할 수도 있지만, 공기층을 사용하는 경우 커패시터의 용량값이 매우 낮다. 실제로 커패시터의 값은 도체판의 면적, 도체판 사이의 거리, 전도체의 성능에 따라 달라진다. 따라서 도체판의 면적이 크고, 둘 사이의 거리가 가까울수록 커패시터의 전기 용량(커패시터가 저장할 수 있는 전하량)이 증가한다.

개별 전자가 커패시터를 통과해서 흐르지는 않지만, 커패시터의 한쪽 도체판에 있는 전자는 다른 쪽 도체판에 있는 전자에 영향을 미친다. 배터리 등 전원을 커패시터에 연결하면, 배터리의 양극에 연결된 도체판에 양의 전하가 축적되면서 전기장이 생기고, 그로 인해 같은 크기의 음의 전하가 반대쪽 도체판에 생성된다.

물을 예로 들어 설명하면, 커패시터를 파이프 속에 든 탄성막(그림 3-2)이라고 생각할 수 있다. 이 막은 물이 파이프 전체로 흐르지 못하도록 막으면서도 탄성이 있어서 커패시터가 물을 저장할 수 있도록 늘어난다. 그러나 정도가 지나치면, 탄성막이 찢어진다. 이는 들어오는 전압이 커패시터의 최대 전압을 넘어설 때 커패시터가 손상되는 원리를 설명해 준다.

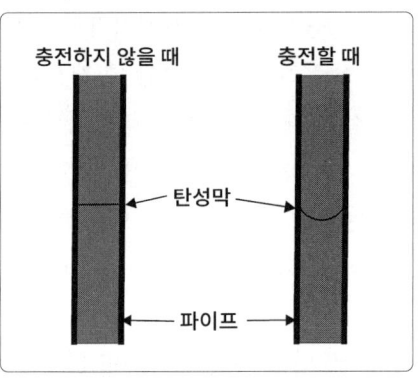

그림 3-2 물과 파이프에 빗대 나타낸 커패시터의 모습

논의 사항

전압을 커패시터에 인가하면, 커패시터에 해당 전압에 대한 전하가 거의 즉시 충전된다. 그러나 전압과 커패시터 사이에 저항을 두면, 완전히 충전될 때까지 어느 정도 시간이 걸린다. 그림 3-3은 스위치 S1과 S2를 사용했을 때 커패시터가 충전 또는 방전되는 원리를 보여 준다.

스위치 S1을 닫으면 전하가 R1을 지나 커패시터 C1에 충전되며, 전기 용량이 배터리의 전압과 같아지면 충전이 끝난다. 다시 S1을 열면 충전된 커패시터의 전하가 유지된다. 결국 커패시터는 **자체 방전**(self-discharge)을 통해 전하를 잃게 된다.

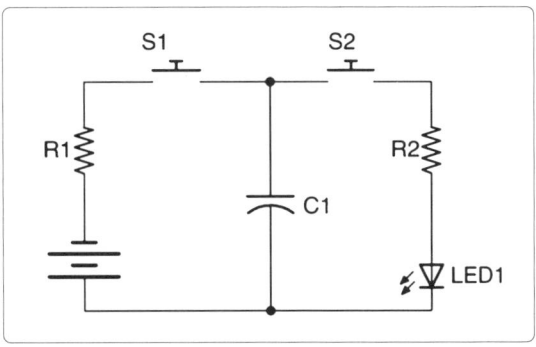

그림 3-3 커패시터의 충전과 방전

이제 스위치 S2를 닫으면 커패시터 C1이 R2와 LED1을 통해 방전되며, 그에 따라 LED1은 처음에 밝게 빛나다가 C1이 방전되면서 점점 그 밝기가 줄어든다.

그림 3-3의 회로도를 실험해 보고 싶다면, 그림 3-4와 같이 브레드보드를 구성하면 된다. 브레드보드의 소개는 레시피 20.1을 참고한다. 여기에서는 1kΩ 저항과 100μF 커패시터를 사용한다.

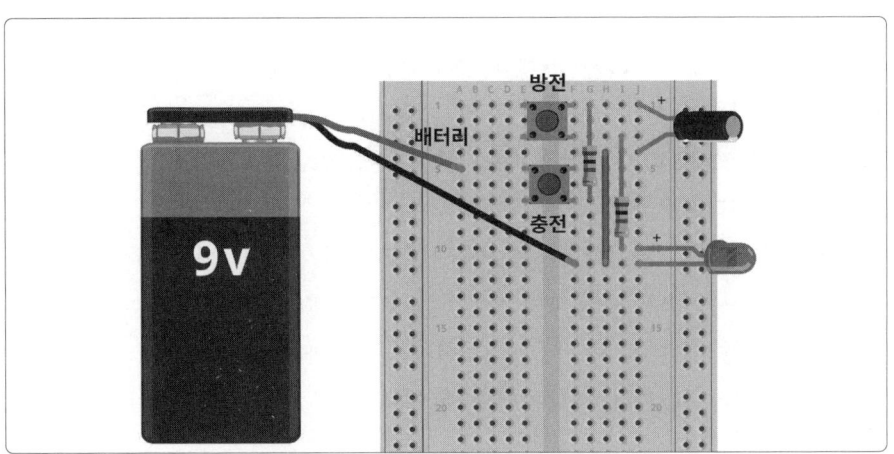

그림 3-4 커패시터 실험을 위한 브레드보드 배치

충전이라고 쓰여진 버튼을 1~2초 동안 눌러 커패시터를 충전시킨 뒤 버튼에서 손을 떼고, 다음에는 방전이라고 쓰여진 버튼을 눌러 보자. LED는 1초 정도 밝게 빛났다가 점점 그 밝기가 줄어들면서 1초 정도 후에는 완전히 꺼진다.

3.1 일시적으로 회로에 에너지 저장하기   27

커패시터가 처음 충전되었다가 다시 방전되는 동안 이에 걸리는 전압을 모니터링해 보면, 그림 3-5와 같은 모습을 확인할 수 있다.

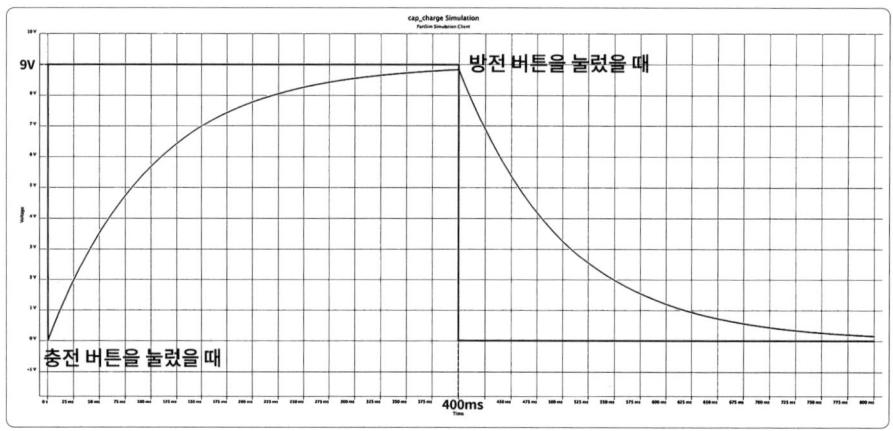

그림 3-5 커패시터의 충전과 방전

그림 3-5에서 사각형 형태의 파형이 1kΩ 저항을 통해 커패시터에 인가되는 전압이다. 처음의 400ms 동안 이 값은 9V로 유지된다. 그러나 커패시터의 전압이 직선의 형태로 증가하지 않고, 처음에는 빨리 증가하다가 그 값이 배터리 전압에 가까워질수록 점차 증가폭이 줄어든다.

마찬가지로 커패시터가 방전될 때도 전압은 처음에 급격하게 떨어지다가 감소폭이 줄어들기 시작한다.

따라서 커패시터가 전기에너지를 저장한다고 하면 커패시터와 충전식 배터리의 차이가 궁금할 수 있다. 사실, 전기에너지를 빠르게 충전했다 방전해야 하는 경우라면, 전기 용량이 아주 큰 슈퍼 커패시터라는 특수한 유형의 커패시터가 충전식 배터리로 사용되기도 한다. 커패시터와 배터리의 차이점은 다음과 같다.

- 충전식 배터리는 화학 반응을 이용해 전기를 발생시키는 반면, 커패시터는 전하를 직접 저장한다.
- 충전식 배터리는 충전이나 방전 시간이 몇 분에서 몇 시간에 달한다. 커패시터는 1초도 안 돼서 충전과 방전이 끝날 수 있다.
- 커패시터의 전압은 방전이 시작되는 즉시 급격히 떨어지는 반면, 배터리의 전압은 배터리가 거의 방전될 때까지 상대적으로 일정하게 유지된다.

- 단위 당 용량의 경우, 가장 성능이 뛰어난 슈퍼 커패시터보다 배터리가 10배 이상의 에너지를 저장할 수 있다.

참고 사항
- 무납땜 브레드보드의 사용 방법은 레시피 20.1을 참고한다.
- 그림 3-5의 전압 곡선은 회로 시뮬레이터를 사용해 작성했다(레시피 21.11). 인터넷에서 파트심(PartSim)을 사용해 이와 같이 직접 시뮬레이션을 해볼 수 있다 (*http://bit.ly/2mrtrhs*).

3.2 커패시터 유형 구별하기

문제
다양한 커패시터 유형 중에서 원하는 응용 방식에 적합한 커패시터를 선택해야 한다.

해결책
원하는 응용 방식에 필요한 커패시터가 특별한 기능을 갖추어야 하는 경우가 아니라면, 다음과 같은 일반적인 법칙을 적용할 수 있다.

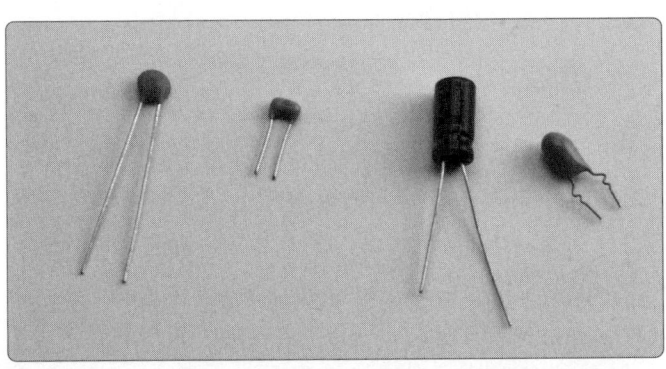

그림 3-6 커패시터 유형: (a) 디스크형 세라믹, (b) MLC, (c) 알루미늄 전해, (d) 탄탈

대부분의 경우 1pF~1nF의 용량에는 디스크 형태를 사용한다(그림 3-6a). 1nF~1μF의 용량이라면 다층 세라믹 커패시터(MLC, 그림 3-6b), 1μF 이상의 용량이라면 알루미늄 전해 커패시터(그림 3-6c)를 선택한다. 가장 오른쪽에 있는 커패시터는 탄탈 전해 커패시터(tantalum electrolytic capacitor)다.

논의 사항

디스크형 세라믹, MLC, 알루미늄 전해 커패시터가 가장 일반적으로 사용되는 유형이지만 이 외에도 여러 유형이 있다.

- 유리 및 운모 커패시터는 전 온도 범위에서 사용 가능하지만 다른 유형의 커패시터보다 가격이 비싸다.
- 탄탈 전해 커패시터는 극성을 가진 커패시터로, MLC와 전해 커패시터의 중간쯤 되는 용량을 가진다. 크기가 작지만 상대적으로 가격이 비싸고, 최대 용량이 수십 μF에 달한다. 단점으로는 커패시터의 단자가 서로 맞물릴 때 흔하게 손상이 일어나며, 이때 상당한 폭발이 발생하는 경우가 많다는 것이다. MLC 커패시터의 용량이 수백 uF까지 증가하면서 탄탈 커패시터는 거의 사용하지 않게 되었다.

커패시터는 저항보다 안정성이 떨어진다. 정격 전압 이상을 인가하면 절연층이 손상되기 쉽다. 전해 커패시터는 알루미늄 통에 든 전해질을 사용하며, 이때 알루미늄 통은 절연체로 아주 얇은 산소층을 생성한다. 이러한 커패시터는 특히 과전압이나 과열, 또는 단순한 노화로 인해 고장을 일으키기 쉽다. 오래된 HiFi 장치가 고장나는 경우, 그 원인이 되는 것은 보통 전원 공급 장치에 사용된 대형 전해 커패시터다. 또한, 전해 커패시터가 고장 나면 커패시터에서 전해액이 상당히 지저분하게 빠져 나올 수 있다.

정격 전압

장치를 선택할 때는 커패시터의 실제 정전 용량 외에도 고려해야 할 사항이 많이 있다. 그 중에 특히 중요한 것이 정격 전압이다. 높은 전압을 사용하는 장치를 만들지 않는다면 용량이 작은 커패시터라도 일반적으로 정격 전압이 50V는 넘기 때문에 보통은 큰 문제가 되지 않는다. 그러나 전해 커패시터라면 커패시터의 크기와 전압이 서로 상충되는 관계이기 때문에 어느 쪽을 우선할지 정해야 한다. 보통 판매되는 전해 커패시터의 정격 전압으로는 6.3V, 10V, 25V, 30V, 40V, 50V, 63V, 100V, 160V, 200V, 250V, 400V, 450V가 있다. 정격 전압이 500V가 넘는 전해 커패시터는 쉽게 보기 힘들다.

정격 온도

세라믹과 MLC 패키지의 커패시터에서 일반적으로 사용되는 정격 온도는 다양한 값을 가지지만, 알루미늄 전해 커패시터는 고온에 훨씬 취약해서 정격 온도가 보통 80℃나 105℃다.

등가 직렬 저항

정격 온도는 커패시터를 빠르게 충전하거나 방전할 때 중요하게 작용하는데, 커패시터의 내부에는 충전과 방전 시에 열을 발생시키는 등가 직렬 저항(equivalent series resistance, ESR)이 항상 존재하기 때문이다.

저용량 MLC 커패시터라면 보통 등가 직렬 저항이 아주 작거나 리드선의 저항보다 조금 더 크다. 이 경우 충전과 방전이 아주 빠르게 이루어진다. 용량이 큰 전해 커패시터의 등가 직렬 저항은 수백 mΩ다. 용량에 관계없이 등가 직렬 저항은 커패시터의 충전 및 방전 속도를 제한하며, 발열 현상을 일으킨다.

참고 사항

- 전해 커패시터를 사용해서 전원 공급 장치의 리플 전압을 정류하는 방법은 레시피 7.4를 참고한다.

3.3 커패시터의 정전 용량 확인하기

문제

가지고 있는 커패시터의 값을 확인하고 싶다.

해결책

용량이 작은 소형 표면 실장형 커패시터는 보통 겉에 아무런 표시가 되어 있지 않기 때문에 구입하자마자 본인이 직접 용량을 표시해 두어야 한다.

전해 커패시터는 보통 패키지에 용량과 정격 전압이 인쇄되어 있다. 양극성 스루홀 유형의 전해 커패시터는 양극 리드선이 음극 리드선보다 길며, 음극 선에 마이너스 기호나 다이아몬드 부호가 표시되어 있다.

그 외에 대부분의 커패시터는 표면 실장형 레지스터와 비슷한 숫자 표기 방식을 사용한다. 용량 크기는 보통 숫자 3개와 문자 1개로 표시된다. 처음의 숫자 2개는 기본값이며, 세 번째 숫자는 기본값 뒤에 붙는 0의 개수다. 기본값은 pF(피코패럿, 부록 D 참고)으로 나타낸다.

예를 들어 100pF 커패시터라면 패키지에 표기된 숫자 3개는 101(1, 0과 그 뒤에 붙는 0이 1개)이다. 100nF 커패시터의 경우 숫자는 104(1, 0과 그 뒤에 붙는 0이 4개)이며, 100,000pF 또는 100nF을 뜻한다.

숫자 뒤에 붙는 문자는 허용 오차를 나타낸다(J, K, M은 각각 ±5%, ±10%, ±20%를 의미한다).

논의 사항
커패시터에서 사용되는 기본값의 수는 저항보다 훨씬 작다. 보통 사용되는 기본값은 10, 15, 22, 33, 47, 68이며, 추가로 필요한 0의 개수를 그 뒤에 붙인다.

참고 사항
- 저항의 색깔 코드를 읽는 방법은 레시피 2.1을 참고한다.

3.4 커패시터를 병렬로 연결하기

문제
여러 개의 커패시터를 연결해서 전체적인 정전 용량을 늘리고 싶다.

해결책
그림 3-7을 보면 병렬로 연결된 커패시터 2개가 차지하고 있는 도체판 표면 면적이 두 배가 된 것을 알 수 있으며, 따라서 전체 정전 용량도 커패시터 2개의 용량 합이 될 것이라 가정할 수 있다.

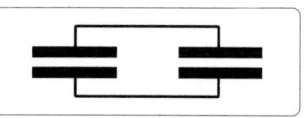

그림 3-7 병렬로 연결된 커패시터 2개

논의 사항
여러 개의 커패시터를 병렬로 두어 전체적인 정전 용량을 늘리는 방법은 실제로 꽤 흔하게 사용된다. 이러한 방법은 고전력 변압기를 전원 공급 장치로 사용하는 오디오 증폭기 등에서 특히 쉽게 찾아볼 수 있다. 이러한 장치에서는 전원 공급 장치로부터 발생하는 리플 전압을 최대한 제거하는 것이 중요하기 때문이다(레시피 7.2 참고).

그러한 시스템에서는 유형과 용량이 서로 다른 커패시터를 여러 개 병렬로 연결해서 등가 직렬 저항의 영향을 최소화하는 것이 보통이다(레시피 3.2 참고).

참고 사항

- 커패시터의 직렬 연결은 레시피 3.5를 참고한다.

3.5 커패시터를 직렬로 연결하기

문제

커패시터를 이렇게 일반적이지 않은 방법으로 연결하는 사람이 있던데, 그 이유를 알고 싶다.

해결책

2개 이상의 커패시터를 직렬로 연결하면, 이들 커패시터의 총 정전 용량은 다음 식에 따라 계산할 수 있다. 이때, 이 식은 흥미롭게도 병렬로 연결된 전체 저항값(R_{total})을 구하는 공식과 매우 비슷하다.

$$R_{total} = \frac{1}{\frac{1}{C_1} + \frac{1}{C_2}}$$

논의 사항

커패시터는 보통 직렬로 연결하지 않는다. 그러나 레시피 7.12와 같이 아주 복잡한 회로에서 직렬 연결이 가끔 사용되기도 한다.

참고 사항

- 커패시터의 병렬 연결은 레시피 3.4를 참고한다.

3.6 많은 양의 에너지를 저장하기

문제

보통의 커패시터로는 용량이 충분하지 않다.

해결책

슈퍼 커패시터는 정전 용량이 아주 큰 저전압 커패시터로, 주로 에너지를 저장해 두었다가 충전식 배터리로 사용한다.

    슈퍼 커패시터의 용량은 최대 수백 패럿(F)에 달할 수 있다. 알루미늄 전해 커패시터의 최대 정전 용량은 약 0.22F이다.

논의 사항

수 패럿 정도의 상대적으로 용량이 작은 슈퍼 커패시터를 충전식 배터리나 수명이 긴 리튬 배터리 대신 사용하면, 전원이 끊기면 사라지는 정적 RAM의 메모리를 유지하도록 IC를 대기 모드로 두거나, 실시간 클록(real-time clock, RTC) 칩에 전원을 공급하여 RTC IC가 내장된 장치의 전원이 끊기더라도 일정 시간 동안 내부 클록이 유지되도록 할 수 있다.

용량이 매우 큰 슈퍼 커패시터는 대량의 에너지를 저장하는 충전 배터리 대신 사용될 수 있다.

정전 용량이 500F 이상인 슈퍼 커패시터는 몇 달러면 구입할 수 있다. 슈퍼 커패시터의 최대 전압은 2.7V이며, 용량이 더 큰 커패시터를 사용할 때 커패시터를 특별한 보호 회로와 직렬로 연결해 두면 커패시터가 충전되는 동안 전압 제한인 2.7V를 초과하지 않는다.

슈퍼 커패시터는 대부분 표준 알루미늄 전해 커패시터와 비슷한 모습을 하고 있다. 현재 슈퍼 커패시터의 에너지 저장 용량은 충전식 배터리보다 많이 부족하며, 커패시터의 특성상 전압이 배터리가 방전될 때보다 더 빠르게 줄어든다.

참고 사항

- 슈퍼 커패시터와 일반 커패시터에 저장되는 에너지량의 계산은 레시피 3.7을 참고한다.

3.7 커패시터에 저장되는 에너지량 계산하기

문제

커패시터를 일정한 전압까지 충전시키려 할 때 커패시터가 저장할 수 있는 용량을 알고 싶다.

해결책

커패시터에 저장되는 에너지량(J)은 다음과 같이 계산한다.

$$E = \frac{CV^2}{2}$$

논의 사항
중간 용량의 470μF, 35V의 전해 커패시터라면 저장되는 에너지는 다음과 같이 구할 수 있다.

$$E = \frac{CV^2}{2} = \frac{0.00047F \times 35V^2}{2} = 0.29J$$

이 정도는 그다지 큰 에너지는 아니다. 저장할 수 있는 에너지의 양이 전압의 제곱에 비례하기 때문에 용량은 동일하고 전압은 200V인 커패시터를 사용하면 훨씬 놀라운 결과를 얻을 수 있다.

$$E = \frac{CV^2}{2} = \frac{0.00047F \times 200V^2}{2} = 9.4J$$

500F 용량, 2.7V의 슈퍼 커패시터라면 한층 더 놀라운 결과를 확인할 수 있다.

$$E = \frac{CV^2}{2} = \frac{500F \times 2.7V^2}{2} = 1822.5J = 1.822kJ$$

비교하자면 1.5V, 2000mAH AA 배터리 하나에 저장되는 에너지는 다음과 같다.

$$2A \times 3600s \times 1.5V = 10.8kJ$$

참고 사항
- 충전식 배터리에 대한 정보는 레시피 8.3을 참고한다.

3.8 전류를 변경하고 조정하기

문제
신호의 일부를 필터링하거나 변동을 평평하게 다듬어 줄 수 있는 부품이 필요하다.

해결책
인덕터는 단순히 말하면 전선을 둥글게 감아놓은 것이다. DC에서 인덕터는 전선과 같은 행동을 보이며 저항을 가지지만, AC에서는 조금 재미있는 행동을 한다.

전류가 인덕터에서 방향을 바꾸면 전압 방향도 반대로 변한다. 이러한 현상은 AC가 인덕터를 통과할 때의 주파수가 커질수록 더 분명해진다.

따라서 최종 결론을 내리자면, AC의 주파수가 높을수록 인덕터가 전류의 흐름에 더 격렬히 **저항한다**. 그러므로, 인덕터로 인한 영향을 일반 저항의 영향과 혼동하지 않도록 **유도저항(reactance)**이라는 이름으로 부르지만, 단위는 저항과 동일한 Ω을 사용한다.

인덕터의 유도저항 X는 다음 식으로 계산할 수 있다.

$X = 2\pi fL$

F는 AC의 주파수(초당 주기 수)이며, L은 인덕터의 인덕턴스로, 단위는 헨리(H)다. 이러한 저항 효과는 저항처럼 열을 발생시키지만, 저항과 다르게 이렇게 발생된 열에너지를 회로에 돌려준다.

인덕터의 인덕턴스는 전선이 감긴 횟수와 감긴 전선의 종류에 따라 달라진다. 따라서 용량이 아주 작은 인덕터라면 코어 없이 전선이 두어 번만 감겨 있을 수도 있다(이러한 인덕터를 공심 인덕터(air-core inductor)라고 한다). 이보다 값이 큰 인덕터에는 철 코어와 페라이트 코어가 사용되며, 그 중에서도 페라이트 쪽이 더 많이 사용된다. 페라이트는 자성을 띤 세라믹 물질이다.

인덕터의 전류 전달 능력은 보통 코일에 사용되는 전선의 두께에 따라 달라진다.

논의 사항

인덕터는 고주파 펄스가 발생되는 스위치 모드의 전원 공급 장치(SMPS)에서 사용된다(레시피 7.8, 레시피 7.9 참고). 또, 무선 주파수를 사용하는 전자부품에도 폭넓게 활용되는데, 이 경우 대부분 커패시터와 연결해서 동조 회로를 구성한다(19장 참고).

초크(choke)라고 불리는 인덕터의 유형은 DC는 통과시키고 신호의 AC 부분은 차단하도록 설계되었다. 이러한 초크 인덕터를 사용하면 원치 않는 무선 주파수 잡음이 회로에 침투하는 것을 방지할 수 있다. USB를 볼 때 단자의 한쪽 끝에 원통형의 덩어리가 붙어 있는 경우를 종종 발견할 수 있다. 이것이 바로 페라이트 초크로, 전선을 둘러싸고 있는 원통형의 페라이트 물질로 되어 있으며, 고주파 잡음을 억제할 수 있을 만큼 전선의 인덕턴스를 증가시켜 준다.

참고 사항

- 스위치 모드 전원 공급 장치에서의 인덕터 사용에 대한 자세한 내용은 레시피 7.8과 레시피 7.9를 참고한다.
- 변압기에 대한 자세한 내용은 레시피 3.9를 참고한다.

3.9 AC 전압 변환하기

문제
AC 전압을 변환할 수 있는 부품이 필요하다.

해결책
변압기는 본질적으로 1개의 코일을 둘러싼 2개 이상의 인덕터 코일로 구성된다. 그림 3-8은 변압기의 회로도와 기본적인 원리에 대한 실마리도 보여 준다.

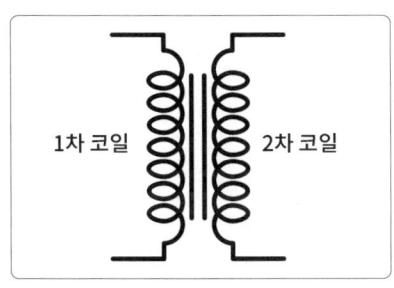

그림 3-8 변압기

변압기에는 1차 코일과 2차 코일이 있다. 그림 3-8은 변압기 유형 중 하나를 보여 준다. 1차 코일은 AC, 즉 AC 콘센트에서 나온 110V 전압으로 구동되며, 2차 코일은 부하에 연결된다.

2차 코일에 걸리는 전압은 1차 코일의 전선이 감긴 횟수 대 2차 코일의 전선이 감긴 횟수의 비에 의해 결정된다. 따라서, 1차 코일의 전선이 1,000번 감겨 있고, 2차 코일의 전선이 100번 감겨 있다면, AC 전압은 1/10배 줄어든다.

그림 3-9는 여러 변압기를 모아 놓은 모습이다. 보다시피 크기가 아주 다양하다.

그림 3-9의 왼쪽에 있는 소형 고주파 변압기는 1회용 플래시 카메라에서 떼어낸 것으로, 1.5V 배터리에서 나오는 파형을 띤 DC(거의 AC와 마찬가지)가 나오면 이

그림 3-9 여러 유형의 변압기

를 제논(Xenon) 섬광 전구에서 필요로 하는 400V의 전압으로 높이는 데 사용되었다.

가운데의 변압기는 보통 110V의 AC를 더 낮은 6V나 9V 전압으로 낮추는 데 사용한다.

오른쪽 변압기 역시 AC 콘센트의 전압을 더 낮은 전압으로 낮추기 위해 고안되었다. 이와 같은 변압기를 트로이달 변압기(toroidal transformer)라고 하며, 1차와 2차 코일이 하나의 트로이달 형성자(toroidal former, 도넛 형태로 배열된 철광층)의 위아래를 둘러 싸고 있다. 이러한 변압기는 하이파이(HiFi) 장치에 흔히 사용되는데, 대부분의 스위치 모드 전원 공급 장치에서 발견되는 잡음이 고급 하이파이 증폭기에 지나치게 높다고 여겨지기 때문이다.

논의 사항

예전에는 무선 수신기 같은 낮은 전압을 사용하는 DC 기기를 AC 콘센트에 연결해 전원을 인가하려면, 먼저 변압기를 사용해서 60Hz, 100V의 전압을 9V 정도로 떨어뜨려야 했다. 그런 다음 낮은 전압의 AC를 정류한 뒤 평평하게 다듬어서 DC로 변환했다.

그러나 요즘은 변압기가 비쌀 뿐 아니라 구리를 감싸는 긴 전선과 철로 이루어져서 매우 무겁기 때문에 대신 스위치 모드 전원 공급 장치(레시피 7.8 참고)가 흔하게 사용된다. 변압기도 아직까지 스위치 모드 전원 공급 장치에서 사용되지만, 작동은 60Hz보다 훨씬 높은 주파수에서 이루어진다. 높은 주파수(보통 수백 kHz)에서 작동이 이루어지면 낮은 주파수의 변압기보다 크기와 무게는 훨씬 작으면서도 뛰어난 효율을 유지할 수 있다.

참고 사항

트로이달 변압기의 코일을 감는 장치인 권선기의 작동 모습을 담은 동영상은 *https://youtu.be/82PpCzM2CUg*에서 확인할 수 있다.

레시피 7.1에서는 변압기로 하나의 AC 전압을 다른 AC 전압으로 변환하는 방법을 알려준다.

다이오드 4

4.0 개요

전자공학 분야에서 다이오드는 고양이 수염 검출기(cat's whisker detector)라는 형태로 광석 라디오에 처음 사용되었다. 고양이 수염 검출기는 피복이 없는 전선 하나와 조정 가능한 지지대로 이루어진 단순한 장치로, 전선이 라디오에 함께 사용된 반도체 성질을 지닌 광물(보통 황화납이나 실리콘)의 결정체(crystal)를 건드리도록 고안되었다. 수염(전선)을 조심스럽게 움직이다 보면 어느 접촉 지점에서 장치가 다이오드처럼 작동해서 전류가 한 방향으로만 흐른다. 이러한 성질이 필요한 장치로는 무선 신호를 검출해서 소리로 변환시켜 주는 간단한 무선 수신기가 있다(19장 참고).

오늘날 다이오드는 사용이 훨씬 수월해졌으며, 아주 다양한 크기와 형태로 판매된다.

4.1 하나의 다이오드에서 전류의 흐름 막기

문제
전류가 한쪽 방향으로만 흐르고 다른 쪽으로는 흐르지 않도록 막아 주는 부품이 필요하다.

해결책
다이오드는 본체를 통과한 전류가 한 방향으로만 흘러가도록 해 주는 부품이다. 전류가 파이프 속을 흐르는 물이라고 가정하면 다이오드는 일종의 단방향 밸브라고 생각할 수 있다. 물론 이는 아주 단순화시킨 개념이다. 그러나 실제로는 다이오드가 한쪽 방향으로는 아주 낮은 저항을, 다른 방향으로는 아주 높은 저항을 가한다. 따라서 이 단방향 밸브가 열려 있을 때는 전류의 흐름을 살짝 방해하고, 닫혀 있을 때는 전류가 미약하게 샌다. 그러나 대부분의 경우 다이오드는 전류의 흐름을 조절하는 단방향 밸브라고 생각해도 크게 무리가 없다.

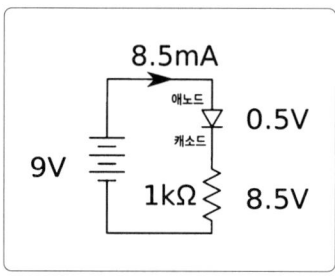

그림 4-1 순바이어스 다이오드

다이오드에는 특수한 유형이 많이 있지만, 우선 가장 많이 사용되는 기본 다이오드인 정류 다이오드(rectifier diode)부터 살펴보자. 그림 4-1은 배터리, 저항과 함께 회로에 사용된 다이오드를 보여 준다.

여기에서 다이오드는 전류가 흐르도록 해주기 때문에 순바이어스 다이오드(forward-biased diode)라고 한다. 다이오드의 두 리드선은 각각 애노드(anode, 약자는 'a')와 캐소드(cathode, 혼란스러울 수도 있지만 약자는 'k')라고 한다. 순바이어스 다이오드에서 애노드에는 그림 4-1에서처럼 캐소드보다 높은 전압이 인가되어야 한다.

순바이어스 다이오드의 성질 중 재미있는 점은 저항과 달리 다이오드에 걸리는 전압이 통과하는 전류에 비례해 변화하지 않으며, 흐르는 전류의 크기에 관계 없이 거의 일정하게 유지된다는 것이다. 다이오드에 걸리는 전압은 다이오드의 유형에 따라 다르기는 하지만 보통 0.5V 정도다.

그림 4-1에서 저항을 통과하는 전류의 값은 다음과 같이 계산할 수 있다.

$$I = \frac{V}{R} = \frac{9V - 0.5V}{1K\Omega} = 8.5mA$$

다이오드대신 전선으로 교체하더라도 줄어드는 값은 0.5mA에 불과하다.

그림 4-2에서 다이오드는 그림 4-1에서와는 반대의 방향을 향하고 있다. 이런 유형을 역바이어스 다이오드(reverse-biased diode)라고 하며, 이로 인해 전류가 저항으로 거의 흘러가지 못한다.

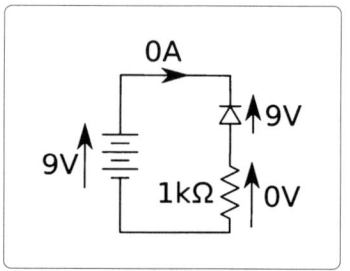

그림 4-2 역바이어스 다이오드

논의 사항

전류를 한 방향으로만 흐르도록 하는 다이오드의 이런 효과는 AC를 DC로 변환하는 데 사용할 수 있다(레시피 1.7). 그림 4-3은 AC 전원에 다이오드를 사용했을 때의 효과를 보여 준다.

이러한 효과를 정류(rectification)라고 부른다(레시피 7.2 참고). 그림에서 왕복 운동 중 음의 부분은 사용되지 않는다. 그러나 전압이 음의 방향으로 내려

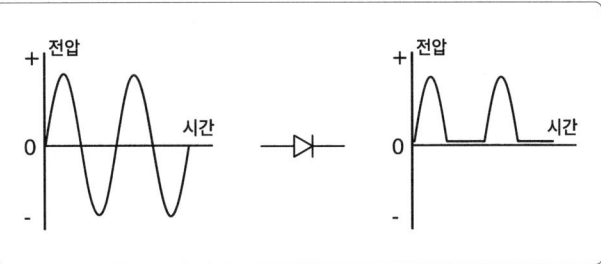

그림 4-3 정류

가지 않더라도 전압은 일정한 값을 유지하지 않고 여전히 0V와 최대 전압 사이를 오르내리기 때문에, 역시 이를 DC라고 부르기는 힘들다. 이 다음 커패시터를 부하 저항과 병렬로 연결하면 신호가 매끈해지면서 거의 일정한 DC 전압을 얻을 수 있다.

참고 사항

- 전원 공급 장치의 다이오드 사용에 대해서는 레시피 7.2와 레시피 7.3을 참고한다.

4.2 자신이 사용하는 다이오드 알아보기

문제

여러 유형의 다이오드와 그 사용법을 알고 싶다.

해결책

그림 4-4는 여러 유형의 다이오드를 보여준다. 일반적으로 다이오드의 패키지가 클수록 처리 가능한 전력 용량도 커진다. 대부분의 다이오드는 검은 원통형 플라스틱의 몸통과 몸통의 한쪽 끝에 연결된 캐소드를 나타내는 선(순바이어스 다이오드의 경우 더 낮은 전압이 걸리는 쪽이다)으로 이루어진다.

그림 4-4의 제일 왼쪽에 있는 다이오드는 표면 실장형이다. 그 오른쪽에 위치

한 나머지 스루홀 유형들은 크기가 커질수록 정격 전류도 커진다.

논의 사항

다이오드는 여러 유형이 있다. 값(예를 들어 1kΩ)을 기준으로 구입하는 저항과 달리 다이오드는 제조사의 부품 번호로 구별한다.

표 4-1은 가장 일반적으로 사용되는 몇 가지 정류 다이오드를 정리한 것이다.

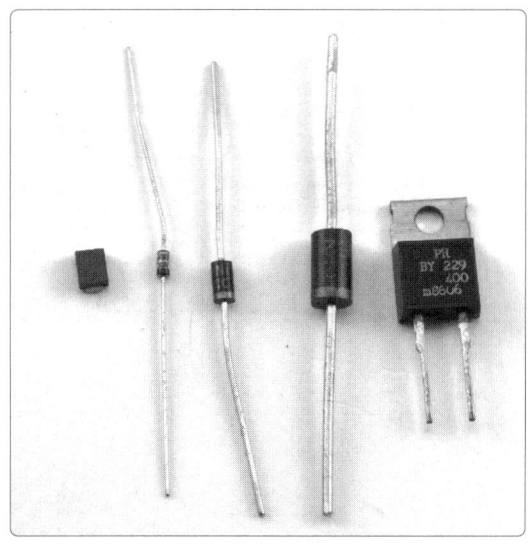

그림 4-4 여러 유형의 다이오드

부품 번호	평상 순방향 전압	최대 전류	DC 차단 전압	회복 시간
1N4001	0.6V	1A	50V	30μs
1N4004	0.6V	1A	400V	30μs
1N4148	0.6V	200mA	100V	4ns
1N5819	0.3V	1A	40V	10ns

표 4-1 일반적으로 사용되는 다이오드

순방향 전압(forward voltage)은 약어로 흔히 Vf로 표기하며 순바이어스 다이오드에 걸리는 전압을 뜻한다. DC 차단 전압은 초과할 경우 다이오드를 손상시킬 수 있는 역바이어스 전압을 의미한다.

다이오드의 회복 시간은 순바이어스의 전도 상태에서 역바이어스 차단 상태로 전환되기까지의 시간을 말한다. 다이오드에서 이 시간은 그렇게 짧지 않으며, 활용 방식에 따라 빠른 스위칭이 필요할 때도 있다.

1N5819 다이오드는 쇼트키(Schottky) 다이오드라고 불린다. 이런 다이오드 유형의 경우, 순방향 전압의 크기가 훨씬 작으며 발생되는 열도 적다.

참고 사항

- 1N4000 다이오드 제품군의 데이터시트는 *http://bit.ly/2lOtD71*에서 확인할 수 있다.

4.3 다이오드로 DC 전압 제어하기

문제
다이오드를 사용해서 일정 크기 이상의 전압을 흘러 보내고 싶다.

해결책
제너(Zener) 다이오드를 사용한다.

　순방향 바이어스 상태일 때, 제너 다이오드는 일반 다이오드와 완전히 같은 행동을 보이며 전류를 흘려 보낸다. 역바이어스 상태일 때도 전압이 낮으면 일반 다이오드와 마찬가지로 저항값이 크다. 그러나 역바이어스 전압이 어느 수준(항복 전압)을 넘어서면, 다이오드는 순방향 바이어스 상태인 것처럼 즉시 전류를 흘려 보낸다.

　실제로 일반 다이오드는 높은 전압에서 제너 다이오드와 동일한 행동을 보이지만, 신중하게 전압을 제어하면 보이는 행동이 달라진다. 제너 다이오드가 일반 다이오드와 다른 점은, 제너 다이오드가 특정 전압(예를 들면 5V)에서 이러한 항복 현상이 일어났을 때를 대비해 특별히 고안되었으며, 그렇기 때문에 이러한 '항복 현상'이 일어나더라도 제너 다이오드에는 손상이 발생하지 않는다는 것이다.

논의 사항

제너 다이오드는 기준 전압(그림 4-5의 회로도 참고)을 제공하고자 할 때 유용하다. 사소한 차이이기는 하지만 제너 다이오드의 부품 기호는 캐소드쪽에 짧은 팔이 달려 있다는 점이 다르다.

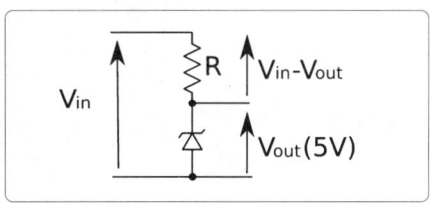

그림 4-5 제너 다이오드를 사용해서 기준 전압 제공하기

　저항 R은 제너 다이오드를 통과하는 전류를 제한한다. 이러한 전류는 언제나 다이오드에 연결된 부하를 통과하는 전류보다 훨씬 크다고 가정한다.

　이 회로는 **기준 전압**(voltage reference)을 제공할 때에만 유효하다. 이때 기준 전압은 안정적인 값을 제공하지만 부하 전류는 거의 제로에 가깝다. 이러한 예로는 레시피 16.4에서처럼 제너 다이오드가 트랜지스터와 함께 사용될 때를 들 수 있다. 그림 4-5로 돌아가서 저항값이 1kΩ일 때 V_{in}이 12V라면 흐르는 전류 값은 다음과 같이 계산할 수 있다.

$$I = \frac{V}{R} = \frac{12-5}{1000} = 7mA$$

출력 전압은 V_{in}이 5V보다 크기만 하다면 거의 5V로 유지된다. 이런 현상이 일어나는 이유를 이해하기 위해서 제너 다이오드에 걸리는 전압이 5V 항복 전압보다 낮다고 생각해 보자. 이 경우 제너 다이오드의 저항이 높기 때문에, 저항 R과 제너 다이오드로 인한 분압기 효과가 생기면서 저항에 걸리는 전압은 항복 전압보다 높아진다. 그러나 잠시 생각해 보자. 전압이 항복 전압을 초과했기 때문에 제너 다이오드에는 전류가 흐르기 시작하면서, V_{out}이 5V로 낮아진다. V_{out}이 5V 밑으로 떨어지면 다이오드가 작동을 멈추고 V_{out}은 다시 증가하기 시작한다.

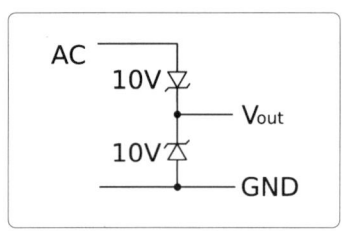

그림 4-6 과전압으로부터 입력 보호하기

제너 다이오드는 정전 방전이나 적절치 않게 연결된 장치로 인한 고전압 스파이크로부터 민감한 전자부품을 보호하는 데에도 사용된다. 그림 4-6은 ±10V를 넘지 않을 것이라 생각되는 증폭기의 입력이 높은 양과 음의 전압 모두로부터 보호되는 원리를 보여 준다. 입력 전압이 허용 범위 내에 있다면, 제너 다이오드는 높은 저항값을 가지게 되어 입력 신호에 간섭하지 않지만, 전압이 양이나 음의 방향 어느 한쪽으로 초과하는 즉시, 제너 다이오드에 전류가 흘러 과도한 전압을 접지시킨다.

참고 사항

- 일반적으로는 전압 조정기 IC(레시피 7.4 참고)를 사용하지만, 제너 다이오드를 트랜지스터와 함께 연결해서 전압 조정기로 사용할 수도 있다.

4.4 빛이 있으라

문제

전력 소비가 크지 않으면서 빛을 낼 수 있는 부품이 필요하다.

해결책

LED는 역바이어스 상태에서 전류를 차단한다는 점에서 표준 다이오드와 비슷하지만, 순바이어스 상태에서는 빛을 낸다는 차이점이 있다.

LED의 순방향 전압은 정류기의 일반적인 순방향 전압 크기인 0.5V보다 크며, LED의 색에 따라 달라진다. 일반적으로 빨간색 표준 LED의 순방향 전압은 약 1.6V다.

논의 사항

그림 4-7은 LED를 저항과 직렬로 연결한 모습이다. 저항은 지나치게 높은 전류로 인해 LED가 손상되는 것을 막기 위해 필요하다.

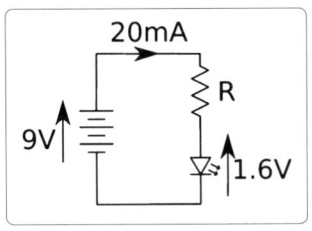

그림 4-7 LED에 전원 인가하기

발광체로 사용되는 LED는 보통 1mA에서 빛을 발하기 시작하지만 최적의 밝기를 내기 위해서는 일반적으로 20mA의 전류가 필요하다. LED의 데이터베이스에는 최적 및 최대 순방향 전류값이 명시되어 있다.

예를 들어 그림 6-5에서 9V 배터리로 전압이 공급될 때 LED의 순방향 전압이 1.6V라고 하면, 필요한 저항값은 옴의 법칙을 사용해 다음과 같이 계산할 수 있다.

$$R = \frac{V}{I} = \frac{9V - 1.6V}{20mA} = 370\Omega$$

370Ω은 일반적으로 사용되는 저항값이 아니기 때문에(레시피 2.2 참고) 대신 360Ω 저항을 사용하면, 전류는 다음과 같다.

$$I = \frac{V}{R} = \frac{9V - 1.6V}{360\Omega} = 20.6mA$$

이 정도의 전류 크기면 별 문제가 발생하지 않는다.

LED에 가해지는 전류를 제어하기에 적절한 저항값을 확인하는 것은 너무나 당연한 작업이라서, 실제로는 매번 이런 계산을 할 필요도 없다. 레시피 14.1에서는 전류 제어용 저항을 선택하는 일반적인 규칙을 알려주는 실질적인 레시피를 확인할 수 있다.

참고 사항

- 여러 유형의 LED 구동에 대한 자세한 내용은 14장을 참고한다.

4.5 빛 감지하기

문제
조도를 측정하고 싶다.

해결책
포토다이오드를 사용한다. 이 외에 포토레지스터(레시피 2.8)나 포토트랜지스터(레시피 5.7)를 사용할 수도 있다.

포토다이오드는 빛에 민감한 다이오드다. 투명한 창이 있는 유형이 일반적이지만, 적외선용 포토다이오드는 검은색 플라스틱 케이스를 사용한다. 검은색 플라스틱 케이스는 적외선을 통과시키며 포토다이오드가 가시광선에 반응하지 않도록 막는데 유용하다.

포토다이오드는 소형 태양 전지로 사용할 수 있다. 포토다이오드가 빛을 받으면 적은 양의 전류를 발생시킨다. 그림 4-8은 포토다이오드와 저항으로 회로에서 사용할 수 있는 소량의 전압을 생성하는 법을 보여 준다.

이 회로에서 밝은 빛을 받았을 때의 전압은 100mV 정도에 불과하다.

여기에서 저항은 포토다이오드에서 생성된 소량의 전류를 전압으로 변환시키는 데 필요하다(V=IR). 그렇지 않으면 측정하려는 전압은 전압을 측정하는 장치의 저항값(저항의 저항값이 아니라면 임피던스라 부른다)에 따라 달라진다. 예를 들어 입력 임피던스가 10MΩ인 멀티미터는 입력 임피던스

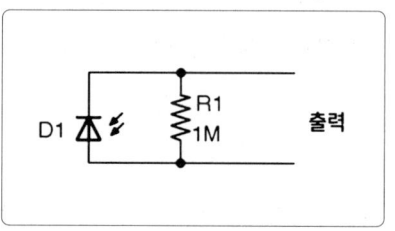

그림 4-8 태양 전지 모드에서의 포토다이오드

가 100MΩ인 멀티미터와 완전히 다른(그리고 낮은) 전압값을 보여 준다.

그러나 R1이 있으면 전압은 일정하게 유지된다. 출력에 연결된 장치의 임피던스는 R1의 저항값보다 훨씬 커야 한다. 장치가 op 앰프(17장 참고)라면 입력 임피던스는 수백 MΩ 정도가 되고 출력 전압을 크게 변화시키지 않는다. R1의 저항값을 줄이면 출력 전압도 낮아지기 때문에 결국 균형을 맞추는 것이 중요하다.

감도를 높이려면 포토다이오드를 광전도 모드에서 전원과 함께 사용하면 된다(그림 4-9).

논의 사항

포토다이오드가 웬만큼 선형성을 띠고 있기 때문에 노출계(light meter)로 사용되는 경우가 많다. 또, 반응도 꽤 빠른 편이며 통신 시스템에서 광 신호를 감지하는 데에도 사용된다.

참고 사항

- 포토레지스터(레시피 12.6)와 포토트랜지스터(레시피 5.7)는 포토다이오드보다 감도가 더 뛰어나기 때문에 더 많이 사용되는 경향이 있다.

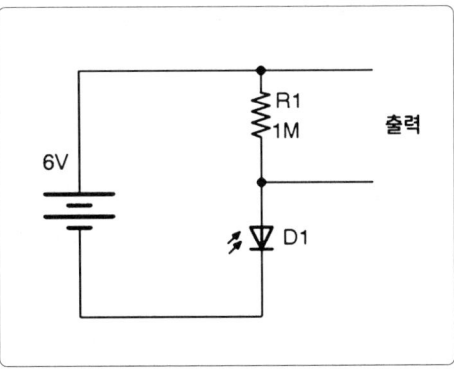

그림 4-9 광전도 모드에서의 포토다이오드

트랜지스터와 집적회로 5

5.0 개요

트랜지스터는 전류의 흐름을 제어하는 데 사용된다. 디지털 전자부품에서 이러한 제어는 온·오프 작동의 형태를 띠며, 이때 트랜지스터는 전자 스위치의 역할을 한다.

트랜지스터는 아날로그 전자부품에서 신호를 선형으로 증폭시키는 데 사용될 수도 있다. 그러나 오늘날 이와 같은 신호 증폭에 더 바람직한(그리고 더 값싸고 안정적인) 방법은 수많은 트랜지스터와 다른 부품을 하나의 패키지 안에 내장한 편리한 집적회로 칩을 사용하는 것이다.

이 장에서 모든 유형의 트랜지스터나 반도체 장치를 다루지는 않겠지만, 그 대신 가격이 적당히 저렴하고 사용이 쉬운 가장 일반적인 유형들을 집중적으로 살펴 볼 것이다. 그 외에 단일 접합 트랜지스터(unijunction transistor)와 실리콘 제어 정류기(silicon-controlled rectifier, SCR) 같이 과거에 널리 사용되었지만 지금은 거의 사용되지 않아서 익숙하지 않은 장치들도 살펴본다.

이 요리책에서는 다이오드와 트랜지스터 같은 반도체의 작동 원리를 의도적으로 다루지 않고 넘어간다. 전자부품과 관련된 물리학에 관심이 있다면 이 책이 아니더라도 반도체 이론을 다룬 책이나 유용한 자료가 많으니 참고하자. 그러나 트랜지스터를 사용하고 싶을 뿐이라면 정공, 전자, N과 P 영역 도핑을 반드시 알아야 할 필요는 없다.

이 장에서는 디지털 회로에서 트랜지스터를 사용하는 방법에 초점을 맞춘다. 아날로그 회로에서 트랜지스터를 사용하는 방법에 대한 정보는 16장을 참고한다.

이 장에서 다양한 트랜지스터 유형을 만날 수 있을 것이다. 이 외에도 부록 A에는 이 장과 책 전체에서 사용된 트랜지스터의 핀 배열이 수록되어 있다.

5.1 약한 전류를 사용해서 강한 전류를 스위칭하기

문제

전류를 흘려 보내거나 막도록 제어하기 위해 프로젝트에 디지털 스위치를 포함시키고 싶다.

해결책

가격이 저렴한 양극성 접합 트랜지스터(bipolar junction transistor, BJT)를 사용한다.

2N3904 같은 BJT는 단돈 몇백 원으로 살 수 있으며, 아두이노나 라즈베리 파이 같은 마이크로컨트롤러의 출력 핀과 연결해 사용하면 핀으로 전류의 크기를 제어할 수 있다.

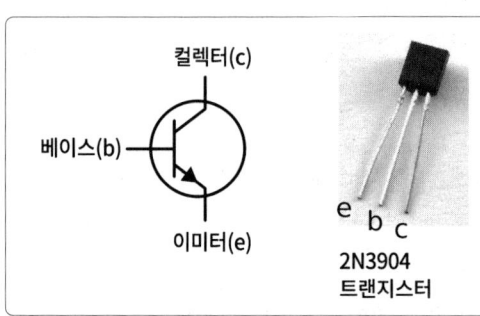

그림 5-1 양극성 접합 트랜지스터의 회로도 기호와 실제 장치

그림 5-1은 BJT 회로도 기호와 BJT 유형 중 가장 널리 사용되는 2N3904의 모습을 보여 준다. 2N3904는 TO-92라고 불리는 검은 플라스틱 패키지를 사용한다. 여러 저전력 트랜지스터 모델이 TO-92 패키지로 공급된다.

트랜지스터 기호는 보통 원으로 둘러싸인 형태를 하고 있지만, 원 안의 기호만 사용하는 경우도 있다.

그림 5-1에서 트랜지스터에 연결되어 있는 세 개의 선은 다음과 같다(위에서 아래 순).

- 컬렉터: 제어할 주 전류는 컬렉터로 흘러 들어온다.
- 베이스: 제어용 연결
- 이미터: 주 전류는 이미터를 통과해 흘러 나간다.

컬렉터로 흘러 들어가 이미터로 흘러 나오는 주 전류를 제어하는 데에는 베이스로 들어가 이미터로 나오는 크기가 훨씬 작은 전류가 사용된다. 베이스 전류와 컬렉터 전류의 비를 트랜지스터의 전류 이득이라고 하며 그 크기는 보통 100에서 400 사이다. 따라서 **이득(gain)**이 100인 트랜지스터라면, 1mA의 전류가 베이스에서 이미터로 흐를 때 컬렉터에서 이미터로 100mA의 전류를 흘려 보낼 수 있다.

논의 사항

트랜지스터를 스위치로 사용하는 원리를 이해해 보고 싶다면 그림 5-2의 회로를 그림 5-3의 브레드보드 배치를 사용해서 실제로 만들어 보면 된다. 시작할 때 브레드보드 사용 방법의 도움을 받으려면 레시피 20.1을 참고한다.

푸시버튼 스위치를 누르면 LED가 켜진다. 스위치를 LED, R2와 직렬로 연결하는 편이 회로를 만들기 쉽지만, 중요한 점은 스위치가 R1을 통해서 전류를 트랜지스터에 공급하고 있다는 사실이다. 간단한

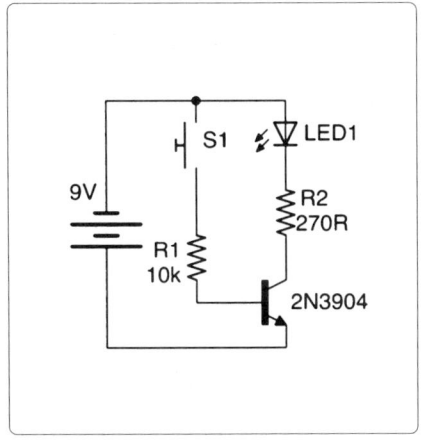

그림 5-2 트랜지스터 테스트용 회로

계산을 통해 R1과 베이스를 통과해 흐를 수 있는 최대 전류를 다음과 같이 구할 수 있다.

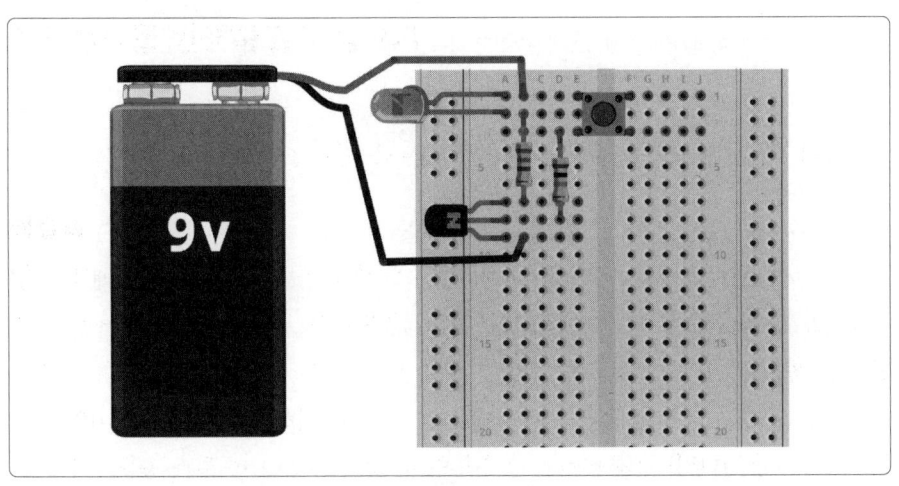

그림 5-3 트랜지스터 테스트용 브레드보드 배치

$$I = \frac{V}{R} = \frac{9V}{10k} = 0.9mA$$

실제 전류는 이보다 작은데, 위의 식에서는 트랜지스터의 베이스와 이미터 사이에 걸리는 0.5V의 전압을 무시하고 계산했기 때문이다. 좀 더 정확한 계산 값을 구한다면, 실제 전류값은 다음과 같다.

$$I = \frac{V}{R} = \frac{9V - 0.6V}{10k} = 0.84mA$$

베이스를 통과해 흐르는 소량의 전류가 대략 다음 식에서 계산한 값 정도의 훨씬 큰 전류를 제어한다(LED의 Vf는 1.8V라 가정).

$$I = \frac{V}{R} = \frac{9V - 1.8V}{270} = 26.67mA$$

다이오드와 마찬가지로 BJT가 사용될 때에는 트랜지스터의 베이스와 이미터 연결 사이에 전압이 거의 일정하게 0.5V~1V 정도 줄어든다.

> **베이스 전류 제한하기**
>
> 트랜지스터의 베이스로 흘러 들어갈 수 있는 전류를 제한할 수 있도록 저항(그림 5-2에서 R1)을 반드시 사용해야 하는데, 지나치게 높은 전류가 베이스로 흘러 들어가면 트랜지스터가 과열되다가 결국 연기를 내며 타 버리기 때문이다.
>
> 트랜지스터의 베이스가 큰 전류를 제어하는 데에는 훨씬 작은 크기의 전류만 필요하기 때문에, 베이스가 큰 전류에 대한 저항을 내장하고 있다고 생각하기 쉽다. 그러나 이는 사실이 아니며, 베이스에 걸리는 전압이 약 0.6V을 넘으면 베이스는 자기 파괴적일 정도로 커다란 전류를 인출한다. 따라서 항상 베이스에 R1 같은 저항을 사용해 주어야 한다.

앞에서 설명한 BJT 트랜지스터는 가장 일반적인 유형이자, NPN(음극-양극-음극) 유형이다. NPN 유형이라는 말은 트랜지스터의 극이 규정할 수 없을 정도로 바뀐다는 의미가 아니라 트랜지스터가 N형(음극) 반도체라는 빵과 P형(양극) 반도체라는 속으로 만든 샌드위치처럼 생겼음을 뜻한다. 이것이 뜻하는 의미와 반도체에 관련된 물리학을 이해하고 싶다면 *https://en.wikipedia.org/wiki/Bipolar_junction_transistor* 를 살펴 보자.

BJT 유형 중에 사용 빈도가 조금 낮은 유형은 PNP(양극-음극-양극) 트랜지스터다. 이 유형은 반도체 샌드위치의 속이 음극으로 도핑되어 있다. 이는 다시 말해,

NPN 유형과 모든 것이 반대라는 뜻이다. 그림 5-2에서 부하(LED와 저항)가 전원 공급 장치의 양극과 접지의 음극 사이에 연결되어 있다. PNP 트랜지스터를 사용하면 회로는 그림 5-4와 같은 모습이 된다. PNP 트랜지스터에 대한 자세한 내용은 레시피 11.2를 참고한다.

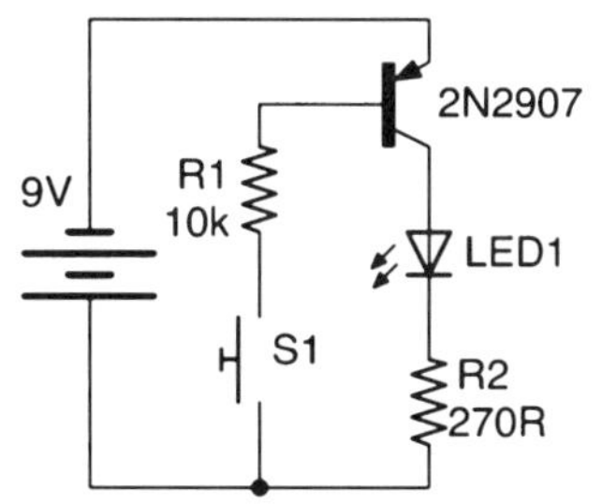

참고 사항

- 트랜지스터의 이득이 충분하지 않다면, 달링턴(Darlington) 트랜지스터(레시피 5.2)나 MOSFET(레시피 5.3)의 사용을 고려해 볼 수 있다.
- 반면, 높은 전력을 사용하는 부하를 스위칭해야 한다면, 전력 MOSFET(레시피 5.3)이나 IGBT(레시피 5.4)를 사용할 수 있다.
- 많이 사용되는 저전력 BJT인 2N3904의 데이터시트는 *http://www.farnell.com/datasheets/1686115.pdf*에서 확인할 수 있다.

그림 5-4 PNP 트랜지스터 사용하기

5.2 최소 제어 전류로 전류 스위칭하기

문제

아주 소량의 제어 전류로 전류를 스위칭하려면 BJT 트랜지스터를 사용할 때보다 더 큰 이득이 필요하다.

해결책

달링턴(Darlington) 트랜지스터를 사용한다.

일반적인 BJT 트랜지스터의 이득(베이스 전류와 컬렉터 전류의 비)은 보통 약 100 정도에 불과하다. 대부분의 경우 이 정도의 이득으로도 충분하지만, 더 큰 이득이 필요한 경우도 있다. 이득을 높이는 가장 간단한 방법은 이득이 보통 10,000이 넘는 달링턴 트랜지스터를 사용하는 것이다.

달링턴 트랜지스터는 실제로 그림 5-5처럼 일반 BJT 트랜지스터 2개가 하나의 패키지에 든 형태로 구성되어 있다. 회로도의 옆에는 두 가지 유형의 일반적인 달링턴 트랜지스터를 확인할 수 있다. 작은 쪽이 MPSA14, 큰 쪽이 TIP120이다. 이들 트랜지스터에 대한 자세한 정보는 레시피 5.5를 참고한다.

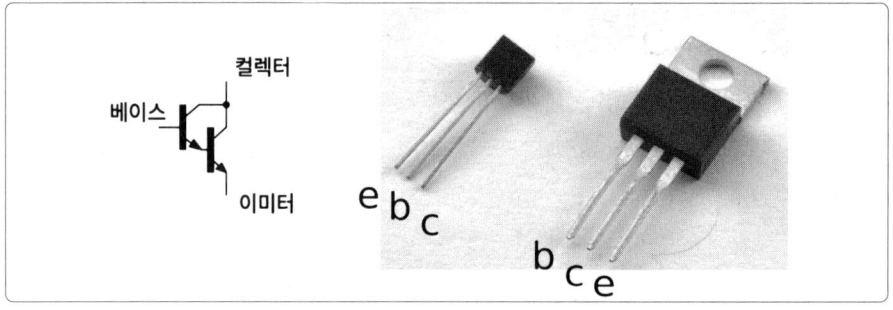

그림 5-5 달링턴 트랜지스터

이처럼 배열된 트랜지스터 한 쌍의 전체 전류 이득은 첫 번째 트랜지스터의 이득에 두 번째 트랜지스터의 이득을 곱한 값이 된다. 그 이유를 파악하기란 쉬운데, 두 번째 트랜지스터의 베이스가 첫 번째 트랜지스터의 컬렉터로부터 전류를 공급받기 때문이다.

논의 사항

설계 시 BJT 트랜지스터를 사용하는 것처럼 달링턴 트랜지스터를 사용할 수는 있지만, 이 경우 베이스와 이미터 사이에 전압 강하가 두 번 일어날 수 있다. 달링턴 트랜지스터는 예외적으로 높은 이득을 가진 일반 NPT BJT 트랜지스터와 비슷한 행동을 보이지만, 베이스와 이미터 사이의 전압 강하가 일반 BJT 트랜지스터를 사용할 때의 두 배가 된다.

많이 사용되는 유용한 달링턴 트랜지스터로는 TIP120이 있다. 이 제품은 높은 전력을 사용하는 장치로 최대 5A의 컬렉터 전류를 처리할 수 있다.

참고 사항

- TIP120의 데이터시트는 *http://bit.ly/2mHBQy6*에서, MPSA14의 데이터시트는 *http://bit.ly/2mI1vXF*에서 확인할 수 있다.

5.3 높은 전류 부하를 효율적으로 스위칭하기

문제

모터 등에서처럼 정말로 무겁고 잡음이 많은 부하를 스위칭하면서도 발열을 줄이고 효율성을 높이고 싶다.

해결책

MOSFET을 사용한다.

　MOSFET(metal-oxide semiconductor field effect transistor, 금속 산화막 반도체 전계 효과 트랜지스터)에는 이미터, 베이스, 컬렉터 대신 소스, 게이트, 드레인이 있다. BJT 트랜지스터처럼 MOSFET은 N채널과 P채널 두 가지 유형으로 나뉜다. 가장 널리 사용되는 MOSFET은 N채널 유형으로, 이번 레시피에서 설명한다. 그림 5-6은 N채널 MOSFET의 회로도 기호와 그 옆에 흔히 사용되는 두 가지 유형의 MOSFET을 보여 준다. 큰 트랜지스터(TO-220 패키지)는 FQP30N06 트랜지스터로, 60V 전압에서 30A의 전류를 스위칭할 수 있다. TO-220 패키지에 난 구멍은 히트 싱크에 나사로 고정할 때 사용되는데, 히트 싱크는 높은 전류를 스위칭할 때만 필요하다. 오른쪽의 소형 트랜지스터는 2N7000으로, 60V의 전압에서 500mA의 전류를 스위칭할 때 쓰면 좋다.

그림 5-6 MOSFET

BJT에서는 베이스와 이미터, 베이스와 컬렉터 사이에 연결이 존재하기 때문에 그 사이에 흐르는 전류가 배가되는 것과 달리, MOSFET의 게이트와 드레인, 게이트와 소스 사이에는 아무런 연결이 없다. MOSFET에서는 게이트와 드레인, 게이트와 소스 사이에 절연층이 놓여 있어 이들 사이가 분리된다. 게이트와 드레인 간 전압이 MOSFET의 문턱 전압(threshold voltage)을 넘으면 MOSFET이 전도 상태가 되면서, MOSFET의 드레인과 소스 사이에 대량의 전류가 흐를 수 있다. 문턱 전압은 2V에서 10V 사이가 될 수 있다. 아두이노나 라즈베리 파이 같은 마이크로컨트롤러의 디지털 출력을 처리하기 위해 고안된 MOSFET은 논리 수준 MOSFET라고 불리며, 게이트의 문턱 전압은 3V를 넘지 않는다.

MOSFET의 데이터시트를 보면 트랜지스터의 온과 오프 저항을 명시해 둔 것을 알 수 있다. 온 저항의 크기는 낮을 때 몇 mΩ, 오프 저항은 몇 MΩ에 불과하다. 이 정도면 MOSFET은 BJT 트랜지스터보다 더 높은 전압을 스위칭하면서도 열은 발생시키지 않을 수 있다.

다음 식에서 MOSFET을 통과해 지나가는 전류와 온 저항을 알면 MOSFET에서 발생하는 열 에너지의 크기를 계산할 수 있다. 전력에 대한 자세한 내용은 레시피 1.6을 참고한다.

$P = I^2 R_{on}$

논의 사항

레시피 5.1의 회로도와 브레드보드 배치를 MOSFET 테스트에 사용하려면 약간의 수정이 필요하다. 여기에서는 가변저항을 사용해서 게이트 전압을 0V와 배터리 전압 사이의 값으로 설정할 수 있다. 수정한 회로도와 브래드보드 배열은 각각 그림 5-7과 5-8에 나타내었다.

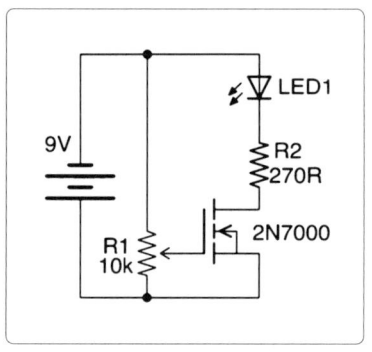

그림 5-7 MOSFET 테스트용 회로도

가변저항의 일종인 트림포트(trimpot)의 손잡이 부분을 트랙의 0V 쪽으로 끝까지 돌리면 LED가 꺼진다. 게이트 전압을 약 2V로 증가시키면 LED는 빛을 내기 시작하고, 게이트 전압이 2.5V 정도가 되면 LED의 밝기가 최고가 된다.

트림포트의 슬라이더로 이어지는 리드선의 연결을 끊은 뒤, 이 리드선을 배터리에서 공급되는 양의 전압 쪽으로 연결해 보자. 이렇게 하면 LED가 켜질 뿐 아니라, 게이트와 연결된 리드선을 양의 전압으로부터 떨어뜨리더라도 LED는 계속 켜져

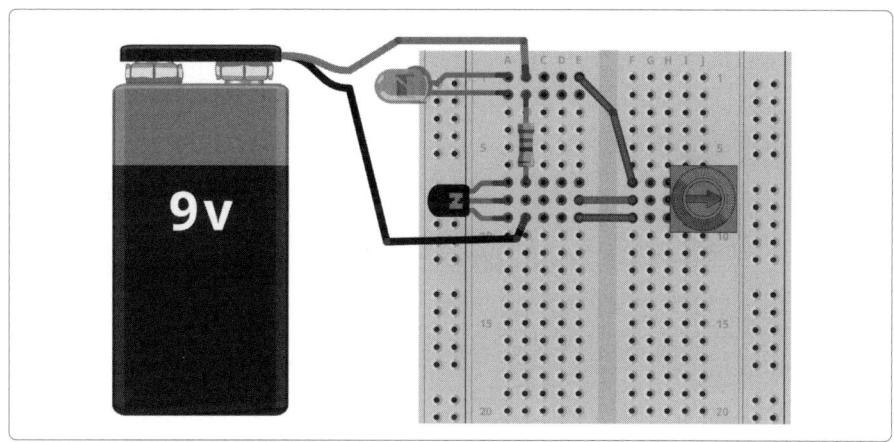

그림 5-8 MOSFET 테스트용 브레드보드 배치

있게 된다. 이는 MOSFET의 게이트에 충분한 전하가 저장되어 있어서 게이트 전압을 문턱 전압보다 높게 유지시켜 주기 때문이다. 그러나 게이트를 접지에 갖다 대는 순간 전하가 흘러 나가버리기 때문에 LED는 꺼진다.

MOSFET은 전류보다는 전압으로 제어되는 장치이기 때문에, 특정한 상황에서는 게이트로 흘러 들어가는 전류를 반드시 고려해야 한다는 사실을 알고 놀랄 수도 있다. 이는 게이트가 커패시터의 단자 중 하나처럼 행동하기 때문이다. 커패시터가 전하를 충전하고 방전하기 때문에, 높은 주파수에서 펄스가 생성될 때는 게이트 전류의 크기가 상당히 커질 수 있다. 게이트에 저항을 두어서 전류를 제한하면 지나친 전류가 흘러들어 가는 것을 방지할 수 있다.

MOSFET과 BJT 트랜지스터 사용 시 또 다른 차이점이 있다면, 게이트의 단자가 연결되지 않은 상태일 때 MOSFET이 예상치 않게 켜질 수 있다는 점이다. 따라서 이와 같은 현상을 막기 위해 MOSFET의 게이트와 소스 단자 사이에 저항을 연결해야 한다.

참고 사항

- MOSFET을 마이크로컨트롤러의 출력과 함께 사용하려면 레시피 11.3을 참고한다.
- 극성 보호를 위해 MOSFET을 사용하려면 레시피 7.17을 참고한다.
- MOSFET을 사용한 전압 변환은 레시피 10.17을 참고한다.
- 히트 싱크의 사용은 레시피 20.7을 참고한다.

5.4 아주 높은 전압을 스위칭하기

문제
더 높은 전력이 필요하다.

해결책
절연 게이트 양극성 트랜지스터(insulated gate bipolar transistor, IGBT)는 흔히 사용되는 트랜지스터 유형은 아니지만, 고전력, 고전압 스위칭 장치에서 발견할 수 있다. IGBT는 스위칭이 빠르며, 일반적으로 동작 전압 값에 특화되어 있다. IGBT의 경우 스위칭 전압이 1,000V인 경우도 드물지 않다.

BJT에는 베이스, 이미터, 컬렉터 단자가 있고, MOSFET에는 게이트, 소스, 드레인 단자가 있다면, IGBT는 이들 두 유형을 결합한 형태로, 게이트, 이미터, 컬렉터 단자가 있다. 그림 5-9는 IGBT의 회로도 기호와 두 가지 유형의 IGBT 제품을 보여준다. 둘 중 작은 쪽(STGF3NC120HD)이 1.2kV 전압에서 7A의 전류를 스위칭할 수 있으며 큰 쪽(IRG4PC30UPBF)이 600V 전압에서 23A의 전류를 스위칭할 수 있다.

그림 5-9 IGBT의 회로도 기호와 IGBT 제품 2종

논의 사항
IGBT는 MOSFET과 마찬가지로 전압으로 제어되는 장치지만, 트랜지스터의 스위칭 방식은 BJT와 동일하다. IGBT의 게이트에는 MOSFET과 마찬가지로 문턱 전압이 존재한다.

IGBT는 고전력 MOSFET과 동일한 역할로 사용되기도 하지만, 똑같이 큰 전류에서 더 높은 전압을 스위칭할 수 있다는 점에서는 MOSFET보다 낫다.

참고 사항

- BJT는 레시피 5.1을, MOSFET은 레시피 5.3을 참고한다.
- STGF3NC120HD의 데이터시트는 *http://bit.ly/2msNM6v*에서 확인할 수 있다.
- IRG4PC30UPBF의 데이터시트는 *http://bit.ly/2msXTb9*에서 확인할 수 있다.

5.5 딱 맞는 트랜지스터 선택하기

문제

선택할 수 있는 트랜지스터가 아주 많을 때, 어떻게 딱 맞는 트랜지스터를 고를 수 있는가?

해결책

먼저 대부분의 응용 방식에 사용할 수 있는 기본적인 트랜지스터 위주로 선택하고, 이후에 조금 더 예외적인 사양이 필요할 때가 되었을 때 그에 해당하는 제품을 찾아 본다.

제일 먼저 고려해 볼 수 있는 트랜지스터 목록을 표 5-1에 수록했다.

트랜지스터	유형	패키지	최대 전류	최대 전압
2N3904	양극성	TO-92	200mA	40V
2N7000	MOSFET	TO-92	200mA	60V
MPSA14	달링턴	TO-92	500mA	30V
TIP120	달링턴	TO-220	5A	60V
FQP30N06L	MOSFET	TO-220	30A	60V

표 5-1 유용한 트랜지스터

FQP30N06L을 구입할 경우, MOSFET이 부품 번호의 제일 끝에 'L'이 붙어 있는 논리용 버전인지 확인해야 한다. 그렇지 않으면 게이트의 문턱 전압 요건이 지나치게 높아서 트랜지스터를 마이크로컨트롤러의 출력에 연결했을 때, 특히 동작 전압이 3.3V일 때 문제가 될 수 있다.

MPSA14는 사실 최대 1A의 전류에서라면 어디에서나 상당히 유용하게 사용할 수 있는 장치이지만, 해당 전류 크기에서는 3V에 가까운 전압 강하가 발생하고 장치의 온도가 최대 120℃까지 올라갈 수 있다. 500mA에서는 줄어드는 전압의 크기가 조금 더 적절한 수준인 1.8V이며, 온도도 60°C 정도까지만 올라간다.

정리하면, 약 100mA의 전류를 스위칭하는 정도면 2N3904로 충분하다. 그러나 최대 500mA의 전류를 스위칭한다면 MPSA14를 사용하자. 그 이상일 경우, 가격을 고려하지 않는다면 FQP30N06L이 제일 좋은 선택지일 것이다. 실제로 TIP120은 FQP30N06L보다 훨씬 저렴하다.

트랜지스터의 데이터시트

회로를 설계할 때 이를 테스트해 보기 전에 부품이 정확히 어떤 행동을 할지를 제대로 알아야 한다.

모든 부품에는 데이터시트가 제공되며 여기에는 최대 정격 절대값(absolute maximum rating)이 최소한의 수준으로 명시되어 있다. 이러한 정보를 통해 어떻게 하면 부품을 효과적으로 손상시킬 수 있는지 알 수 있다.

기호	매개변수	값	단위	최대 전압
Vcbo	컬렉터-베이스 전압	60	V	40V
Ic	컬렉터 전류	200	mA	60V
Ptot	25°C에서의 총 전력 소비	625	mW	30V
Tj	최대 접합 온도	150	C	60V

표 5-2 2N3904의 최대 정격 절대값

예를 들어, 2N3904 트랜지스터의 데이터시트를 보면 표 5-2의 정보를 알려주는 최대 정격 절대값 항목이 있다.

이 한도를 넘지 않는 한, 데이터시트는 장치가 제대로 작동한다는 사실을 확실하게 보장해 준다. 물론 매사에 조심하는 편이 좋다.

데이터시트에는 반드시 전기 특성을 명시한 항목이 있기 때문에, 이를 참고하면 장치가 일상적인 상황에서 어떻게 작동하는지를 알 수 있다. 트랜지스터의 경우 가장 주의 깊게 보아야 하는 것이 DC 이득이다. 표 5-3은 2N3904의 데이터시트에 명시된 DC 이득을 보여 준다.

기호	매개변수	테스트 조건	최소	평상 범위	최대	단위
hFE	DC 전류 이득	Ic=0.1mA (모든 Vce=1V)	60		300	
		Ic=1mA	80			
		Ic=10mA	100			
		Ic=100mA	30			

표 5-3 2N3904의 DC 전류 이득

이 표를 보면 10mA에서 기대되는 최소 이득은 100으로, 이는 다시 말해 컬렉터의 전류가 10mA라면 베이스 전류가 0.1mA이면 된다는 뜻이다. 이득이 30으로 낮아졌을 때 컬렉터 전류가 100mA가 되면 필요한 베이스 전류는 3.33mA이 된다.

실제로 이득은 이보다 훨씬 클 수 있지만 설계 시 데이터시트에 명시된 값 이상을 가정하거나, 한 가지 특정 트랜지스터의 특징만을 염두에 두어서는 안 된다. 같은 모델, 같은 설계를 사용하더라도 제조사가 다르면 결과물이 제대로 작동하지 않을 수 있다.

논의 사항

표 5-1에 수록되지 않은 트랜지스터를 찾아야 하는 이유로는 다음과 같은 것들이 있다.

- 높은 주파수에서의 스위칭이 필요: 무선 주파수(radio frequency, RF)라고 명시된 BJT나 전계 효과 트랜지스터(field effect transistor, FET)를 찾아본다.
- 더 높은 전압에서의 스위칭이 필요: BJT와 MOSFET의 경우 최대 400V의 상당히 높은 전압에서 사용할 수 있는 제품들이 이미 출시되어 있지만 더 높은 전압용 제품이 필요하다면 IGBT를 찾아본다.
- 높은 전류용 트랜지스터가 필요하다면 MOSFET은 전혀 도움이 되지 않는다. 가능한 한 저항이 작은 장치를 찾는 편이 좋은데, 저항이 발열 정도와 이에 따라 손상을 일으키지 않고 처리할 수 있는 전류의 크기를 결정하는 주된 요인이기 때문이다.

참고 사항

- BJT는 레시피 5.1, MOSFET은 레시피 5.3, IGBT는 레시피 5.4를 참고한다.
- 아두이노나 라즈베리 파이를 사용해서 스위칭을 할 때 트랜지스터를 선택하는 방법은 레시피 11.5를 참고한다.
- 일단 트랜지스터의 부하를 일정 수준 이상으로 올리기 시작하면, 발열이 일어나는 것을 알 수 있다. 발열이 지나치면 트랜지스터가 타면서 영구적인 손상이 생긴다. 이를 피하기 위해서는 더 높은 전류를 처리할 수 있는 트랜지스터를 사용하거나 트랜지스터에 히트 싱크를 연결해야 한다(레시피 20.7).

5.6 교류 스위칭하기

문제
AC를 스위칭할 수 있는 트랜지스터가 필요하다.

해결책
트라이액(TRIode for alternating current, TRIAC)은 반도체 스위칭 장치로 AC를 스위칭하기 위해 특별히 고안되었다.

BJT와 MOSFET은 AC를 스위칭하는 데에는 그다지 유용하지 않다. 이들 트랜지스터로 AC를 스위칭하려면 주기를 양과 음으로 절반씩 나눈 뒤 이를 두 레지스터로 각각 스위칭해 주어야 한다. 이렇게 하느니 다이오드 한 쌍이 배면 결합(back-to-back)된 샌드위치 모양의 트라이액을 사용하는 편이 훨씬 낫다.

그림 5-10는 소형 전류 스위치로 높은 AC 부하를 스위칭하는 데 트라이액을 사용한 모습을 보여 준다. 이같

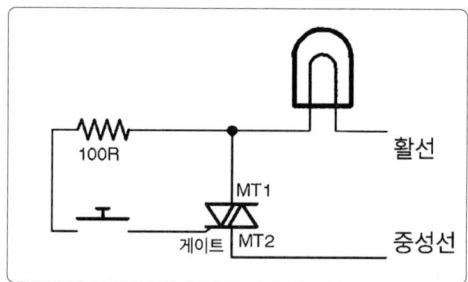

그림 5-10 트라이액으로 AC 스위칭하기

은 회로는 흔히 볼 수 있는데, 작은 저전력 기계식 스위치로 AC 전류를 스위칭할 수 있기 때문이다.

> **! 높은 전압의 AC 스위칭하기**
> 가정에서 사용하는 110V나 220V AC로 인해 사망하는 사람의 수는 매년 수천 명에 달한다. AC 전기에 감전되면 살이 타거나 심장이 정지할 수도 있기 때문에 여기에 수록된 회로는 안전하게 제작할 수 있다는 확신을 가지기 전에는 시도하지 않는다.
> 레시피 21.12도 참고한다.

논의 사항
스위치를 누르면 소량의 전류(수십 밀리암페어)가 트라이액의 게이트로 흘러 들어가면서 트라이액에 전기가 흐르며, 이는 AC가 다시 0V가 될 때까지 지속된다. 이러한 방식은 전압이 거의 0에 가까울 때 전원이 오프 상태로 스위칭되기 때문에 모터 같은 유도 부하를 스위칭할 때 발생하는 전력 서지나 전기 잡음을 줄일 수 있다는

장점이 있다.

그러나 이러한 부하는 여전히 회로의 어느 지점에서나 온 상태로 스위칭될 수 있어서 상당한 잡음을 발생시킬 수 있다. 전압이 0V가 될 때 스위칭이 이루어지는 회로(레시피 5.9 참고)를 사용하면 AC가 다음 0V가 될 때까지 기다렸다가 부하를 켜기 때문에 전기 잡음을 훨씬 줄일 수 있다.

참고 사항

- AC는 레시피 1.7을 참고한다.
- 트라이액을 사용하는 무접점식 고체 릴레이(solid-state relay)는 레시피 11.10을 참고한다.
- 트라이액은 보통 TO-220 패키지로 공급된다. 핀 배열은 부록 A를 참고한다.

5.7 트랜지스터로 빛 검출하기

문제

포토레지스터나 포토다이오드가 아닌 다른 부품으로 조도를 측정하고 싶다.

해결책

포토트랜지스터는 본질적으로는 일반 BJT 트랜지스터이며, 위쪽 표면이 반투명이어서 빛이 트랜지스터의 실제 실리콘에 닿을 수 있다. 그림 5-11은 트랜지스터에 닿는 빛의 양에 따라 생산되는 출력 전압이 달라질 수 있도록 포토트랜지스터를 사용한 모습을 보여 준다.

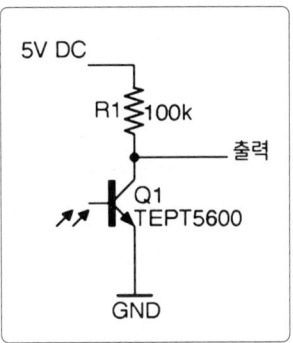

그림 5-11 포토트랜지스터 사용하기

밝은 빛이 비치면 포토트랜지스터가 켜지면서 전기가 흘러서 출력 전압을 0V로 낮춘다. 깜깜한 어둠 속에서는 트랜지스터 역시 완전히 정지되며 이때 출력 전압은 공급 전원인 5V로 증가한다.

논의 사항

포토트랜지스터 중에는 단자가 3개이고 윗부분이 투명하며 일반 트랜지스터와 외형이 비슷한 유형이 있는가 하면, 그림 5-11의 TEPT5600 같이 LED처럼 생긴 패키지에 이미터와 컬렉터 단자만 있고 베이스 단자는 없는 경우도 있다. LED처럼 생긴 포토트랜지스터의 경우 단자의 길이가 긴 쪽이 이미터다. 포토트랜지스터는 거의 대부분 NPN 유형이다.

광감각 소자인 포토트랜지스터는 포토다이오드보다 감도가 뛰어나고 포토레지스터보다 반응 속도가 빠르다. 포토트랜지스터의 경우 황화카드뮴을 사용해 제조되는 포토레지스터에 비해 이점을 가지는데, 국가에 따라 이러한 물질을 포함하는 장치 거래에 제한을 두기 때문이다.

참고 사항

- 그림 5-11에서 소개한 회로의 출력은 아두이노의 아날로그 입력으로 바로 연결될 수 있어서(레시피 10.12) 포토레지스터를 사용하는 대신 빛의 측정값으로 사용할 수 있다(레시피 12.3과 레시피 12.6).
- TEPT5600의 데이터시트는 *http://bit.ly/2m8vhS0*을 참고한다.

5.8 안전이나 잡음 제거를 위해 신호 절연하기

문제

안전이나 잡음 제거를 이유로 신호를 회로의 한쪽에서 전기적으로 연결되어 있지 않은 다른 쪽으로 보내고 싶다.

해결책

광 커플러(opto-coupler)를 사용한다. 광 커플러는 LED와 포토트랜지스터가 빛이 통과하지 않는 하나의 패키지 안에 함께 내장되어 있다.

그림 5-12은 광 커플러의 사용 원리를 보여 준다. 전압이 +와 - 단자에 인가되면, 전류가 흘러 LED가 켜지면서 트랜지스터에 빛을 비춰서 트랜지스터를 켠다. 이렇게 하면 출력이 거의 0V에 가깝게 줄어든다. LED에 전원이 인가되지 않으면, 트랜지스터

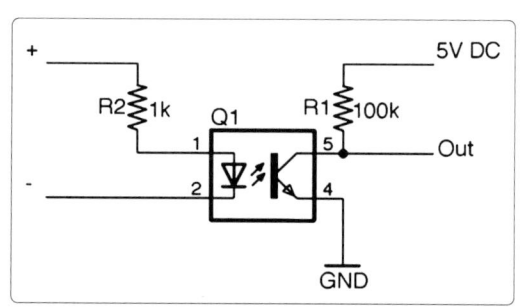

그림 5-12 광 커플러

가 꺼지고 R1이 출력을 5V로 끌어 올린다.

여기서 중요한 점은 회로의 왼쪽과 오른쪽이 전기적으로 연결되어 있지 않다는 것이다. 존재하는 것은 순수한 광학적 연결뿐이다.

논의 사항

감지용 트랜지스터로 트라이액(레시피 5.6 참고)을 사용하면, 장치는 광 커플러가 아닌 광 아이솔레이터(opto-isolator)라고 부르며, 그림 5-13처럼 광 아이솔레이터에 내장된 저전력 트라이액으로 AC를 스위칭하면 더욱 강력한 트라이액을 사용할 수 있다. 이 회로는 흔히 SSR(무접점식 고체 릴레이)이라고 하는데 AC 스위칭에서 릴레이와 거의 동일한 역할을 수행하면서도 움직이는 부품이 없기 때문이다.

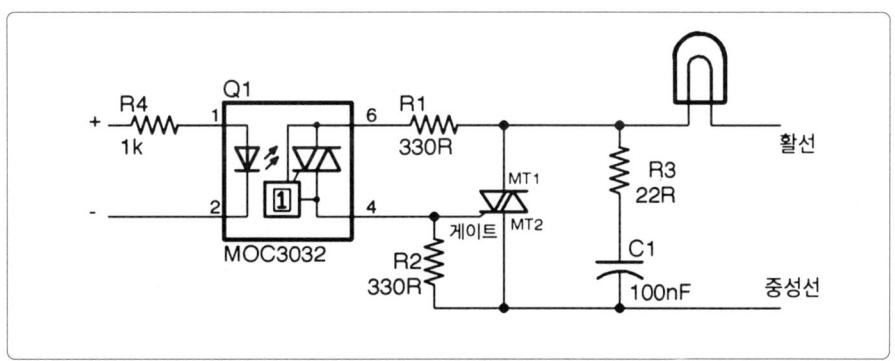

그림 5-13 SSR 설계

> **AC를 스위칭하는 것은 위험하다**
> 높은 전압을 사용하는 작업은 안전한 작업이 가능하고 위험을 충분히 이해하고 있다고 확신할 때에만 이루어져야 한다. 높은 전압을 사용하는 작업에 대한 자세한 내용은 레시피 21.12를 참고한다.

R1은 광 아이솔레이터의 게이트로 흘러 들어가는 전류를 제한하는 데 사용되며, R2는 LED가 켜지면서 그 빛을 받아 광 아이솔레이터의 트라이액이 켜질 때까지 트라이액의 MT1을 꺼진 상태로 유지시킨다. R3와 C1은 필터를 형성해서 스위칭으로 인해 발생될 수 있는 RF 잡음을 줄인다. 여기서 주의할 점은 R3와 C1은 모두 최대 AC 전압을 처리할 수 있도록 정류되어야 한다는 것이다(400V 장치 사용).

MOC3032 패키지에는 또한 0V를 지날 때 온과 오프 상태를 전환시키는 스위치가 내장되어 있어서 AC가 0V를 지나기 전에 트라이액이 켜지는 것을 막는다. 이렇게 하면 스위칭 회로에서 발생되는 간섭을 크게 줄일 수 있다.

참고 사항

- SSR을 사용하는 광 아이솔레이터(opto-isolator)는 레시피 11.10을 참고한다.
- MOS3032의 데이터시트는 *http://www.farnell.com/datasheets/2151740.pdf*를 참고한다.
- 제어 부분과 전력 부분을 절연하는 릴레이는 레시피 6.4를 참고한다.

5.9 집적회로 발견하기

문제

IC와 그 사용법을 알고 싶다.

해결책

IC는 만들고자 하는 거의 모든 프로젝트에 사용된다. 프로젝트에는 마이크로컨트롤러든, 모터 제어나 무선 수신기나 오디오 증폭기 등 특별한 목적을 가진 칩이든, 어디에나 IC 칩이 사용된다. 같은 작업을 하나의 IC로 처리할 수 있는데 굳이 트

그림 5-14 여러 유형의 IC

랜지스터와 여러 부품으로 회로를 만드는 것은 그다지 의미가 없다. 이 책의 곳곳에서 여러 유형의 IC를 보게 될 것이다.

IC의 형태와 크기는 매우 다양하다. 그림 5-14는 이러한 IC를 몇 가지 모아 놓은 모습이다.

논의 사항

IC에는 핀이 적으면 3개, 많으면 수백 개가 달려 있다. 같은 기본 IC라도 표면실장형과 스루홀 유형의 패키지 두 가지로 모두 판매되는 경우가 많다. 이 경우 스루홀 유형으로 무납땜 브레드보드에 시험용 모델을 만들어 본 뒤 표면실장형 부품으로 프로젝트를 최종 제작할 수 있어서 아주 유용하다.

표면실장형 패키지를 무납땜 브레드보드에 사용하는 또 다른 방법은 '브레이크아웃 보드(breakout board)'를 사용하는 것이다. 보드에 표면실장형 IC를 납땜한 뒤 그 보드를 브레드보드에 끼우면 된다. 브레이크아웃 보드의 예는 그림 18-5를 참고한다.

IC는 부품 번호로 구별하지만, 확인하기가 쉽지 않은 경우가 많기 때문에 IC 보관함에 부품명을 기록해 두는 것이 좋다.

핀이 3개 이상인 IC는 1번 핀 옆에 작은 구멍이 나 있다. 구멍이 없다면 IC의 윗쪽을 나타내는 노치(notch)가 있다. 구멍(또는 노치)을 기준으로 왼쪽에 위치한 핀이 1번 핀으로, 핀 번호는 여기를 시작으로 IC의 아래쪽으로 내려간 뒤 다시 그 오른쪽 아래에서부터 위쪽으로 올라오면서 하나씩 증가한다. 대표적인 IC의 핀 배열은 부록 A를 참고한다.

참고 사항

- 이 책에서 사용되는 IC 목록은 394페이지의 "집적회로"에서 확인할 수 있다.

스위치와 릴레이 6

6.0 개요

기계식 스위치는 토글을 한쪽에서 다른 쪽으로 움직이거나 버튼을 눌러서 전류를 흘려 보내거나 차단할 수 있다. 기계식 스위치는 아주 단순하기 때문에 판매되는 다양한 유형을 설명하고 한계를 강조하는 것 이외에 특별히 다룰 내용이 없다.

릴레이는 트랜지스터보다 훨씬 오래 전부터 소량의 전류를 사용해서 훨씬 큰 전류를 스위칭하는 수단으로 사용되어 왔다. 그러나 릴레이는 다양한 방식으로 사용할 수 있고, 제어 부분과 스위칭 부분이 분리되어 있어서 오늘날에도 여전히 사용되고 있다.

6.1 기계적인 방식으로 전기를 스위칭하기

문제
스위치의 작동 원리를 알고 싶다.

해결책
스위치는 일반적으로 두 개의 금속 접점이 기계적으로 만나도록 하는 방식으로 작동한다. 그림 6-1은 스위치의 작동 원리를 보여준다.

푸시 스위치를 누르면, 버튼으로 인해 누름쇠에 달린 위쪽의 금속 접점이 눌러서 스위치 바닥에 고정된 접점에 닿는다.

그림 6-1 푸시 스위치의 기계식 구조

논의 사항

스위칭을 생각보다 복잡하게 만드는 몇 가지 요인이 있다.

1. 높은 전압을 스위칭하는 경우 두 접점이 연결될 때 아크 방전(스파크)이 발생하며, 연결이 끊길 때에는 발생 정도가 더 심해진다. 이로 인해 열이 발생하고 접점이 손상될 수 있다.
2. 전압에 관계 없이 높은 전류를 스위칭할 때에는 접점이 서로 만나면서 스스로 점 용접(spot-welding)이 일어날 위험이 있으며, 이 경우 스위치로 다시 접점을 떨어뜨릴 수 없다.
3. 높은 전류가 지속적으로 스위치를 통과하면 (저항이 작은) 접점에서 발열이 일어나 스위치의 수명을 단축시킨다.
4. 접점 방식은 **바운스(bounce)**가 일어나서 접점이 아주 빠르게 수차례 붙었다 떨어졌다를 반복한 뒤에 연결이 안정되는 경우가 많다. 접점 바운스는 소프트웨어로 장치의 온과 오프를 바꾸는 경우 문제를 일으킬 수 있다. 레시피 12.1에서 스위치 접점을 디바운싱하는 방법을 소개한다.

이러한 이유로 스위치에는 최대 전압과 최대 전류가 명시되어 있으며, 스위칭하는 전류가 AC인지 DC인지에 따라 최대값이 별도로 제공되는 일도 많다.

참고 사항

- 스위치의 다양한 유형은 레시피 6.2를 참고한다.

6.2 가지고 있는 스위치 이해하기

문제

판매되는 스위치의 유형과 사용 방법을 알고 싶다.

해결책

그림 6-2는 몇 가지 유형의 스위치를 보여준다.
　스위치의 유형은 다음과 같다(왼쪽에서 오른쪽 순).

- 촉각 푸시 스위치(tactile push switch): 판매되는 상품에서 가장 일반적으로 사용되는 스위치. 가격이 싸고 회로에 장착이 가능한 푸시 스위치다.

그림 6-2 여러 유형의 스위치

- 패널 장착형 푸시 스위치(panel mount push switch): 케이스에 뚫은 구멍에 장착할 수 있기 때문에 1회성 프로젝트를 만들 때 좋다.
- 슬라이드 스위치(slide switch): 슬라이더를 움직여서 가운데의 접점을 오른쪽이나 왼쪽의 핀과 연결한다.
- 마이크로스위치(microswitch): 지렛대 방식의 손잡이와 장착용 구멍이 있어서 기계 조립품에 부착하기 쉽다. 손잡이가 지렛대 방식이기 때문에 작동에 힘이 많이 들지 않는다. 이러한 유형의 스위치는 내구성이 좋고 믿을 수 있다. 전자레인지에 주로 사용되어 문을 열었을 때 작동을 정지시키는 역할을 한다.
- 토글 스위치(toggle switch): 고전적인 온·오프 스위치

논의 사항

프로젝트를 설계한다면 마이크로컨트롤러 같은 것들을 사용할 가능성이 높으며, 이 경우 필요한 것은 단순한 푸시 스위치 정도다. 만약 스위치로 온, 오프 중 하나를 선택하도록 한다 하더라도, 푸시 스위치 한 쌍과 어떤 상태가 선택되었는지를 표시할 수 있도록 하기 위한 피드백 정도만 있으면 된다.

슬라이드와 토글 스위치는 대부분 프로젝트의 전원을 켜고 끄기 위한 스위칭의 역할을 하는 것에 불과하지만, 가끔 회로 보드에서 '선택용' 스위치로 사용되는 경우도 있다.

토글 스위치(와 기타 스위치)는 여러 스위칭 구성으로 판매된다. 스위칭 구성을 표현하는 방법으로는 쌍극쌍투(DPDT), 단극쌍투(SPDT), 쌍극단투(DPST), 단극단투(SPST)가 있다. 각 알파벳은 다음을 의미한다.

- D—2개(double, 쌍)
- S—1개(single, 단)
- P—극(pole)
- T—접점(throw, 투)

쌍극쌍투 스위치는 극이 2개, 접점이 2개인 스위치다. **극(pole)**은 기계식 레버 1개로 제어되는 개별 스위치 소자 수를 뜻한다. 따라서 쌍극(DP) 스위치는 2개 장치를 한 번에 켜고 끌 수 있다. 단투(ST) 스위치는 접점 1개(쌍극일 경우 접점 2개)를 열거나 닫기만 할 수 있는 반면, 쌍투(DT) 스위치는 서로 다른 두 접점에 연결을 만들 수 있다. 그림 6-3은 이러한 구성 중 일부를 보여준다.

쌍극 스위치는 회로도를 그린 그림 6-3에서처럼 보통 스위치 2개(S1a와 S1b)로 표현되며, 이 둘은 점선으로 이어져 있어서 서로 기계적으로 연결되었음을 알 수 있다.

그러나 하나의 스위치에 극이 3개 이상 존재하거나, 쌍투 스위치가 튀어서 어느 한쪽 위치로 고정되지 않으면 문제가 복잡해질 수 있다. 또, 스위치가 중간 지점에서 벗어나서 공통 접점이 다른 접점과 연결되어 있지 않은 경우가 생길 수도 있다.

그 외에 볼 수 있는 다른 스위치에는 회전 스위치(rotary switch)가 있다. 회

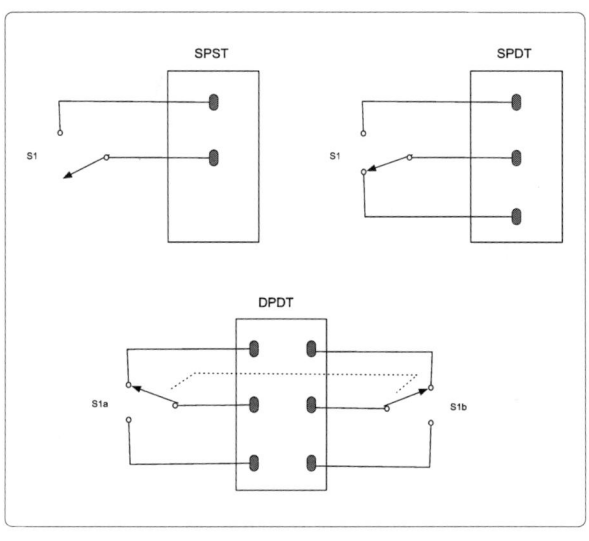

그림 6-3 스위치의 극과 접점

전 스위치에는 위치를 숫자로 나타낼 수 있는 손잡이가 있다. 멀티미터에서 범위를 선택하기 위해 사용하는 스위치가 이러한 유형이다. 회전 스위치는 지금은 그다지 널리 사용되지 않는다. 최근에는 조절 손잡이를 돌려서 무언가를 선택할 때 회전 인코더와 마이크로컨트롤러를 함께 사용하는 방식(레시피 12.2)이 더 많이 사용된다.

참고 사항
- 아두이노나 라즈베리 파이에서의 스위치 사용은 레시피 12.1을 참고한다.

6.3 자성을 이용해 스위칭하기

문제

자석이 가까이 왔을 때 장치를 켜고 싶다.

해결책

리드 스위치는 아주 가깝지만 서로 닿지 않고 평행을 이루는 접점 한 쌍으로 이루어져 있다. 이들 접점은 유리 캡슐 안에 들어 있으며, 자

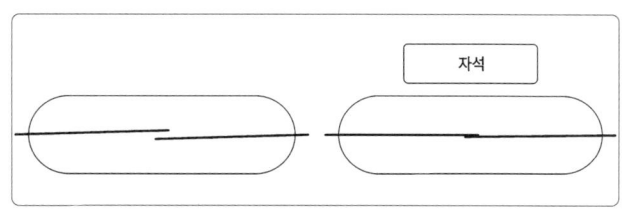

그림 6-4 스위치의 극과 접점

석이 접점 가까이 왔을 때 스위치를 닫는다.

그림 4-6은 자석이 주변에 없을 때와 있을 때의 리드 스위치의 모습을 보여준다.

논의 사항

리드 스위치(reed switch)는 문이나 창문의 경보기에 흔히 사용된다. 경보기에서 고정 자석은 문에, 리드 스위치는 문틀에 부착된다. 문이 열리면 자석이 리드 스위치에서 떨어지면서 경보음을 울린다.

참고 사항
- 리드 스위치는 리드 릴레이(reed relay)에도 사용되지만, 오늘날은 많이 사용되지 않는다.

6.4 릴레이 재발견하기

문제

전기기계식 릴레이와 사용법을 알고 싶다.

해결책

전기기계식 릴레이는 두 부분으로 구성되어 있다. 하나는 전자석처럼 행동하는 코일이고, 다른 하나는 코일에 전기가 흐를 때 닫히는 스위치 접점이다. 그림 6-5는 릴레이와 릴레이의 핀 배열, 실제 릴레이의 모습을 보여준다.

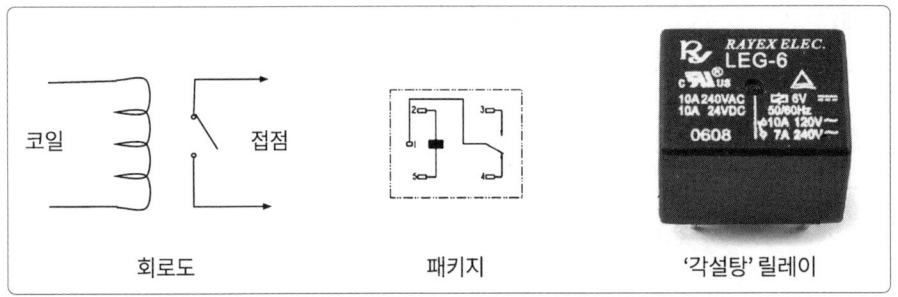

그림 6-5 릴레이

논의 사항

조금 구식이기는 하지만 릴레이는 지금도 여전히 사용되고 있다. 릴레이를 사용하면 AC나 DC의 스위칭이 수월하며, 마이크로컨트롤러와의 연결도 쉽다.

릴레이를 떼어 보면 그림 6-6과 같은 모습을 볼 수 있다.

가운데에 보이는 코일은 전기가 흐를 때 전자석의 성질을 띠면서 위에 보이는 접점을 이동시킨다.

그림 6-6 릴레이의 내부

릴레이의 전자석은 전선을 감아 놓은 커다란 코일이며, 코일이 느슨해지면 전압 스파이크가 발생할 수 있어서 다이오드로 제거해 주어야 한다(레시피 11.9 참고).

참고 사항

- 릴레이를 아두이노나 라즈베리 파이와 함께 사용하려면 레시피 11.9를 참고한다.
- 오늘날 비접촉식 고체 릴레이는 전기 기계식 릴레이 대신에 자주 사용된다(레시피 11.10 참고).

전원 공급 장치 7

7.0 개요

전자장치에는 반드시 전원 공급 장치가 필요하다. 전원 공급 장치는 배터리처럼 단순한 형태일 수도 있지만 높은 전압의 AC를 대부분의 전자장치가 사용하는 전압인 1V~12V DC로 낮춰주는 형태도 있다.

또, 낮은 전압의 배터리에서 높은 전압을 생성해야 할 때도 있다. 1.5V AA 배터리 하나로부터 나온 전압을 6V나 9V로 높이거나, 400V에서부터 가이거 뮐러 계수관에서 필요한 1.5kV까지 훨씬 더 높은 전압을 생성하는 경우도 있다.

궁극적인 고전압 전원 공급 장치로는 고체 상태 테슬라 코일(solid-state Tesla coil)이 있다(레시피 7.15 참고).

이 장은 IC를 선택할 때 먼저 살펴보게 되는 장이다. 많이 사용해 보지 않은 IC를 사용할 때 처음 확인해야 할 것은 데이터시트다. 데이터시트를 보면 장치의 손상을 방지하기 위해 넘어서는 안 되는 최대 정격 절대값(absolute maximum rating)을 알 수 있을 뿐 아니라 IC의 작동 방식과, 운이 좋다면 해당 칩을 실제 상황에서 사용하는 완전한 회로인 '참조용 설계(reference design)'를 찾게 될 수도 있다. 이러한 설계는 칩 제조사에서 IC 사용법을 보이기 위해 개발한 것으로, 이 장의 여러 레시피도 이러한 참조용 설계에서 출발한다.

IC의 데이터시트에 이처럼 유용한 설계가 들어 있지 않다면, IC의 '응용 문서(application note)'를 찾아본다. 응용 문서에는 지나치게 간결하고 과학적인 느낌의 데이터시트를 확장해서 IC를 사용하는 실용적인 회로가 소개되는 경우가 많다.

7.1 AC를 AC로 변환하기

문제
하나의 전압에서 다른 전압으로 AC를 변환하는 방법을 알고 싶다.

해결책
변압기를 사용한다(레시피 3.9 참고).

60Hz AC용으로 설계된 변압기를 구입하면 그림 7-1에서 보는 것과 같은 전선 배열을 흔하게 볼 수 있다.

이 변압기는 동일한 1차 코일 2개와 2차 코일 2개로 구성되며, 코일은 동일한 형성자(former, 래미네이트를 입힌 철골)를 감싸고 있다. 이 경우 변압기 활용 방식이 늘어난다. 예를 들어, 미국에서는 110V, 대부분의 다른 나라에서는 220V의 전기를 사용한다는 사실을 알고 있을 것이다. 만약 제품을 설계할 때 110V나 220V 같이 입력되는 전압이 다르더라도 110V의 낮은 AC 전압을 출력하도록 하고

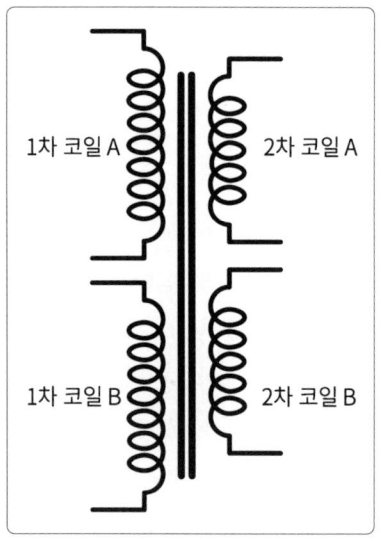

그림 7-1 AC용으로 설계된 변압기

싶다면, 110V에서는 1차 코일 2개를 병렬로, 220V에서는 이를 직렬로 연결했을 때 원하는 결과를 얻을 수 있다.

2차 코일 2개도 비슷하게 활용할 수 있어서, 입력 전압이 출력 전압의 두 배인 경우(220V를 110V로) 코일을 직렬로 연결하면 된다.

논의 사항
변압기는 다룰 수 있는 정격 전력이 정해져 있다. 전선의 저항은 전류가 변압기를 통과할 때 변압기에 열을 발생시키며, 장치가 지나치게 뜨거워지면 전선의 절연 처리가 망가지면서 변압기에 손상이 발생한다.

변압기의 정격 전력은 보통 몇 VA(볼트암페어) 정도다. 변압기에 연결되는 대부분의 부하에서 1VA는 1W와 크기가 같지만, 모터 같이 큰 유도 부하가 구동된다면 전류와 전압의 위상에 차이가 생겨서 피상 전력(apparent power)이 정격 전력(VA)보다 낮아지게 된다.

참고 사항

- 변압기의 소개는 레시피 3.9를 참고한다.
- AC 전압을 낮추는 것은 비조정(unregulated) 전원 공급 장치를 만드는 첫 번째 과정이며, 이에 대한 내용은 레시피 7.2에서 다룬다.

7.2 빠르고 간단하게 AC를 DC로 변환하기

문제

AC를 낮은 전압의 DC로 낮추고 싶다. DC 전압은 부하 전류의 크기에 따라 조금 오르거나 내려도 괜찮다.

해결책

AC 강압 변압기(step-down transformer)를 사용한 뒤(레시피 7.1 참고) 출력을 정류해서 평평하게 만든다.

그림 7-2는 여기에 사용할 수 있는 가장 간단한 방법을 회로도로 나타낸 것이다.

그림에서 출력 전압이 9V라고 되어 있지만, 실제로는 변압기에 명시된 출력 전압의 1.42배(2의 제곱근)가 된다.

다이오드 D는 변압기에서 받은 낮은 전압의 AC를 정류한다(레시피 4.1 참고). 그런 뒤 커패시터 C가 정류된 전압을 평평하게 다듬어서 일정한 DC 값으로 바꾸는데, 이론적으로는 이 값이 다이오드의 캐소드에서 출력되는 피크 전압이 된다. 다이오드는 커패시터에서 전하가 변압기를 통과해 방전되지 않도록 막아 주기 때문에 일단 피크 전압에 다다르면 그 상태가 유지된다.

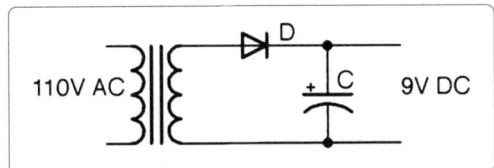

그림 7-2 기본적인 비조정 AC-DC 전원 공급 장치

논의 사항

그림 7-2의 회로도에는 부하가 전혀 표시되지 않았다. 커패시터는 피크 전압까지 충전된 상태지만 그 전하가 사용되는 곳은 없다. 그림 7-3 에서처럼 출력에 부하를 추가하면, 커패시터는 여전히 다이오드와 변압기로부터 전압을 받고 있지만, 그와 동시에 부하를 통해 전하가 방전되기 시작한다.

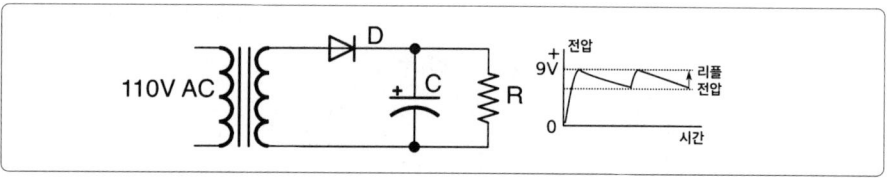

그림 7-3 기본 조정 AC-DC 전원 공급 장치

전원 공급 장치를 사용할 때 '부하(load)'라는 단어를 듣게 되는데, 부하란 전원 공급 장치를 사용해 구동되는 장치를 말한다. 전원 공급 장치의 작동 원리를 생각할 때 부하를 단순히 저항으로 생각할 수도 있다. 그림 7-3에서 부하는 R로 나타낸다.

각 주기마다 커패시터 C를 방전시키는 부하로 인해 특징적인 전압 강하가 발생하는데, 이를 리플 전압(ripple voltage)이라고 한다.

이러한 리플 전압(V_{ripple})의 크기는 부하 전류와 커패시터의 크기를 알 때 다음과 같이 계산할 수 있다.

$$V_{ripple} = \frac{I}{2fC}$$

여기서 I는 전류(A), f는 AC 주파수(60Hz), C는 커패시터의 정전 용량(F)이다.

예를 들어, 부하 전류가 100mA일 때 1,000μF의 커패시터로 인해 생기는 리플 전압은 다음과 같다.

$$V_{ripple} = \frac{I}{2fC} = \frac{0.1A}{2 \times 60Hz \times 0.001F} = 0.833V$$

리플 전압이 부하 전류에 비례하기 때문에, 앞의 예에서 1A의 전류라면 리플 전압이 8.3V가 된다는 사실을 염두에 두자.

리플 전압 문제는 레시피 7.3에서 설명하는 전파 정류기(full-wave rectifier)를 사용해서 개선할 수 있다. 전파 정류기는 이전의 공식에서 주파수 f를 효과적으로 두 배 높여 주기 때문에 리플 전압이 반으로 줄어든다.

참고 사항

- 전파 정류(full-wave rectification)는 레시피 7.3을 참고한다.

7.3 AC를 DC로 전환할 때 리플 전압 낮추기

문제
레시피 7.2의 반파 정류(half-wave rectification)는 그다지 효율이 좋지 않다. 전파 정류 방식을 사용해서 리플 전압을 낮춰 보자.

해결책
이 문제에 대한 해결책은 두 가지가 있다.

- 중간 탭이나 2차 코일이 2개인 변압기를 사용하면, 전파 정류에는 다이오드 2개만 있으면 된다.
- 2차 코일이 하나뿐이라면 다이오드 4개를 브리지 정류기(bridge rectifier)로 사용할 수 있다.

코일 2개를 사용한 전파 정류
그림 7-4는 AC 주기에서 양의 절반과 음의 절반 모두를 활용하는 방법을 보여준다.

2차 코일은 직렬로 연결되어 있으며, 코일 중앙의 연결은 DC 출력의 접지가 된다. D1과 연결된 코일의 끝에 최대 전압이 인가될 때, D2와 연결된 코일의 끝에는 최소 전압(음의 전압 중 절댓값이 최대)이 인가된다. D1과 D2는 해당

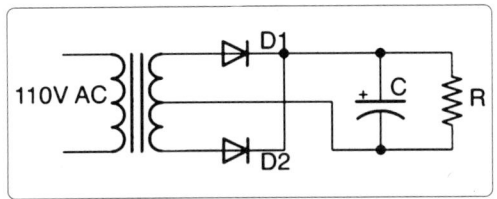

그림 7-4 2차 코일 2개를 사용한 전파 정류

전압을 받은 대신 커패시터에 양의 전압을 공급하기 때문에 전체 AC 주기에서 커패시터가 충전된다.

그림 7-5는 커패시터로 다듬어지기 전의 전파 정류된 출력을 나타낸 모습이다. 이는 주기의 음에 해당되는 부분이 뒤집힌 모습처럼 보인다.

브리지 정류기 사용하기
2차 코일이 하나뿐이라도 다이오드 4개를 브리지 정류기 형태로 배열하면 전파 정류를 만들어 낼 수 있다. 그림 7-6은 브리지 정류기

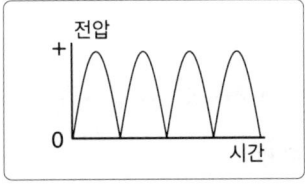

그림 7-5 전파 정류

를 사용하는 조정 DC 전원 공급 장치의 모습을 보여준다.

장치의 작동 원리를 이해하기 위해 A 지점이 양이고 B 지점이 음이라고 가정해 보자. 이 경우 전류가 A로부터 D2를

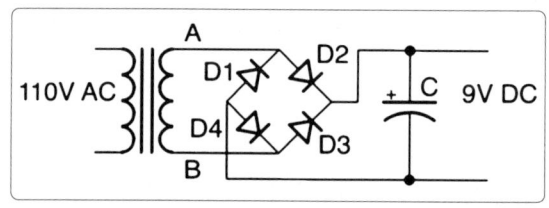

그림 7-6 브리지 정류기 사용하기

통과해 흘러가면서 커패시터가 충전된다. 전원 공급 장치에 부하가 연결되어 있다면, DC 출력의 음의 부분에서 흘러온 전류가 D4를 통해 B로 돌아 간다.

AC 주기의 극성이 반대가 되어서 B가 양이고 A가 음이라고 하면, 양의 DC 출력이 D3를 통해 공급되며 D1을 지나 A1으로 되돌아 간다.

논의 사항

레시피 7.2에서 반파가 아닌 전파 정류를 사용할 때 리플 전압이 절반으로 줄어드는 원리를 알 수 있었다. 리플 전압은 용량이 아주 큰 커패시터를 사용해서 줄일 수 있지만, 대부분의 경우 레시피 7.4에서 설명하는 조정(regulated) 전원 공급 장치나 레시피 7.8에서 설명하는 스위치 모드 전원 공급 장치(SMPS)를 사용하는 편이 더 낫다.

브리지 정류기는 다이오드 4개가 브리지 형태로 연결된 형태의 단일 부품으로 구매할 수 있다. 단일 부품을 구입하면 전원 공급 장치의 전선 연결이 간단해지는데, 브리지 정류기의 단자가 4개이기 때문이다. 이 중 2개는 AC 입력을 나타내는 ~ 기호가 표시되어 있다. 나머지 2개는 정류된 출력을 뜻하는 +와 - 단자다.

참고 사항

- 반파 정류에 대한 내용은 레시피 4.1과 레시피 7.2를 참고한다

7.4 AC를 조정 DC로 변환하기

문제

부하가 걸릴 때 리플 전압이 크지 않은 DC 전원 공급 장치가 필요하다.

해결책

비조정 DC 전원 공급 장치 뒤에 선형 전압 조정기 IC를 사용한다.

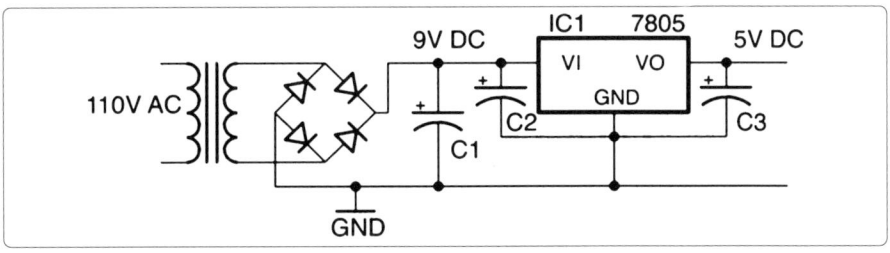

그림 7-7 비조정 DC 전원 공급 장치

그림 7-7은 그러한 회로의 모습을 보여준다. 그림에서 보듯이 프로젝트의 첫 번째 단계가 비조정 전원 공급 장치가 된다.

가장 일반적인 7805 조정기 등의 선형 전압 조정기에는 핀이 3개 달려 있다.

- GND
- V_{in} - 비조정(unregulated) DC 입력
- V_{out} - 조정(regulated) DC 출력

7805의 경우 출력 전압이 5V로 고정되어 있기 때문에 입력 전압이 7V만 넘으면, 출력의 리플 전압이 그다지 크지 않다(이는 전압 조정기 칩이 안전하게 전압을 정류하기 위해서는 출력 전압인 5V보다 2V 높은 전압이 필요하기 때문이다).

언뜻 보았을 때 C1과 C2가 병렬로 연결되어 있기 때문에 왜 C1과 C2가 모두 필요한지 금방 이해되지 않을 수 있다. 이는 C1이 대용량 전해 커패시터(470μF 이상)이고, C2는 등가 직렬 저항이 작은 소형 다층 세라믹 커패시터(평상값 330nF)라서 전압 조정기와 가급적 가까운 곳에 두어야 하기 때문이다. C2와 평상값이 100nF인 C3는 모두 전압 조정기 IC에서 정류를 안정적으로 유지하는 데 필요하다.

논의 사항

C2와 C3의 용량을 선택할 때 가장 좋은 방법은 사용하는 전압 조정기 IC의 데이터시트를 참고하는 것이다. 데이터시트에는 보통 커패시터의 사양뿐 아니라 다음과 같은 전압 조정기의 주요 특성이 명시되어 있다.

- 출력에서 인출할 수 있는 최대 전류(7805의 경우 1A)
- 최대 입력 전압(7805의 경우 35V)
- 드롭아웃 전압(dropout voltage) - 일반적인 작동을 위해 입력이 출력을 초과해

야 하는 전압 크기(7805의 경우 2V)

선형 전압 조정기 중에는 저드롭아웃(low-dropout, LDO) 전압 조정기라고 불리는 것들도 있다. 이러한 전압 조정기의 드롭아웃 전압은 7805의 2V보다 훨씬 낮다. 그 중에는 입력이 출력보다 불과 150mV 더 큰 전압 조정기도 있다. 입력 전압이 드롭아웃 전압보다 아래로 떨어지면, 떨어지는 입력 전압의 정도에 따라 출력 전압도 줄어든다. LM2937 같이 드롭아웃 전압이 0.5V인 전압 조정기는 입력 전압이 불가피하게 원하는 출력과 비슷한 경우에 사용하면 좋다. 6V 배터리가 있는데 필요한 출력은 5V인 경우를 예로 들 수 있겠다. 또, 입력 전압을 출력 전압과 비슷한 수준으로 유지하면 전압 조정기에서 발생되는 열을 최소화할 수 있다.

전압 조정기는 소형 표면실장형 장치에서부터 7805와 같은 큰 TO-220 패키지까지 다양한 패키지로 제공된다. TO-220 패키지는 높은 전류를 사용할 때 히트 싱크에 고정시킬 목적으로 고안되었다.

7805를 포함하는 대부분의 전압 조정기에는 보호 회로가 내장되어 있어서 장치의 온도를 모니터링하며, 온도가 지나치게 높은 경우 출력 전압을 낮추고 출력 전류를 제한해서 장치가 열로 인해 손상을 입지 않도록 한다. 전압 조정기에는 히트 싱크에 부착하기 위한 장착용 구멍도 있다. 히트 싱크(레시피 20.7 참고)는 낮은 전류에서는 필요 없지만, 전류가 높아질수록 그 필요성이 높아진다.

7805 중에서 05는 출력 전압을 의미하며, 예상할 수 있겠지만 7806, 7809, 7812도 있다. 이 값은 최대 24V까지 제공된다. 또한 아날로그 응용 방식에서 조정된 양과 음의 전원을 공급해야 한다면 그에 따른 음의 전압 조정기인 79XX 제품군도 있다.

78LXX 전압 조정기 제품군에는 78XX 조정기 중에서 전력이 낮은 (소형 패키지의) 제품이 포함된다.

참고 사항

- 7805의 데이터시트는 *https://www.fairchildsemi.com/datasheets/LM/LM7805.pdf*에서 확인할 수 있다.
- 오늘날 조정 AC-DC 전원 공급 장치에는 대부분 스위치 모드(SMPS) 설계가 사용된다(레시피 7.8).

7.5 AC를 가변 DC로 변환하기

문제

조정된 DC 전원이 필요하지만, 출력 전압은 변경할 수 있으면 좋겠다.

해결책

LM317 같은 가변 전압 조정기를 사용하자.

그림 7-8은 LM317을 사용하는 가변 출력 전압 조정기의 대표적인 회로도를 나타낸 것이다.

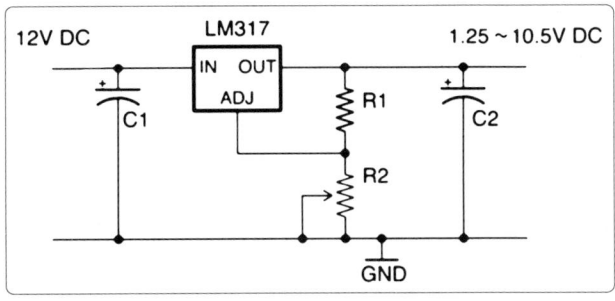

그림 7-8 LM317 전압 조정기 사용하기

LM317의 출력 전압은 다음 식에 따라 달라진다.

$$V_{out} = 1.25\left(1 + \frac{R_2}{R_1}\right)$$

이 식은 R2가 상대적으로 낮은 저항값(10kΩ 미만)을 가질 때에만 성립한다.

따라서 R1이 270Ω이고 R2가 1kΩ인 가변저항이라면, 가변저항의 한쪽 끝에서 출력되는 전압은 다음과 같이 계산할 수 있다.

$$V_{out} = 1.25\left(1 + \frac{R_2}{R_1}\right) = 1.25\left(1 + \frac{0}{270}\right) = 1.25V$$

이번에는 가변저항을 반대쪽으로 끝까지 돌리면, 출력 전압이 다음과 같아진다.

$$V_{out} = 1.25\left(1 + \frac{R_2}{R_1}\right) = 1.25\left(1 + \frac{2000}{270}\right) = 10.5V$$

논의 사항

R2가 증가하면서 출력 전압도 증가하지만, 출력이 고정된 전압 조정기를 사용할 때처럼 조정해야 할 여분 전압이 필요하다. LM317을 사용하는 경우, 이 크기는 입력 전압보다 1.5V 정도 작은 수준이다.

LM317처럼 가변 전압 조정기는 여러 크기의 패키지로 판매되며, IC 손상 방지용 온도 보호 회로를 작동시키지 않으면서도 다양한 크기의 전류를 처리할 수 있다.

참고 사항
- LM317의 데이터시트는 *http://www.ti.com/lit/ds/symlink/lm317.pdf*에서 확인할 수 있다.
- LM317을 전류 조정기(current regulator)로 사용하는 방법은 레시피 7.7을 참고한다.

7.6 배터리 전압 조정하기

문제
배터리 기반의 전원 공급 장치(예를 들어 9V)로부터 조정된 고정 전압(예를 들면 5V)을 얻고 싶다.

해결책
그림 7-9와 같은 고정 선형 전압 조정기를 사용한다.

논의 사항
새 배터리의 전압은 정격 전압보다 약간 높은 경우가 많지만(보통 9V 배터리의 경우 9.5V) 사용하다 보면 점점 줄어들게 된다.

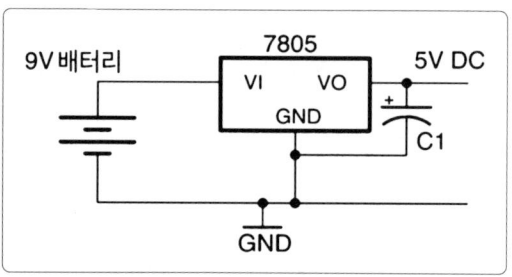

그림 7-9 배터리로 전압 조정기 사용하기

9V 배터리라면 금세 전압이 8V로 떨어지고, 유용한 전력은 전압이 배터리가 거의 다 닳은 수준이 되는 7.5V 정도로 떨어질 때까지만 제공된다.

전압 조정기는 배터리의 수명이 다할 때까지 일정한 출력 전압을 제공하고, 전압을 마이크로컨트롤러에 필요한 특정 전압 수준(보통 3.3V나 5V)까지 떨어뜨리는 데 사용된다.

레시피 7.4의 변압기를 기반으로 하는 DC 전원과 달리 배터리에서는 리플 전압이라는 문제가 발생하지 않기 때문에 전압 조정기의 입력부에 연결하는 커패시터는 생략할 수 있다. 그렇다고 해도 출력부에 연결하는 커패시터는 여전히 필요한데, 대부분의 응용 방식에서 부하 크기가 상당히 다양할 수 있으며 전압 조정기가 불안정해질 수 있기 때문이다.

참고 사항

- 배터리에 대한 내용은 8장을 참고한다.

7.7 정전류 전원 공급 장치 만들기

문제

부하, 예를 들면 높은 전력을 필요로 하는 LED에 정전류(constant current)를 제공하고 싶다.

해결책

그림 7-10처럼 정전류 모드로 설정된 LM317 전압 조정기를 사용한다.

LM317 칩의 경우 출력 전류는 R1의 값에 따라 정해지며, 그 식은 다음과 같다.

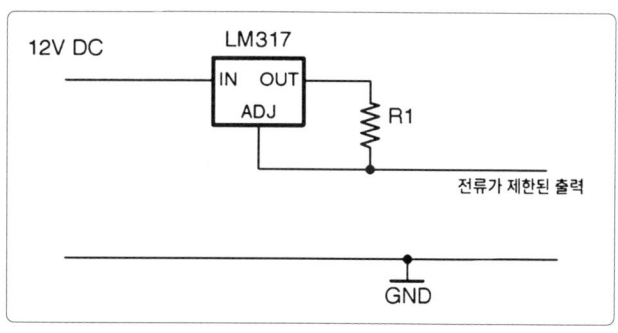

그림 7-10 LM317을 정전류 공급 장치로 사용하기

$$I = \frac{1.2}{R_1}$$

따라서 전류를 최대 100mA로 제한할 때 선택해야 하는 저항 값은 다음과 같이 계산할 수 있다.

$$I = \frac{1.2}{R_1} = \frac{1.2}{0.1} = 12\Omega$$

논의 사항

이 회로는 전류를 원하는 값으로 유지시키기 위해 출력 전압을 자동으로 높이거나 낮춘다.

참고 사항

- 이 회로를 사용해서 고전력 LED로 들어가는 전력을 제어하는 법은 레시피 14.2를 참고한다.

7.8 DC 전압을 효율적으로 조정하기

문제
DC 전원 공급 장치를 효율적으로 조정하여 지나치게 많은 열이 생성되지 않도록 하고 싶다.

해결책
그림 7-11과 같은 회로도의 스위칭 전압 조정기 IC를 사용한다.

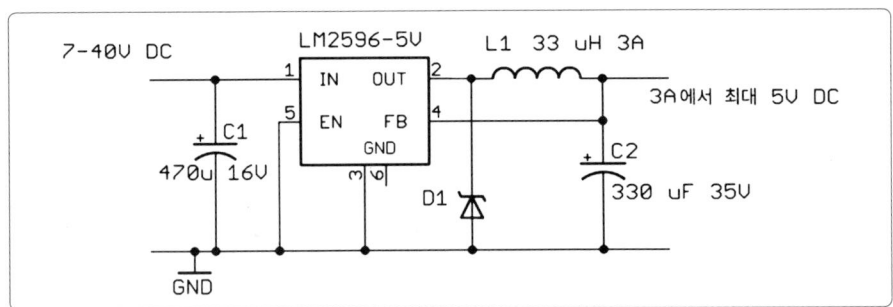

그림 7-11 LM2596을 사용하는 스위칭 전압 조정기

LM2596은 3A에서 히트 싱크 없이도 조정된 전원을 공급할 수 있다.

FB(피드백) 핀을 통해 조정기가 출력 전압을 모니터링하고 펄스 폭을 조정해서 전압을 일정하게 유지시킬 수 있다. EN(활성화) 핀은 IC를 켜고 끄는 데 사용된다.

논의 사항
레시피 7.4, 레시피 7.5, 레시피 7.6에서 설명한 선형 전압 조정기는 과도한 전압을 단순히 열로 치환하는 단점이 있는데, 이는 다시 말해 발열이 생기고 에너지도 낭비된다는 뜻이다.

그림 7-11의 벅 컨버터(buck converter) 같은 스위칭 전압 조정기 설계는 효율이 85%이며 입력 전압과는 거의 독립적으로 작동한다. 그에 비해 입력 전압이 높고 출력 전압이 낮은 선형 전압 조정기는 효율이 20%~60%에 불과하다.

벅 컨버터는 펄스 폭 변조(pulse width modulation, PWM)(레시피 10.8 참고)와 비슷한 방식으로 트랜지스터를 사용해서 전력을 인덕터로 스위칭하며, 고주파일 때(LM2592의 경우 150kHz) 각 펄스의 에너지를 저장한다. 이때 펄스가 길어지면 출력 전압이 높아진다. 피드백 방식은 출력 전압에 따라 펄스 길이를 변화시켜서 출력을 일정하게 유지시킨다.

LM2596 같이 모든 일을 아주 잘 해내는 칩이 있는데 굳이 개별 부품을 사용해서 스위칭 전원 공급 장치를 설계할 이유는 거의 없다.

아주 많은 종류의 스위칭 전압 조정기 IC가 판매되고 있으며, 일반적으로 데이터 시트에는 잘 설계된 응용 회로가 포함되어 있다. 심지어 회로 보드의 배치가 수록되어 있는 경우도 있다.

일회성 프로젝트를 만들고자 한다면 이베이(eBay)나 모듈 전문 공급 업체인 에이다프루트(Adadruit)와 스파크펀(Sparkfun)에서 완제품 스위칭 전압 조정기 모듈을 구입할 수도 있다.

참고 사항
- LM2596의 데이터시트는 *http://bit.ly/2lOLtHc*를 확인한다.

7.9 낮은 DC 전압을 높은 DC 전압으로 변환하기

문제
낮은 전압의 전원 공급 장치(예를 들면 1.5V 셀 1개)가 있지만, 전압을 더 높이고 싶다(예를 들면 5V).

해결책
그림 7-12에서처럼 부스트 컨버터(boost converter) IC를 설계의 핵심으로 사용한다.

이 설계는 0.9V~5V의 입력 전압을 받아 90%의 효율로 5V의 전압을 출력한다.

이 IC의 SW(스위치) 출력은 전류의 펄스를 인덕터 L1으로 통과시켜서 높은 전압 스파이크를 생성하는 방식으로 C1을 충전시킨다. 출력 VOUT은 FB(피드백) 핀

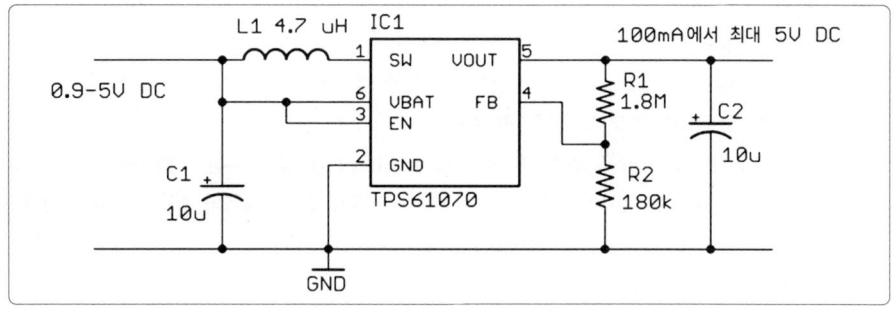

그림 7-12 TPS61070 부스트 컨버터 사용하기

에서 모니터링되며, 이러한 모니터링은 R1과 R2로 구성되어 출력 전압을 설정하는 분압기를 통해 이루어진다.

논의 사항

R1과 R2로 구성된 분압기는 출력 전압을 설정한다. R2 값은 180kΩ으로 고정되어 있어야 하며, R1 값은 다음의 식을 사용해서 계산할 수 있다.

$$R_1 = 180k\Omega \times (\frac{V_{out}}{0.5V} - 1) = 180k\Omega \times (\frac{5V_{out}}{0.5V} - 1) = 1.62M\Omega \approx 1.8M\Omega$$

이와 비슷한 부스터 컨버터 IC가 많이 판매되고 있다. 데이터시트에는 참조용 설계와 외부 부품에 대한 올바른 부품값이 수록되어 있기 때문에 어떤 경우라도 데이터시트를 꼼꼼히 읽어야 한다.

참고 사항

- TPS61070의 데이터시트는 *http://www.ti.com/lit/ds/symlink/tps61070.pdf*에서 확인할 수 있다.

7.10 DC를 AC로 변환하기

문제

낮은 전압의 DC를 높은 전압의 AC로 변환하고 싶다.

해결책

인버터를 사용하자. 인버터는 발진기로 변압기를 구동하고 낮은 전압의 DC로부터 높은 전압의 AC를 발생시킨다.

> **높은 전압의 AC**
>
> 인버터가 높은 전압의 AC를 발생시키기는 하지만, 이 전압과 전류가 지나치게 높아서 인간의 심장을 멈추게 할 수도 있다. 그러니 안전하게 인버터를 만들 수 있을 정도의 충분한 지식과 실력을 갖추었을 때에만 장치를 만들어야 한다.
>
> 낮은 전압의 전원 공급 장치(예를 들어 12V의 자동차 배터리)로부터 110V 전압을 생성해 내는 것은 이론적으로는 아주 간단하지만, 정말로 혼자서 그런 장치를 만들어 보고 싶은 것이 아니라면 완제품 인버터를 사는 편이 보통 가격도 싸고 안전하다.
>
> 높은 전압에서 작업하는 법은 레시피 21.12를 참고한다.

논의 사항

정말로 혼자서 인버터를 만들어 보고 싶은 사람을 위해 그림 7-13에서 대표적인 회로를 소개한다.

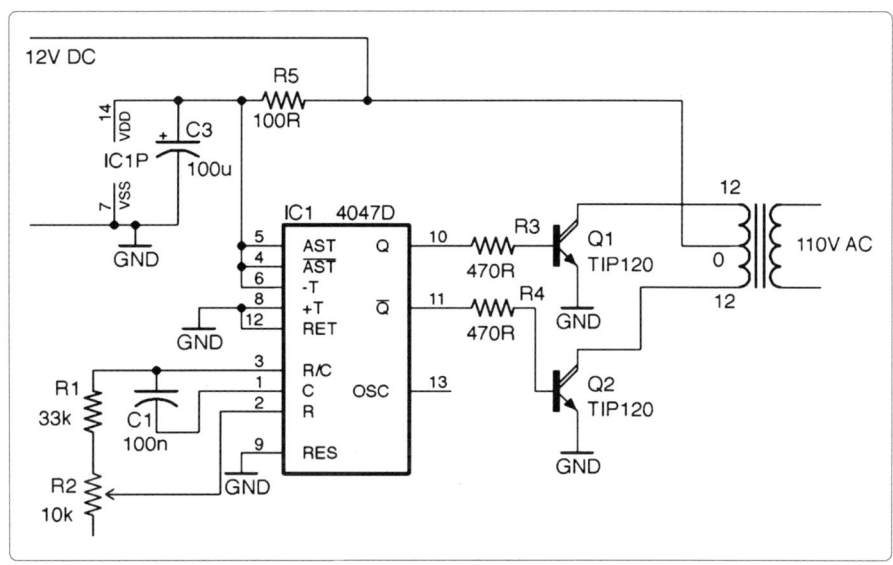

그림 7-13 인버터의 회로도

이 설계에서는 CD4047 타이머 IC를 발진기로 사용한다. 이 IC는 훨씬 더 널리 사용되는 555 타이머(레시피 7.13, 레시피 7.14와 16장의 일부 레시피 참고)와 비슷한 기능을 하지만, 일반 출력과 인버터 출력을 모두 제공한다는 장점이 있다. 이러한 두 가지 출력은 각각 NPN 달링턴 전력 트랜지스터를 구동하여 1차 코일에 한쪽씩 번갈아 가며 전원을 공급한다.

여기에서 사용되는 변압기는 레시피 7.1 등에서 AC 전압을 낮출 때 사용했던 유형과 동일하지만, 이번에는 전압을 높일 때 사용된다는 점이 다르다. 보통은 변압기의 2차 코일로 사용되는 전선 부분이 트랜지스터로 구동되며, 변압기의 출력은 일반적으로 AC와 연결된 코일로부터 얻는다.

60Hz, 12V DC에서 회로를 구동시켜서 110V AC 출력을 얻으려면, 12V-0V-12V의 2차 코일과 110V의 1차 코일을 사용하는 변압기가 필요하다.

CD4047은 IC의 전원 공급 장치와 연결된 100Ω 저항(R5)과 100μF 디커플링 커패시터(decoupling capacitor)(C3, 레시피 15.1 참고)를 통해 전력을 공급받는다. 이렇게 하면 CD4047로 전달되는 전원 공급 장치의 잡음을 줄일 수 있다.

그림 7-14는 브레드보드에 설치한 인버터의 모습이다. 이러한 배치는 처음 만드는 시험용 모델로는 나쁘지 않지만, 실제로는 해당 회로를 회로 보드에 배치하는 더 나은 방법이 있으며, 전력 트랜지스터는 상당한 크기의 히트 싱크에 부착시켜야 한다(레시피 20.7). 또한, 12V 전원 공급선에 퓨즈를 연결해서 전류를 트랜지스터가 다룰 수 있는 수준으로 제한해 주어야 한다. 그렇지 않으면 과열로 부품에 손상이 갈 수 있다.

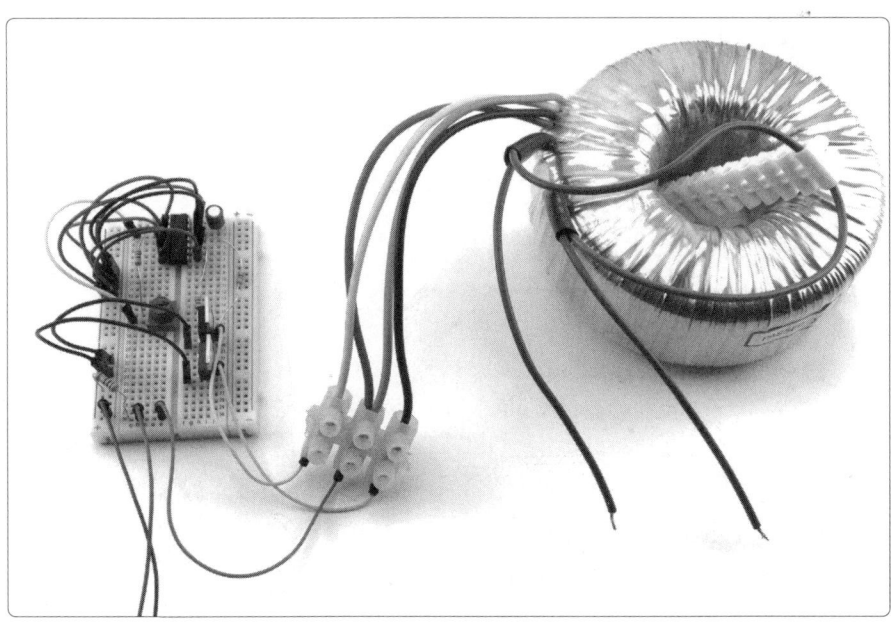

그림 7-14 브레드보드에 설치한 인버터 회로

여기서는 필자가 가지고 있던 트로이달 유형의 변압기를 사용하기는 했지만, 변압기 유형은 상관 없다.

참고 사항
- 4047 IC의 사용법은 데이터시트를 참고한다.
- 퓨즈에 대해서 알고 싶다면 레시피 7.16을 참고한다.
- 무납땜 브레드보드를 사용해서 회로를 만들려면 레시피 20.1을 참고한다.
- 변압기에 대한 자세한 내용은 레시피 3.9를 참고한다.

7.11 110V나 220V AC로 프로젝트에 전원 공급하기

문제

110V나 220V AC 전원 공급 장치로 프로젝트에 효율적으로 전원을 공급하되 레시피 7.2와 같은 대형 변압기는 사용하고 싶지 않다.

해결책

고전압용으로 만들어진 스위치 모드 전원 공급 장치(SMPS)를 설계하는 일은 전문적이고 위험이 수반될 수 있는 작업이다. 전기 쇼크의 위험이 항상 뒤따른다는 점 외에도, SMPS를 제대로 설계하지 않으면 장치가 쉽게 과열되어 화재가 발생할 위험이 있다.

이러한 이유로 AC를 사용해서 프로젝트를 구동할 때는 완제품으로 판매되는 SMPS AC 어댑터를 구입한 뒤, 프로젝트에 맞는 DC 잭을 끼우는 쪽을 강력 추천한다. 이와 같이 완제품으로 판매되는 어댑터는 바로 구입이 가능하며, 대량으로 생산되기 때문에 만드는 것보다 사는 편이 훨씬 저렴하다.

논의 사항

SMPS의 작동 원리는 상당히 흥미롭다. 그림 7-15는 SMPS가 변압기를 기반으로 한 설계(레시피 7.2)와 비교해 약 5%에 불과한 무게로 같은 크기의 전력을 출력할 수 있는 이유를 보여준다.

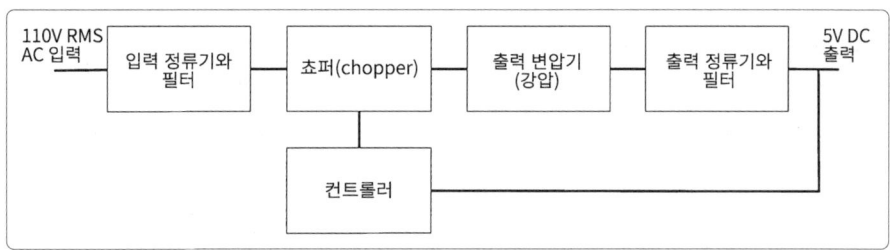

그림 7-15 스위치 모드 전원 공급 장치

고전압 AC 입력은 레시피 7.2와 같은 방법으로 정류해서 고전압 DC를 생성하도록 평평하게 다듬지만, 변압기를 먼저 사용하지는 않는다. 이렇게 생성된 DC는 고주파(주로 60kHz)에서 단속(chopped)하거나 스위칭해서 일련의 짧은 고주파 펄스가 만들어진다. 이 펄스가 이제 출력 변압기로 들어가면 변압기에서 고주파 AC의 전압을 낮춘다. 그 결과로 얻은 저전압 AC는 다시 정류되어 저전압 DC로 필터링된다. 변압기가 그렇게 높은 주파수에서 작동하기 때문에 변압기의 크기와 무게가 60Hz에서 사용되는 변압기보다 훨씬 작다.

전압 조정은 DC 출력으로부터 컨트롤러로 전달되는 피드백을 통해 이루어지며, 피드백을 받은 컨트롤러는 단속된 펄스 폭을 변경하고, 결과적으로 DC 출력 전압도 변경한다.

DC 출력과 고전압 AC의 절연 상태를 유지하기 위해 컨트롤러로 가는 피드백 경로에는 광 아이솔레이터(opto-isolator)를 사용한다(레시피 5.8).

이렇게 하면 회로가 아주 많이 복잡해 보이겠지만, 변압기의 크기를 줄여서 크기, 무게, 비용에서 이점을 얻을 수 있기 때문에 SMPS를 사용할 만하다.

SMPS의 여러 기능을 갖춘 IC가 있기는 하지만, 이러한 IC를 사용하더라도 광 아이솔레이터와 고주파 변압기 같은 외부 부품이 여전히 필요하다.

SMPS가 변압기 기반의 전원 공급 장치보다 더 좋은 또 다른 이유는 SMPS가 일반적으로 수용할 수 있는 입력 전압의 범위가 80V~240V이며, 입력 전압이 높으면 더 짧은 펄스로도 같은 출력 전압을 생성할 수 있기 때문이다.

참고 사항
- AC를 낮은 전압의 DC로 변환하는 데 사용했던 고전적인 변압기 기반의 방식은 레시피 7.2를 참고한다.
- 변압기에 대한 자세한 내용은 레시피 3.9, 광 아이솔레이터에 대한 자세한 내용은 레시피 5.8을 참고한다.

7.12 전압 높이기

문제
AC 전압을 더 큰 DC 전압으로 높이고 싶다.

해결책
전압은 아주 멋진 전압 증배기 회로로 높일 수 있다. 전압 증배기 회로는 다이오드와 커패시터를 사다리처럼 연결해서 인덕터 없이도 전압을 높여 준다. 회로는 여러 단계를 거쳐 전압을 높일 수 있도록 만들 수도 있다. 그림 7-16의 회로도는 4단계 전압 증배기로 AC 전압을 4배 높여준다.

논의 사항
회로의 작동 원리를 이해하기 위해서는 AC 입력이 양과 음의 피크 전압이 될 때 어떤 일이 일어날지 생각해 보아야 한다. 입력 전압이 음의 피크 전압일 때 C1은 D1을 통해 충전된다. 다음으로 입

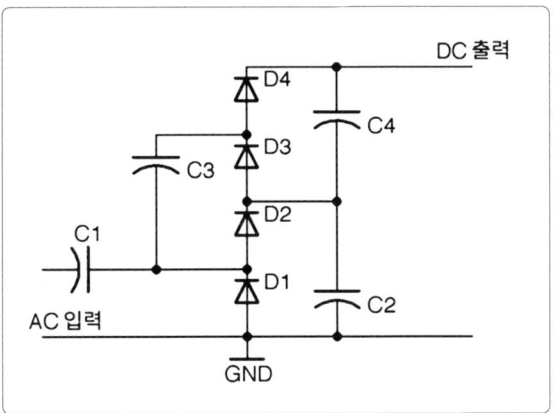

그림 7-16 4단계 전압 증배기

력 전압이 양의 피크 전압이 될 때 C1에서는 계속 충전이 일어나지만, 해당 입력이 효과적으로 C1에 추가된다. 여기까지만 본다면 전압이 두 배가 되겠지만, 이번에는 입력 전압이 다음 음의 피크 전압이 될 때 C2에서 해당 입력값을 받아 충전이 일어나고, 이런 식으로 반복되면 결국 출력 전압이 피크 입력 전압의 4배가 된다.

여기에 사용된 다이오드의 최대 전압은 모두 RMS AC 입력 전압에 1.4배한 값(피크 전압)보다 커야 한다. 여기에 사용할 커패시터를 고를 때에는(이때 선택할 커패시터의 용량은 모두 같아야 한다) 레시피 7.2에서 평활 커패시터(smoothing capacitor)를 선택했을 때와 비슷한 문제에 부딪히게 된다. 출력에 부하가 전혀 연결되어 있지 않을 때는 용량이 아주 낮은 커패시터를 사용할 수도 있지만, 부하를 연결하는 즉시 부하를 통해 방전이 일어나면서 리플 전압이 발생한다. 극성이 없는(여기에 전해 커패시터는 사용하지 않는다) 고전압 커패시터를 원한다면, 가이거 뮬러 계수기 같이 전류가 낮은 부하용 다이오드와 정격 최대 전압이 같은 10nF 커패시터를 사용할 수도 있다.

이러한 유형의 회로는 높은 전압을 사용하는 응용 방식에서 이미 높은 전압을 한층 더 높이는 데 종종 사용된다.

참고 사항
- 가이거 뮬러 계수기용 전원 공급 장치에 내장된 전압 증배기의 사용 예는 레시피 7.14를 참고한다.

- 다이오드와 커패시터에 대한 배경 지식은 각각 레시피 4.1과 레시피 3.1을, AC에 대한 배경 지식은 레시피 1.7을 참고한다.

7.13 450V의 높은 전압 공급하기

문제
방사계(radiation meter)에 내장된 가이거 뮬러 계수기에 전력을 공급할 수 있도록 배터리로부터 450V DC의 저전력 전압을 얻고 싶다.

해결책

> **고전압**
>
> 이 회로는 1,000V에 이르는 전압을 생성할 수 있다. 전류가 낮기는 하지만 심박 조율기를 사용하거나 심장질환이 있는 사람이라면 이 회로를 다루는 과정에서 심각한 충격을 받거나 끔찍한 결과를 초래할 수 있으니, 이 레시피를 제작하려면 정말로 조심해야 한다.
>
> 일회용 카메라의 플래시 장치에서 변압기를 꺼내 재사용하는 경우 특히 위험할 수 있다. 이러한 장치에는 400V 이상을 충전할 수 있는 대용량 커패시터를 사용하기 때문에 사용자가 엄청난 충격을 받을 수 있다. 그러니 반드시 커패시터를 방전시킨 후에 사용한다(레시피 21.7).

레시피 7.10의 인버터 버전을 사용하면 소형 고주파 변압기를 구동시킬 수 있다. 그림 7-17은 해당 전원 공급 장치의 회로도를 보여준다. D1과 C4는 모두 정격 전압

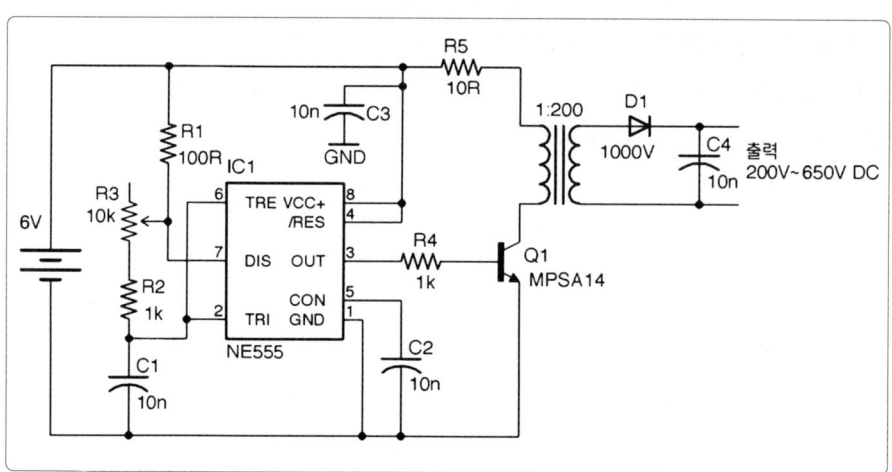

그림 7-17 고전압 DC 전원 공급 장치의 회로도

이 1,000V라는 점에 주의한다.

555 타이머는 가변저항 R3로 제어되는 7kHz~48kHz의 주파수를 제공하도록 설계되었다. 달링턴 트랜지스터는 펄스 전류를 변압기에 제공하며, 그 출력은 정류되어 평평하게 다듬어진다.

주파수를 변경하면 출력 전압이 변한다. 고전압 멀티미터(1,000V DC)로 최대 전압을 찾을 때까지 가변저항 값을 바꿔 보자. 필자의 경우 변압기가 최대 전압일 때 주파수는 35kHz였다.

논의 사항

그림 7-18은 브레드보드 2개에 제작된 프로젝트의 모습을 보여준다. 왼쪽 브레드보드에는 555 발진기가, 오른쪽 브레드보드에는 트랜지스터와 고전압을 사용하는 영역이 자리잡고 있다.

그림에서 보듯이, 고주파 변압기의 크기는 작다. 필자가 사용했던 장치는 DT5A이며, 오래된 일회용 카메라의 플래시 장치에서 떼 낸 것이다.

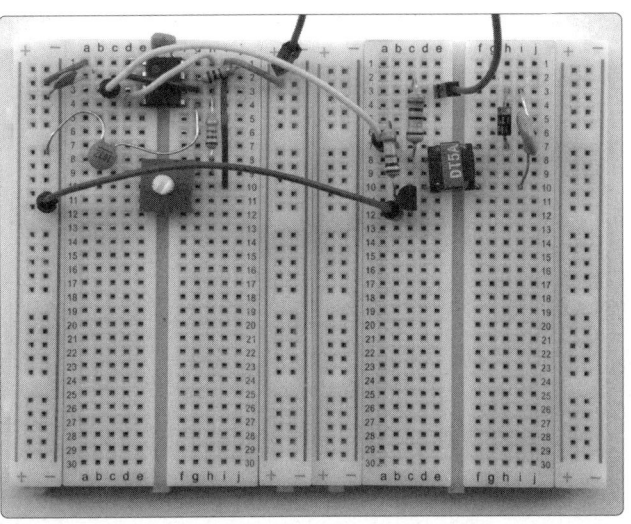

그림 7-18 고전압 DC 전원 공급 장치를 브레드보드에 설치한 모습

출력 전압을 확인하기 위해서는 범위가 1,000V DC인 전압계가 필요하다. 오늘날의 디지털 멀티미터는 입력 임피던스가 보통 10MΩ이다. 그러므로 1,000V에서라면 부하 전류가 1kV/10MΩ=100nA가 된다. 이 정도의 크기가 그다지 크지 않게 느껴질 수도 있지만 그림 7-17과 같은 저전류 회로에서라면, 해당 부하는 측정되는 전압의 크기를 상당히 낮출 수 있다. C4와 같은 용량의 커패시터 2개를 C4와 병렬로 연결해서 용량을 높여 보면 멀티미터가 영향을 미치는지 여부를 알 수 있다.

높은 전압을 측정할 때 신뢰할 수 있는 측정값을 얻고 싶다면 입력 임피던스가 아주 큰 전문가용 고전압 계측기를 사용할 수 있지만, 이런 제품은 가격이 매우 비싸다.

참고 사항

- 출력 전압을 높이기 위해 3단계 전압 중배기를 추가한 앞의 설계를 확인하려면 레시피 7.14를 참고한다.
- 555 타이머의 사용법은 레시피 16.6을 참고한다.
- 높은 전압의 측정법은 레시피 21.8을 참고한다.
- 무납땜 브레드보드를 사용해 보드를 제작하는 법은 레시피 20.1을 참고한다.

7.14 더 높은 전압의 전원 공급 장치(>1kV)

문제

레시피 7.13의 450V 출력이 충분하지 않다. 알파방사선 검출용인 가이거 뮐러 계수관에 사용되는 1.2kV~1.6kV의 전압이 필요하다.

해결책

3단계 전압 중배기를 레시피 7.13의 회로도에 추가한다. 그 결과는 그림 7-19에서 보는 것과 같다.

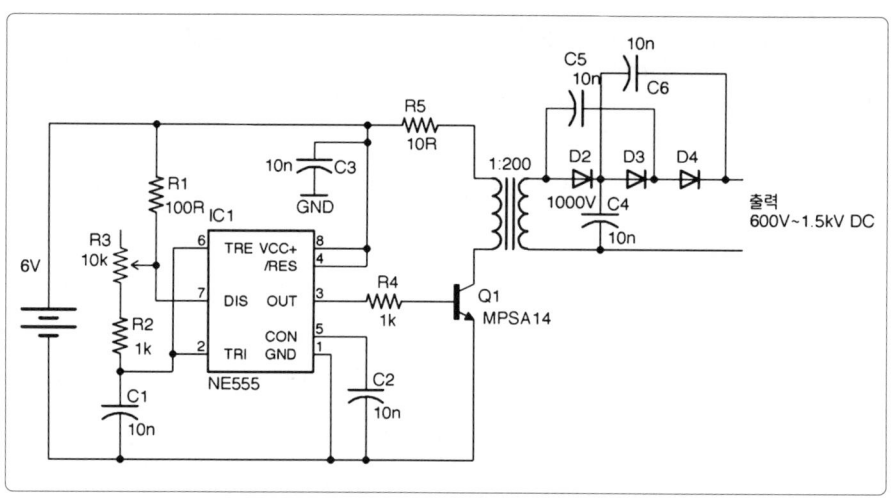

그림 7-19 높은 전압의 전원 공급 장치에 3단계 전압 중배기 추가하기

다이오드 C4, C5, C6에 각각 걸린 전압이 여전히 1kV 미만이기 때문에, 정격 전압이 1kV라도 괜찮다.

논의 사항
레시피 7.13의 설계를 사용하면, 출력에 원치 않는 몇 볼트의 잡음이 포함될 수 있다.

참고 사항
- 이 설계에서 전압 중배기를 뺀 버전은 레시피 7.13을 참고한다.

7.15 아주 높은 전압 공급 장치(고체 상태 테슬라 코일)

문제
테슬라 코일을 만들고 싶다

해결책
테슬라 코일을 일반적이고 안전한 방식으로 설계하려면 직접 만든 변압기를 사용한다. 그림 7-20은 완성된 테슬라 코일이 약 1.3cm 떨어져 있는 LED를 밝히고 있는

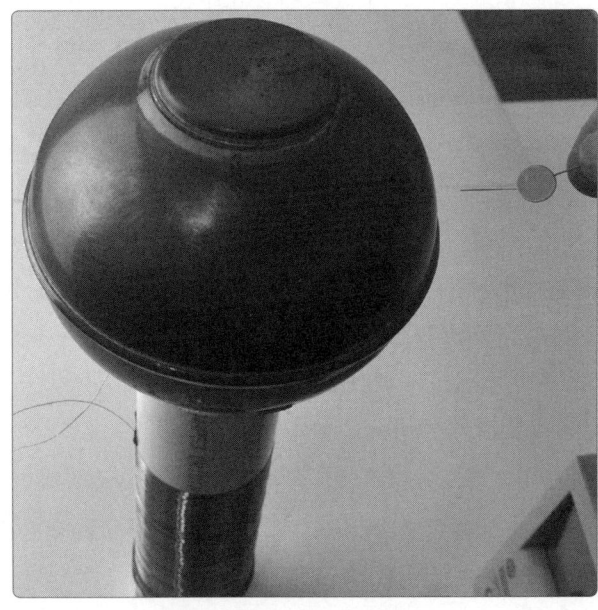

그림 7-20 테슬라 코일로 LED 밝히기

그림 7-21 브레드보드에 설치한 테슬라 코일

모습을, 그림 7-21은 브레드보드에 설치한 전원 공급 장치의 모습을 보여준다.

그림 7-22는 변압기와 트랜지스터를 중심으로 자가 진동 설계를 사용하는 프로젝트의 회로도를 보여준다.

이러한 설계에 사용되는 변압기는 약 5cm의 플라스틱 파이프 위로 34SWG(또는 30AWG) 두께의 에나멜 구리 전선이 300번 촘촘히 감겨

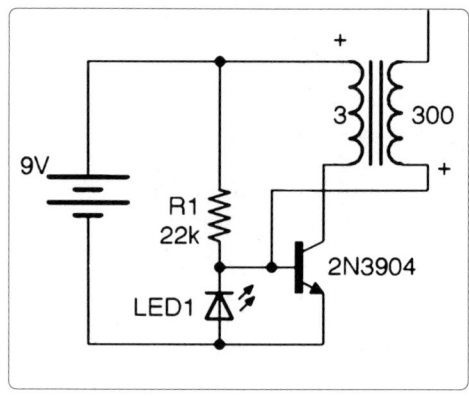

그림 7-22 테슬라 코일의 회로도

있는 형태를 하고 있다. 1차 코일은 단 세 번만 감은 플라스틱 피복의 멀티코어 전선으로 이루어진다.

이 회로는 고체 상태 플라이백 컨버터(solid-state flyback coverter) 또는 슬레이어 익사이터(slayer exciter)라고 불린다. 변압기 2차 코일의 위쪽 끝은 무엇과도 직접적으로 연결되어 있지 않지만, 면적이 넓은 무언가(여기에서는 구리 공)에 연결되어 있기 때문에 접지시켜야 할 부유 정전 용량(stray capacitance)이 소량 존재한다. 넓은 면적의 위쪽 표면은 전도성을 띠고 표면적이 넓은 물질이되 뾰족한 부분이 너무 많아서 방전을 돕는 형태가 아니라면 금속판이나 다른 무엇을 사용해도 된다.

전력이 처음 회로에 가해지면 트랜지스터가 R1을 통해 켜지면서 높은 전류가 변압기의 세 번 감긴 1차 코일로 흘러 들어간다. 이로 인해 유도된 전류가 2차 코일로 흘러 가면 부유 정전 용량 때문에 전위차가 발생한다. 부유 정전 용량은 그 크기가 작더라도 2차 코일의 하단부에서 전압을 강하시켜 트랜지스터를 끌 수 있다. LED는 트랜지스터의 베이스에 걸리는 전압이 1.8V(LED의 순방향 전압) 이상 떨어져서 접지 이하로 내려가지 않도록 한다. 접지 이하로 내려가면 트랜지스터가 꺼지면서 자기장이 어그러지고 트랜지스터의 베이스에 대한 R1의 영향이 되살아나면서 트랜지스터가 다시 켜지는 식으로 주기가 계속 이어지기 때문이다.

1차 코일을 반대 방향으로 연결하거나 2차 코일의 기하 구조를 잘못 구성한다면 변압기가 켜지더라도 진동이 시작되지 않아서 트랜지스터가 빠르게 손상될 수 있다. 모두 다 제대로 구성했다면, LED1에 불이 들어온다. 이런 경우에는 전류 제한 기능이 있는 실험용 전원 공급 장치가 매우 유용하다(레시피 21.1 참고).

논의 사항

또 다른 LED를 준비해서 2차 코일의 전압이 높은 쪽에 가까이 두면 LED가 켜진다. LED의 한쪽 리드선을 손으로 잡으면 잡은 사람이 약한 접지 경로가 된다.

    회로의 전력을 높이는 손쉬운 방법은 여러 개의 트랜지스터(모두 핀 3개짜리)를 병렬로 연결하는 것이다. 내 경우 2N3904 IC 4개로 소형 형광등의 가스를 이온화시켜서 거의 30cm 범위를 밝힐 수 있을 만한 전압을 생성할 수 있었다.

참고 사항

- 무납땜 브레드보드로 시험용 모델을 만들려면 레시피 20.1을 참고한다.
- 테슬라 코일이 작동하는 모습은 *https://youtu.be/-DEpQH7KMj4*에서 확인할 수 있다.
- 높은 전압을 사용하는 다른 전원 공급 장치는 레시피 7.13과 레시피 7.14를 참고한다. '에너지 도둑(joule thief)' 회로(레시피 8.7)는 이 설계와 비슷한 방식으로 작동한다.
- 개관(open tube)이 아닌 페라이트 코어를 사용한 소형 테슬라 코일 설계가 작동하는 모습은 *https://www.youtube.com/watch?v=iMoDAspGPPc*에서 확인할 수 있다. 해당 설계에서는 그림 7-22와 동일한 회로도를 사용한다.
- 인터넷에서 테슬라 코일을 검색하면 여러 놀라운 장치들을 볼 수 있다.

7.16 퓨즈 태우기

문제

지나치게 높은 전류가 흘러서 비싼 부품을 손상시키거나 화재를 일으키지 않도록 회로를 보호하고 싶다.

해결책

퓨즈를 사용한다. 그림 7-23은 여러 유형의 퓨즈를 모아 놓은 모습이다.

    퓨즈는 기존의 일회성 퓨즈와 폴리퓨즈(polyfuse)로 크게 분류할 수 있다. 이름에서 미뤄 짐작할 수 있듯이 일회성 퓨즈는 한 번만 사용할 수 있다. 전류나 온도 한도가 초과되어서 퓨즈가 나가면, 그 퓨즈는 그것으로 더 이상 사용이 불가능하며 버려야 한다. 이러한 이유로 퓨즈를 전자부품에 부착할 때는 교체가 쉽도록 퓨즈 홀더를 사용하는 것이 보통이다.

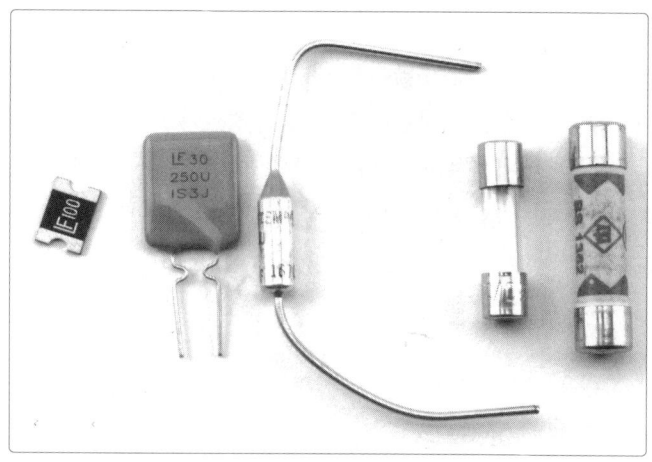

그림 7-23 왼쪽에서부터 표면실장형 폴리퓨즈,
폴리퓨즈, 온도 퓨즈, 20mm 퓨즈, 25mm 퓨즈

재설정 퓨즈(re-settable fuse)라고도 불리는 폴리퓨즈는 끊어지지 않지만 전류가 한도 값 이상으로 올라가면 저항이 증가하면서 전류를 0으로 재설정해 장치를 식힌다. 이는 다시 말해 회로에 장착하면 영구적인 사용이 가능하다는 뜻이다. 폴리퓨즈는 흔히 USB 포트 같은 곳에 사용되어 주변장치가 오작동을 일으킬 때 발생되는 과전류로부터 컴퓨터를 보호한다. 폴리퓨즈는 PTC 서미스터 기술(레시피 2.9 참고)을 사용한다.

논의 사항

현대의 회로 설계, 그 중에서도 특히 높은 전압과 상대적으로 낮은 전류를 사용하는 설계에서 폴리퓨즈는 가장 좋은 선택지다. 그러나 AC를 사용하는 장치나 높은 전류를 사용하는 경우라면 심각한 문제가 생겨 과전류가 발생할 때 끊어지는 기존의 일회성 퓨즈 쪽이 가장 안전하다. 일회성 퓨즈는 인간이 손을 거쳐야만 연결된 회로로 전력이 다시 공급될 수 있기 때문이다.

일회성 퓨즈가 나가면 퓨즈를 교체하기 전에 그 원인을 밝혀내야 한다. 과전류의 가장 흔한 원인은 단락(short circuit)으로, 이는 접촉해서는 안 되는 전선이 서로 접촉하거나 부품의 고장으로 회로의 일부분이 허용량 이상의 전류를 인출하는 경우 발생한다.

일회성 퓨즈의 유형에는 여러 가지가 있다.

- 슬로블로 퓨즈(slow-blow fuse) - 과전류가 발생해도 짧은 시간 동안 버틸 수 있다. 시동을 걸 때 많은 전류를 인출하는 모터에 사용할 수 있다.
- 패스트블로 퓨즈(fast-blow fuse) - 전류가 한도를 초과하는 즉시 끊어진다.

- 온도 퓨즈(thermal fuse) - 과전류일 때 끊어지도록 고안되었지만 화재 등 외부 요인으로 인해 퓨즈가 과열될 때에도 끊어진다.

참고 사항
- 퓨즈를 테스트하려면 레시피 21.5를 참고한다.
- 회로에서 일정한 전류를 생성하려면 레시피 7.7을 참고한다.
- 예기치 않게 극성이 바뀔 때 회로를 보호하는 방법은 레시피 7.17을 참고한다.

7.17 극성 문제로부터 보호하기

문제
배터리를 잘못된 방향으로 연결하더라도 프로젝트에 손상이 가지 않도록 프로젝트를 만들고 싶다.

해결책
개별 트랜지스터를 사용해 설계된 여러 IC와 회로들의 경우 극성이 잘못 연결되면 지나치게 큰 전류가 흐르면서 열이 발생하기 때문에 손상이 생긴다.

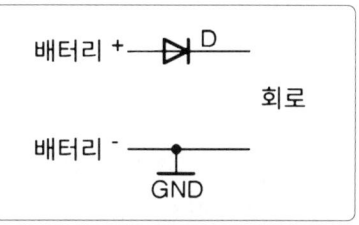

그림 7-24 다이오드를 사용해서 역극성으로부터 회로 보호하기

전압이 0.5V~1V 만큼 살짝 떨어지는 정도는 크게 신경 쓰지 않는다고 하면, 회로에 양의 전원을 공급하는 배터리의 양극 단자에 다이오드를 하나 연결한다(그림 7-24 참고).

기억할 점은 회로가 인출할 전류를 감당할 수 있는 다이오드를 선택해야 한다는 것이다.

손해를 봐도 되는 전압의 크기가 0.2V~0.3V에 불과하다면, 일반 다이오드 대신 쇼트키 다이오드(Schottky diode)를 사용한다.

0.3V도 너무 크다면 그림 7-25의 회로에서 보는 것처럼 P채널 MOSFET을 사용할 수도 있다.

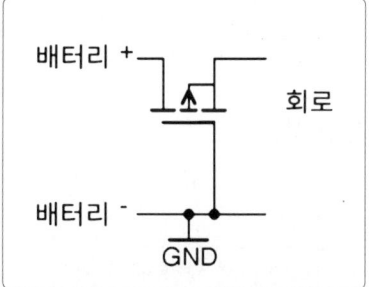

그림 7-25 MOSFET을 사용한 역극성 보호

극성에 맞도록 연결하면 P채널 MOSFET의 게이트 드레인 전압(gate-drain voltage)이 MOSFET을 켜짐 상태로 유지시킬 수 있을 만큼 높아진다. 온 저항이 극히 낮은 MOSFET을 사용하면 전압은 MOSFET에서 부하로 가는 동안 거의 떨어지지 않는다. 회로는 배터리에서 공급되는 전압이 게이트의 문턱 전압보다 높을 때에만 작동하며, 그렇지 않은 경우 MOSFET은 켜지지 않는다.

극성이 반대가 되도록 연결하면 MOSFET이 완전히 꺼진 상태가 되어서 유의미한 전류가 부하 회로로 흐르는 것을 막는다.

게이트와 MOSFET의 다른 연결 사이가 용량성이기 때문에 게이트에서 배터리의 음의 단자로 전류가 전혀 누설되지 않는다.

대부분의 사람들이 습관적으로 스위치를 선호하고 양의 전원 쪽에 극성 보호를 사용하는 경향이 있지만, 그림 7-26에서처럼 배터리의 음극 전원 쪽 N채널 MOSFET에 비슷한 방법을 사용할 수도 있다.

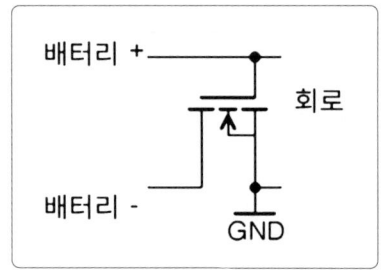

그림 7-26 음극 극성 보호

논의 사항

배터리로 구동되는 프로젝트라면, 한 방향으로 전류가 흐르도록 만들어진 클립을 사용하는 9V 건전지라고 하더라도 극성 보호 기능을 포함시키는 편이 좋다. 접점을 잘못 연결하기란 너무 쉽다.

MOSFET으로 프로젝트를 보호하는 것이 가장 저렴한 방법인데, 몇 가지 전류값(A)을 처리할 수 있을 뿐 아니라, 동일한 성능을 가진 다이오드, 그 중에서도 특히 표면실장형 다이오드보다 크기도 작고 저렴하기 때문이다.

참고 사항

- 회로를 과전류로부터 보호하기 위해 퓨즈를 사용하려면 레시피 7.16을 참고한다.
- 다이오드에 대한 배경 지식은 4장을 참고한다.
- MOSFET에 대한 자세한 내용은 레시피 5.3을 참고한다.

배터리 8

8.0 개요

7장에서는 AC를 낮은 전압의 DC로 변환해 전자부품 설계에 공급하는 다양한 방법을 배웠다. 이 장에서는 다양한 유형의 배터리와 광전압 태양 전지(photovoltaic solar cell) 사용법을 알아보자.

8.1 배터리 수명 추정하기

문제
배터리의 잔량이 얼마인지 알고 싶다.

해결책
배터리의 커패시터는 암페어시(Ah)나 밀리암페어시(mAh)로 나타낸다. 배터리의 지속 시간을 계산하려면 커패시터를 제품의 소비 전류(A 또는 mA)로 나눠야 한다.

예를 들어 9V PP3 충전식 배터리의 용량은 보통 200mAh 정도다. LED에 전류를 2mA로 제한해 주는 적절한 직렬 저항을 연결하면 배터리의 지속 시간은 다음과 같다.

$$\frac{200mAh}{20mA} = 10Ah$$

논의 사항
앞서 계산을 통해 얻은 시간은 단순한 추정치일 뿐이며, 배터리의 사용 기간, 온도, 전류 등의 여러 요인은 어느 것 하나 실제 배터리 수명에 영향을 미치지 않는 것이 없다.

다수의 배터리를 직렬로 연결해 사용하더라도(예를 들어 AA 배터리 4개가 들어가는 배터리 홀더를 사용하는 경우), 전체 배터리의 수명이 4배로 늘어나지는 않는데, 이는 각 배터리에 동일한 전류가 흐르기 때문이다(그림 8-1).

키르히호프의 전류 법칙(레시피 1.4)으로부터 전류는 회로의 어느 점을 지나더라도 그 값이 동일하다는 사실을 알고 있다. 여기에서 LED의 순방향 전압이 1.8V라고 가정하면, (회로에 흐르는 전압은 4.2V, 저항이 470Ω이 되어) 전류의 크기

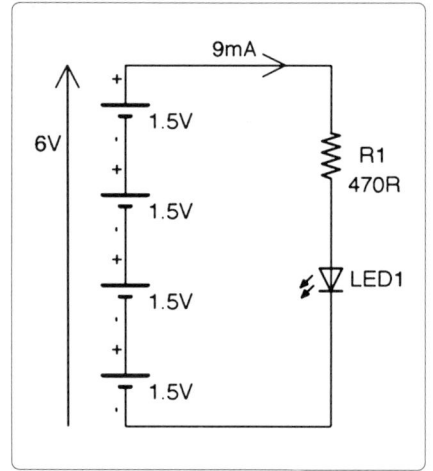

그림 8-1 직렬로 연결한 배터리

는 약 9mA가 된다. 배터리가 하나 이상이라 하더라도 각 배터리에는 9mA의 전류가 흐르게 된다. 일반적인 AA 배터리라면 용량이 약 2,000mAh이므로 회로는 다음 시간 동안 작동될 것이라고 예상할 수 있다.

$$\frac{2000mAh}{9mA} = 222시간$$

배터리의 전압 크기가 모두 같지 않다면 함께 병렬로 연결하는 것은 피하는 게 좋다. 이렇게 연결하는 경우 높은 전압의 배터리에서 전하가 방전되어 낮은 전압의 배터리로 이동하면서 각 전압이 모두 균일해진다. 이때 배터리가 충전식이라면 전압 간의 차가 아주 적기 때문에 괜찮을 수 있지만, 충전식이 아니라면 충전 과정에서 배터리가 뜨거워지면서 위험해질 수 있다.

모든 배터리에는 커패시터의 등가 직렬 저항(레시피 3.2)과 상당히 비슷한 내부 저항이 있다. 내부 저항은 배터리가 방전될 때 열을 발생시킨다. 그렇기 때문에 이론상으로는 가능하다 하더라도 200mAh의 소형 배터리로 72초간 10A의 전류를 공급하는 일은 불가능하다. 배터리의 내부 저항은 전류를 제한할 뿐만 아니라 배터리에 열도 발생시킨다. 소형 배터리는 대형 배터리보다 내부 저항이 더 큰 경향이 있다.

부품 판매점에서 판매되는 대부분의 비충전식 배터리에는 최대 연속 방전 전류(maximum continuous discharge current)가 명시되어 있다.

참고 사항

- 여러 유형 중에서 원하는 충전식 배터리를 선택하는 방법은 레시피 8.3을, 비충전식 배터리를 선택하는 방법은 레시피 8.2를 참고한다.
- 멀티미터로 프로젝트에서 사용되는 전류를 측정하는 방법은 레시피 21.4를 참고한다.

8.2 비충전식 배터리 선택하기

문제

프로젝트에 사용할 비충전식 배터리가 필요하지만 어떤 유형을 사용해야 할지 모르겠다.

해결책

프로젝트에 원하는 최소 배터리 수명을 결정하고, 필요한 배터리 용량(mAh)을 계산한 뒤, 표 8-1에서 그 값에 해당하는 배터리를 하나 고른다.

필요한 전압이 하나의 배터리가 제공할 수 있는 전압보다 크다면, 배터리 홀더를 사용해서 여러 개의 배터리를 직렬로 연결한다.

배터리 유형	용량 근사치(mAh)	전압(V)
리튬 버튼셀(예: CR2032)	200	3
알카인 PP3 배터리	500	9
리튬 PP3	1200	9
AAA 알카인	800	1.5
AA 알카인	2000	1.5
C 알카인	6000	1.5
D 알카인	15000	1.5

표 8-1 비충전식 배터리의 용량과 전압

논의 사항

용량이 더 큰 비충전식 배터리는 비싸기 때문에 C와 D 배터리는 점점 사용이 줄어드는 추세이고 대신 충전식 LiPo 배터리 팩이 사용된다(레시피 8.3 참고).

흔히 사용되지 않거나 익숙하지 않은 배터리를 사용할 때는 조심해야 한다. AAA보다 작은 배터리가 필요한 경우가 아니라면 일반적으로는 AA 배터리 같은 범용 배터리를 사용하는 것이 좋다.

그림 8-2의 AA 배터리 4개용 외에도 1, 2, 3, 4, 6, 8개용 배터리 홀더가 판매되고

있으며, 이때 배터리팩으로 공급할 수 있는 전압은 각각 1.5V, 3V, 4.5V, 6V, 9V, 12V가 된다.

이상적인 배터리가 있다면 원하는 만큼의 전류를 인출할 수 있게 해 줄 것이다. 그러나 실제 배터리에는 방전될 때 열을 발생시키는 소량의 저항이 존재한다. 전류가 커지면 열도 더 많이 발생한다. 용량이 작은 배터리는 큰 배터리보다 최대 방전율이 더 낮다.

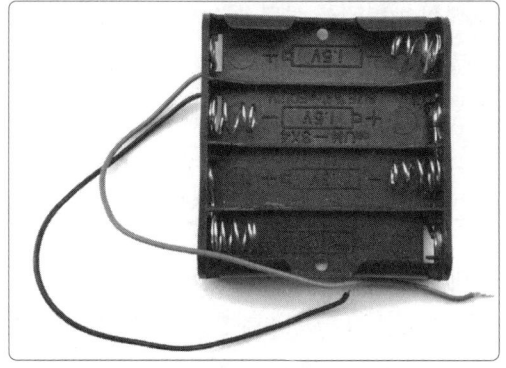

그림 8-2 AA 배터리 4개로 이루어진 배터리팩

참고 사항

- 충전식 배터리는 레시피 8.3를 참고한다.

8.3 충전식 배터리 선택하기

문제

프로젝트에 사용할 충전식 배터리가 필요하지만 어떤 유형을 사용해야 할지 모르겠다.

배터리 유형	용량 근사치(mAh)	전압(V)
NiMh 버튼셀 배터리팩	80	2.4-3.6
NiMh AAA 배터리	750	1.25
NiMh AA 배터리	2,000	1.25
LC18650 LiPo 배터리	2,000 ~ 8,000	3.7
LiPo 사각 납작배터리	50 ~ 8,000	3.7
밀폐형 납축전지	600, 8,000	6 또는 12

표 8-2 충전식 배터리의 용량과 전압

해결책

프로젝트에 원하는 최소 배터리 수명을 결정하고 필요한 배터리 용량(mAh)을 계산한 뒤, 표 8-2에서 그 값에 해당하는 배터리를 하나 고른다.

논의 사항

리튬폴리머(lithium polymer, LiPo) 배터리, 또 그와 밀접한 관련이 있는 리튬이온 배터리는 무게가 가장 가벼운 유형이며, 지금은 MiMh 같은 더 오래된 유형들과 mAh당 가격이 비슷해졌다. 그러나 충전과 방전 시 주의를 기울이지 않으면 화재가 발생할 수 있다(레시피 8.6 참고).

NiMh 배터리는 전동칫솔 같은 제품에서 아직도 사용되고 있다. 같은 용량의 LiPo 배터리보다 무겁지만 충전이 쉽다는 장점이 있다(레시피 8.4 참고).

밀폐형 납축전지(sealed lead acid, SLA)는 NiMh 배터리보다 훨씬 무겁지만, 낮은 전류로 계속 충전하는 세류 충전(trickle charging)이 가능해서 배터리 지속 시간이 수년에 달한다. 그러나 더 가벼운 LiPo 배터리로 인해 그 사용이 줄어들고 있다.

여러 충전식 배터리는 안전 충전률과 방전률(단위 C)이 명시되어 있다. 이 값은 배터리의 공칭 용량(normal capacity)을 뜻한다. 따라서 방전률이 5C인 1Ah 배터리는 5A(5×1A)의 전류를 공급할 수 있다. 용량이 동일한 배터리의 최대 충전 전류가 2C로 명시되어 있다면, 충전은 2A에서 이루어진다.

참고 사항
- 이와 비슷한 비충전식 배터리 레시피는 레시피 8.2를 참고한다.

8.4 세류 충전

문제
충전 속도가 빠르지 않아도 괜찮으니 NiMh나 SLA 배터리가 회로에 연결되어 있는 동안 충전을 하고 싶다.

> **LiPo 배터리는 세류 충전하면 안 된다.**
> LiPo 배터리는 이처럼 소량의 전류로 충전하는 세류 충전 방식을 사용해서는 안 된다.
> LiPo 배터리의 충전은 레시피 8.6을 참고한다.

해결책
전원 공급 장치에서 흘러 나가는 전류를 저항으로 제한해서 소량의 전류로 배터리를 충전시켜 보자. 전원 공급 장치의 작동 원리를 잘 모르겠다면, 전원이 꺼졌을 때 전원 공급 장치가 손상을 입지 않도록 회로에 다이오드도 추가하자. 그림 8-3은 12V 전원 공급 장치로부터 6V의 배터리를 충전하기 위한 회로도를 보여준다.

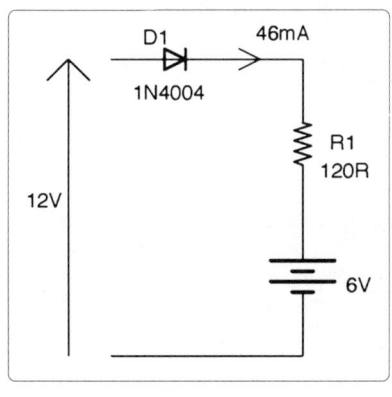

그림 8-3 세류 충전

논의 사항

배터리의 데이터시트에는 고속 충전뿐 아니라 이와 같은 세류 충전에 사용되는 충전 전류(C)도 명시되어 있다. 이 경우 C라는 기호는 정전 용량이 아닌 배터리의 용량(mAh)을 나타낸다. 따라서 AA 충전식 배터리의 데이터시트에서 해당 배터리가 C/10mA일 때 세류 충전될 수 있다고 명시되어 있다면, 이는 용량이 2,000mAh인 AA 배터리의 경우 2000/10=200mA의 전류로 배터리에 손상 없이 무한정 세류 충전이 가능함을 뜻한다. 200mA 미만의 전류로 충전하더라도 배터리는 충전되며, 배터리 백업(레시피 8.5) 등의 상황에서 C/50(40mA)로 충전하면 충전 속도와 회로의 전력 소비가 나쁘지 않은 균형을 이루게 된다.

40mA의 전류로 배터리를 충전하려면 R의 저항값을 정해 주기만 하면 된다. 여기에서 R에 걸리는 전압은 12V − 6V − 0.5V = 5.5V가 된다. 전류가 40mA기 때문에 R은 옴의 법칙을 사용해서 다음과 같이 계산할 수 있다.

$$R = \frac{V}{I} = \frac{5.5V}{40mA} = 137.5\Omega \approx 120\Omega$$

120Ω의 표준 저항을 사용하면 전류는 이보다 조금 더 높아진다.

$$I = \frac{V}{R} = \frac{5.5V}{120\Omega} \approx 46mA$$

저항의 전력 소요량이 충분한지 확인해야 하며, 그 계산은 다음과 같이 할 수 있다.

$$P = IV = 46mA \times 5.5V = 253mW$$

따라서 $\frac{1}{4}$W 저항이면 좋고, 아니더라도 $\frac{1}{2}$W 정도면 발열이 크지 않을 것이다.

저항을 사용하는 것 이외에도 레시피 7.7처럼 일정한 충전 전압을 공급해서 전류를 제한할 수도 있다. 이런 식의 설계는 훨씬 복잡하고 비용이 많이 들지만, 입력 전압의 변화와 충전시 배터리의 전압 변화에 더 잘 대처할 수 있다.

참고 사항

- 광전압 태양전지를 사용해 충전하는 방식은 세류 충전 방식과 거의 같다(레시피 9.1 참고).

8.5 자동 배터리 백업

문제
프로젝트가 AC 전원 어댑터로 구동되지만, 어댑터가 고장 나면 자동으로 배터리로부터 전원을 공급받도록 하고 싶다.

해결책
전원 어댑터로 공급받는 전원보다 조금 낮은 전압의 배터리와 한 쌍의 다이오드를 그림 8-4처럼 배치한다.

다이오드로 인해 출력이 배터리나 전원 공급 장치 어느 한쪽의 전압이 더 높더라도 전압은 둘 중 한쪽에서만 공급받게 된다. 대부분의 경우 전원 공급 장치가 전압을 공급하도록 하고 싶기 때문에 장치의 전압이 배터리 전압보다 1V 이상 높아야 한다(배터리는 방전이 일어나는 동안 전압이 떨어진다는 점을 기억하자). 그림 8-4에서 전원 공급 장치가 10V의 전압을 발생시키면, D1은 순방향 바이어스(전도) 상태가 되고 D2는 역방향 바이어스 상태가 된다. 역방향 바이어스 상태인 D2는 배터리(충전식이 아닐 수도 있다)에서 우발적으로 충전이 일어나는 것을 막는다. 전원 공급 장치가 꺼지면 D2가 순방향 바이어스 상태가 되어서 출력 전압을 공급하고, D1은 역방향 바이어스 상태가 되어서 전원 공급 장치로 전류가 들어갈 가능성을 차단함으로써 장치에 발생할 수도 있는 손상을 방지한다. 이러한 방식은 특히 스위치 모드 전원 공급 장치의 설계(레시피 7.8)에서 사용된다.

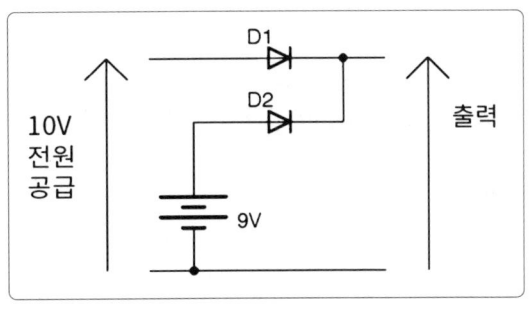

그림 8-4 자동 배터리 백업

논의 사항
D1과 D2의 다이오드 유형을 선택할 때에는 선택한 유형이 공급하고자 하는 출력 전류를 다룰 수 있는지 확인해야 한다. 대부분의 경우 1N4xxx 제품군 같은 일반 다이오드도 나쁘지 않지만, 이들 제품은 적어도 0.5V의 순방향 전압 강하가 발생한다. 쇼트키 다이오드(레시피 4.2)를 사용하면 강하되는 전압 크기를 줄일 수 있다.

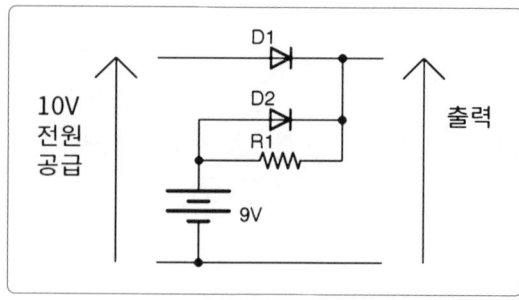

그림 8-5 세류 충전과 배터리 백업

그림 8-4의 회로는 충전식과 비충전 배터리에 상관 없이 사용할 수 있지만, 배터리를 충전시켜 주지는 않는다. 충전식 배터리를 사용할 때 이 회로를 조금만 수정하면 전원 공급 장치로 배터리를 세류 충전하고 출력을 공급할 수 있다. 그림 8-5는 이렇게 수정한 회로도를 보여준다. 충전을 위한 저항값의 계산은 레시피 8.4를 참고한다.

이제 전원 공급 장치가 충전되는 동안 D1의 전류 일부는 R1을 통해 배터리를 충전시킨다(D2는 역방향 바이어스 상태이며, 사실상 무시할 수 있다). 전원 공급 장치가 꺼져 있다면(0V) D2는 순방향 바이어스 상태가 되어서 출력에 전원을 공급한다. 이번에는 D2가 전도 상태인 동안 R1은 충전에 관련되지 않는다.

참고 사항
- 적절한 다이오드의 선택 방법은 레시피 4.2를 참고한다.
- 다이오드의 기능에 대한 기본 지식은 레시피 4.1을 참고한다.

8.6 LiPo 배터리 충전하기

문제
LiPo 배터리 하나를 충전하고 싶다.

해결책
LiPo 배터리 충전을 목적으로 특별히 고안된 LiPo 충전용 IC를 사용한다. 그림 8-6의 회로도는 MCP73831 IC를 사용한 설계 예시다.

LiPo 배터리(보통 USB 연결을 통해 충전)는 여러 소비자용 전자제품에서 MCP73831과 같은 칩과 함께 사용된다. 이들 칩의 대부분은 가격이 저렴하고(1달러 미만) LiPo 배터리를 안전하게 충전할 수 있도록 하는 고급 기능을 모두 갖추고 있다.

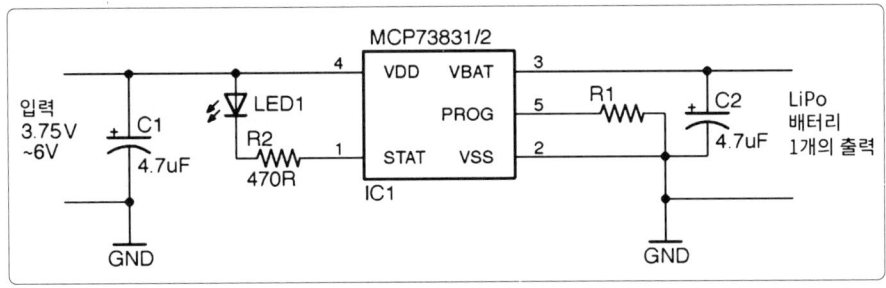

그림 8-6 LiPo 배터리 충전하기

완전한 LiPo 충전 회로를 만들기 위해서는 MCP73831 외에 커패시터 2개와 저항 1개만 있으면 된다. LED와 R2는 배터리가 충전 중인지를 표시해 주는 장치로 사용되었기 때문에 원치 않는다면 생략할 수 있다.

칩은 자동으로 충전 전류를 제어해서 배터리가 완전히 충전되었을 때 충전 모드를 안전한 세류 충전으로 전환한다. 그러나 R1을 사용해서 최대 충전 전류(I_{max})를 설정할 수 있으며(사용하려는 LiPo 배터리의 데이터시트를 확인한다), 이때 R1은 아래의 식을 사용해 계산할 수 있다.

$$I_{max} = \frac{1,000}{R1}$$

그러므로 500mA(칩이 허용하는 최대 전류)에서 충전하려면 R1을 2kΩ으로 설정한다.

LiPo 배터리를 충전할 경우, 자신이 만든 설계를 사용하지 않고 에이다프루트(Adafruit)의 1905와 스파크펀(Spark Fun)의 PRT-10217 같은 기성품 LiPo 충전 모듈을 구입할 수도 있다(두 제품 모두 MCP73831을 사용한다).

논의 사항

LiPo 배터리는 최근 몇 년 간 잘못된 사용으로 화재를 일으킨 탓에 뉴스에 여러 번 등장했다. 회로에 충전용 MCP73831 칩을 사용하면 안전성과 신뢰도를 담보할 수 있다. 회로를 더 안전하게 설계하기 위해 충전 회로의 전원 공급 장치에 온도 퓨즈(레시피 7.16)를 추가할 수도 있다.

조금 더 기초적인 기술을 사용한 해결책을 찾는다면 LiPo 배터리 대신 NiMh나 SLA 배터리를 사용할 수 있다.

NiMh나 SLA 배터리와 달리, LiPo 배터리는 병렬 충전에 적합하지 않다. LiPo 배터리는 하나하나를 특수한 하드웨어로 개별 충전해야 충전 효과가 높다. 프로젝트가 3.7V의 LiPo 배터리로는 제대로 작동하지 않아서 조금 더 높은 전압이 필요하다면, 원하는 전압을 생성하기 위해서 보통은 부스터 컨버터(레시피 7.9)를 사용하는 편이 수월하다.

참고 사항
- MCP73831의 데이터시트는 *http://bit.ly/2n2XUPP*에서 확인할 수 있다.

8.7 에너지 도둑 회로로 마지막 한 방울의 에너지까지 사용하기

문제
배터리의 마지막 남은 에너지까지도 짜내고 싶다.

해결책
에너지 도둑(joule theif)이라는 참신한 회로를 사용하면 AA 알카라인 건전지의 전압이 0.6V 정도까지 떨어지더라도 전력 공급이 가능하다.

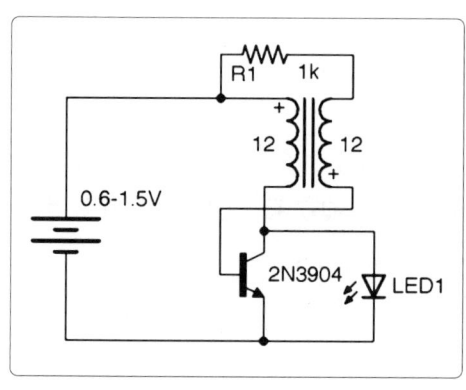

그림 8-7 에너지 도둑의 회로도

에너지 도둑 회로는 실제로 자체 진동하는 소형 부스트 컨버터(레시피 7.9 참고)로, 트랜지스터, 저항, 자체 제작한 변압기만 있으면 1.5V 건전지 하나의 전압이 0.6V까지 떨어지더라도 LED를 밝힐 수 있다. 그림 8-7은 이 회로를 나타낸 모습이다.

에너지 도둑 회로는 작동 면에서 레시피 7.15의 자체 진동 부스터 컨버터와 매우 비슷하지만, 1차 코일과 2차 코일에 전선이 감긴 횟수가 같고, 코일에서 발생하는 부유 정전 용량(parasitic capacitance)을 사용하는 대신 2차 코일이 저항을 지나 베이스로 다시 연결되도록 한다는 점이 다르다.

논의 사항

그림 8-8은 에너지 도둑 회로를 보여준다. 이 회로가 흥미로운 이유는 회로를 만들고 AA 건전지로 LED가 얼마나 오랫동안 켜져 있는지 보는 것이 재미있기 때문이다.

여기서 변압기의 1차와 2차 코일은 작은 트로이달 페라이트 코어에 30AWG(34SWG) 에나멜 구리선을 각각 12번씩 감아 만들었다. 실제로는 페라이트 코어의 무게가 늘거나 줄거나, 구리선 대신 플라스틱 피복으로 절연된 전선을 사용하더라도 잘 작동한다.

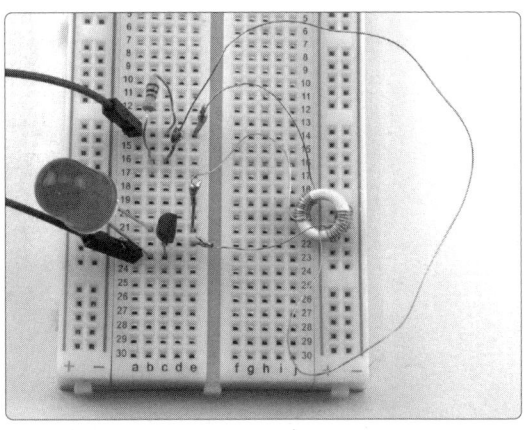

그림 8-8 에너지 도둑 회로를 브레드보드에 설치한 모습

전원 공급 장치는 약 50kHz(변압기에 따라 다름) 주파수에서 펄스로 이루어진 DC를 발생시킨다.

참고 사항

- 더 실용적인 부스트 컨버터는 레시피 7.9를 참고한다.
- 레시피 7.15는 이번 레시피와 아주 유사한 레시피를 사용한다.
- 전선의 게이지 정보는 레시피 2.10을 참고한다.

태양열 발전 9

9.0 개요

이 장에서는 광전압 태양전지(photovoltaic solar cell)를 사용하는 태양력 발전의 모든 것을 살펴본다. 또, 에너지를 저장하고 이 에너지로 프로젝트, 아두이노, 라즈베리 파이에 전원을 공급하는 법도 살펴본다.

9.1 태양열을 이용해 프로젝트에 전원 공급하기

문제

태양열 발전을 사용해 전자부품으로 만든 프로젝트에 전원을 공급하는 법을 배워서, 전원 장치나 지속적으로 교체해야 하는 배터리에 의존하지 않도록 만들고 싶다.

해결책

광전압 태양전지 패널(그림 9-1)로 전기를 생성해서 배터리를 세류 충전(trickle charge)한 뒤, 이를 사용해서 프로젝트에 전원을 공급한다. 그림 9-1의 가장 왼쪽 전지는 1.5달러쯤 주고 산 막대형 저전력 태양열 LED에서 떼 낸 것이다.

그림 9-1 여러 가지 태양전지 패널(전력 크기 왼쪽부터 모름, 1W, 20W)

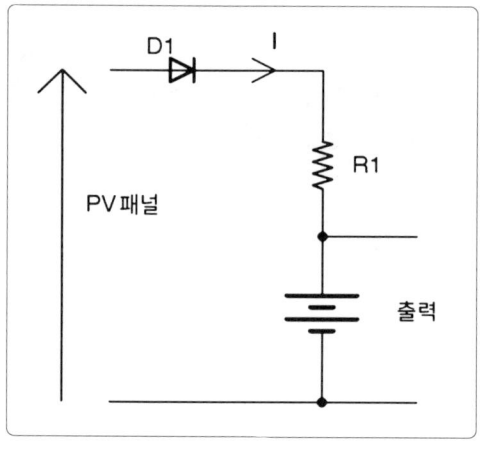

그림 9-2 태양열로 배터리 충전하기

그림 9-2는 태양열로 배터리를 충전하기 위한 회로도의 모습을 보여준다.

태양전지 패널은 여러 개의 태양전지를 직렬로 연결해 출력 전압을 높인다. 배터리를 충전하려면 태양전지 패널의 출력 전압이 배터리의 전압보다 커야 한다.

다이오드 D1을 사용하면 태양전지 패널이 태양열을 충분히 받지 못해 배터리 전압보다 큰 전압을 출력하지 못했을 때 전류가 다시 패널로 돌아와 패널에 손상을 입히는 일을 방지할 수 있다.

R1은 세류 충전(레시피 8.4)과 같은 방법으로 충전 전류를 설정한다. 세류 충전 때 레시피 7.7에서 사용한 것과 같은 전류 조정기도 사용할 수 있다.

논의 사항

태양전지 패널의 성능은 패널에 닿는 빛의 양에 따라 크게 달라진다. 태양전지 패널은 직사광선이 비치면 쓸 만한 크기의 전력을 생산하지만 그늘이 졌거나 구름이 낀 날에는 직사광선이 비칠 때와 비교해 1/20 정도의 전력 밖에 생산하지 못할 가능성이 높다.

태양전지 패널로 실내에서 프로젝트에 전원을 공급하고 싶다면 프로젝트를 햇빛이 비치는 창틀에 계속 두거나 프로젝트의 소비 전력을 마이크로암페어(μA) 수준으로 낮추어야 하며, 그렇지 못할 경우에는 태양전지 패널을 사용할 생각 자체를 접어야 한다. 필요한 패널의 크기가 커지면 프로젝트의 크기도 커진다.

태양전지 패널에 명시되는 두 가지 주요 파라미터로는 공칭 출력 전압(nominal output voltage)과 출력 전력이 있다. 이 두 값에 대해서는 조금 설명이 필요하다.

패널의 데이터시트에 명시되는 소형 패널의 출력 전력(mW)이나 대형 패널의 출력 전력(W)은 이상적인 상황일 때의 값이다. 이는 구름이 끼지 않은 날 직사광선이 비치고 패널에 먼지가 끼거나 손상이 없을 때를 뜻한다. 표 9-1은 그림 9-1의 태양전지 패널에 실제로 테스트를 실시한 결과값을 보여준다. 테스트는 오전 일찍 필자의 집(위도 53°)에서 실시했다. '직사광선이 비치지 않을 때'의 측정은 하늘에 구름은 없으면서 직사광선이 비치지 않을 때 이루어졌다. 직접 값을 측정하는 자세한 방법은 레시피 9.3을 참고한다.

공칭 출력 전력	치수(인치)	실제 출력 (직사광선이 비칠 때)	실제 출력 (직사광선이 비치지 않을 때)	기준가(2016)
모름	1×1	40mW	1.4mW	1달러
1W	6×4	210mW	8.4mW	5달러
20W	22×12	6.9W	86mW	40달러

표 9-1 태양전지 패널의 출력 전력

이들 측정값으로부터 두 가지 사실을 알 수 있다. 첫째, 실제 전력 출력은 아무리 양질의 패널이라 하더라도(여기서는 20W 패널) 공칭 전력 값의 1/3 정도 밖에 되지 않는다. 둘째, 직사광선이 비치지 않을 때의 전력 출력은 최악의 경우 직사광선이 비칠 때의 1/100에 불과하다. 따라서 태양이 적도 주변을 지나가는 정오에 패널의 성능이 가장 뛰어나지만, 이는 대부분의 독자들이 사는 지역에 해당되지 않는 이야기다.

이와 마찬가지로, 최적이 아닌 상태에서의 출력 전압 역시 명시된 출력 전압과 차이가 난다. 표 9-2는 동일한 태양전지 패널에서 부하가 없을 때의 출력 전압을 보여준다.

공칭 출력 전압	실제 출력(직사광선이 비칠 때)	실제 출력(직사광선이 비치지 않을 때)
2V	2.2V	1.9V
6V	10.6V	9.7V
12V	21.3V	18V

표 9-2 태양전지 패널의 출력 전압

출력 전압은 공칭 전압보다 높기 때문에 공칭 전압값을 가진 배터리를 충전하는 데 사용할 수 있다.

참고 사항
- 필요한 태양전지 패널의 출력(W)을 계산하려면 레시피 9.3을 참고한다.
- 세류 충전에 대한 기본 원리는 레시피 8.4를 참고한다.

9.2 태양전지 패널 선택하기

문제
프로젝트에 알맞은 태양전지 패널의 출력 전력을 구하고 싶다.

해결책
여기에서 제시된 해결책을 사용하더라도 태양전지 패널의 전력 요건이나 이에 수반되는 배터리 용량을 정확히 알 수 없지만, 적어도 실제 테스트를 진행할 때 기준이 되는 대략적인 값은 알 수 있다.

프로젝트에 필요한 에너지량(와트초(Ws) 또는 줄(J))은 24시간을 기준으로 계산하는데, 그 이유는 하루를 주기로 잡았을 때 여기에 낮과 밤 시간이 모두 포함되기 때문이다. 이때 장치가 계속 켜져 있고 소비되는 전류량이 일정하다면 전체 소비량을 계산하기란 어렵지 않다. 5V 전원 공급 장치에서 70mA의 전류를 소비하는 정원용 온도 센서를 WiFi 환경에서 사용한다고 가정해 보자. 이때의 전류 소비량은 70mA×5V = 350mW가 되고, 에너지 소비량은 전류 소비량 350mW과 24시간을 초로 변환한 값을 곱해 구할 수 있다. 따라서 에너지 소비량은 350mW×24×60×60 = 30,240J이 된다.

이는 다시 말해 24시간 동안 30,240J의 에너지를 공급해 줄 수 있는 태양전지 패널이 필요하다는 뜻이다. 따라서 다음과 같은 식을 사용하면 필요한 태양전지 패널의 출력 전력(P_{solar})을 계산할 수 있다.

$$P_{solar} = \frac{E}{H \times 24 \times 24 \times 60}$$

여기에서 E는 필요한 에너지(여기서는 30,240J), H는 태양전지 패널이 직사광선을 받는 평균 시간이다. 열대 지방이라서 계절에 따른 낮의 길이 변화가 크지 않고, 하루에 해가 비치는 시간이 10시간이라고 가정해 보자. 이 경우 필요한 패널의 전력량은 다음과 같이 계산할 수 있다.

$$P_{solar} = \frac{E}{H \times 24 \times 24 \times 60} = \frac{30,240}{10 \times 60 \times 60} = 0.84 \text{W}$$

따라서 이 경우 이론적으로 1W 태양전지 패널이면 충분하다.

태양전지를 충전하지 못하는 상태(예를 들어 열대폭풍)에서도 3일 내내 작동할 수 있는 온도 조절 장치가 필요하다면, 3(일)×30,240(J) = 90,720J의 에너지를 전달할 수 있는 배터리가 필요하다.

따라서 배터리의 저장 용량($C_{battery}$, 단위는 mAh)은 다음 식을 사용해 계산할 수 있다.

$$C_{battery} = \frac{E}{V \times 60 \times 60} = \frac{90{,}720}{5 \times 3600} = 5Ah$$

논의 사항

이 식을 도출하려면 여러 낙관적인 상황을 가정해야 한다. 우선, 열대 지방의 일광 패턴은 고도가 높은 지역의 습기가 많은 해양성 기후와 상당히 다를 가능성이 높다. 후자라면 평균 일조량은 훨씬 낮아질 것이다. 예를 들어 미국의 기후 데이터에 따르면 시애틀의 12월 한 달간 일조시간은 평균 62시간에 불과하다(하루 2시간 꼴). 이 경우 태양전지 패널에 필요한 전력량은 열대지방보다 다섯 배 커진다.

이외에도 식에서는 태양전지 패널의 출력이 배터리 전압으로 변환될 때의 효율도 100%라고 가정한다. 이 효율은 스위칭 전압 조정기(레시피 7.8의 스위칭 모드 전원 공급 장치)를 사용할 경우 80%로, 선형 전압 조정기를 사용한다면 이보다 낮은 50% 미만으로 떨어질 수 있다.

또한 충전할 배터리나 배터리를 충전하는 회로에서 배터리 충전에 지나치게 높은 전류가 사용되지 않도록 태양전지 패널로부터 출력할 수 있는 최대 전류를 제한할 수도 있다. 따라서 실제 계산에서는 이러한 모든 요소들을 고려해 주어야 한다. 배터리가 저장할 수 있는 것보다 더 높은 전력을 출력하는 태양전지 패널을 사용하면 조도가 낮더라도 어느 정도 충전이 가능하다는 장점이 있다.

실험에 사용할 태양전지 패널을 구입할 때에는 대체로 해당 지역에서 최악의 시나리오에 해당하는 일조시간을 기준으로 태양전지 패널의 출력 전력을 계산한 뒤, 이 값의 두 배에 해당하는 값을 기준으로 삼으면 된다.

전력 생산의 측면에서 여러 가정을 해 보았지만, 부하 문제는 부하 전류가 일정하지 않을 경우 훨씬 더 복잡해질 수 있다. 예를 들어, 어떤 장치는 대부분의 시간 동안 대기 상태로 유지되어 소비되는 전류가 일정하지만, 사용자나 작동 시간 설정에 의해 장치가 켜져서 일정 시간 동안 상당한 양의 전류를 소비하고 다시 대기 모드로 돌아갈 수 있다. 이런 경우 일일이 소비 전류를 측정하고 24시간 동안의 에너지 사용량 추정치를 계산할 수도 있겠지만, 주기적으로 소비 전류량을 측정해 기록해 주는 로깅 멀티미터(logging multimeter)를 사용할 수도 있다. 측정한 데이터는 분석을 위해 스프레드시트 형태로 내려 받을 수도 있다.

로깅 멀티미터도 태양전지 패널의 성능을 측정하기에 좋다(레시피 9.3 참고).

태양전지로 구동되는 프로젝트를 만들려면 전력 소비를 최소화하는 방법을 항상 고민해야 한다. 이는 아두이노 같은 마이크로컨트롤러를 사용하는 프로젝트에서라면 마이크로컨트롤러가 대부분의 시간 동안 전력 소비가 낮은 대기 모드 상태로 있다가 주기적으로 깨어나 필요한 사항을 확인해야 한다는 뜻이다.

물론 태양이 환하게 비칠 때만 사용되는 프로젝트(예를 들어 태양전지로 구동되는 급수 펌프)라면 배터리 백업은 필요 없다.

참고 사항
- 태양전지 패널의 실제 출력 전력을 측정하는 방법은 레시피 9.3을 참고한다.
- 이와 같은 방법으로 아두이노와 라즈베리 파이에 전원을 공급하려면 각각 레시피 9.4와 레시피 9.5를 참고한다.

9.3 태양전지 패널의 실제 출력 전력 측정하기

문제
태양전지 패널에는 공칭 출력 전력값이 명시되어 있지만, 자신이 사는 곳에서 실제 출력값을 측정하고 싶다.

해결책
태양전지 패널에 부착된 부하 저항을 사용해서 저항에 걸리는 전압을 측정하고, 이로부터 출력 전력을 계산한다. 그림 9-3은 여기에 사용되는 장치의 배치를 보여준다.

태양전지 패널의 출력 전력 P는 다음과 같이 계산한다.

$$P = \frac{V^2}{R}$$

따라서 100Ω의 부하 저항과 5V의 전압을 사용한다면, 태양전지 패널의 출력 전력은 다음과 같다.

$$P = \frac{V^2}{R} = \frac{25}{100} = 250mW$$

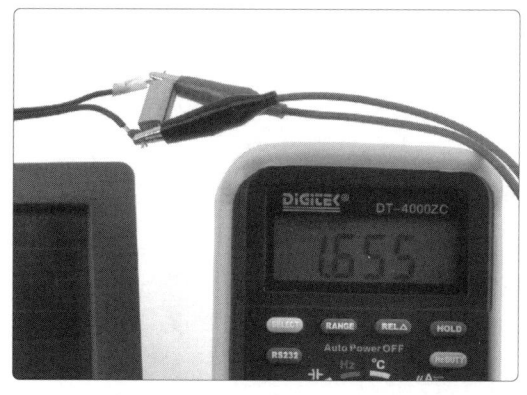

그림 9-3 부하 저항에 걸리는 전압 측정하기

부하 저항값은 충분히 낮아서 태양전지 패널의 최대 출력 전력이 초과되지 않아야 하며, 초과되는 경우 태양전지 패널이 제 성능만큼 전력을 출력할 수 없다. 실제로 태양전지 패널의 용량이 12V라면, 무부하 출력 전압은 태양이 밝게 비출 경우 최대 18V까지 올라간다. 따라서 약 12V의 출력을 낼 수 있는 부하 저항값을 구해야 한다. 저항의 최대값은 다음과 같이 계산할 수 있다.(R_{load}는 전체 부하, $V_{nominal}$는 공칭 전압, $P_{nominal}$는 공칭 전력)

$$R_{load} = \frac{V_{nominal}^2}{P_{nominal}}$$

따라서 12V에서 태양전지 패널에 필요한 전력이 20W라면 이상적인 저항값은 다음과 같다.

$$R_{load} = \frac{V_{nominal}^2}{P_{nominal}} = \frac{144}{20} = 7\Omega$$

저항의 정격 출력은 패널의 전출력(full power)을 감당할 수 있어야 한다. 이 책에서는 그 값이 20W다.

논의 사항

이 외에 다른 상황에서(빛이 환하게 비칠 때, 그늘이 졌을 때 등) 단순히 측정값을 구하고 싶다면, 그림 9-4에서 보는 것과 같은 로깅 멀티미터를 사용해서 일정한 간격으로 부하 저항에 걸리는 전압을 기록할 수 있다.

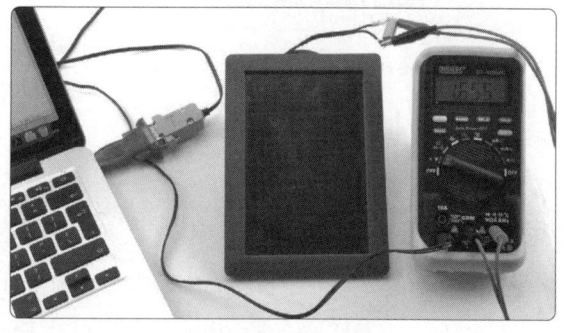

그림 9-4 직렬 출력으로 컴퓨터와 연결된 로깅 멀티미터

로깅 멀티미터를 사용하면 패널이 하루에 출력하는 전압을 그래프로 나타낼 수 있다.

참고 사항
- 이 책에서는 태양전지 패널의 성능을 평가할 때 레시피 9.2의 측정 방식을 사용했다.
- 전압계 사용 방법은 레시피 21.2를 참고한다.

9.4 태양열로 아두이노에 전원 공급하기

문제
아두이노 프로젝트에 태양전지 패널로 전원을 공급하고 싶다.

그림 9-5 태양열 충전기/배터리

해결책
그림 9-5와 같은 휴대전화용 5V 태양열 충전기를 사용한다.

논의 사항
제품을 설계하는 경우가 아니라면, 판매되는 충전기 회로를 사용하는 것이 태양열 아두이노에 전원을 공급하는 가장 쉬운 방법이다.

아두이노 우노는 약 50mA의 전류를 소비하기 때문에, 그림 9-5에서 보는 것과 같은 4Ah 충전기/배터리로 아두이노에 전원을 공급할 수 있는 시간은 다음과 같다.

$$\frac{4000}{50} = 80시간$$

아두이노 우노는 전류 소비를 최소화하는 것만 생각했을 때 그다지 효율이 뛰어난 보드는 아니다. 이보다는 아두이노 프로 미니가 좋은데, 후자 쪽에는 외부 USB 인터페이스가 있어서 아두이노를 프로그래밍할 때만 연결할 수 있기 때문이다. 이렇게 할 경우 전류 소비는 16mA까지 낮출 수 있다. 주기적으로 아두이노를 대기 모드로 전환시키는 소프트웨어를 사용해도 전류 소비를 크게 줄일 수 있다.

참고 사항
- 아두이노 소개는 레시피 10.1을 참고한다.
- 태양열로 라즈베리 파이에 전원을 공급할 때는 소비되는 전력량이 훨씬 크기 때문에 판매되는 휴대전화 신호 증폭기(phone booster)가 제공하는 것보다 더 큰 용량의 태양전지 패널이 필요하다(레시피 9.5 참고).

9.5 태양열로 라즈베리 파이에 전원 공급하기

문제
태양열로 라즈베리 파이에 전원을 공급하고 싶다.

해결책
12V 태양전지, 충전 컨트롤러, 12V~15V 전원 어댑터가 달린 밀폐형 납축전지 배터리를 사용한다.

이 정도나 필요하다면 과하다고 생각될 수도 있지만 라즈베리 파이에 WiFi 어댑터를 달면 600mA 정도의 전류는 금세 소비한다(WiFi는 전기를 많이 잡아먹는다). 12V 소형 HDMI 모니터를 추가한다면, 1A가 넘는 전원을 인출하게 될 수도 있다.

그림 9-6은 일반적인 구성을 보여준다.

완제품 충전 컨트롤러 제품에는 보통 스크류 단자 세 쌍이 달려 있

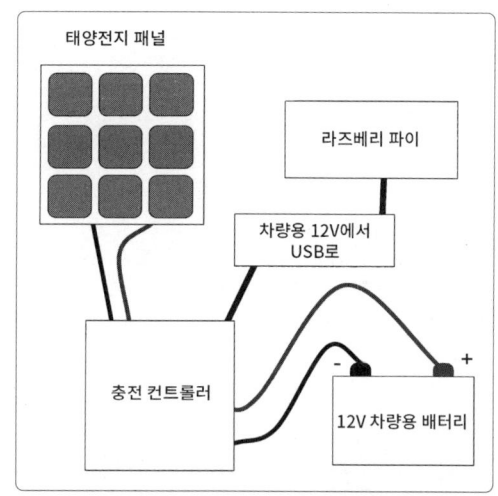

그림 9-6 태양열로 라즈베리 파이에 전원 공급하기

다. 한 쌍은 태양전지 패널에, 또 한 쌍은 배터리에 연결하고, 나머지 한 쌍은 부하에 연결한다. 이 경우 부하는 12V로, 보통 휴대전화의 차량용 충전기로 사용되는

USB(5V) 어댑터에 연결된다. 충전 컨트롤러는 적어도 1A의 전류를 공급할 수 있어야 한다.

논의 사항

라즈베리 파이를 계속 작동시키려면 20W 이상의 태양전지 패널이 필요하다. 배터리 크기 선택은 해가 진 후 라즈베리 파이를 구동하는 시간이나 라즈베리 파이를 대기 모드로 두는 날 수 등에 따라 달라진다. 배터리 선택법은 레시피 9.2를 참고한다.

소비 전력만을 생각하면 라즈베리 파이 대신 다른 장치를 선택하는 편이 나을 수 있다. 컨트롤러로 사용하는 경우라면 소비 전력이 1/10에 불과한 아두이노가, 네트워크와의 연결에 사용한다면 전류 소비량이 100mA가 채 안 되는 파티클 포톤(Particle Photon)이나 ESP8266 모듈(레시피 10.6 참고)이 더 나은 선택이 될 수 있다.

참고 사항

- 태양열로 아두이노에 전원 공급하기는 레시피 9.4를 참고한다.

아두이노와 라즈베리 파이 10

10.0 개요

만들고자 하는 전자장치 프로젝트에 마이크로컨트롤러(아두이노 형태)나 라즈베리 파이 같은 단일 보드 컴퓨터(single-board computer, SBC)가 사용될 가능성은 상당히 높다. 우리가 사용하는 장치들이 점점 더 스마트해지면서 이들을 제어하는 데 컴퓨터의 연산 능력이 어느 정도 필요해졌고, 또 인터넷과의 연결이 필요한 경우도 많아지면서 인터넷과의 창구가 필요한 경우도 많아졌다.

오늘날 메이커가 만드는 일반적인 전자장치 프로젝트에는 마이크로컨트롤러나 SBC가 다른 부품들과 함께 사용되어 스위치나 센서, 또는 이 두 가지 역할을 모두 수행한다. 이때 추가로 사용되는 전자부품은 범용 입출력(general-purpose input/output, GPIO) 핀을 사용해서 마이크로컨트롤러나 SBC와 연결한다.

이 장의 레시피에서는 대부분 전자공학적인 측면에서 마이크로컨트롤러나 SBC와의 일반적인 연결이 주로 다뤄지지만, 아두이노와 라즈베리 파이도 예제로 사용된다.

10.1 아두이노 살펴 보기

문제

'아두이노'가 무엇이고 왜 그렇게 많은 전자장치 프로젝트에 사용되는지를 알고 싶다.

해결책

그림 10-1은 가장 많이 사용되는 아두이노 유형인 아두이노 우노 R3의 모습이다.

그림 10-1 아두이노 우노

아두이노는 마이크로컨트롤러가 아니라 마이크로컨트롤러 접속 보드다. 이는 아두이노의 보드에 마이크로컨트롤러의 칩이 장착되어 있다는 뜻이지만, 그 외에 다음 기능을 하는 다른 부품들도 장착되어 있다.

- 마이크로컨트롤러에 연결되는 조정 전압
- 컴퓨터로 아두이노를 프로그래밍하기 위한 USB 인터페이스
- '전원' LED
- '사용자' LED, 계획에 따라 켜거나 끌 수 있는 핀 1개와 연결
- 16MHz 수정 진동자(quartz crystal), 마이크로컨트롤러의 작동에 필요
- GPIO 소켓, 외부 전자부품과의 연결에 필요

아두이노는 프로그램 없이는 작동하지 않는다. 이는 다시 말해 컴퓨터에서 프로그래밍 언어 C를 사용해 GPIO 핀을 제어하고 읽어 들일 수 있는 명령어를 작성해야 한다는 뜻이다. 전용 소프트웨어인 아두이노 IDE를 사용하면 프로그램을 작성한 뒤 이를 USB 케이블을 통해 아두이노로 업로드할 수 있다. 그림 10-2는 'Blink(깜빡임)' 프로그램이 아두이노 IDE에 로딩되어 아두이노로 업로드할 준비가 완료된 모습을 보여준다. 프로그램의 이름에서 알 수 있다시피 Blink는 아두이노에 내장된

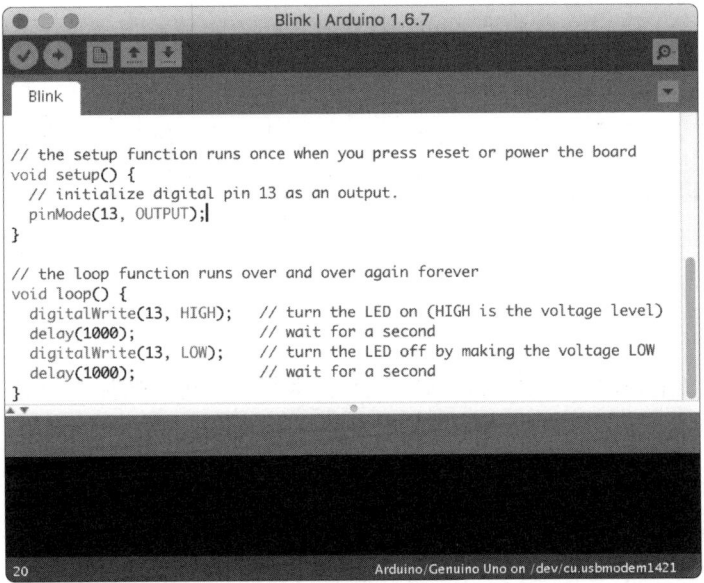

그림 10-2 아두이노 IDE

LED를 껐다 켜서 깜빡이도록 만들어 주는 단순한 프로그램으로, 보통 아두이노를 탐험할 때 여기에서부터 시작한다.

아두이노 IDE는 *http://arduino.cc*에서 다운로드할 수 있다.

이 책에서는 독자가 아두이노를 사용해 본 경험이 있고, 최소한 프로그램을 아두이노에 업로드해 LED를 깜빡여 보았다고 가정한다. 프로그래밍이 낯설거나 아두이노를 조금 더 차근차근 소개해주기를 바란다면, 이 레시피의 끝부분에 소개하는 도서를 참고한다.

아두이노에서 사용되는 프로그래밍 언어는?

엄밀히 말하면 아두이노에서 사용되는 프로그래밍 언어는 'C' 언어에 객체지향 개념을 더해 확장한 C++이다. C는 실제로 C++의 부분집합이며, 이는 다시 말해 C++의 특성을 전혀 사용하지 않는 C 프로그램도 아두이노에서 잘 실행된다는 뜻이다. 그렇기 때문에 대부분의 아두이노 스케치(아두이노 프로그램은 이렇게 부른다)는 C++보다는 C로 쓰여진 것처럼 보인다.

보통 아두이노 스케치를 작성할 때에는 객체지향 소프트웨어 개념에 대한 이해가 필요하지 않기 때문에, 필자는 아두이노가 C++이라기보다 C로 프로그래밍된다고 말하는 편인데, 그래

> 야 아두이노를 사용할 때 객체지향 프로그래밍을 알아야 한다는 잘못된 인상을 주지 않을 수 있기 때문이다.

논의 사항

레시피 10.7에서 배울 GPIO 핀 외에도 아두이노에는 I2C용 주변 장치 인터페이스(레시피 14.9와 레시피 14.10)와 SPI 장치(레시피 19.4)가 있다.

아두이노는 설계 시 사용하면 매우 유용하고 믿을 수 있는 부품이며, 이러한 장점은 프로젝트의 시험용 모델을 만들고 그 이후 마이크로컨트롤러로 실제 프로젝트를 제작할 때에도 마찬가지로 적용된다.

그림 10-1의 아두이노 우노 외에도 동일한 프로그래밍 방식을 사용하는 아두이노 유형은 많다. 그러니 가격, 크기, GPIO 연결 개수 등에 따라 아두이노를 선택하면 된다.

참고 사항

- 이 책에 부족한 배경지식을 채워줄 훌륭한 아두이노 도서들이 많이 있다. 그중에서도 특히 다음 두 권을 추천한다.
  - 프로그래밍이 처음이라면 『스케치로 시작하는 아두이노 프로그래밍(Programming Arduino Getting Started with Sketches)』를 참고한다.
  - 백과사전식의 아두이노 참고 도서를 찾는다면 『레시피로 배우는 아두이노 쿡북(Arduino Cookbook)』을 참고한다.

- 다음은 이 장 외에 이 책에서 아두이노를 다룬 레시피를 정리한 목록이다.
  - 레시피 11.6
  - 12장 대부분
  - 13장 대부분
  - 14장 대부분
  - 레시피 18.1
  - 레시피 19.3
  - 레시피 19.4

10.2 이 책에 수록된 아두이노 스케치를 다운로드해 사용하기

문제

이 책에 수록된 예제 코드를 하나하나 타이핑하지 않고, 그냥 다운로드해 사용하고 싶다.

해결책

이 책의 아두이노 스케치와 라즈베리 파이용 파이썬 프로그램은 모두 GitHub에서 다운로드할 수 있다.

아두이노 스케치를 사용하려면, 먼저 GitHub에서 스케치를 다운로드해야 한다. 이때 깃(git) 사용자라면 디렉터리를 복사해서 다운로드할 수 있으며, 그 외에 GitHub 홈페이지에서 'Clone or Download(복사 또는 다운로드)' 버튼을 눌러 'Download Zip(Zip 파일로 다운로드)'를 선택할 수도 있다. 파일을 다운로드하기 위해 GitHub에 로그인할 필요는 없다.

다운로드한 파일의 압축을 풀면 해당 디렉터리 내에 arduino라는 디렉터리가 생기고 다시 그 안에 각각 아두이노 스케치가 저장된다. 스케치 파일을 더블클릭하면 해당 스케치가 아두이노 IDE에서 열린다.

> **아두이노 IDE 설치하기**
>
> 아두이노 IDE는 윈도우, OS X, 리눅스에서 사용할 수 있다. 아두이노에서 프로그래밍을 하려면 먼저 아두이노 홈페이지의 지시에 따라 자신의 컴퓨터 운영체제에 맞는 아두이노 IDE 버전을 다운로드해야 한다.

논의 사항

스케치에 접근하는 다른 방법은 GitHub에서 다운로드한 arduino 디렉터리의 하위 목록을 모두 아두이노 IDE의 스케치 디렉터리로 복사하는 것이다. 스케치 디렉터리는 해당 운영체제의 문서 폴더 아래에 위치한 Arduino 디렉터리에서 확인할 수 있다. 이렇게 해두면 아두이노 IDE의 파일(File)→스케치북(Sketchbook) 메뉴에서 원하는 스케치를 열 수 있다.

참고 사항
- 라즈베리 파이의 파이썬 파일 다운로드는 레시피 10.4를 참고한다.
- 아두이노 C 입문서를 찾는 독자라면 필자가 쓴 『스케치로 시작하는 아두이노 프로그래밍』(사이먼 몽크 저, TAB, 2011)가 도움이 될 것이다.

10.3 라즈베리 파이 살펴 보기

문제
'라즈베리 파이'가 무엇이고 왜 그렇게 많은 전자장치 프로젝트에 사용되는지를 알고 싶다.

해결책
라즈베리 파이(그림 10-3)는 데비안 리눅스(Debian Linux) 기반의 라즈비안(Raspbian)을 운영체제로 사용하는 SBC다. '일반' 컴퓨터를 사용하는 것과 마찬가지로 키보드, 마우스, 모니터를 연결할 수 있으며, 인터넷 검색도 가능하다.

그림 10-3 (왼쪽부터) 라즈베리 파이 제로, 모델 A, 파이 2 모델 B

라즈베리 파이는 아주 저렴한 파이 제로에서부터 와이파이가 내장된 모델 3에 이르기까지 크기가 다양하다.

라즈베리 파이가 전자장치 프로젝트에 많이 사용되는 이유는 아두이노와 마찬가지로 외부 전자부품과 연결할 수 있는 GPIO 핀이 있기 때문이다. 이 외에도 라즈베리 파이에서는 인터넷 연결이 쉬워서 사물 인터넷(Internet of Things, IoT) 프로젝트라면 어디에나 쓸 수 있다는 점도 많이 사용되는 데 한 몫을 한다.

라즈베리 파이용 프로그램을 작성하는 경우 여러 가지 선택지가 있다. 사실 주요 프로그래밍 언어라면 무엇이든 라즈베리 파이에서 사용할 수 있지만, 전자장치 프로젝트에서 가장 흔하게 사용되는 언어는 역시 파이썬일 것이다. 파이썬은 RPi.GPIO 라이브러리와 함께 사용된다.

아두이노용 프로그램을 작성할 때는 별도로 컴퓨터가 필요한 반면 라즈베리 파이의 경우 컴퓨터 대신 그냥 라즈베리 파이를 사용하면 된다.

논의 사항

사람이 지켜보지 않는 상태로 라즈베리 파이를 사용하려면 라즈베리 파이가 부팅될 때 프로그램이 자동으로 실행되도록 하고 싶을 것이다(레시피 10.3).

참고 사항

- 필자가 쓴 『라즈베리 파이 쿡북(Raspberry Pi Cookbook)』도 이 책과 같은 쿡북 시리즈의 하나지만, 온전히 라즈베리 파이만을 다룬다.
- 프로그래밍이 처음이고 라즈베리 파이에서의 파이썬 프로그래밍에 대한 친절한 소개를 원한다면 필자가 쓴 『파이썬으로 시작하는 라즈베리 파이 프로그래밍(Pro-gramming the Raspberry Pi: Getting Started with Python』을 참고한다.
- 다음은 이 장 외에 이 책에서 라즈베리 파이를 다룬 레시피를 정리한 목록이다.
    - 레시피 11.7
    - 12장 대부분
    - 13장 대부분
    - 14장 대부분
    - 레시피 18.2
    - 레시피 19.2

10.4 이 책에 수록된 파이썬 프로그램을 다운로드해 사용하기

문제

이 책의 라즈베리 파이용 파이썬 프로그램을 본인의 라즈베리 파이에 다운로드해 실행시키고 싶다.

해결책

이 책에 수록된 라즈베리 파이용 파이썬 프로그램은 모두 *https://github.com/simonmonk/electronics_cookbook*에서 다운로드할 수 있다.

프로그램을 사용하기 위해 다음의 명령어를 사용해서 GitHub에서 직접 다운로드해 라즈베리 파이에 저장한다.

```
$ git clone https://github.com/simonmonk/electronics_cookbook
```

사실 이렇게 하면 GitHub에 있는 아두이노 스케치도 모두 다운로드하게 되지만, 이들은 무시하면 된다. 파이썬 프로그램은 pi라는 디렉터리에서 확인할 수 있다.

프로그램(여기서는 blink.py)을 실행시키려면 다음의 명령어를 사용한다.

```
$ sudo python blink.py
```

라즈베리 파이의 최신 버전 운영체제(라즈비안)라면 sudo 명령어가 필요 없기 때문에 그냥 다음처럼 쓰기만 하면 된다.

```
$ python blink.py
```

논의 사항

이 레시피의 앞부분에서 함께 다운로드한 아두이노 스케치는 무시하라고 말했지만, 사실 라즈베리 파이에 아두이노 IDE를 설치해서 아두이노 스케치를 작성할 때 라즈베리 파이를 사용해도 된다(*http://spellfoundry.com/sleepy-pi/settingarduino-ide-raspbian/* 참고).

참고 사항

- 아두이노 코드를 다운로드하려면 레시피 10.2를 참고한다.
- 파이썬 프로그램이 부팅될 때 자동으로 실행되도록 라즈베리 파이를 설정하려면 레시피 10.5를 참고한다.
- 라즈베리 파이로 파이썬을 배울 수 있는 입문서를 찾는다면 필자가 쓴 『파이썬으로 시작하는 라즈베리 파이 프로그래밍』이 도움이 될 것이다.

10.5 라즈베리 파이가 부팅될 때 프로그램 실행시키기

문제
라즈베리 파이가 부팅될 때 프로그램이나 스크립트가 자동으로 실행되도록 하고 싶다.

해결책
rc.local 파일을 수정해서 원하는 프로그램을 실행시킨다.

다음 명령어로 /etc/rc.local을 실행시킨다.

```
$ sudo nano /etc/rc.local
```

다음 줄을 #으로 시작하는 명령어 줄의 첫 번째 블록 다음에 추가한다.

```
/usr/bin/python/home/pi/my_program.py &
```

명령어의 가장 끝에 반드시 &를 넣어야 백그라운드에서 실행된다. &가 빠지면 라즈베리 파이는 부팅되지 않는다.

논의 사항
rc.local는 주의해서 편집하지 않으면 라즈베리 파이의 부팅을 중지시킬 수 있다.

참고 사항
- 라즈베리 파이의 일반적인 정보는 레시피 10.3을 참고한다.

10.6 아두이노와 라즈베리 파이의 대안 살펴 보기

문제
아두이노나 라즈베리 파이 외에 이들을 대신해 사용할 수 있는 제품이 무엇인지 알고 싶다.

해결책
표 10-1은 그 외에 많이 사용되는 보드(마이크로컨트롤러(MC), 단일 보드 컴퓨터(SBC))를 보여준다.

보드	유형	설명	아두이노 IDE와의 호환가능성	홈페이지
디지스파크	MC	아두이노와 호환이 가능한 소형 보드로 GPIO 핀이 몇 개 있어 프로그래밍 시 이를 컴퓨터의 USB 포트와 직접 연결해 사용할 수 있다.	Y	digistump.com
에이다프루트 페더(Feather)	MC	아두이노와 호환이 가능한 소형 보드로 LiPo 배터리 충전기가 내장되어 있고 무선 옵션이 다양하다.	Y	adafruit.com
노드MCU	MC	가격이 아주 저렴한 소형 보드로 아두이노 IDE를 사용할 수 있도록 쉽게 전환시킬 수 있다. WiFi가 내장되어 있다.	Y	eBay
파티클 포톤	MC	가격이 저렴하고 아두이노와 호환이 가능한 소형 보드로 WiFi와 IoT 소프트웨어가 내장되어 있다.	N	particle.io
틴지3(Teensy3)	MC	가격이 저렴하고 아두이노와 호환이 가능한 소형 보드다.	Y	pjrc.com
비글본 블랙 (BeagleBone Black)	SBC	라즈베리 파이 대신 사용할 수 있으나 GPIO 핀과 아날로그 입력 수가 더 많다.	N/A	beagleboard.org
오드로이드-XU4 (ODROID-XU4)	SBC	8코어 2GHZ의 강력한 한국산 SBC다.	N/A	hardkernel.com

표 10-1 아두이노와 라즈베리 파이 대신 사용할 수 있는 제품들

그림 10-4에서는 이 중 몇 가지 보드를 소개한다.

그림 10-4 (왼쪽부터) 디지스파크, 포톤, 노드MCU, 비글본 블랙

논의 사항

아두이노 IDE는 유연한 소프트웨어로, 쉽게 확장될 수 있어서 비공식 아두이노 보드에서도 실행될 수 있다. 덕분에 아두이노와 호환이 되기만 하면 다른 프로세서를 사용하거나 WiFi, 블루투스, 배터리 충전 같은 유용한 추가 기능이 포함되어 있는 보드에서도 아두이노 IDE와 아두이노 C 프로그래밍 언어를 사용한 프로그래밍이 가능하다.

파티클 포톤(Particle Photon)은 특별히 언급하고 넘어갈 필요가 있는데, 아두이노 C를 기반으로 한 언어를 사용하긴 하지만 아두이노 IDE가 아닌 웹 기반의 IDE로 프로그래밍이 이루어지기 때문이다. 업로드도 인터넷을 통해 이루어지기 때문에 응용 장치의 업데이트도 원격으로 진행할 수 있다. 또한 IoT 프로젝트를 개발할 때 아주 쉽게 사용할 수 있는 소프트웨어 프레임워크도 내장되어 있다.

그 외에 WiFi 연결이 필요할 때 사용하기 좋은 보드에는 ESP8266 모듈을 기반으로 하는 노드MCU(NodeMCU)나 그보다 더 작은 ESP01 모듈 등이 있다. 이들은 아두이노 IDE로 프로그래밍할 수 있다. ESP8266 보드는 포톤만큼 사용이 쉽지는 않지만 가격이 아주 저렴하다.

참고 사항

- 아두이노에 대한 내용은 레시피 10.1을, 라즈베리 파이에 대한 내용은 레시피 10.3을 참고한다.

10.7 장치를 끄고 켜기

문제

아두이노나 라즈베리 파이 같은 마이크로컨트롤러와 SBC를 사용해서 외부 전자부품을 제어하고 싶다.

해결책

마이크로컨트롤러와 SBC에는 GPIO 핀이 있어서 별도의 전자부품과 연결이 가능하다. 그림 10-5는 마이크로컨트롤러 칩이나 라즈베리 파이의 시스템온칩(system-on chip, SoC)에 장착되어 있는 일반적인 GPIO 핀의 모습을 보여준다. GPIO 핀은 소프트웨어로 어떻게 제어하느냐에 따라 디지털 입력이나 디지털 출력의 역할을 할 수 있다.

그림 10-5에서 소프트웨어가 활성화되어 GPIO 핀에서 출력이 활성화되면 핀은 디지털 출력의 역할을 하며, 푸시풀 드라이버(레시피 11.8)에 의해 수십 밀리암페어(mA)의 전류가 GPIO 핀에서 나가거나(sourcing) 핀으로 들어올 수 있다(sinking).

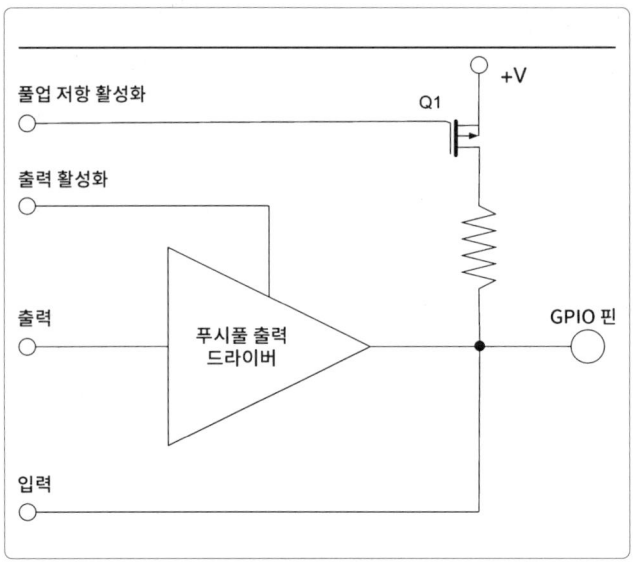

그림 10-5 GPIO 핀의 회로도

> **소스 전류와 싱크 전류**
>
> 11장에서 푸시풀 드라이버와 하이사이드(high-side) 및 로사이드(low-side) 스위칭에 대해 자세히 배우겠지만, 여기서는 일단 전류가 GPIO 출력에 따라 GPIO 핀에서 부하를 지나 접지로 가거나('소스 전류'), 전류가 부하를 지나 GPIO 핀으로 흘러 들어오도록('싱크 전류') 할 수 있다는 점만 알아 두자. 두 가지가 완전히 다른 것처럼 들리겠지만, 어느 경우나 부하에 전원이 인가된다는 점은 동일하다.
>
> GPIO 출력은 대부분의 경우 소스 전류로 사용된다.

푸시풀 드라이버가 비활성화되면 핀은 디지털 입력의 역할을 한다. 풀업 저항이 활성화되면 트랜지스터 Q1도 함께 활성화되어서 저항이 입력을 디폴트인 HIGH 상태로 끌어 올린다. 이와 같은 방식은 스위치를 디지털 입력에 연결했을 때 부동 입력이 양의 전압과 음의 전압 사이를 오가며 진동하지 않도록 하는 데에도 마찬가지로 사용된다(레시피 10.7 참고).

논의 사항

그림 10-5의 GPIO 회로도는 대부분의 아두이노 핀에 해당된다. 일부 아두이노 핀

(A0~A5)의 경우는 아날로그 입력으로 사용될 수 있는데, 이들 핀의 범용 입출력 역시 마이크로컨트롤러 칩에 내장된 아날로그-디지털 컨버터(ADC) 하드웨어와 연결된다.

GPIO 핀 중에는 풀업 저항과 풀다운 저항이 모두 연결되어 경우도 있다. 풀업 저항은 풀다운 저항과 같은 방법으로 켜고 끌 수 있다.

표 10-1은 아두이노와 라즈베리 파이 3의 GPIO 핀 특성을 비교한 것이다.

사양	아두이노 우노 R3	라즈베리 파이 3
동작 전압	5V	3.3V
최대 개별 출력 전류	40mA	18mA
출력으로 사용된 모든 핀의 최대 총 출력	400mA	명시되지 않음
내부 풀업 저항	Y	Y
내부 풀다운 저항	N	Y
GPIO 개수	18	26
아날로그 입력	6	없음

그림 10-6과 10-7은 아두이노와 라즈베리 파이 3에서 사용할 수 있는 각각의 GPIO 핀과 전력 핀을 나타낸 모습이다.

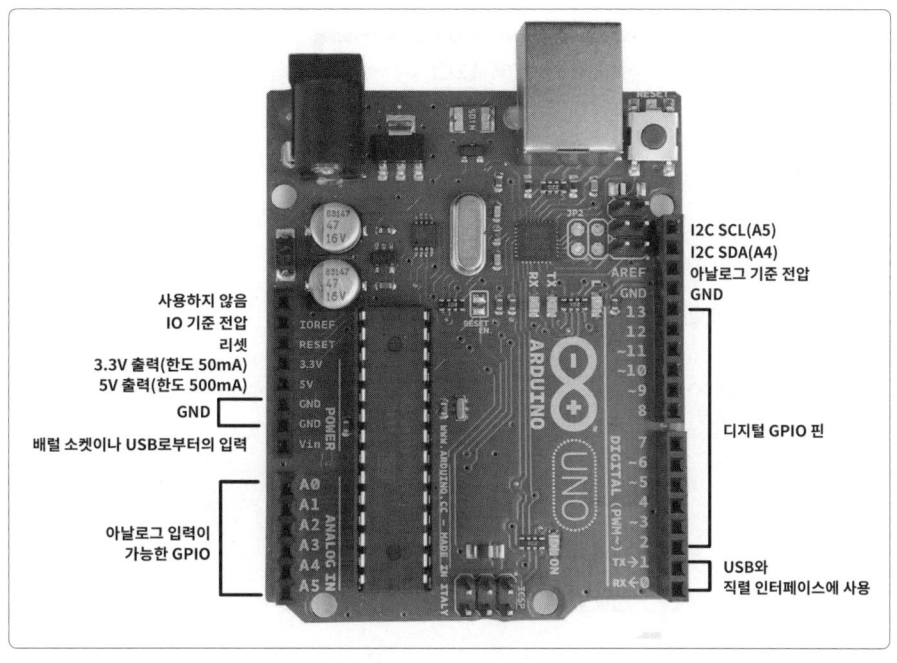

그림 10-6 아두이노 우노 R3 핀 배열

이 중에는 설명이 조금 필요한 핀도 있다.

- IO 기준 전압은 아두이노의 출력 전압(우노의 경우 5V)이지만, 아두이노 중에는 3.3V에서 작동하는 것도 있다. 플러그인 실드(확장 보드)에서 사용할 목적으로 고안되었으나, 거의 사용되지 않는다.
- V_{in}은 공급 전압으로 외부 전원 공급 장치가 배럴 잭에 연결되어 있다면 9V, 보드가 USB를 통해 전원을 공급받는다면 5V가 된다.
- I2C(IC와 IC간 버스) 2개는 I2C 장치 연결에 사용되지만(레시피 14.9 참고), 아두이노 우노의 A4, A5 핀과도 연결되어 있다. 그 외의 아두이노 보드 중에는 레오나르도와 같이 이들이 별도의 핀으로 나누어져 있는 경우도 있다.
- 아날로그 기준 전압은 5V 미만의 기준 전압과 연결하면 아날로그 입력 범위가 좁아질 수 있어서 낮은 전압에서의 정확성이 높아진다. 아무런 연결이 존재하지 않으면 아날로그 입력은 아두이노 우노의 5V로 설정된다.
- 0번 핀과 1번 핀은 필요한 경우 추가 GPIO 핀으로 사용할 수도 있지만, 그 경우 이들 핀과 이어져 있던 연결을 모두 끊어야 USB 연결이 제대로 작동한다. 그러니 보통은 사용하지 않는 편이 좋다.

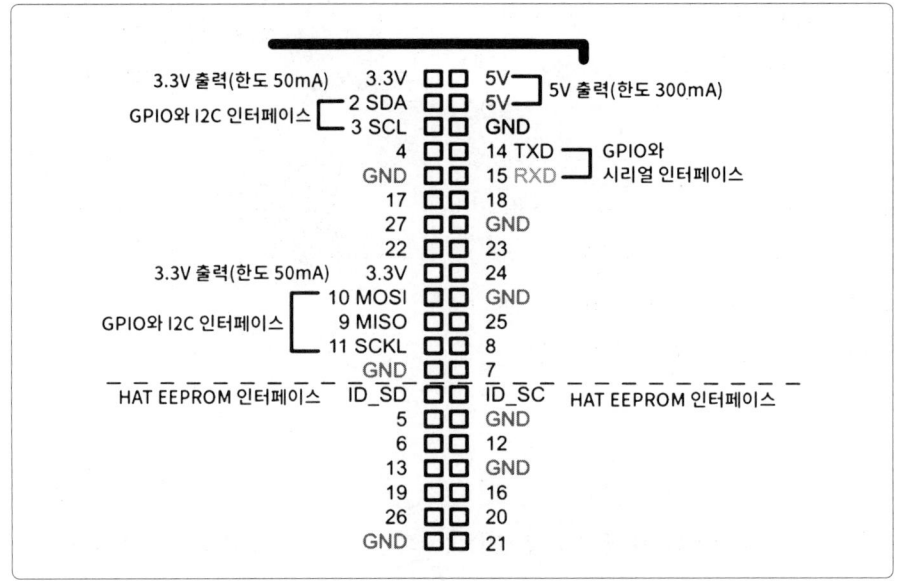

그림 10-7 라즈베리 파이 GPIO 커넥터 핀 배열

아두이노와 달리 라즈베리 파이의 GPIO 핀에는 이름 표시가 없다. 다른 부품을 GPIO 핀에 연결하려면 라즈베리 리프(Raspberry Leaf, 에이다프루트 2196) 같이 핀 기능이 인쇄된 GPIO 핀 견본을 사용하는 편이 좋다. 견본을 GPIO 핀 위에 끼우면 쉽게 핀을 구별할 수 있다.

라즈베리 파이의 핀은 대부분 GPIO로 사용될 수 있지만, 그 외에 다른 기능을 추가로 가지는 경우도 있다.

- 2번 핀과 3번 핀은 I2C 장치에 연결할 때 사용할 수도 있다.
- GPIO 9번~11번 핀은 SPI 연결 유형을 지원하는 장치를 위한 SPI로 사용할 수도 있다.
- ID_SD와 ID_SC는 상부에 장착되는 하드웨어인 HAT(hardware attached to top)의 인터페이스 전용으로 사용된다. HAT가 해당 GPIO 커넥터와 연결되면 소프트웨어가 HAT을 인식할 수 있다.
- 14번 핀과 15번 핀은 보통 TTL 직렬 인터페이스를 사용하는 GPS 모듈 등의 장치에 해당 인터페이스를 제공하기 위해 사용될 수 있다.

가지고 있는 라즈베리 파이가 구형(모델 B+ 이전 유형)이라면 GPIO 커넥터의 핀 수가 26개뿐이다. 이들 핀 배열은 그림 10-7의 신형 라즈베리 파이에서 볼 수 있는 40개 핀 배열 중 위쪽 26개(점선 위쪽)와 일치한다.

참고 사항
- 아두이노의 소개는 레시피 10.1을, 라즈베리 파이의 소개는 레시피 10.3을 참고한다.
- 11장, 12장, 13장, 14장의 여러 레시피에서 GPIO 핀이 사용된다.

10.8 아두이노에서 디지털 출력 제어하기

문제
아두이노 GPIO 핀을 출력으로 설정한 뒤, 소프트웨어로 출력을 끄거나 켜고 싶다.

해결책
pinMode 기능을 사용해서 핀을 출력으로 설정한 뒤 digitalWrite을 사용해서 핀을 켜고 끈다. 다음 예제 프로그램을 실행시키면 13번 디지털 핀(아두이노에 내장된 LED와 연결)이 켜졌다 꺼진다.

```
const int ledPin = 13;
void setup()
{
pinMode(ledPin, OUTPUT);
}
void loop() {
digitalWrite(ledPin, HIGH);   // LED를 켠다.
delay(1000);                  // 1초 동안 대기한다.
digitalWrite(ledPin, LOW);    // LED를 끈다.
delay(1000);                  // 1초 동안 대기한다.
}
```

이 스케치 코드는 앞에서 다운로드한 이 책의 소스 코드 중 하나다(레시피 10.2). 이 스케치의 파일명은 blink다.

논의 사항

프로그램(아두이노 세계에서는 '스케치(sketch)'라고 부른다)은 LED에 연결되는 핀의 상수인 ledPin을 정의하는 데서부터 시작하며, 여기에서 그 상수값은 13이다. 마음을 바꿔 다른 핀을 껐다 켰다 하려면 코드에서 숫자 13 대신 해당되는 핀 번호를 써 주기만 하면 된다.

setup 함수는 아두이노가 리셋된 뒤 한 번만 실행된다. pinMode 함수는 ledPin을 OUTPUT으로 지정한다. 스케치가 실행되는 동안 당연하지만 핀 모드를 변경할 수 있다. 이에 대한 예는 찰리플렉싱(charlieplexing)에서 확인할 수 있다(레시피 14.6 참고).

loop 함수는 반복해서 계속 실행된다. 매번 실행될 때마다 먼저 ledPin(13번 핀)을 양의 전압으로 설정했다가 1초(1,000밀리초) 동안 기다린 뒤, 이번에는 핀을 음의 전압으로 설정하고 다시 1초 동안 기다리며, 이 과정이 계속 반복된다.

참고 사항

- 라즈베리 파이의 디지털 출력은 레시피 10.9를, 아두이노의 디지털 입력은 레시피 10.10을 참고한다.
- 아두이노에서 전류를 처리하는 디지털 출력의 능력은 레시피 10.7을 참고한다.

10.9 라즈베리 파이에서 디지털 출력 제어하기

문제

라즈베리 파이의 GPIO 핀을 출력으로 설정한 뒤, 소프트웨어로 출력을 끄거나 켜고 싶다.

해결책

파이썬과 RPi.GPIO 라이브러리(라즈비안에 내장)를 사용한다. 다음의 예제 프로그램을 실행시키면 GPIO 18번 핀이 1초에 한 번씩 켜졌다 꺼졌다를 반복한다.

```
import RPi.GPIO as GPIO
import time

GPIO.setmode(GPIO.BCM)

led_pin = 18

GPIO.setup(led_pin, GPIO.OUT)

try:
    while True:
        GPIO.output(led_pin, True)    # LED 켜기
        time.sleep(1)                 # 1초 대기
        GPIO.output(led_pin, False)   # LED 끄기
        time.sleep(1)                 # 1초 대기
finally:
    print("GPIO 초기화 완료")
    GPIO.cleanup()
```

이 프로그램의 코드는 앞에서 다운로드했던 이 책의 소스 코드 중 하나다(레시피 10.4 참고). 이 스케치의 파일명은 blink.py다.

아두이노와 달리 라즈베리 파이에는 사용자가 제어할 수 있는 LED가 내장되어 있지 않기 때문에 이 프로그램이 제대로 실행되는지 보려면 레시피 14.1을 참고한다.

논의 사항

코드는 GPIO와 time 라이브러리를 가져오는 것부터 시작한다. 그런 다음 GPIO 핀의 식별 모드를 BCM(브로드컴)으로 설정한다. 이는 초기 라즈베리 파이때부터 내려오는 유물로, 당시에는 두 가지 핀 식별 방법이 있었는데 이 둘은 거의 비슷하게 사용되었다. 그러나 알 수 없는 이유로 아직도 모든 파이썬 프로그램의 시작 부분

에 이 라인이 들어가야 한다. 인터넷이나 도서 자료 중에는 아직도 핀 이름 대신 커넥터 상의 해당 핀 위치를 사용하는 자료도 있다. 그런 자료의 경우 핀 모드에 BCM이 아닌 BOARD가 표기되어 있다.

변수 led_pin은 껐다 켰다 할 GPIO 핀을 말하며, 이 핀이 출력으로 설정된다.

주 프로그램의 루프는 try와 finally 블록 사이에 위치해 있다. 이 블록은 엄격히 말해 중요하지 않으며 이 프로그램에서는 없더라도 크게 상관이 없지만, 이 블록은 프로그램이 종료될 때마다 GPIO cleanup()을 호출해서 GPIO 핀을 안전한 입력 상태로 돌려놓기 때문에 핀에서 우발적인 단락으로 인한 손상이 발생하지 않는다.

while 루프 내부에서 핀은 먼저 켜졌다가 1초 대기한 뒤 다시 꺼진다. sleep 함수는 시간(초)을 파라미터로 사용하며, 소수점을 사용하면 1초 미만의 시간도 입력 가능하다. 예를 들어, 0.5초 동안 대기하려면 time.sleep(0.5)라고 입력하면 된다.

참고 사항
- 이 프로그램과 동일한 아두이노 스케치는 레시피 10.8을 확인한다.
- 라즈베리 파이의 디지털 입력은 레시피 10.11을 참고한다.

10.10 아두이노를 스위치 등 디지털 입력에 연결하기

문제
아두이노 스케치에서 아두이노의 디지털 입력을 읽어 들이고 싶다.

해결책
C 언어의 digitalRead 함수를 사용한다. 읽어 들인 결과값을 확인하기 위해 아두이노의 직렬 모니터를 사용한다. 다음의 스케치는 이를 보여준다.

```
const int inputPin = 7;

void setup()
{
  pinMode(inputPin, INPUT);
  Serial.begin(9600);
}

void loop()
{
  int reading = digitalRead(inputPin);
  Serial.println(reading);
```

```
    delay(500);
}
```

이 스케치의 코드는 앞서 다운로드한 스케치 중 하나다(레시피 10.2 참고). 파일명은 ch_10_digital_input이다.

상수 inputPin은 7번 핀으로 정의되며 setup 함수에서 INPUT으로 초기화된다.

loop 함수는 먼저 inputPin에서 digitalRead를 실행해 얻은 결과값을 변수 reading에 할당한 뒤, 이 값을 아두이노의 USB 인터페이스를 통해 직렬 모니터로 전송한다. 마지막으로 어느 정도 속도를 늦추기 위해 500ms 동안 대기한다.

직렬 모니터(그림 10-8)를 열려면 아두이노 IDE 툴바의 가장 오른쪽에 있는 돋보기 모양의 아이콘을 클릭한다.

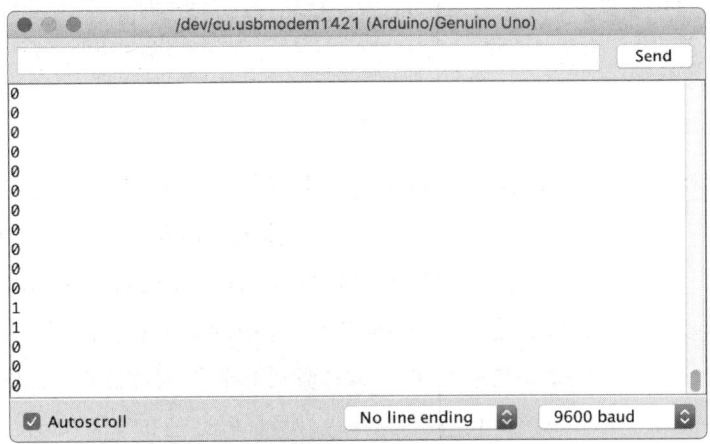

그림 10-8 아두이노의 직렬 모니터

프로그램을 실행시키면 그림 10-8처럼 숫자들이 지속적으로 연달아 나타나는 것을 볼 수 있다. 이 숫자는 대부분 0이지만 가끔 1이 나타날 수도 있다. 양끝이 수단자로 된 점퍼선이나 짧은 단선을 아두이노의 7번 핀에 연결해 보자(그림 10-9). 그렇게 하면 1과 0이 출력되는 것을 알 수 있다. 이는 연결한 전선이 안테나의 역할을 해서, 거기에 잡힌 전자기 잡음(아마도 '웅웅거리는' 정도의 소리)이 디지털 값으로 입력되기 때문이다. 디지털 입력은 '부동(floating)'이며, 이 경우 입력 임피던스가 매우 높기 때문에 잡음에 매우 민감하다.

그림 10-9 부동 디지털 입력

이번에는 입력이 부동 상태인 전선의 한쪽 끝을 그림 10-10처럼 아두이노의 GND에 연결한다. 그렇게 하면 직렬 모니터의 출력이 모두 0이 되어야 한다.

그림 10-10 디지털 입력을 GND와 연결하기

마지막으로 GND에 연결된 전선의 끝을 5V와 연결하면 이제 직렬 모니터 출력은 모두 1이 된다.

논의 사항

아두이노의 직렬 모니터는 아두이노 내부에서 일어나는 일을 보여주는 방법 중 하나이며, 스케치에서 발생되는 문제를 확인하는 데에도 자주 사용된다.

참고 사항

- 라즈베리 파이의 디지털 입력은 레시피 10.11을 참고한다.

10.11 라즈베리 파이를 스위치 등 디지털 입력에 연결하기

문제
파이썬 프로그램에서 GPIO 핀을 디지털 입력으로 읽어 들이고 싶다.

해결책
RPi.GPIO 라이브러리를 이용한다. 다음의 예제 프로그램은 0.5초마다 GPIO 23번 핀을 읽어 들여 그 결과를 출력한다.

```
import RPi.GPIO as GPIO
import time

GPIO.setmode(GPIO.BCM)

input_pin = 23

GPIO.setup(input_pin, GPIO.IN)

try:
    while True:
        reading = GPIO.input(input_pin)
        print(reading)
        time.sleep(0.5)
    finally:
        print("GPIO 초기화 완료")
        GPIO.cleanup()
```

이 프로그램의 코드는 앞에서 다운로드했던 이 책의 소스 코드 중 하나다(레시피 10.4 참고). 파일명은 ch_10_digital_input.py다.

논의 사항
앞의 프로그램을 실행시키면 단말기에 대부분 0이 표시되는 것을 알 수 있다.

```
$ sudo python ch_10_digital_input.py
0
0
0
0
0
0
0
```

이 프로그램과 레시피 10.10 두 경우 모두 스위치는 디지털 입력에 연결하거나(레시피 12.1) 양쪽이 암단자로 이루어진 점퍼선으로 GPIO 23번 핀을 GND나 3.3V에 연결할 수 있다.

> **절대 5V에 연결하지 말 것**
>
> 라즈베리 파이에서 GPIO 핀의 최대 전압은 3.3V다. 그렇기 때문에 반드시 GPIO 23번 핀만이 아니라 그 어떤 GPIO 핀도 GPIO 커넥터의 5V 핀과 연결해서는 안 된다. 5V에 연결하면 라즈베리 파이가 손상될 가능성이 매우 높다.

참고 사항

- 아두이노의 디지털 입력은 레시피 10.10을 참고한다.

10.12 아두이노에서 아날로그 입력 읽어 오기

문제

아두이노 스케치에서 GPIO 핀의 전압을 읽어 오고 싶다.

해결책

아두이노의 analogRead 함수와 아두이노에서 아날로그 입력으로 사용될 수 있는 A0 핀~A5 핀 중 하나를 사용한다. 다음의 예제 스케치는 읽어 들인 아날로그 값을 전압으로 바꿔서 0.5초마다 직렬 모니터에 출력한다.

```
void setup()
{
  pinMode(inputPin, INPUT);
  Serial.begin(9600);
}
void loop()
{
  int reading = analogRead(inputPin);
  float volts = reading / 204.6;
  Serial.println(volts);
  delay(500);
}
```

파일명이 ch_10_analog_input인 이 스케치 코드는 앞에서 다운로드한 이 책의 소스 코드 중 하나다(레시피 10.2).

이 스케치는 inputPin을 A0 핀으로 정의한다. 아두이노의 A0 핀에서 A5 핀 중 하나를 언급할 때 문자와 숫자(A와 0)를 사용하고, 다른 핀들은 그냥 숫자를 사용한다.

analogRead 함수는 0~1,023 사이의 숫자 하나를 되돌려 주는데, 여기에서 0은 0V, 1,023은 5V를 뜻한다. 이 숫자를 204.6(1,023/5)으로 나누면 전압을 구할 수 있다. 아날로그 범위를 바꾸려면 아두이노 AREF(아날로그 기준) 핀을 다른 전압과 연결하면 된다는 점을 기억하자.

직렬 모니터를 열면 값이 연달아 출력된다. 레시피 10.10의 디지털 입력 때처럼 아날로그 입력도 부동 상태이며, 숫자(A0의 전압)는 다음과 비슷한 모습으로 변할 것이다.

```
2.42
2.36
2.27
2.13
1.99
1.86
1.74
1.62
1.40
0.70
```

논의 사항

레시피 10.11의 실험에서 전선을 A0에 끼워 보자. 전선의 끝을 손가락으로 건드리면, 손가락이 무선 안테나의 역할을 하기 때문에 아날로그 입력으로 읽어 들인 값의 변화가 더 커진다. A0를 아두이노의 5V 커넥터에 연결하면 직렬 모니터에 표시되는 입력값이 5.00, GND에 연결하면 0.00이 된다. A0를 아두이노의 3.3V 소켓이 연결하면 입력값은 3.30이 된다.

측정하고자 하는 전압이 5V 미만일 때 아두이노 AREF 핀을 사용하면, 입력값의 범위는 변하지 않고 0~1,023으로 유지되지만 전압의 범위가 줄어들기 때문에 정밀성이 높아진다.

예를 들어 AREF 핀을 아두이노의 3.3V 핀에 연결하면, 0~1,023의 범위가 3.3V의 전압 범위에 대응되며, 이 중 하나를 입력값으로 얻게 된다. AREF에 인가되는 전압은 조정이 된 안정적인 상태여야 하며, 그렇지 않을 때는 정확한 입력값을 얻을 수 없다.

> **왜 0에서 1,023까지인가?**
>
> 숫자 1,023은 이상한 선택처럼 보일 수 있다. 특히 이 값이 1,000에 가깝기 때문에 더 이상해 보인다. 그렇지만 1,023을 사용하는 이유는 아날로그 값을 디지털 값으로 바꿀 때 2진수 10자리(비트)를 사용하기 때문이다. 1,023이 2^{10}(2를 10번 곱한 수)보다 1이 작다.

참고 사항

- 라즈베리 파이에는 아날로그 입력이 없지만 아날로그-디지털 컨버터(ADC) IC를 사용할 수 있다(레시피 12.4).

10.13 아두이노에서 아날로그 출력 생성하기

문제

아두이노가 GPIO 핀에서 출력되는 전력(LED의 밝기나 모터의 속도 등)을 제어하도록 하고 싶다.

해결책

아두이노의 analogWrite 함수를 PWM이 가능한 핀 중 하나에 사용한다.

다음의 예제 스케치는 11번 핀에 연결된 LED의 밝기를 설정한다. 밝기를 설정하기 위해 0~255 사이의 숫자가 아두이노 직렬 모니터에서 아두이노 보드로 전송된다. 참고로 255는 2^8보다 1 작은 수다.

```
const int outputPin = 11;

void setup()
{
  pinMode(outputPin, OUTPUT);
  Serial.begin(9600);
  Serial.println("Enter brightness 0 to 255"); // 밝기를 입력하세요(0~255)
}

void loop()
{
  if (Serial.available())
  {
    int brightness = Serial.parseInt();
    if (brightness >= 0 && brightness <= 255)
    {
      analogWrite(outputPin, brightness);
      Serial.println("Changed."); // 변경 완료
    }
    else
    {
      Serial.println("Enter brightness 0 to 255"); // 밝기를 입력하세요(0~255)
    }
  }
}
```

이 스케치 코드는 앞서 다운로드한 스케치 중 하나로(레시피 10.2), 파일명은 ch_

10_analog_output이다.

이 예제 스케치는 GPIO 핀의 PWM 출력을 보여 줄 뿐 아니라 컴퓨터에서 직렬 모니터를 통해 데이터를 아두이노로 전달하는 방법도 보여준다.

setup 함수는 outputPin을 OUTPUT으로 설정하고 직렬 통신을 시작한다. 마지막으로 setup 함수는 직렬 모니터로 메시지를 보내서, 사용자가 이 스케치를 사용하기 위해서는 0~255 사이의 숫자를 입력해야 함을 알려 준다.

loop 함수에서는 Serial.available()을 호출해서 직렬 모니터로부터 입력된 사항이 있는지를 확인하고, 입력이 있다면 이를 int로 변환해서 변수 brightness에 할당한다. 그 뒤 analogWrite 명령어를 사용해서 outputPin의 출력을 설정한다.

이 스케치가 작동하는 모습을 보려면 먼저 레시피 14.1에 따라 11번 핀에 LED를 연결해야 한다.

아두이노 IDE의 직렬 모니터를 열고(레시피 10.10 참고) 0~255 사이의 값을 몇 개 입력해서 밝기 변화를 확인한다(그림 10-11).

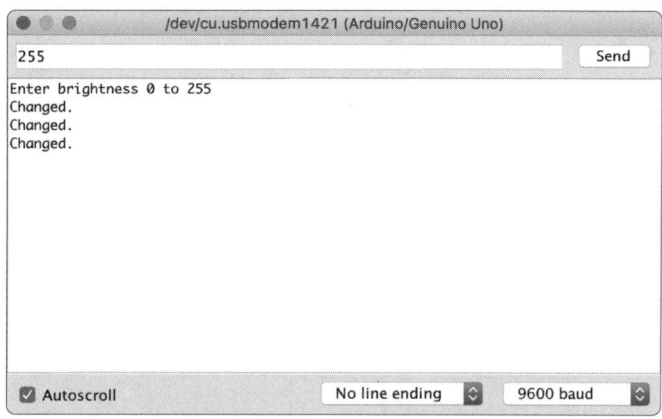

그림 10-11 직렬 모니터에서 PWM 출력 설정하기

> **제대로 작동되지 않는다면?**
>
> 직렬 모니터에 값을 입력하고 Send(전송)를 클릭했는데 LED의 밝기가 잠깐 동안 변했다가 꺼진다면 직렬 모니터의 아래쪽의 line ending 드롭다운 메뉴(그림 10-11 참고)가 "No line ending(line ending 없음)"으로 선택되어 있지 않을 것이다.
>
> 이 경우 숫자가 전송되어 밝기가 바뀌지만 line ending이 또 다른 메시지로 입력되어 0으로 해석되기 때문에 LED가 다시 꺼진다.

논의 사항

아두이노의 모든 핀을 이처럼 펄스 폭 변조에 사용할 수 있는 것은 아니다. 실제로 아두이노 우노에서는 번호 앞에 '~' 기호가 붙은 핀만 가능하다. 아두이노 우노의 경우 3번, 5번, 6번, 9번, 10번, 11번 핀이 여기에 해당된다. 아두이노 모델이 달라지면 PWM에 사용할 수 있는 핀도 달라진다. 정확한 핀 번호를 알고 싶다면 아두이노에서 제공하는 문서를 확인해야 한다.

펄스 폭 변조

LED의 밝기를 변화시킬 때 펄스 폭 변조(PWM) 아날로그 출력이 실제 아날로그 값이고 출력 전압을 바꾼다고 생각하기 쉽다. 그러나 이는 사실이 아니다.

그림 10-12는 실제로 어떤 일이 일어나는지를 보여준다.

출력 핀은 여전히 디지털 출력의 모습을 보인다. 이는 다시 말해 출력값이 양의 전압(아두이노에서 5V, 라즈베리 파이에서 3.3V) 아니면 음의 전압(0V)이라는 뜻이다. 핀에서 발생되는 펄스의 지속 시간(펄스 폭)은 핀에 연결된 LED의 밝기를 조정한다. 펄스가 짧으면(폭이 좁으면) 밝기가 낮고, 펄스가 길면(폭이 넓으면) 평균 밝기가 높기 때문에 관측자에게 밝게 보인다.

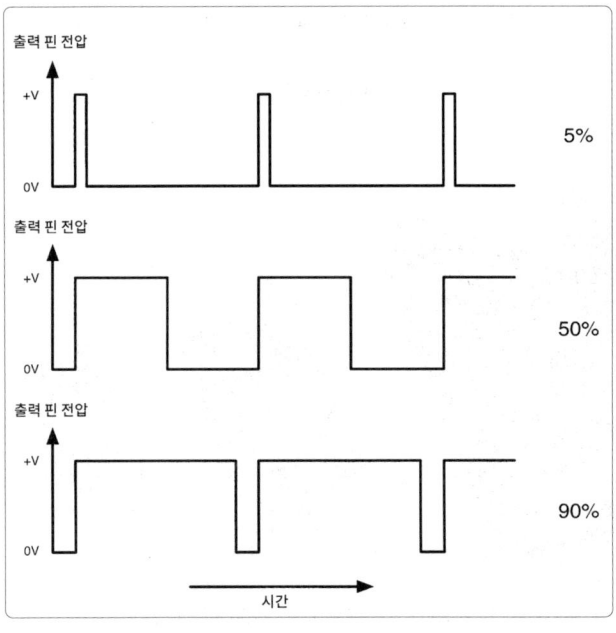

그림 10-12 펄스 폭 변조

참고 사항

- 이 레시피의 라즈베리 파이 버전은 레시피 10.14를 참고한다.

10.14 라즈베리 파이에서 아날로그 출력 생성하기

문제

라즈베리 파이가 GPIO 핀에서 출력되는 전력(LED의 밝기나 모터의 속도 등)을 제어하도록 하고 싶다.

해결책

RPi.GPIO 라이브러리의 PWM 기능을 이용해서 GPIO 핀의 출력 전력을 조정한다. 다음의 파이썬 예제 프로그램이 이를 보여준다.

```
import RPi.GPIO as GPIO

led_pin = 18
GPIO.setmode(GPIO.BCM)
GPIO.setup(led_pin, GPIO.OUT)

pwm_led = GPIO.PWM(led_pin, 500)
pwm_led.start(100)

try:
  while True:
    duty_s = raw_input("Enter Brightness (0 to 100):") # 밝기를 입력하세요(0~100)
    duty = int(duty_s)
    pwm_led.ChangeDutyCycle(duty)
finally:
  print("GPIO 초기화 완료")
  GPIO.cleanup()
```

이 프로그램의 코드는 앞에서 다운로드한 프로그램에 포함되어 있다(레시피 10.4 참고). 파이썬 2가 아닌 파이썬 3을 사용한다면 raw_input 명령어는 input으로 수정한다.

이 프로그램이 작동하는 모습을 보려면 먼저 GPIO 18번 핀에 LED를 연결해야 한다(레시피 14.1 참고).

RPi.GPIO 라이브러리는 아두이노 방식보다 사용하기가 조금 더 까다롭다. 핀을 출력으로 정의한 뒤 다음을 입력해서 PWM 채널을 생성해 주어야 한다

```
pwm_led = GPIO.PWM(led_pin, 500)
```

여기서 숫자 500은 PWM 펄스의 주파수를 헤르츠(Hz)로 나타낸 값이다. 이 PWM 채널은 다음 라인을 시작시킨다.

```
pwm_led.start(100)
```

여기서 숫자 100은 PWM 신호의 초기 듀티 사이클(duty cycle)로 전체 주기 중 핀이 양의 전압일 때의 시간을 백분율로 나타낸 값이다(이 경우 양의 전압일 때가 100%라는 뜻이다).

스크립트의 나머지는 사용자와 대화를 통해 0~100 사이의 듀티 사이클 값을 요구한다. 프로그램을 실행시켜서 다음과 같이 여러 밝기 값을 입력해 보자.

```
$ sudo python led_brightness.py
Enter Brightness (0 to 100):0
Enter Brightness (0 to 100):20
Enter Brightness (0 to 100):10
Enter Brightness (0 to 100):5
Enter Brightness (0 to 100):1
Enter Brightness (0 to 100):90
```

프로그램을 종료하려면 CTRL+C를 누른다.

논의 사항

라즈베리 파이는 실시간 운영체제를 사용하지 않는다. 그렇기 때문에 어느 한 시점에서 여러 개의 서로 다른 프로세스가 실행되고 있다. 따라서 PWM 등을 사용해서 정확한 길이의 펄스를 생성하려고 할 때 다른 프로세스에 의해 펄스 생성이 방해를 받아서 LED 밝기에 어느 정도 지터(jitter)가 생긴다.

참고 사항

- 이 레시피의 아두이노 버전은 레시피 10.13을 참고한다.

10.15 라즈베리 파이를 I2C 장치에 연결하기

문제

라즈베리 파이의 I2C 버스를 활성화해서 레시피 14.9와 레시피 14.10에서 사용되는 디스플레이 같이 I2C를 지원하는 주변 장치에 연결하고 싶다.

해결책

라즈비안의 최신 버전에서 I2C를 활성화하려면(SPI의 경우는 레시피 10.16 참고) Preferences(환경 설정)의 하위 메뉴에서 라즈베리 파이 설정(configuration) 툴을 사용하기만 하면 된다(그림 10-13). 그냥 I2C의 해당 항목에 체크하고 OK를 클릭하면 재시작 여부를 물어 본다.

라즈비안의 이전 버전에서는 raspi-config 툴이 같은 역할을 담당했다.

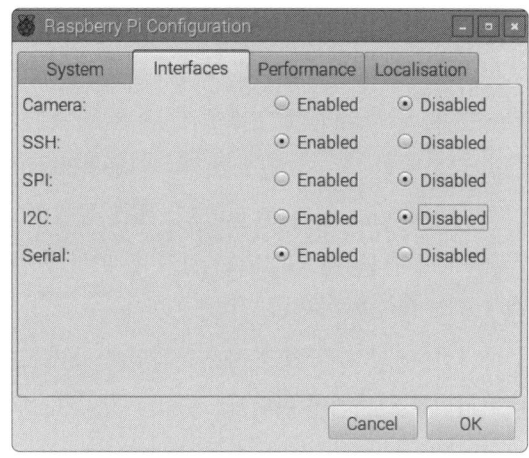

그림 10-13 라즈베리 파이의 설정 툴을 사용해서 I2C를 활성화시키 전의 설정 화면

다음 명령어를 사용해서 raspi-config를 시작한다.

```
$ sudo raspi-config
```

그런 뒤 메뉴에서 Advanced(고급)를 선택한 뒤 스크롤을 내려 I2C를 찾는다(그림 10-14).

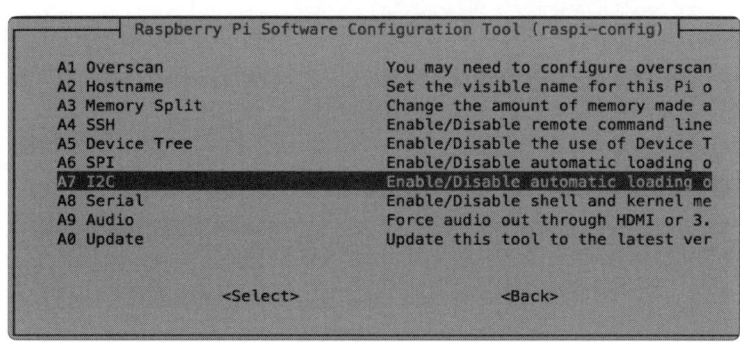

그림 10-14 raspi-config를 사용해서 I2C 활성화하기

"Would you like the ARM I2C interface to be enabled?(ARM I2C 인터페이스를 활성화하시겠습니까?)"라는 질문에 "Yes(네)"를 선택한다. 부팅 시 I2C 모듈을 로딩하겠느냐는 질문에도 "Yes(네)"를 선택한다.

논의 사항

I2C는 장치를 서로 연결하는 데 많이 사용되는 표준이다. I2C는 SDA(데이터) 핀과 SCL(클록) 핀, 이렇게 2개의 데이터 핀을 사용해서 장치 간에 양방향으로 데이터를 전송한다. 보통 버스에 연결된 장치 중 하나는 마이크로컨트롤러이거나, 이 경우처럼 라즈베리 파이에 연결된 시스템온칩(SoC)이다. 여러 장치에 각각 연결된 핀이 모두 I2C 버스 핀일 수 있는데, 예를 들어 디스플레이 1개와 센서 1개에 I2C 버스 핀이 각각 1개씩 연결되는 식이다. 따라서 각 장치는 연결된 핀을 구별하기 위해 고유한 주소를 가진다.

파이썬에서 I2C 장치를 사용하려면 다음의 명령어를 사용해서 파이썬의 I2C 라이브러리를 설치해야 한다.

```
$ sudo apt-get update
$ sudo apt-get install python-smbus
```

그런 다음 변경 사항을 적용하도록 라즈베리 파이를 재부팅해야 한다.

I2C 하드웨어를 사용할 때는 i2c-tools 소프트웨어가 디버깅할 때나 장치와 라즈베리 파이가 제대로 연결되었는지를 확인하는 데 큰 도움이 될 수 있다. 이 소프트웨어는 다음 명령어를 사용해 설치할 수 있다.

```
$ sudo apt-get install i2c-tools
```

장치가 I2C 버스에 장착되어 있을 때 i2cdetect 유틸리티를 실행시키면 그림 10-15에서처럼 장치가 연결되어 있는지 여부와 사용하고 있는 I2C 주소를 확인할 수 있다.

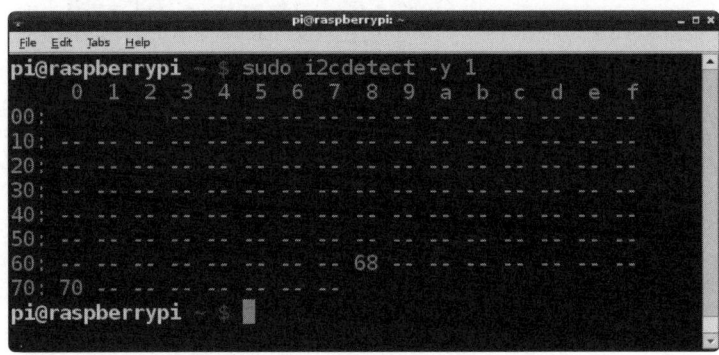

그림 10-15 i2cdetect 사용하기

참고 사항
- 라즈베리 파이의 SPI 설정은 레시피 10.16을 참고한다.
- I2C 주변 장치와 라즈베리 파이의 연결에 관한 레시피는 레시피 14.9, 레시피 14.10, 레시피 19.3이다.

10.16 라즈베리 파이를 SPI 장치에 연결하기

라즈베리 파이의 SPI 버스를 활성화해서 주변 장치를 연결하고 싶다.

해결책

라즈비안에서 라즈베리 파이의 SPI는 기본값으로 사용하도록 설정되어 있지 않다. 이를 활성화하기 위해서는 Preferences(환경설정) 아래의 주 메뉴에 위치한 라즈베리 파이 설정 툴을 사용하거나(레시피 10.15 참고) 이전 버전의 라즈비안에서 다음 명령어를 입력하여 raspi-config를 사용해야 한다.

```
$ sudo raspi-config
```

그런 뒤 SPI 다음의 Advanced(고급) 메뉴로 들어가 "Yes(네)"를 클릭하고 라즈베리 파이를 재부팅한다. 재부팅이 끝나면 SPI를 사용할 수 있다.

논의 사항

SPI를 사용하면 ADC나 포트 확장기 칩 등 주변 장치와 라즈베리 파이 사이에 데이터를 직렬로 전송할 수 있다. 이는 I2C의 개념과 비슷하지만 SPI에서는 핀의 개수가 2개가 아닌 4개다. I2C에서처럼 SPI 데이터는 클록 신호(SCLK)와 동기화되지만 MOSI(마스터 아웃 슬레이브 인)과 MISO(마스터 인 슬레이브 아웃)처럼 통신 방향별로 별도의 선이 사용되며 버스에 연결된 각 장치의 마스터에 'Enable(활성화)' 핀이 추가로 필요하다. SPI는 I2C보다 오래되고 정교한 표준은 아니지만 아직도 널리 사용되고 있다.

   SPI와 연결하는 예를 보다 보면 비트 뱅잉(bit banging)이라는 방식을 보게 될 수 있다. 이 방식의 경우 RPi.GPIO 라이브러리를 사용해서 SPI가 사용하는 GPIO 핀 4개와 연결된다.

참고 사항

- 레시피 12.4에서는 SPI 아날로그-디지털 컨버터(ADC) 칩이 사용된다.
- SPI는 레시피 12.4와 레시피 19.4에서 사용된다.

10.17 전압 크기 변환하기

문제

5V 장치를 라즈베리 파이나 3.3V 아두이노 모델에 연결하고 싶다.

해결책

3.3V 출력을 5V 입력으로 연결할 때 전압 크기를 변환할 필요가 없이 그냥 둘을 직접 연결하면 된다. 예외가 되는 경우는 거의 없다(논의 사항 참고).

그러나 5V 출력을 3.3V 입력으로 연결하는 것은 완전히 다른 문제다. 이 둘을 직접 연결하면 3.3V 장치가 손상된다. 단, 3.3V 장치가 5V 입력을 처리할 수 있다고 명시되어 있다면 이

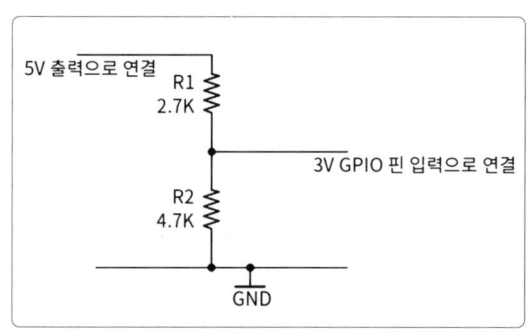

그림 10-16 5V 신호를 3V로 낮추기

둘을 그냥 직접 연결하면 된다. 라즈베리 파이의 입력에서는 5V를 처리할 수 없기 때문에 5V 출력이 그림 10-16과 같이 분압기를 통해 라즈베리 파이의 입력으로 연결되도록 해야 한다.

논의 사항

가끔은 5V 장치에서 입력의 논리 레벨이 3.3V 이상이어야 한다고 명시된 경우를 보게 된다. 예를 들어 WS2812 LED IC(레시피 14.8)는 이론적으로 4V 이상의 입력이 있어야 이를 정논리라고 인식한다고 데이터시트에 명시되어 있다. 이러한 장치들 중 필자가 실제로 전압의 크기를 변환하지 않고 사용했을 때 문제가 되었던 적은 없다. 그러나 제품을 설계한다면 그런 식으로 운에 맡기지 않고 그림 10-17과 같은 전압 변환기(level converter)를 반드시 사용해야 한다.

이 회로는 실제로 양방향으로 전압의 크기를 변환한다. 이는 5V 출력은 3.3V로 낮추고, 3.3V 출력은 5V로 높인다는 뜻이다. 여기에서는 MOSFET에 보호 다이오드가 내장되어 있어서 전류가 드레인에서 소스로 흐르

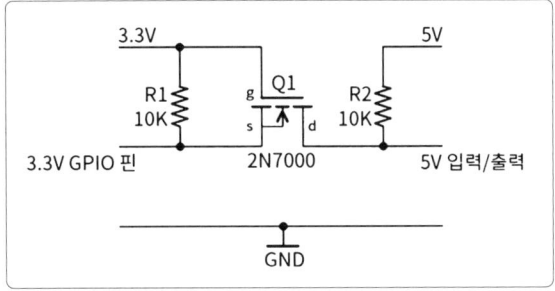

그림 10-17 MOSFET을 사용해서 양방향으로 전압 크기 변환하기

는 것을 막아 준다는 점을 활용한다.

이 회로의 작동 방식을 이해하기 위해 먼저 3.3V쪽이 출력, 5V 쪽이 입력인 경우를 생각해 보자. 이 경우 전압이 높아져야 한다.

여기에서 만약 3.3V GPIO가 HIGH 상태라면 게이트와 소스 간 전압이 0V가 되면서 MOSFET이 꺼지고 풀업 저항 R2가 5V 입력 쪽의 전압을 HIGH로 끌어 올린다. 3.3V GPIO 출력 쪽이 LOW 상태라면 게이트와 소스 간 전압이 3.3V가 되면서 MOSFET이 켜지고 5V 입력 쪽이 3.3V 출력 쪽에서 나온 LOW 신호에 효과적으로 연결된다.

방향을 바꿔 이번에는 5V 쪽이 출력, 3.3V 쪽이 입력이 된다고 해보자. 이 경우 5V 출력 쪽이 HIGH일 때 MOSFET의 소스와 게이트 간 전압이 3.3V가 되고 MOSFET이 꺼져서 3.3V 입력 쪽의 전압이 풀업 저항 R1에 의해 3.3V로 높아진다. 5V 출력 쪽이 LOW이면 MOSFET에 내장된 보호 다이오드에 전기가 흐르면서 3.3V 입력 쪽의 전압을 다이오드의 순방향 전압 수준(약 0.6V)으로 낮춘다. 그 결과 MOSFET이 켜지면서 3.3V 입력이 완전히 접지된다.

참고 사항

- 저항 2개를 사용하는 가장 간단한 전압 크기 변환 방법은 레시피 2.6에서 설명한 것처럼 분압기를 사용하는 것이다.
- MOSFET에 대한 기본적인 내용은 레시피 5.3을 참고한다.
- 라즈베리 파이 입력에서 전압 크기 변환이 필요한 이유를 다룬 흥미로운 논의 사항은 *http://tansi.info/rp/interfacing5v.html*을 참고한다.
- 여러 신호에 전압 크기 변환이 모두 필요하다면 에이다프루트에서 판매하는 다

음과 같은 전압 변환용 IC나 모듈을 사용하는 편이 낫다. *http://bit.ly/2lLHmuG*(신호 4개용)와 *http://bit.ly/2msMgku*(신호 8개용)를 참고하자.

스위칭 11

11.0 개요

오늘날의 장치들은 대부분 스위칭과 관련이 있다. 마이크로컨트롤러나 기타 디지털 논리 장치에서는 트랜지스터가 스위치로 사용된다. 여기에서 한 걸음 더 나아가면 아두이노와 라즈베리 파이에서 외부 장치를 스위칭해서 조명을 조절하거나 히터에 전원을 인가할 수 있다.

이 장의 레시피는 트랜지스터와 스위칭 장치에 관한 내용을 다룬다. 여기에는 아두이노와 라즈베리 파이의 스위칭 전원을 다루는 레시피도 포함된다.

11.1 라즈베리 파이나 아두이노가 처리할 수 있는 크기 이상의 전원 스위칭하기

문제

마이크로컨트롤러의 GPIO 핀 등이 허용된 것보다 더 높은 전원을 제어하도록 하고 싶다.

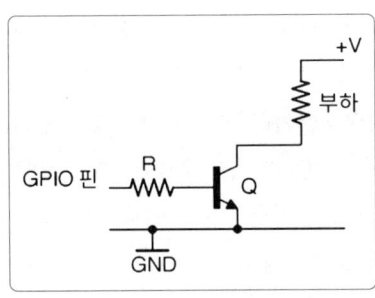

그림 11-1 트랜지스터를 스위치로 사용하기

해결책

공통 이미터(common emitter) 방식의 트랜지스터를 저항과 함께 '로사이드(low side)' 스위치로 사용해서 베이스 전류를 제한한다. 그림 11-1에 나타난 이 회로의 회로도는 레시피 11.2 외에도 설계 시에 계속해서 사용하게 될 것이다.

이러한 유형의 스위칭을 '로사이드' 스위칭이라고 부르는데 트랜지스터가 GND 의 음의 전압(low voltage)과 부하 사이에서 스위치로 사용되기 때문이다.

논의 사항

저항 R은 GPIO 핀에서 끌어 온 전류가 핀의 전류 한도(아두이노의 경우 40mA, 라즈베리 파이의 경우 16mA. 레시피 10.7 참고)를 넘지 않도록 해준다. 또, 트랜지스터에 지나치게 높은 베이스 전류가 흐르지 않도록 보호해준다. 이러한 보호 역할은 커봐야 100 정도에 불과한 양극성 트랜지스터의 이득 한도와 균형을 이루어야 한다. 그렇기 때문에 트랜지스터를 1A의 전류 스위칭에 사용하려고 하면 베이스 전류가 10mA가 될 것이라 생각하는 것이 합리적이다. 따라서 이 1A의 부하에 대한 R1의 저항값을 선택할 때는, 그에 따른 베이스 전류 크기가 GPIO의 가용 전류와 10mA 사이가 되도록 선택해야 한다.

베이스 전류를 10mA로 맞추려고 할 때(5V GPIO 핀을 사용하고 베이스와 이미터 간 전압이 0.6V로 거의 일정하다고 가정한다) R의 저항값은 다음과 같이 계산할 수 있다.

$$R = \frac{V}{I} = \frac{5V - 0.6V}{10mA} = 440\Omega \approx 470\Omega$$

같은 식을 3.3V GPIO 핀에 적용하면 다음과 같은 결과를 얻을 수 있다.

$$R = \frac{V}{I} = \frac{3.3V - 0.6V}{10mA} = 270\Omega$$

회로는 GND와 GPIO 핀 두 곳에서 아두이노 또는 라즈베리 파이와 연결되어 있다. 부하에 공급되는 양의 전압은 라즈베리 파이나 아두이노와 완전히 분리되어 있다. 이렇게 하면 아두이노나 라즈베리 파이의 논리 레벨(3.3V 또는 5V)을 스위칭하는 데 한정되지 않고 트랜지스터가 스위칭할 수 있는 최대 전압까지도 스위칭할 수 있다.

그렇다고는 해도 하나의 전압원을 사용하는 편이 편리하기 때문에 아두이노나 라즈베리 파이의 양의 전압이 많이 사용된다.

참고 사항

- 양극성 트랜지스터에 대한 논의 사항은 레시피 5.1을 참고한다.
- GPIO 핀과 출력 논리는 레시피 10.7에서 설명한다.

- 트랜지스터를 사용한 아두이노에서의 스위칭은 레시피 11.6, 라즈베리 파이에서의 스위칭은 레시피 11.7을 참고한다.
- MOSFET을 활용한 스위칭은 레시피 11.3을 참고한다.

11.2 하이사이드에서 전원 스위칭하기

문제
양극성 접합 트랜지스터(bipolar junction transistor, BJT)를 사용하되, 부하의 한쪽 끝은 반드시 접지에 연결한다.

해결책
그림 11-1과 같은 배치를 로사이드 스위칭이라고 하는데 스위칭이 전압이 더 낮은 (low) 쪽, 즉, 양의 전압으로부터가 아니라 GND로부터 일어나기 때문이다. 따라서 스위칭되는 장치는 반드시 양의 공급 전압과 연결되어 있어야 한다.

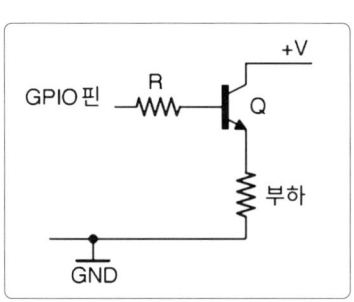

그림 11-2 NPN BJT를 사용한 하이사이드 스위칭(제한된 스위칭 범위)

그림 11-1을 조금 수정하면 하이사이드(high side) 스위칭 방식을 그림 11-2처럼 나타낼 수 있다.

그림 11-2의 회로는 GPIO 핀 전압보다 0.5V 이상 큰 전압(+V)은 스위칭할 수 없다.

여기에서 트랜지스터는 이미터 팔로워(emitter follower)라고 부르는데(레시피 16.4), 이미터에서 출력되는 전압이 일반적으로 베이스에서 입력되는 전압보다 0.6V 정도 낮아서 마치 이미터의 출력 전압이 베이스의 입력 전압 모습을 따라 가는(follow) 것처럼 보이기 때문이다. 따라서 이러한 배치는 하이사이드 스위칭에 사용할 수 있지만, 반드시 GPIO 핀의 전압이 +V보다 낮아야 한다.

간단히 정리하면, 그림 11-2의 회로는 스위치 부하에서 부하 하나가 접지에 연결되고, 다른 부하가 GPIO 핀의 제어 전압보다 높은 공급 전압을 필요로 하지 않을 때만 유용하다.

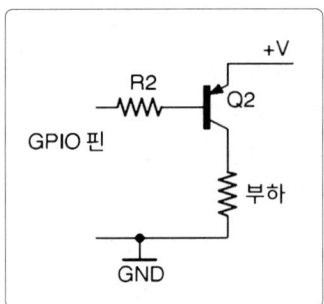

그림 11-3 PNP BJT을 사용하는
하이사이드 스위칭(결함 있음)

논의 사항

더 높은 전압(12V 정도)을 스위칭하기 위해서는 그림 11-2에서 NPN 트랜지스터 대신 PNP 트랜지스터를 사용하는 방법을 생각해 볼 수도 있다. 이를 보여주는 것이 그림 11-3이다.

이 회로에는 결함이 있는데 베이스 전압이 +V보다 0.6V 정도 낮으면 Q2가 베이스 전류로 인해 켜진다는 것이다. 그렇기 때문에 12V 부하를 5V 논리 전압으로 스위칭하려면 언제나 베이스 전압을 +V보다 0.6V 이상 낮게 두어야 하며, 이때 GPIO 핀이 5V인지 GND인지와 관계없이 충분한 베이스 전류가 흐르기 때문에 트랜지스터가 계속 켜져 있게 된다.

> **3상태 논리로 하이사이드 스위칭하기**
>
> 그림 11-3의 회로도에 결함이 있다고 말하기는 했지만, 마이크로컨트롤러를 사용하면 전체 전압 범위에서 회로가 작동하도록 할 수 있는 간단한 방법이 있다. 이 방법이 가능한 것은 프로그램으로 GPIO 핀을 출력에서 입력으로 바꿀 수 있기 때문이다. 작동 원리는 다음과 같다.
>
> GPIO 핀이 입력이라면 Q2의 베이스로 전류가 거의 흐르지 않기 때문에 스위치가 꺼진다. GPIO 핀을 LOW 출력으로 설정하면 Q2가 켜진다.
>
> 이 방법의 실제 단점이라고 하면 진행 상황을 파악하고자 하는 사람에게 프로그램을 통한 제어 방식이 너무 복잡하다는 것뿐이다.
>
> **3상태 논리(tristate logic)**라는 용어는 GPIO 핀의 상태가 HIGH 출력, LOW 출력, 입력(부동)의 세 가지 중 하나가 될 수 있다는 뜻이다.

아두이노의 5V나 라즈베리 파이의 3.3V보다 큰 V+ 전압을 스위칭해야 할 때 3상태 논리 방식을 사용하지 않는다면, 그림 11-4의 회로도를 사용할 수 있다.

이 회로도에서는 별도의 NPN 트랜지스터 Q1을 두어 Q2로 들어가는 베이스 전류를 제어함으로써 모든 범위에서의 스위칭이 가능해진다.

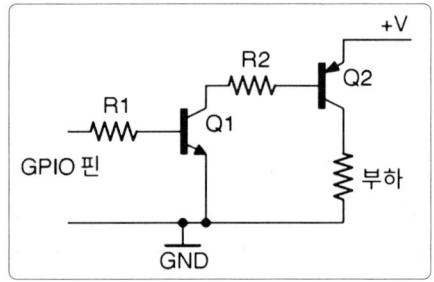

그림 11-4 NPN BJT로 하이사이드 스위칭해서
PNP BJT 구동하기

로사이드 스위칭(레시피 11.1)은 가장 일반적이고 간단한 방법이기 때문에, 부하의 한쪽 끝을 반드시 접지해야 하는 이유가 있지 않는 한 로사이드 스위칭을 사용해야 한다.

참고 사항

- NPN과 PNP 양극성 트랜지스터에 대한 논의 사항은 레시피 5.1을 참고한다.
- GPIO 핀과 출력 논리는 레시피 10.7에서 설명한다.
- 트랜지스터를 사용한 아두이노에서의 스위칭은 레시피 11.6을, 라즈베리 파이에서의 스위칭은 레시피 11.7을 참고한다.
- MOSFET을 사용한 스위칭은 레시피 11.3을 참고한다.

11.3 더 큰 전력을 스위칭하기

문제

GPIO 핀으로 허용된 것보다 더 큰 전력을 제어하고 싶지만 BJT로는 부족하다.

해결책

MOSFET을 전자 스위치로 사용할 수 있다. 트랜지스터를 **공통 전원**(common source) 방식으로 사용하자. 그림 11-5는 이런 방식의 회로도를 보여준다. 레시피 11.1뿐 아니라 이 회로도 많이 사용하게 될 것이다.

이러한 스위칭 유형을 '로사이드(low side) 스위칭'이라 부르며, 트랜지스터가 GND의 음의 전압과 부하 사이에서 스위치처럼 행동한다.

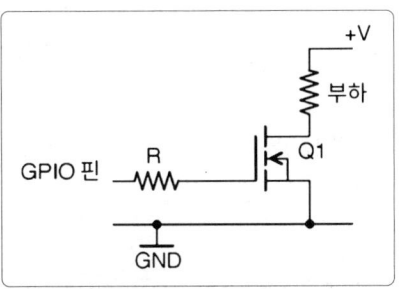

그림 11-5 N채널 증가 모드의 MOSFET을 사용한 스위칭

GPIO 핀이 HIGH(3.3V 또는 5V)이고 그 전압값이 MOSFET의 게이트 문턱 전압보다 클 때, MOSFET이 켜지면서 전류가 +V에서 부하를 통과해 GND로 흐를 수 있다.

✓ **논리 레벨 MOSFET 선택하기**

MOSFET을 GPIO 핀으로 제어되는 스위치로 사용하려면 **논리 레벨**(logic level)이라고 표시된 제품을 찾아야 한다. 이들 제품은 문턱 전압이 낮은 반면(보통 2V 미만) 논리 레벨이 아닌

MOSFET 제품은 문턱 전압이 4V~7V까지 올라간다.

일반적인 논리 레벨 MOSFET의 제품명은 다른 제품과 크게 차이가 없지만 마지막에 L이 붙는다. 예를 들어 FQP30N06L은 FQP30N06의 논리 레벨 모델이다.

2N7000 같은 저전력 MOSFET의 경우 L 표시가 없더라도 게이트의 문턱 전압이 상당히 낮아서 3.3V 논리 전압에서 문제 없이 작동한다.

논의 사항

게이트 저항 R이 필요한 이유가 궁금한 독자도 있을 것이다. 사실 상대적으로 저전류 응용 방식에 사용되는 MOSFET의 경우 대부분 게이트 저항 없이, GPIO 핀을 게이트에 직접 연결할 수 있다.

그러나 MOSFET의 게이트는 GPIO 핀에서 보면 GPIO 핀이 HIGH와 LOW를 오가는 동안 충전되었다가 방전되었다가 하는 커패시터다. 그렇다 보니 빠른 속도로 MOSFET을 스위칭(즉, 높은 주파수에서의 펄스폭을 변조)하거나 MOSFET의 게이트 정전 용량이 높으면(부하 전류와 함께 증가), GPIO 핀의 최대 정격 출력 전류보다 높은 전류가 흘러 GPIO 출력 내부의 트랜지스터가 과열될 수 있다. 어느 쪽이든 저항은 저렴하니 저항을 사용하는 습관을 들이는 편이 좋다.

그림 11-5에서 MOSFET의 게이트는 부동 상태다. MOSFET이 출력으로 설정된 GPIO 핀에 연결되어 있다면 MOSFET은 안정적인 상태가 되지만, 부동 상태인 경우, 몇 가지 원인이 있을 수 있다.

- GPIO 핀을 제어하기 위한 프로그램이 라즈베리 파이에서 실행되지 않은 경우, GPIO 핀은 부동 입력이 된다.
- 제어 하드웨어가 아두이노나 라즈베리 파이의 GPIO 핀에서 감지되는데도, 자체적인 양의 전원을 계속 유지하고 있다.
- 게이트가 부동 상태일 때, 부하가 전기 잡음으로 켜지거나 꺼질 수 있다. 이는 레시피 10.10에서 설명했던 아두이노에서 부동 입력이 발생하는 경우와 비슷하다.

회로에서 원치 않는 현상이 발생하기 않도록 막기 위해 풀다운 저항을 추가하면 GPIO 핀이 능동적으로 게이트를 구동시키지 않는 한 게이트를 LOW 상태로 유지시킬 수 있다(그림 11-6 참고). 풀다운 저항은 게이트 보호 저항(R1)보다 저항값이 약 10배 정도 큰 제품으로 선택해서, R1과 R2로 이루어진 효과적인 전압 분배기(레시피 2.6)로 인해 게이트 전압이 크게 줄어드는 일을 막아야 한다.

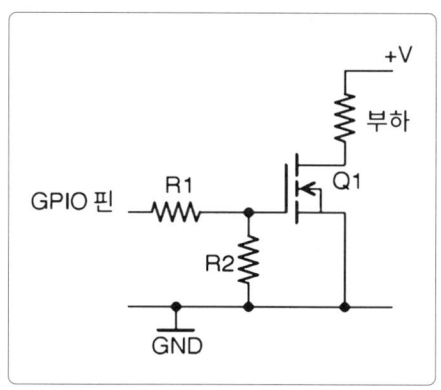

그림 11-6 부동 게이트로 인한 생길 수 있는 문제점 예방하기

참고 사항

- MOSFET에 대한 논의 사항은 레시피 5.3을 참고한다.
- GPIO 포트와 출력 논리는 레시피 10.7에서 설명한다.
- MOSFET을 사용한 아두이노에서의 스위칭은 레시피 11.6, 라즈베리 파이에서의 스위칭은 레시피 11.7을 참고한다.
- BJT를 사용한 스위칭은 레시피 11.1을 참고한다.

11.4 하이사이드에서 더 큰 전력 스위칭하기

문제

MOSFET을 사용해서 스위칭하되 스위칭되는 부하와 스위칭하는 아두이노나 라즈베리 파이가 접지 연결을 공유해야 한다.

해결책

MOSFET을 사용하는 하이사이드 스위칭에는 레시피 11.2의 경우와 비슷한 문제가 발생한다. 그러나 레시피 11.2에서 이미터 팔로워 방식이나 PNP 트랜지스터만 사용해도 괜찮았던 반면, MOSFET을 사용하는 경우 MOSFET을 켜기 위해서는 게이트와 소스 간 전압이 문턱 전압보다 커야 한다. 이렇게 되면 스위칭이 가능한 범위가 적어도 문턱 전압 크기만큼 줄어들기 때문에 해당 회로는 대부분의 응용 방식에 맞지 않다.

그렇기 때문에 하이사이드 스위칭을 사용하려면 그림 11-7의 회로처럼 조금 변경이 필요하다.

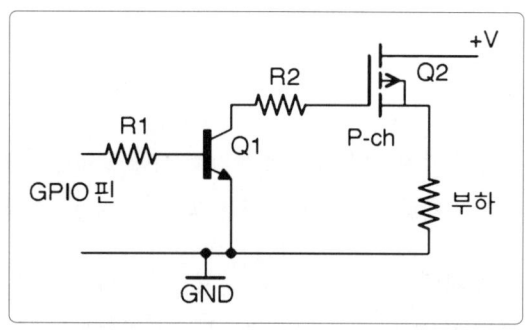

그림 11-7 P채널 MOSFET과 BJT를 사용하는 하이사이드 스위칭

11.4 하이사이드에서 더 큰 전력 스위칭하기   165

논의 사항

Q1에 MOSFET 대신 BJT를 사용하면 Q1으로 항상 누설 전류가 충분히 흘러서 제어 핀이 부동 상태이더라도 Q2의 게이트를 계속 LOW 상태로 유지시켜 준다.

참고 사항

- MOSFET에 대한 논의 사항은 레시피 5.3을 참고한다.
- GPIO 핀과 출력 논리는 레시피 10.7에서 설명한다.
- MOSFET을 사용한 아두이노에서의 스위칭은 레시피 11.6을, 라즈베리 파이에서의 스위칭은 레시피 11.7을 참고한다.

11.5 BJT와 MOSFET 중 선택하기

문제

GPIO로 스위칭을 제어하려고 할 때 BJT와 MOSFET 중 무엇을 선택해야 할지 결정하기 어렵다.

해결책

표 11-1은 트랜지스터 NPN BJT와 N채널 MOSFET 중 하나를 로사이드 스위칭용으로 선택해야 할 때 길잡이가 되어 준다.

	기술	예
100mA 미만	BJT 또는 MOSFET	2N3904 또는 2N7000
200mA 미만	MOSFET	2N7000
500mA 미만	달링톤 또는 MOSFET	MPSA14 또는 FQP30N06L
3A 미만	달링톤 또는 MOSFET	TIP120 또는 FQP30N06L
20A 미만	MOSFET	FQP30N06L

표 11-1 트랜지스터 선택하기

엄밀히 따지자면 위의 트랜지스터 중 무엇을 사용하더라도 작동에 차이는 없지만, 시간이 지남에 따라 선호하는 몇 가지 제품을 반복해서 사용하게 될 것이다.

논의 사항

작은 부하(10mA 미만 정도)를 스위칭하는 경우 소형 BJT(2N3904 등)와 소형

MOSFET(2N7000 등)은 대부분의 경우 서로 바꿔 사용할 수 있다. 사실 이들의 핀 배열을 보면 이들이 같은 트랜지스터 패키지로 판매되며, 핀이 호환된다는 것을 알 수 있다.

100mA~200mA 사이의 부하라면 필자는 보통 2N7000을 선택한다. 온 저항이 낮아서 BJT 만큼 발열이 일어나지 않기 때문이다.

200mA~500mA 사이의 부하라면 달링턴 MPSA14를 사용하는 편이 FQP30N06L MOSFET(대형 패키지)보다 공간 절약에 유리하지만, MPSA14를 사용했을 때 생기는 1.5V 이상의 전압 강하를 감당할 수 있어야 한다.

500mA~3A 사이의 부하는 TO-220 패키지의 대형 트랜지스터를 사용해야 한다. 달링턴 유형에서 발생하는 전압 강하를 감당할 수 있다면 TIP120을 사용하는 것이 좋지만, 그렇지 않다면 FQP30N06L을 사용하는 편이 낫다.

3A 이상이라면 FQP30N06L을 히트 싱크와 함께 사용해야 한다.

참고 사항

- 레시피 5.5도 참고한다.
- 2N3904 데이터시트: *https://www.sparkfun.com/datasheets/Components/2N3904.pdf*
- 2N7000 데이터시트: *https://www.fairchildsemi.com/datasheets/2N/2N7000.pdf*
- MPSA14 데이터시트: *http://www.farnell.com/datasheets/43685.pdf*
- FQP30N06L 데이터시트: *https://www.fairchildsemi.com/datasheets/FQ/FQP30N06L.pdf*
- TIP120 데이터시트: *https://www.fairchildsemi.com/datasheets/TI/TIP122.pdf*

11.6 아두이노로 스위칭하기

문제

아두이노로 부하를 켜고 끄고 싶지만 이렇게 하려면 아두이노의 GPIO 핀에 허용되는 것보다 더 큰 전류나 전압이 필요하다.

해결책

아두이노 우노 같이 5V 전원을 사용하는 아두이노라면 각 GPIO 핀은 40mA에서 최대 5V의 전압을 스위칭할 수 있다. 전압이나 전류 중 한쪽을 올리려면 트랜지스터를 사용해야 한다. BJT와 MOSFET 어느 쪽을 사용하든 원리와 브레드보드 배열까지 비슷하다. 각 방식의 상대적인 장점은 레시피 11.5를 참고한다.

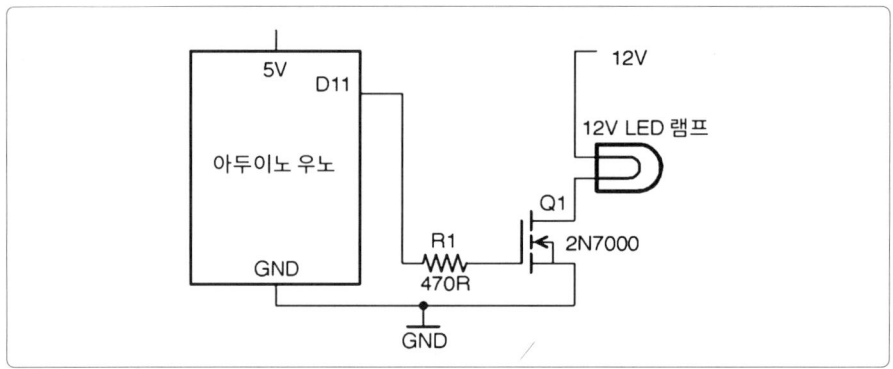

그림 11-8 아두이노로 12V 부하를 제어하기 위한 회로도

그림 11-8은 이에 대한 회로도를 보여준다.

> **AC에서 사용 금지**
> 이 회로는 낮은 전압의 DC에만 사용해야 하며 AC를 스위칭할 때는 사용하지 않는다. AC 스위칭에 사용하면 회로가 작동하지 않으며, 매우 위험할 수도 있다.

논의 사항

확인을 위해 이 회로를 브레드보드로 만들 수 있다. 그림 11-9는 2N7000을 사용한 프로젝트의 브레드보드 배열을 보여준다. 2N7000은 200mA(2.4W)에서 사용하기 좋다. 원한다면 동일한 브레드보드 배열에서 2N7000 대신 2N3904나 MPSA14를 사용할 수도 있다.

소비 전력이 더 높은 LED 램프를 사용한다면 그림 11-10에서 보는 것과 같이 FQP30N06L이 필요하다. 다시 말하지만 TIP120을 대신 사용할 수도 있다.

이 프로젝트에 사용된 아두이노 테스트 프로그램의 코드는 앞에서 다운로드했던 이 책의 소스 코드 중 하나다(레시피 10.2 참고). 파일명은 ch_11_on_off다.

```
const int outputPin = 11;

void setup()
{
  pinMode(outputPin, OUTPUT);
  Serial.begin(9600);
  Serial.println("Enter 0 for off and 1 for on"); // 0을 입력하면 꺼짐, 1을 입력하면 켜짐
}
```

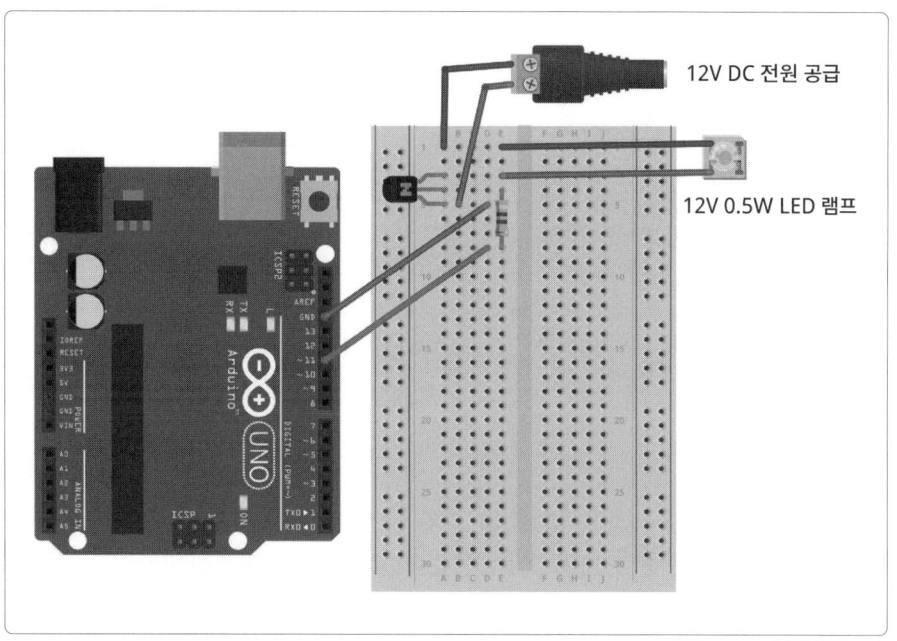

그림 11-9 2N7000을 사용해서 아두이노를 제어하기 위한 브레드보드 배열

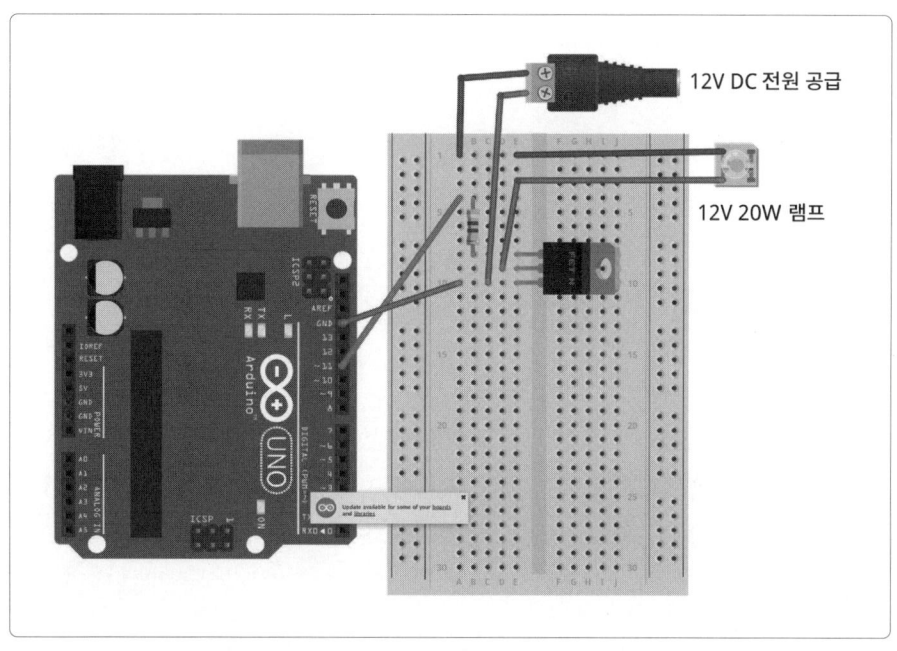

그림 11-10 FQP30N06L을 사용해서 아두이노를 제어하기 위한 브레드보드 배열

11.6 아두이노로 스위칭하기   169

```
void loop()
{
  if (Serial.available())
  {
    char onOff = Serial.read();
    if (onOff == '1')
    {
      digitalWrite(outputPin, HIGH);
      Serial.println("Output ON.");   // 출력 켜짐
    }
    else if (onOff == '0')
    {
      digitalWrite(outputPin, LOW);
      Serial.println("Output OFF."); // 출력 꺼짐
    }
  }
}
```

이 스케치는 레시피 10.13과 비슷하다. 11번 핀이 출력으로 설정되고, 직렬 모니터에서 하나의 명령 문자 "1" 또는 "0"이 전송되면(그림 11-11) digitalWrite을 사용해 11번 핀을 켜거나 끈다.

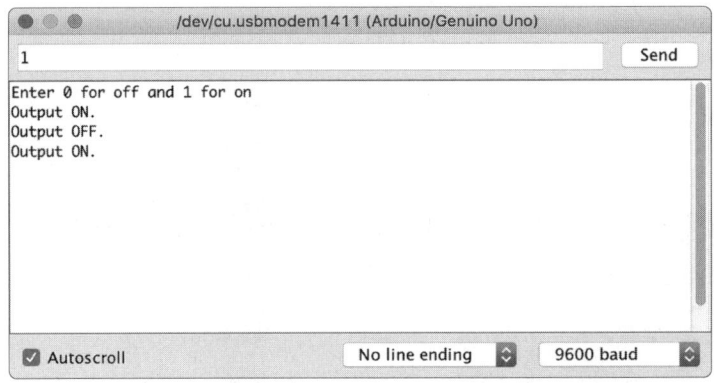

그림 11-11 직렬 모니터로 램프 켜고 끄기

이 회로가 작동하는 모습은 그림 11-12에서 확인할 수 있으며, 이때 12V SLA 배터리를 사용해서 램프에 전원을 인가한다. 연습용으로 만든 회로이기는 하지만 이 레시피는 실제로 상당히 효과적이어서 컴퓨터로도 램프를 제어할 수 있다.

참고 사항

- 브레드보드를 처음 사용하는 독자라면 레시피 20.1을 참고한다.
- 트랜지스터의 핀 배열은 부록 A를 참고한다.

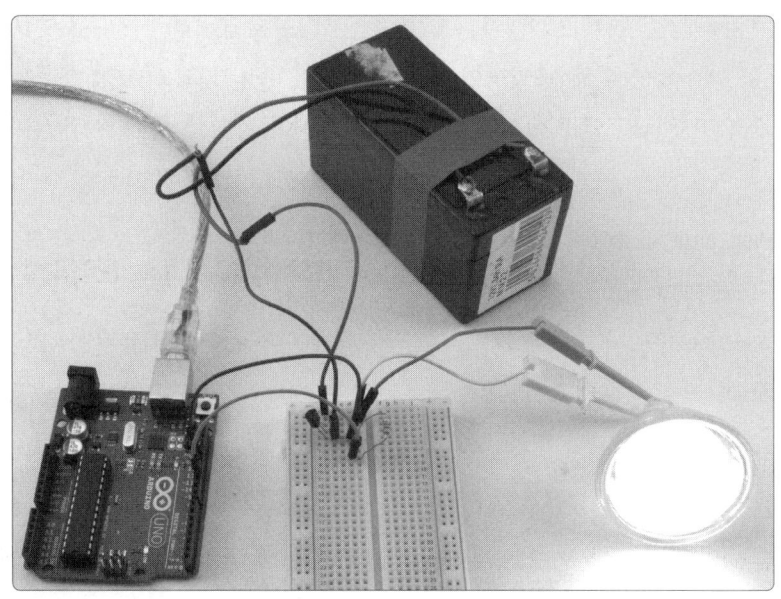

그림 11-12 아두이노로 12V DC 램프 스위칭하기

- 아두이노 우노에 대한 기본적인 내용은 레시피 10.1을 참고한다.
- 라즈베리 파이를 사용하는 동일한 회로는 레시피 11.7을 참고한다.

11.7 라즈베리 파이로 스위칭하기

문제

라즈베리 파이로 부하를 켜고 끄고 싶지만 이렇게 하려면 GPIO 핀에 허용되는 것보다 더 큰 전류나 전압이 필요하다.

해결책

레시피 11.6의 회로가 잘 작동하려면 제어 연결과 GND를 아두이노가 아닌 라즈베리 파이에 연결하면 된다. 그림 11-13은 2N7000 MOSFET을 라즈베리 파이에 연결해

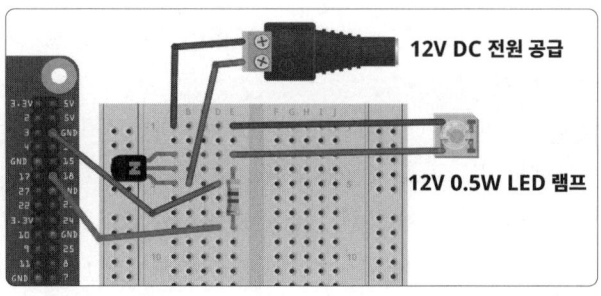

그림 11-13 2N7000을 사용하는 라즈베리 파이 제어용 브레드보드 배열

서 12V LED 램프 모듈을 스위칭하는 브레드보드 배열을 보여준다.

램프를 제어하기 위해 파일명이 ch_11_on_off.py인 다음의 프로그램을 사용할 수 있으며, 다운로드했던 이 책의 소스 코드에서 확인할 수 있다(레시피 10.4 참고).

```python
import RPi.GPIO as GPIO

GPIO.setmode(GPIO.BCM)

led_pin = 18

GPIO.setup(led_pin, GPIO.OUT)

try:
    while True:
        answer = input("켜려면 1, 끄려면 0을 입력:")
        if answer == 1:
            GPIO.output(led_pin, True)      # LED 켜짐
        elif answer == 0:
            GPIO.output(led_pin, False)     # LED 꺼짐
finally:
    print("GPIO 초기화 완료")
    GPIO.cleanup()
```

이 프로그램을 실행시키면 단말기에서 다음과 같은 화면을 볼 수 있다.

```
$ sudo python ch_11_on_off.py
켜려면 1, 끄려면 0을 입력: 1
켜려면 1, 끄려면 0을 입력: 0
```

1을 입력하면 램프가 켜진다(0을 입력하면 램프가 다시 꺼진다).

논의 사항

레시피 11.6에서처럼 2N7000이나 FQP20N06L MOSFET이 아닌 다른 트랜지스터를 사용할 수도 있다.

참고 사항

- 브레드보드를 처음 사용하는 독자라면 레시피 20.1을 참고한다.
- 트랜지스터의 핀 배열은 부록 A를 참고한다.
- 라즈베리 파이에 대한 기본적인 내용은 레시피 10.3을 참고한다.
- 아두이노를 사용하는 동일한 회로는 레시피 11.6을 참고한다.

11.8 리버서블 스위칭

문제

하이사이드와 로사이드 양쪽에서 부하를 스위칭하고 싶다. 이렇게 하면 부하로 전류의 방향을 바꿀 수 있어서 DC 모터 등의 방향을 제어할 수 있기 때문이다.

해결책

트랜지스터를 그림 11-14에서 보는 것과 같은 **반 브리지**(H 브리지, half-bridge) 방식으로 사용한다.

이 회로는 레시피 11.3과 레시피 11.4의 요소를 결합해 만든 것으로, +V, -V와 가운데의 GND, 이렇게 전력선 3개를 사용한다. 따라서 여기에서 전력선 3개는 +6V, -6V, 0V가 될 수 있다.

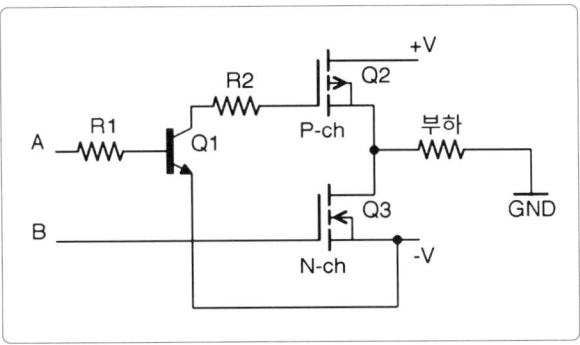

그림 11-14 반 브리지

제어 신호인 A와 B는 각각 Q2과 Q3을 켠다. A와 B가 모두 -V에 대해 LOW라면, 전류가 부하로 흐르지 않는다. A가 HIGH이면 Q2에 전원이 인가되면서 전류가 Q2를 지나 GND로 흘러 간다. 반대로, A가 LOW이고 B가 HIGH이면 Q3에 전원이 인가되면서 전류가 GND에서 부하를 통해 -V로 흘러 간다.

어떠한 경우라도 A와 B가 모두 HIGH여서는 안 되는데, Q2와 Q3에 모두 전원이 인가되면 +V와 -V 사이에 단락이 생기면서 손상을 입힐 수 있을 정도로 큰 전류가 흐르게 되기 때문이다. 실제로 A와 B를 GPIO 핀에 연결하고 소프트웨어로 HIGH와 LOW를 설정하도록 하는 경우, A와 B를 동시에 HIGH로 설정되는 일이 없도록 HIGH 설정 중간에 약간의 시간 지연을 두어야 한다. 예를 들어 A가 HIGH, B가 LOW인 상태에서 A가 LOW, B가 HIGH인 상태로 바꿀 때 다음과 같은 단계를 거쳐야 한다.

1. A를 LOW로 설정
2. 지연
3. B를 HIGH로 설정

논의 사항

반 브리지와 그 친척 격인 전 브리지(full-bridge)는 DC 모터 제어에 많이 사용되는데, 전류가 흐르는 방향을 바꿀 수 있어서 모터의 회전 방향도 바꿀 수 있기 때문이다.

개별 부품을 사용해도 반 브리지 회로를 만들 수 있지만, IC를 사용하는 쪽이 더 일반적이다. 반 브리지 회로는 13장에 몇 가지 더 수록되어 있다.

참고 사항

- 전 브리지 회로는 레시피 13.3을 참고한다.
- FQP27P06 P채널 MOSFET의 데이터시트는 *https://www.sparkfun.com/datasheets/Components/General/FQP27P06.pdf*를 참고한다.

11.9 GPIO 핀으로 릴레이 제어하기

문제

아두이노나 라즈베리 파이의 GPIO 핀으로 릴레이를 켜고 끄고 싶다.

해결책

저전력 BJT나 MOSFET을 사용해서 그림 11-15에서처럼 릴레이의 코일에 전력을 스위칭한다.

일반적인 릴레이 코일에서 접점을 활성화하는 데에는 50mA 정도의 전류가 필요한데, 이는 아두이노에 직접 연결해 사용하기에 조금 높은 감이 있고, 라즈베리 파이의 GPIO 핀

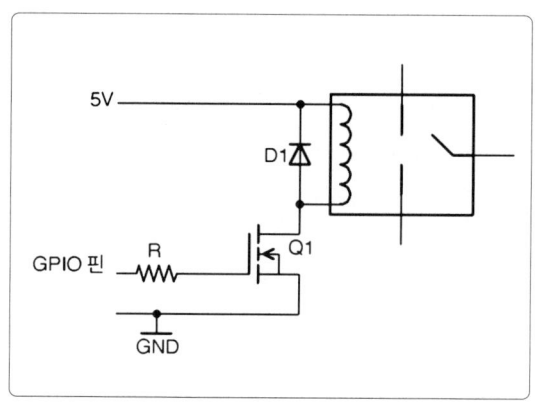

그림 11-15 GPIO 핀으로 릴레이 제어하기

에 사용하기에는 확실히 지나치게 높다. 5V 코일의 릴레이는 BJT를 사용하는 경우 4V를 조금 넘는 전압으로도 보통 잘 작동하지만, MOSFET으로 정확히 5V를 공급하는 편이 더 낫다. 그렇기 때문에 Q1으로 좋은 것은 2N7000이다. 여기에는 R이 반드시 필요하지는 않지만, 1kΩ 저항을 사용하면 좋다.

다이오드 D1은 '프리휠링(freewheeling)' 또는 '플라이백(flyback)' 다이오드라고 부르며, 릴레이 코일이 꺼졌을 때 생성되는 높은 전압을 방전하는 경로를 제공하여 Q1을 보호한다.

논의 사항

이와 같은 회로를 브레드보드로 만드는 작업은 조금 까다로울 수 있는데, 가장 일반적인 릴레이 패키지에는 브레드보드에 맞는 핀이 없기 때문이다. 그렇기 때문에 짧은 확장용 전선을 릴레이 코일에 납땜하거나, 릴레이 납땜용 위치가 할당되어 있어서 시험용 장치를 만들 때 유용한 몽크메이크 프로토보드(MonkMakes Protoboard) 같은 장치를 사용할 수도 있다. 그림 11-16은 아두이노에서 릴레이를 사용해 만든 브레드보드 배열을, 그림 11-17은 라즈베리 파이에서 만든 모습을 보여준다.

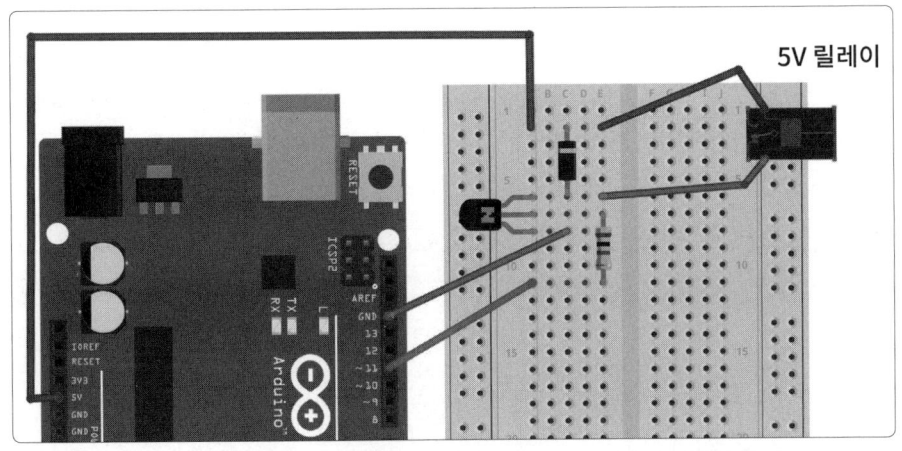

그림 11-16 아두이노에서 릴레이를 제어하기 위한 브레드보드 배열

아두이노와 라즈베리 파이에 연결한 릴레이를 테스트하려면, 각각 레시피 11.6과 레시피 11.7의 프로그램을 사용할 수 있다.

릴레이 코일을 GPIO 핀에 직접 연결하고 싶을 수 있지

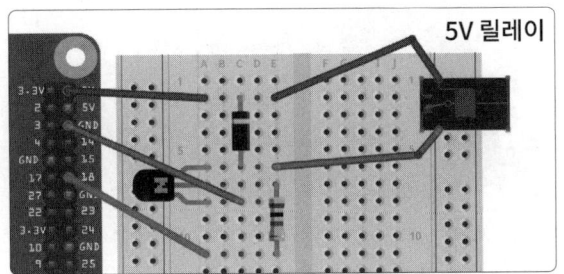

그림 11-17 라즈베리 파이에서 릴레이를 제어하기 위한 브레드보드 배열

만, 이렇게 하면 아두이노나 라즈베리 파이를 손상시킬 수 있으며, 무엇보다도 아두이노와 라즈베리 파이, 릴레이의 사양을 벗어난 사용 방식이기 때문에 제대로 작동할지 확신할 수 없다.

참고 사항

- 릴레이에 대한 내용은 레시피 6.4를 참고한다.

11.10 GPIO 핀으로 무접점식 고체 릴레이 제어하기

문제
무접점식 고체 릴레이(SSR)를 GPIO 핀과 연결해서 아두이노나 라즈베리 파이로 SSR을 제어하고 싶다.

해결책
SSR은 보통 광절연 방식이기 때문에 제어 방법이 LED만큼 간단하다. 사실 보통은 그보다 더 쉬운데 SSR에는 대부분 직렬 저항이 내장되어 있기 때문이다. 그림 11-18은 SSR 모듈이 라즈베리 파이에 연결된 모습을 보여준다. SSR의 음극 입력 단자는 GND에, 양극 단자는 GPIO 핀에 연결한다.

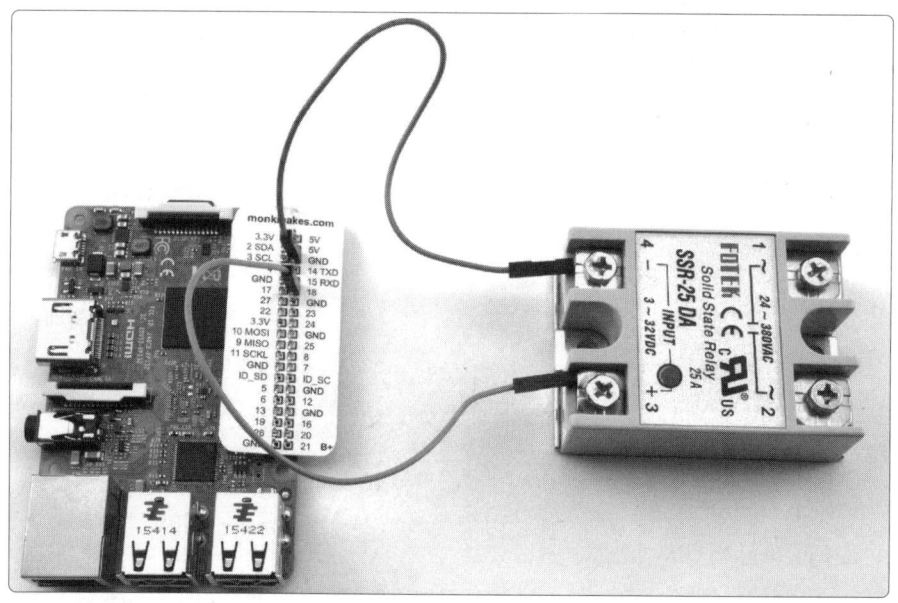

그림 11-18 라즈베리 파이의 GPIO 핀으로 SSR 제어하기

> **AC 스위칭하기**
>
> AC를 제어할 용도로 SSR을 사용하는 경우 연결이 안전하게 이루어졌고 하려는 작업이 무엇인지 정확히 이해하고 있어야 한다.
>
> 어떠한 경우도 활선인 상태에서 시험용 모델을 제작해서는 안 되며, 누전이 차단되는 AC 콘센트를 사용해야 한다.
>
> 관련 내용은 레시피 21.12를 참고한다.

논의 사항

아두이노와 라즈베리 파이에 연결한 릴레이를 테스트하려면, 각각 레시피 11.6과 레시피 11.7의 프로그램을 사용할 수 있다.

참고 사항

- SSR을 사용해 안전하고 쉽게 AC를 제어하려면 전원 스위치 테일이라는 코드를 사용한다.

11.11 오픈 컬렉터 출력에 연결하기

문제

오픈 컬렉터(open collector) 출력 방식의 모듈(움직임 감지 장치 등)이나 설계를 사용하는 법을 알고 싶다.

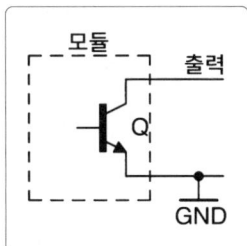

그림 11-19 오픈 컬렉터 출력을 사용하는 모듈

해결책

이름에서 알 수 있듯이, 오픈 컬렉터 출력 방식의 회로는 출력 단계에서 NPN BJT를 사용(그림 11-19)하며, 이미터가 GND에 연결되어 있지만 컬렉터에는 출력 외에 아무런 내부 연결이 없다.

언뜻 보면 이러한 연결 방식이 이상해 보일 수도 있으며, 이때 흔히 하는 실수가 오픈 컬렉터 출력을 논리 출력처럼 취급해서 바로 GPIO 핀에 연결하는 것이다. GPIO 핀에 내장된 풀업 저항(레시피 10.7)이 활성화되어 있지 않다면 회로는 작동하지 않는다.

컬렉터를 이처럼 부동 상태로 두면 컬렉터와 양의 전원 사이에 저항을 두는 것만으로 오픈 컬렉터의 출력 전압과 연결된 GPIO의 입력이 같아지도록 설정될 수 있다는 장점이 있다. 그림 11-20은 오픈 컬렉터 출력을 3.3V 논리(왼쪽)와 5V 논리(오른쪽) 전원에 연결해 사용하는 방법을 보여준다.

여기에서는 R1의 저항값이 중요하며 트랜지스터 컬렉터의 전류 한도를 넘지 않으면서 전기 잡음에 민감하지 않은 넓은 전류 범위 내에 있어야 한다. 따라서 1kΩ에서 1MΩ 사이의 값이 좋다. 이때 일반적으로 사용되는 저항값은 1kΩ과 10kΩ이다.

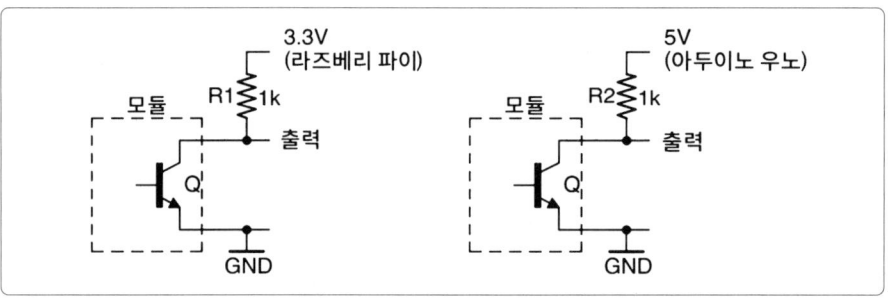

그림 11-20 오픈 컬렉터 출력 끌어올리기

GPIO 핀에 내부 풀업 저항을 활성화하는 기능이 있다면, 이를 외부 저항 대신 사용할 수 있다.

논의 사항

사용하는 회로나 모듈에 오픈 컬렉터 출력의 정격 전류가 명시되어 있다면, 부하(예를 들어 릴레이)를 구동할 때 이를 사용할 수 있다. 부하는 출력과 양극 전원 사이에 저항대신 연결하면 된다.

MOSFET에서 오픈 컬렉터 출력에 해당하는 것이 오픈 드레인 출력이다(그림 11-21 참고). 오픈 드레인 출력의 사용 방식도 BJT의 경우와 같다. 사실, MOSFET

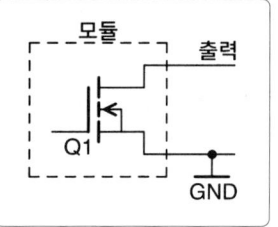

그림 11-21 오픈 드레인 출력

을 사용하는 장치에 오픈 컬렉터 출력이라고 표기하는 경우도 드물지 않다.

참고 사항

- BJT에 대한 자세한 내용은 레시피 5.1을 참고한다.
- GPIO 핀에 대한 내용은 레시피 10.7을 참고한다.

센서 12

12.0 개요

이 장에서는 센서를 살펴본다. 센서는 온도나 빛 등을 물리적으로 측정한 값이나 물리적인 움직임을 아날로그나 디지털 전자 신호로 변환해준다.

이 장에서는 여러 센서를 다루며, 필요한 경우 센서를 아두이노나 라즈베리 파이와 함께 사용하는 법도 추가했다.

12.1 아두이노나 라즈베리 파이에 스위치 연결하기

문제
기계적인 움직임을 아두이노나 라즈베리 파이에 사용할 수 있는 디지털 온·오프 신호로 변환하고 싶다.

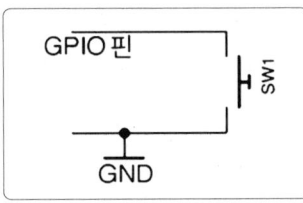

그림 12-1 스위치 GPIO 핀에 연결하기

해결책
GND와 디지털 입력으로 설정되는 GPIO 핀 사이에 그림 12-1와 같이 스위치를 연결하고, GPIO 핀의 내부 풀업 저항을 활성화시킨다.

소프트웨어를 사용해서 스위치의 신호를 '디바운싱'해야 할 수도 있다.

> **접점 바운스**
>
> 푸시 스위치를 누르거나 토글 스위치를 움직일 때 접점이 한 번에 바로 닫히고 스위치에 연결된 GPIO 입력이 즉시 HIGH에서 LOW로 바뀐다(그림 12-1의 상황을 가정)고 생각하기 쉽다.

그러나 실제로는 스위치가 눌렸을 때 스위치의 접점에서 바운스가 일어나는 일이 많으며, 버튼을 누를 때도 접점은 몇 차례 HIGH와 LOW 상태를 오간 후에야 완전히 고정된다.

그림 12-2는 바운스 현상이 심한 버튼을 오실로스코프(레시피 21.9)로 확인한 모습을 보여 준다. 가로축은 시간이고, 버튼이 눌렸다가 열리는 동안 몇 차례 스파이크가 발생하는 것을 볼 수 있는데, 이를 눈으로 확인하기는 어렵다.

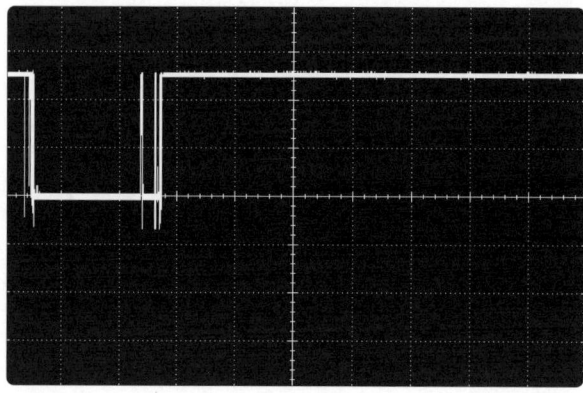

그림 12-2 스위치의 접점 바운스

아두이노 소프트웨어

여기에서 소개하는 아두이노 스케치는 스위치를 누를 때마다 직렬 모니터에 메시지를 출력한다. 이 스케치(ch_12_switch)의 코드는 앞에서 다운로드한 이 책의 소스 코드 중 하나다(레시피 10.2 참고).

```
const int inputPin = 12;
void setup()
{
  pinMode(inputPin, INPUT_PULLUP);
  Serial.begin(9600);
}

void loop()
{
  if (digitalRead(inputPin) == LOW)
  {
    Serial.println("버튼을 눌렀다!");
    while (digitalRead(inputPin) == LOW) {};
    delay(10);
  }
}
```

pinMode 함수에 INPUT_PULLUP을 설정하면 내부 풀업 저항에 전원이 인가된다.

loop에서는 버튼을 누를 때까지 inputPin을 계속 읽어 들인다(버튼을 누르면 inputPIN이 LOW가 된다). 이 시점에서 직렬 모니터에 메시지가 출력되고, while 루프에서는 버튼이 떨어지기 전에 신호가 추가로 입력되지 않는지를 확인한다. 디바운싱을 위해서는 버튼을 누른 것이 확인될 때마다 10밀리초(ms)의 지연 시간을 두면 된다. 이렇게 하면 스위치의 접점이 고정될 때까지 기다렸다가 다시 버튼을 테스트할 수 있다.

이 예제를 테스트할 때 촉각 푸시 스위치의 핀을 그림 12-3과 같이 아두이노의 GND와 12번 핀 사이에 끼울 수 있다.

그림 12-3 촉각 푸시 스위치를 아두이노에 연결하기

라즈베리 파이 소프트웨어

위와 같은 작업을 하는 라즈베리 파이 코드는 다음과 같다(파일명 ch_12_switch.py).

```
import RPi.GPIO as GPIO
import time

GPIO.setmode(GPIO.BCM)

input_pin = 23

GPIO.setup(input_pin, GPIO.IN, pull_up_down=GPIO.PUD_UP)

try:
try:
    while True:
        if GPIO.input(input_pin) == False:
            print("버튼을 눌렀다!")
            while GPIO.input(input_pin) == False:
                time.sleep(0.01)
finally:
    print("GPIO 초기화 완료")
    GPIO.cleanup()
```

이 프로그램의 논리는 위의 아두이노 스케치 순서를 똑같이 따라간다.

라즈베리 파이의 수단자 GPIO 핀은 스위치에 연결하기가 조금 까다롭다. 스위치와 연결하는 방법에는 마이크로스위치를 양쪽이 암단자인 점퍼선 한 쌍에 끼워 사용하는 것(그림 12-4)과 스퀴드 버튼(Squid Button)을 사용하는 것(그림 12-5) 두 가지가 있다.

그림 12-4 접촉 푸시 스위치를 라즈베리 파이에 연결하기

그림 12-5 스퀴드 버튼을 라즈베리 파이에 연결하기

푸시 스위치가 여러 개일 때 스퀴드 버튼의 사용 여부와 관계 없이 Squid 라이브러리를 쓰면 디바운싱 과정을 단순화할 수 있다. Squid 라이브러리는 *https://github.com/simonmonk/squid*에서 다운로드해서 설치할 수 있으며, 설치 설명서도 역시 이곳에서 다운로드할 수 있다. 일단 설치가 끝나면 테스트 프로그램은 다음처럼 간단해진다(ch_12_switch_squid.py).

```
from button import *
b = Button(23)

while True:
    if b.is_pressed():
        print("버튼을 눌렀다!")
```

논의 사항

마이크로스위치(그림 12-6)는 사람이 직접 버튼을 누르는 대신 선형 액추에이터로 연동되도록 고안되었다. 마이크로스위치에는 손잡이가 달려 있어서 선형 액추에이터가 최종 위치나 전자레인지의 문이 닫혔는지 확인하는 안전 연동장치

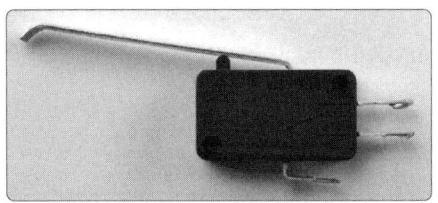

그림 12-6 마이크로스위치

(safety interlock)에 도달하는 등의 물리적 움직임이 발생했을 때 이를 감지하기 위해 사용된다.

마이크로스위치는 단극쌍투(SPDT) 스위치로, 공통 단자는 닫혀 있을 때 작동하고 평상시에는 열려 있다(레시피 6.2 참고).

아두이노나 라즈베리 파이에서 스위치는 보통 풀업 저항을 사용해 접지로 스위칭하지만, 양의 전압으로 스위칭할 수도 있다.

아두이노에서 양의 전압으로 스위칭할 경우, 아두이노의 GPIO 핀에는 풀다운 저항이 내장되어 있지 않기 때문에 외부 풀다운 저항을 사용해서 입력이 부동 값이 되지 않도록 해 주어야 한다(핀 모드 INPUT으로 지정).

반면, 라즈베리 파이에는 풀다운 저항이 내장되어 있기 때문에 다음 명령어를 사용해서 특정 핀을 활성화시킬 수 있다.

```
GPIO.setup(input_pin, GPIO.IN, pull_up_down=GPIO.PUD_DOWN)
```

참고 사항

- 스퀴드 버튼에 대한 정보는 *https://www.monkmakes.com/squid_combo/*를 참고한다
- 디지털 입력에 대한 설명은 레시피 10.10과 레시피 10.11에서도 확인할 수 있다.
- GPIO 핀에 대한 내용은 레시피 10.7을 참고한다.

12.2 회전 위치 감지하기

문제
아두이노나 라즈베리 파이에서 회전 손잡이를 사용하고 싶다.

해결책
쿼드러처 인코더(quadrature encoder)라고 불리는 회전 인코더 유형이 필요하다. 이 장치는 한 쌍의 스위치처럼 행동한다(그림 12-7). 회전 인코더의 축이 돌아가면서 인코더가 열리고 닫히는 순서에 따라 회전 방향이 결정된다.

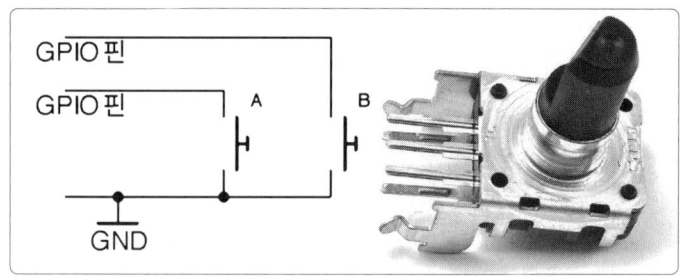

그림 12-7 회전 인코더의 회로도

기본적인 회전 인코더에는 핀이 3개(A핀, B핀, 공통 핀) 있다. 그림 12-7의 회전 인코더에는 핀이 추가로 2개 더 달려 있어서 손잡이를 돌리는 대신 눌렀을 때 활성화되는 푸시 스위치에 사용된다.

회전 인코더를 마이크로컨트롤러나 SBC와 사용할 때 공통 접점은 GND와 연결되고, 풀업 저항을 통해 디지털 입력과 연결된 스위치 접점은 활성화된다.

아두이노 소프트웨어
다음의 아두이노 스케치는 파일명이 called ch_12_quadrature로, 앞에서 다운로드한 소스 코드에서 확인할 수 있다(레시피 10.2). 이 스케치에서는 스위치 핀 2개가 6번과 7번 핀에 연결된 것으로 가정한다.

```
const int aPin = 6;
const int bPin = 7;

int x = 0;

void setup()
{
```

```
  pinMode(aPin, INPUT_PULLUP);
  pinMode(bPin, INPUT_PULLUP);
  Serial.begin(9600);
}

void loop()
{
  int change = getEncoderTurn();
  if (change != 0)
  {
    x += change;
    Serial.println(x);
  }
}

int getEncoderTurn()
{
  // -1, 0, +1 중 하나를 반환한다.
  static int oldA = 0;
  static int oldB = 0;
  int result = 0;
  int newA = digitalRead(aPin);
  int newB = digitalRead(bPin);
  if (newA != oldA || newB != oldB)
  {
    // 무언가 변화가 일어났다.
    if (oldA == 0 && newA == 1)
    {
      result = (oldB * 2 - 1);
    }
    else if (oldB == 0 && newB == 1)
    {
      result = -(oldA * 2 - 1);
    }
  }
  oldA = newA;
  oldB = newB;
  return result;
}
```

차례를 건너뛰지 않도록 loop에서 함수 getEncoderTurn을 가능한 한 자주 호출해야 한다.

getEncoderTurn은 스위치 A와 B의 전류 getEncoderTurn이 이전에 호출되었을 때의 상태와 비교해서 손잡이의 회전 방향이 시계 방향인지 반시계 방향인지를 확인하고 그에 따라 각각 1이나 -1을 반환한다. A와 B의 상태에 변화가 없다면 0을 반환한다.

라즈베리 파이 소프트웨어

회전 인코더 프로그램의 라즈베리 파이 버전인 ch_12_quadrature.py(레시피 10.4 참고)는 다음과 같다.

```python
import RPi.GPIO as GPIO
import time

GPIO.setmode(GPIO.BCM)

input_A = 18
input_B = 23

GPIO.setup(input_A, GPIO.IN, pull_up_down=GPIO.PUD_UP)
GPIO.setup(input_B, GPIO.IN, pull_up_down=GPIO.PUD_UP)

old_a = 1
old_b = 1

def get_encoder_turn():
    # -1, 0, +1 중 하나를 반환한다.
    global old_a, old_b
    result = 0
    new_a = GPIO.input(input_A)
    new_b = GPIO.input(input_B)
    if new_a != old_a or new_b != old_b :
        if old_a == 0 and new_a == 1 :
            result = (old_b * 2 - 1)
        elif old_b == 0 and new_b == 1 :
            result = -(old_a * 2 - 1)
    old_a, old_b = new_a, new_b
    time.sleep(0.001)
    return result

x = 0

while True:
    change = get_encoder_turn()
    if change != 0 :
        x = x + change
        print(x)
```

테스트용 프로그램에서는 회전 인코더를 시계 방향으로 돌리면 숫자를 더해 나가고, 반시계 방향으로 돌리면 숫자를 빼 나간다.

```
pi@raspberrypi ~ $ sudo python rotary_encoder.py
1
2
3
4
5
```

6
7
8
9
10
9
8
7
6
5
4

논의 사항

아두이노와 라즈베리 파이 버전의 소프트웨어는 둘 다 거의 동일한 방식으로 작동한다.

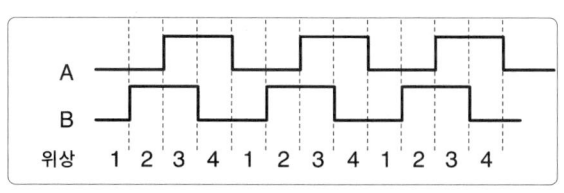

그림 12-8 쿼드러처 인코더의 작동 원리

그림 12-8은 두 접점 A와 B로부터 받는 펄스의 파형을 보여준다. 그림을 보면 패턴이 네 단계로 반복되고 있음을 알 수 있다(그래서 이런 인코더를 4를 뜻하는 쿼드를 사용해서 **쿼드러처**(quadrature) 인코더라고 부른다).

시계 방향으로 돌릴 때(그림 12-8에서는 왼쪽에서 오른쪽) 파형은 다음과 같다.

위상	A	B
1	0	0
2	0	1
3	1	1
4	1	0

반대 방향으로 돌리면 위상의 파형은 반대가 된다.

위상	A	B
1	1	0
2	1	1
3	0	1
4	0	0

앞에 수록된 파이썬 프로그램은 get_encoder_turn 함수에서 회전 방향을 알아 내는 알고리즘을 구현한다. 함수는 움직임에 변화가 없을 때 0, 시계 방향으로 회전했을 때 1, 반시계 방향으로 회전했을 때 -1을 반환한다. 함수에서는 2개의 전역 변수 old_a와 old_b를 사용해서 스위치 A와 B의 이전 상태를 저장한다. 이를 새롭게 읽어 들인 값과 비교하면(그리고 약간의 논리를 곁들이면) 인코더의 회전 방향을 알아낼 수 있다.

1밀리초(ms) 동안의 대기(sleep) 시간은 이전 샘플이 발생한 후 다음의 새로운 샘플이 너무 지나치게 빨리 발생하지 않도록 해준다. 그러지 않으면 변환으로 인해 잘못된 값을 읽어 들일 수 있다(179쪽 '접점 바운스' 참고).

테스트용 프로그램은 회전 인코더의 손잡이를 돌리는 속도에 관계 없이 안정적으로 작동해야 한다. 그렇다고 해도 loop에서 시간을 많이 잡아먹는 작업을 실행하는 일은 피해야 하며, 그렇지 않으면 회전 단계를 놓칠 수 있다.

참고 사항

- 포텐셔미터를 회전 감지에 사용하는 법은 레시피 12.3을 참고한다.

12.3 저항 센서에서 아날로그 입력 감지하기

문제

특성에 따라 저항이 변하는 센서를 아날로그 입력과 함께 사용하고 싶다. 예를 들어 빛을 감지하는 데는 포토레지스터, 온도를 감지하는 데는 서미스터를 사용할 수 있다.

해결책

그림 12-9에서처럼 변압기의 저항 소자를 고정 저항과 함께 두어 측정한 저항값을 전압으로 변환한다.

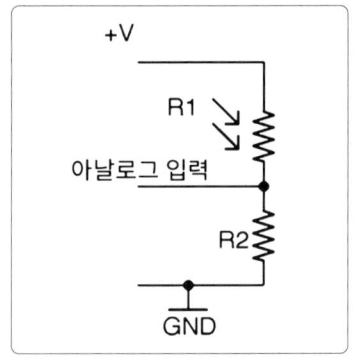

그림 12-9 포토레지스터를 아날로그 입력과 함께 사용하기

 라즈베리 파이의 경우는?
라즈베리 파이에는 아날로그 입력이 없기 때문에 저항 센서를 라즈베리 파이와 함께 사용하려

면 아날로그 입력을 라즈베리 파이에 추가하거나(레시피 12.4 참고) 스텝 응답(step response) 방식을 사용해야 한다(레시피 12.5 참고).

논의 사항

고정 저항 값을 선택할 때 목표는 아날로그 입력으로 나타나는 출력 전압의 범위를 최대화하는 것이어야 한다. 아두이노 우노의 아날로그 입력 범위가 0V~5V 사이이기 때문에 가능하다면 아날로그 입력 전압이 0V~5V이기를 바랄 것이다. 분압기가 입력 전압을 분배하기 때문에 이보다 더 큰 입력 전압을 사용하지 않는 한, 절대 전체 전압 범위가 출력이 될 수 없다. 그러나 그렇다고 해서 더 큰 전압을 입력으로 사용하면 아날로그 입력에 과전압이 발생할 가능성이 있기 때문에, 보통은 회로를 손상시킬 위험을 피하기 위해 그보다 조금 더 좁은 범위를 입력으로 받는 편이 좋다.

예를 들어 최소 저항이 가장 밝은 곳에서 1kΩ, 아주 깜깜한 곳에서 1MΩ인 포토레지스터를 5V 아두이노에서 사용한다고 가정해 보자.

$$V_{out} = \frac{R2}{R1+R2} \times V_{in} = 5 \times \frac{R2}{R1+R2}$$

고정 저항 R2의 저항값을 포토레지스터 R1이 가질 수 있는 최소값의 10배라고 하면, R2의 저항값은 최대 밝기에서 10kΩ가 된다.

$$V_{out} = 5 \times \frac{R2}{R1+R2} = 5 \times \frac{10k}{1k+10k} = 4.55V$$

포토레지스터의 저항값이 10kΩ일 때 V_{out}이 2.5V이지만, 포토레지스터가 완전히 깜깜한 환경에 있으면(1MΩ) V_{out}이 0.05V로 떨어진다.

이 정도면 포토레지스터의 전체 측정 범위를 충분히 포함할 수 있다.

다음의 아두이노 스케치에서는 R1의 빛에 대한 저항값이 1kΩ이고 R2가 10kΩ의 고정 저항이라고 가정했다. 스케치는 R1의 저항을 계산해서 이 값을 0.5초마다 아두이노 IDE의 직렬 모니터에 표시한다. 이 스케치 코드는 앞에서 다운로드한 소스 코드에서 확인할 수 있다(레시피 10.2 참고). 파일명은 ch_12_r_adc다.

```
const int inputPin = A0;
const float R2 = 1000.0;
const float vin = 5.0;
```

```
void setup()
{
  pinMode(inputPin, INPUT);
  Serial.begin(9600);
}

void loop()
{
  int reading = analogRead(inputPin);
  float vout = reading / 204.6;
  float R1 = (R2 * (vin - vout)) / vout;
  Serial.print(R1); Serial.println("Ω");
  delay(500);
}
```

참고 사항

- 포토레지스터에 대한 소개는 레시피 2.8을 참고한다.
- 아날로그 측정값을 출력해 주는 아두이노 코드는 레시피 10.12를 참고한다.
- 분압기에 대한 내용은 레시피 2.6을 참고한다.
- 라즈베리 파이에 아날로그 입력을 추가하는 방법은 레시피 12.4를 참고한다.

12.4 라즈베리 파이에 아날로그 입력 추가하기

문제

라즈베리 파이로 아날로그 전압을 측정하고 싶다.

해결책

라즈베리 파이에는 아날로그 입력이 없기 때문에 아날로그-디지털 컨버터(ADC) IC를 라즈베리 파이에 연결한다.

칩은 MCP3008 8채널 ADC IC를 사용하자. 이 칩은 사실 아날로그 입력이 8개이기 때문에 라즈베리 파이 SPI를 이용해서 센서를 최대 8개까지 이들 입력에 하나씩 연결해

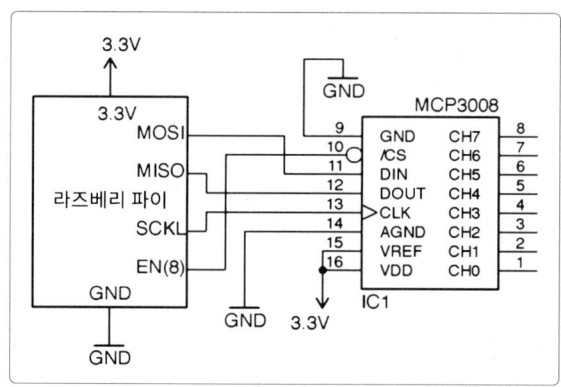

그림 12-10 MCP3008을 사용해서 라즈베리 파이에 아날로그 입력 추가하기

칩에 접속할 수 있다. 그림 12-10은 라즈베리 파이에서 MCP3008을 사용하는 회로도의 모습을 보여준다.

이러한 아날로그 입력의 최대 입력 전압이 3.3V라는 점에 주의한다. 또, 라즈베리 파이의 SPI가 활성화되어 있고 py-spidev 파이썬 라이브러리(라즈비안 신버전에 포함되어 있다)가 설치되어 있는지 확인해야 한다(레시피 10.16).

논의 사항

다음 라즈베리 파이 프로그램은 0번 아날로그 채널에서 아날로그 값을 읽어 들여 이를 표시해준다. 파일명은 ch_12_mcp3008.py(레시피 10.4 참고)다.

```python
import spidev, time

spi = spidev.SpiDev()
spi.open(0, 0)

def analog_read(channel):
    r = spi.xfeR2([1, (8 + channel) << 4, 0])
    adc_out = ((r[1]&3) << 8) + r[2]
    return adc_out

while True:
    reading = analog_read(0)
    voltage = reading * 3.3 / 1024
    print("아날로그 값=%d\t전압=%f" % (reading, voltage))
    time.sleep(1)
```

참고 사항

- 이 레시피는 레시피 12.7, 레시피 12.9, 레시피 12.10과 함께 라즈베리 파이에서 아날로그 센서 값을 읽어 들이는 데 사용할 수 있다.
- 저항 센서는 ADC IC 없이 라즈베리 파이와 직접 연결해 사용할 수 있다(레시피 12.5 참고).

12.5 저항 센서를 ADC 없이 라즈베리 파이에 연결하기

문제

저항 센서를 ADC IC 없이 라즈베리 파이에 연결해 사용하고 싶다.

해결책

커패시터가 저항 센서를 충전하는 데 걸리는 시간을 확인해서, 이 시간으로 센서의 저항을 계산한다.

그림 12-11은 저항 2개와 커패시터만으로 저항값을 측정하는 회로도를 보여준다.

저항값을 간단히 읽어 들이는 파이썬 라이브러리는 GitHub에서 다운로드할 수 있으며, 설치 설명서와 관련 문서도 이곳에서 확인할 수 있다.

다음의 예는 해당 라이브러리를 사용해서 센서 저항값을 측정하는 방법

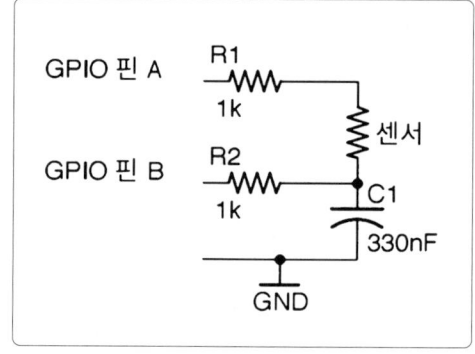

그림 12-11 스텝 응답 방식을 사용해서 저항값을 측정하기 위한 회로도

을 보여준다. 이때 그림 12-11의 회로도가 라즈베리 파이에 연결되어 있고, 핀 A가 GPIO 18번 핀에, 핀 B가 GPIO 23번 핀에 연결되어 있다고 가정한다. 프로그램은 pi_analog 라이브러리의 examples(예제) 폴더에 들어 있으며, 파일명은 resistance_meter.py다.

```
from PiAnalog import *
import time

p = PiAnalog()

while True:
    print(p.read_resistance())
    time.sleep(1)
```

테스트를 위해 저항값이 다른 여러 개의 고정 저항을 사용해 본다. 또, C1의 정전용량(μF)과 R1 저항값(Ω)을 PiAnalog() 안에 직접 입력하는 방식으로 여러 값을 사용할 수도 있다. 예를 들어, 저항값이 크면 소형 커패시터(10nF)를 사용해서 변환 속도를 높이고 싶을 수 있다. 이 경우 코드를 다음과 같이 사용할 수 있다.

```
from PiAnalog import *
import time

p = PiAnalog(0.01, 1000)

while True:
    print(p.read_resistance())
    time.sleep(1)
```

논의 사항

이 방식이 가능한 이유는 프로그램이 실행되는 동안 GPIO 핀의 입력과 출력 상태를 바꿀 수 있기 때문이다. 측정이 이루어지는 기본 단계는 다음과 같다.

1. A 핀을 입력으로 설정한다. B 핀을 LOW 출력으로 설정하고 커패시터가 방전될 때까지 기다린다.
2. 이때까지의 시간을 기록해 둔다. B 핀을 입력으로 설정하고 A 핀을 HIGH 출력으로 설정한다. 이제 C1이 충전을 시작한다.
3. C1에 걸린 전압이 약 1.35V가 되면 LOW 입력이 HIGH로 전환되면서, B에 연결된 GPIO 핀에서 이를 HIGH로 읽어 들인다. 여기까지 걸리는 시간을 측정하면 센서와 R1의 저항을 알 수 있다.

참고 사항

- 라즈베리 파이용 몽크메이크 전자부품 스타터 키트를 구매하면 이러한 스텝 반응을 사용해서 온도와 빛을 측정하는 프로젝트를 몇 가지 만들어 볼 수 있다.

12.6 빛의 세기 측정하기

문제

라즈베리 파이나 아두이노로 빛의 세기를 측정하고 싶다.

해결책

아두이노나 아날로그 입력을 지원하는 보드를 사용한다면 레시피 12.3을 참고한다. 아날로그 입력을 지원하지 않는 보드(라즈베리 파이 등)라면 레시피 12.4나 레시피 12.5를 참고한다.

논의 사항

앞에서 소개한 모든 방법은 센서에 비치는 빛이 지난 번 측정 때보다 밝아졌는지를 아는 데 사용하기에는 나쁘지 않다. 그러나 빛 측정 단위를 사용해서 측정값을 표현하는 방법은 이보다 훨씬 복잡하다. 다음 질문을 생각하면 빛 측정이 얼마나 까다로운지 알 수 있다.

- 어떤 빛의 주파수를 측정하려고 하는가? 측정하려는 주파수가 전체 빛의 주파수

인가, 아니면 포토레지스터가 감지하는 빛의 주파수만인가?
- 측정 방향에서 빛을 측정하려고 하는가? 이 경우 시야각(angle of view)이 중요하다.

이 질문에 답한다 하더라도 포토레지스터의 선형성으로 인한 문제가 남아 있으며, 포토레지스터의 가공 오차를 고려하려면 측정값을 수동으로 보정해 주어야 할 수도 있다.

다시 말해, 간단한 것처럼 보여도 빛의 측정값을 럭스(lx)나 제곱미터당 와트(W/m²) 단위로 알려 주는 노출계를 만드는 일은 전문가가 할 일이다.

참고 사항
- 빛의 측정에 관한 논의 사항은 *https://en.wikipedia.org/wiki/Lux*를 참고한다

12.7 아두이노나 라즈베리 파이에서 온도 측정하기

문제
아두이노나 아날로그 입력을 지원하는 장치에서 온도를 측정하고 싶다.

해결책
서미스터를 분압기로 사용해서(레시피 12.3 참고) 저항을 계산한 뒤 스타인하트-하트(Steinhart-Hart) 방정식을 사용해 온도를 구한다.

그림 12-12는 서미스터를 아두이노의 아날로그 입력에 연결한 회로도의 모습을 보여준다. 여기에서는 NTC 서미스터를 사용해야 하는데 공칭 저항값(25℃에서의 저항값)과 저항의 특성을 결정하는 B의 값(베타라고 부르기도 한다)이 명시되어 있다.

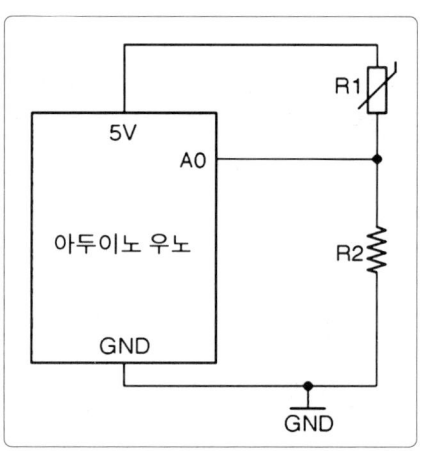

그림 12-12 서미스터를 아날로그 입력에 연결하기

서미스터 R1의 저항값은 분압기 식을 사용해 계산할 수 있다(레시피 2.6 참고).

$$V_{out} = \frac{R2}{R1+R2} \cdot V_{in}$$

식은 다음과 같이 정리할 수도 있다.

$$R_1 = \frac{R_2(V_{in} - V_{out})}{V_{out}}$$

5V 아두이노와 1kΩ 고정 저항 R2를 적용한다.

$$R_1 = \frac{R_2(V_{in} - V_{out})}{V_{out}} = \frac{R_2(5 - V_{out})}{V_{out}}$$

스타인하트-하트 방정식은 다음과 같다.

$$\frac{1}{t} = \frac{1}{t_0} + \frac{1}{B}ln\left(\frac{R}{R_0}\right)$$

이때,

- t: 켈빈 온도(섭씨온도에서 173.12를 더한 값)
- t_0: 25℃ (서미스터의 기본 저항값에 대한 표준 온도)
- B: 서미스터의 감도를 결정하는 파라미터
- R: 온도가 t일 때 서미스터의 저항값
- R_0: 25℃ 일 때 서미스터의 저항값

이러한 계산을 모두 아두이노 스케치에 반영하고 서미스터를 그림 12-12에서 보는 것처럼 연결한 뒤, 다음 코드를 실행시키면 끝난다. 이 스케치 코드는 앞에서 다운로드한 소스 코드 중 하나로 ch_12_thermistor라는 파일명으로 확인할 수 있다.

```
const int inputPin = A0;

// R2는 분압기의 아래쪽 고정 저항이다.
const float R2 = 1000.0;

// 서미스터 특성
const float B = 3800.0;
const float r0 = 1000.0;

// 기타 상수
const float vin = 5.0;
const float t0k = 273.15;
const float t0 = t0k + 25;

void setup()
{
  pinMode(inputPin, INPUT);
```

```
  Serial.begin(9600);
}

void loop()
{
  int reading = analogRead(inputPin);
  float vout = reading / 204.6;
  float r = (R2 * (vin - vout)) / vout;
  float inv_t = 1.0/t0 + (1.0/B) * log(r/r0);
  float t = (1.0 / inv_t) - t0k;

  Serial.print(t); Serial.println(" °C");
  delay(500);
}
```

논의 사항

서미스터가 온도 측정용으로 사용되는 경우는 점점 줄어들고 있으며, 그 대신 온도 감지 IC가 많이 사용된다. IC 중에는 LM35와 TMP36 같이 온도에 비례해 전압을 출력하는 아날로그 장치도 있다. 그 외에 널리 사용되는 DS18B20 등의 IC에서는 디지털 인터페이스가 사용된다.

참고 사항

- 서미스터와 스텝 반응 방식을 사용해서 온도를 측정하려면 레시피 12.8을 참고한다.
- 아날로그 온도 감지 IC를 사용하는 예는 레시피 12.10, 디지털 장치를 사용하는 예는 레시피 12.11을 참고한다.

12.8 라즈베리 파이에서 ADC 없이 온도 측정하기

문제

서미스터를 사용해서 온도를 측정하고 싶지만, 아날로그 입력을 지원하지 않는 라즈베리 파이로 측정해야 한다.

해결책

서미스터와 레시피 12.5에서 설명한 pi-analog 라이브러리를 사용한다. 그림 12-13은 서미스터를 라즈베리 파이에 연결한 회로도의 모습을 보여준다.

서미스터는 온도가 올라갈 때 저항이 낮아지는 NTC 유형을 사용한다. 또, 서미스터의 공칭 저항값(25℃일 때)과 B 값도 알아야 한다.

pi-analog 라이브러리에는 온도(℃)를 읽어 들이는 프로그램이 있으며, 이는 thermometer.py라는 라이브러리의 examples(예제) 폴더에서 확인할 수 있다. 이 코드는 다음과 같다.

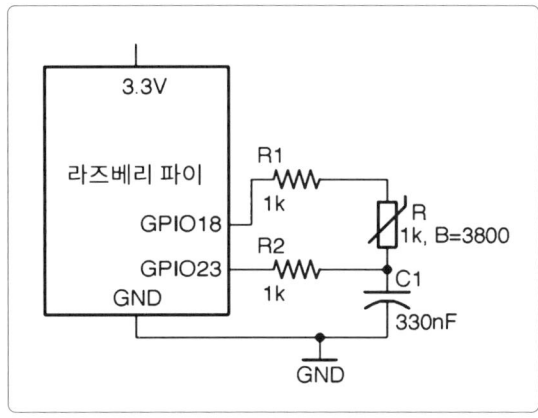

그림 12-13 서미스터를 라즈베리 파이에 연결하기

```
from PiAnalog import *
import time

p = PiAnalog()

while True:
    print(p.read_temp_c(3800, 1000))
    time.sleep(1)
```

read_temp_c의 파라미터 2개는 B의 서미스터 값과 저항값으로, 이 값은 사용하는 서미스터에 따라 수정해야 한다.

논의 사항

라즈베리 파이 같이 아날로그 입력을 지원하지 않는 장치에서 대안으로 사용할 수 있는 것이 DS18B20 같이 디지털 인터페이스를 지원하는 IC다. 그러나 이러한 IC는 서미스터 1개, 커패시터 1개, 저항 몇 개를 합한 가격보다 훨씬 비싸다.

참고 사항

- 아날로그 값을 입력 받는 서미스터의 사용법은 레시피 12.7을 참고한다.
- 서미스터에 대한 자세한 내용은 *https://en.wikipedia.org/wiki/Thermistor*를 참고한다
- 아날로그 온도 감지 IC의 사용 예시는 레시피 12.10을 확인한다.

12.9 포텐셔미터를 사용해 회전 측정하기

문제

포텐셔미터(가변저항)를 마이크로컨트롤러나 SBC와 함께 사용해서 회전 위치를 측정하고 싶다.

해결책

방법 1

포텐셔미터를 분압기로 사용하는 방법으로, 그림 12-14에서 보는 것처럼 포텐셔미터의 슬라이더를 아날로그 입력에 연결한다.

슬라이더에 걸리는 전압은 포텐셔미터의 손잡이를 돌리는 정도에 따라 0V에서 공급 전압까지 달라질 수 있다. 위치를 확인하기 위해 레시피 12.3의 테스트 프로그램을 사용할 수도 있다.

라즈베리 파이가 아날로그 입력을 지원하지 않지만 레시피 12.4에서 설명한 아날로그-디지털 컨버터(ADC)를 추가하면 라즈베리 파이에서도 이 방법을 사용할 수 있다.

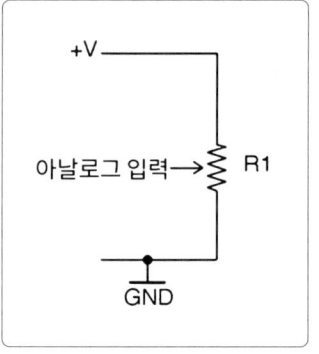

그림 12-14 포텐셔미터를 아날로그 입력에 연결해서 회전 위치 감지하기

방법 2

아날로그 입력을 지원하지 않는 장치에서는 스텝 반응 방식을 사용해서 그림 12-15에서 보는 것처럼 포텐셔미터의 한쪽 끝과 슬라이더 사이에 걸리는 저항값을 측정할 수 있다.

슬라이더와 포텐셔미터의 한쪽 끝 사이에 걸리는 저항값은 포텐셔미터의 손잡이를 돌리는 정도에 따라 0Ω에서 포텐셔미터의 최대 저항값까지 변할 수 있다. 레시피 12.5의 테스트용 프로그램을 사용하면 포텐셔미터의 저항값과 그에 따른 회전 위치를 측정할 수 있다.

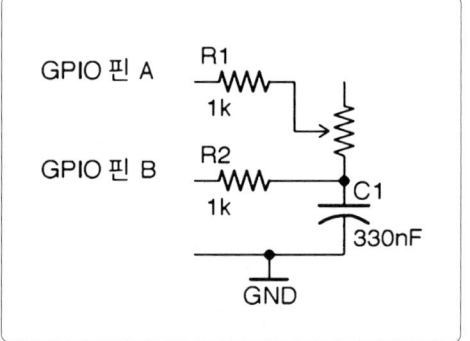

그림 12-15 스텝 반응 방식을 사용해서 포텐셔미터로 회전 위치 감지하기

논의 사항

분압기 방식을 사용하면 스텝 반응 방식보다 조금 더 일관된 결과를 얻을 수 있다.

참고 사항

- 포텐셔미터에 대한 자세한 내용은 레시피 2.3을 참고한다.
- 쿼드러처 인코더(레시피 12.2)를 사용해서 회전 움직임을 측정할 수도 있다.
- 분압기에 대한 배경 지식은 레시피 2.6을 참고한다.

12.10 아날로그 IC로 온도 측정하기

문제

온도에 비례해서 전압을 출력하는 선형 온도 감지 IC를 사용해서 온도를 측정하고 싶다.

해결책

TMP36이나 LM35 같은 온도 감지 IC를 사용한다. 그림 12-16은 이러한 IC를 아두이노의 아날로그 입력에 연결하는 방법을 보여준다. 센서를 라즈베리 파이와 연결해 사용하려면 레시피 12.4에서 설명한 대로 아날로그 입력을 추가해야 한다. TMP36은 3.3V나 5V에서 작동할 수 있다.

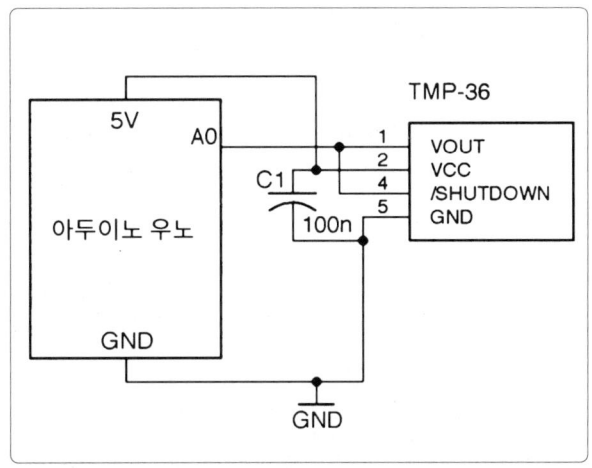

그림 12-16 아두이노의 아날로그 입력에 아날로그 온도 감지 IC 연결하기

TMP36 IC 중에서 표면 실장형 유형에만 추가로 SHUTDOWN(셧다운) 핀이 존재한다는 점을 기억해 둔다. 이 핀은 아두이노의 디지털 출력에 연결하면 핀이 음의 전압 상태일 때 IC의 소비 전류를 100nA까지 낮출 수 있다.

C1은 IC와 최대한 가까운 곳에 두어야 한다.

TMP36의 섭씨온도(여기서는 t라 하자)는 전압과 관련이 있으며, 다음 식으로 계산할 수 있다.

$t = 100v - 50$

이때 v는 TMP36의 출력 전압이다. 따라서 출력 전압이 0V라면 온도는 -50℃가 되고, 1V라면 온도는 50℃가 된다.

그림 12-17은 3편 스루홀 유형의 TMP36을 아두이노와 연결시킨 브레드보드 배열을 보여준다.

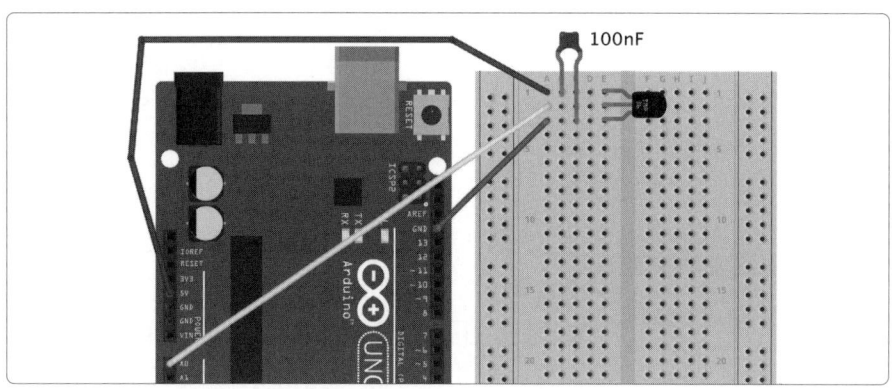

그림 12-17 무납땜 브레드보드를 사용해서 아두이노에 TMP36 연결하기

파일명이 ch_12_tmp36인 스케치 코드는 이 장치를 사용하는 법을 보여준다. 앞에서 다운로드한 소스 코드에서 확인할 수 있다(레시피 10.2 참고).

```
const int inputPin = A0;

const float sensitivity = 0.01;   // V/deg C
const float offset = -50.0;       // deg C

void setup()
{
  pinMode(inputPin, INPUT);
  Serial.begin(9600);
}

void loop()
{
  int reading = analogRead(inputPin);
  float volts = reading / 204.6;
  float degC = (volts / sensitivity) + offset;
  // float degF = degC * 9.0 / 5.0 + 32.0;
  Serial.println(degC);
  delay(500);
}
```

두 상수 sensitivity와 offset을 설정해서 감도와 온도 범위가 다른 TMP36 IC 제품군의 기타 온도 센서와도 이 스케치를 사용할 수 있도록 했다.

논의 사항

TMP36은 정확도가 높은 IC는 아니다. 데이터 시트에 명시된 ±2℃의 오차 범위는 사실 상당히 일반적인 수치이며, 서미스터와 정확도가 거의 비슷하다(계산은 IC 쪽이 훨씬 간단하다). 정확도를 높이려면 DS18B20을 사용해야 한다(레시피 12.11 참고).

참고 사항

- TMP36의 데이터시트는 *http://bit.ly/2mbtFsg*에서 확인할 수 있다.
- 서미스터와 아날로그 입력을 사용한 온도 측정법은 레시피 12.7을 참고한다.
- 마이크로컨트롤러나 단일 보드 컴퓨터가 없다면 이와 같은 센서는 사용할 수 없다. 자동 온도 조절을 간단히 활용하는 경우라면 비교기 IC를 사용할 수도 있다(레시피 17.10 참고).

12.11 디지털 IC로 온도 측정하기

문제

아두이노나 라즈베리 파이를 사용해서 온도를 정확히 측정하고 싶다.

해결책

DS18B20 같은 디지털 온도 측정 IC를 사용한다. DS18B20은 ±0.5℃의 정확성을 제공하도록 보정되어 출고된다.

DS18B20은 1선(1-wire) 인터페이스 버스를 사용해서 IC를 최고 255개까지 하나의 GPIO 핀에 연결할 수 있다. 그림 12-18은 DS18B20을 아두이노에 연결하는 회로도를 보여준다.

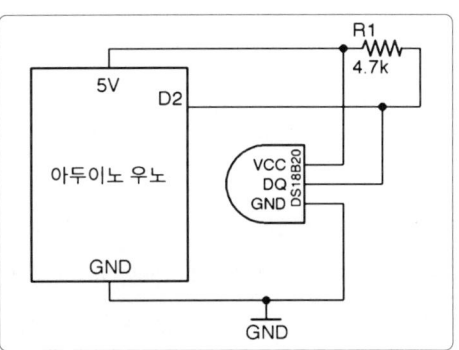

그림 12-18 아두이노에 DS18B20 온도 센서 연결하기

IC는 라즈베리 파이의 3.3V 전원으로도 잘 작동하지만, 라즈베리 파이를 사용하는

경우 GPIO 4번 핀이 1선 인터페이스에 사용하도록 할당되어 있기 때문에 반드시 이 핀을 사용해야 한다.

1선 버스가 안정적으로 작동하려면 4.7kΩ 외부 풀업 저항이 필요하다.

아두이노 소프트웨어

DS18B20를 그림 12-18에서 보는 것처럼 연결했다면 OneWire 라이브러리와 DallasTemperature 라이브러리를 다운로드해야 한다. 두 라이브러리 모두 GitHub 홈페이지에서 Download ZIP(ZIP 파일 다운로드)을 선택해서 다운로드한 뒤 아두이노 IDE에서 메뉴 Sketch(스케치)→Include Library(라이브러리 추가)→Add ZIP Library(ZIP 라이브러리 추가)를 선택한다.

다음 스케치는 DS18B20 1개를 사용해서 0.5초마다 온도를 직렬 모니터에 출력하는 법을 보여준다. 이 스케치 코드는 앞에서 다운로드한 소스 코드에서 확인할 수 있다. 파일명은 ch_12_dS18b20이다.

```
#include <OneWire.h>
#include <DallasTemperature.h>

const int tempPin = 2;

OneWire oneWire(tempPin);
DallasTemperature sensor(&oneWire);

void setup()
{
  Serial.begin(9600);
  sensor.begin();
}

void loop() {
  sensor.requestTemperatures();
  float temp = sensor.getTempCByIndex(0);
  Serial.println(temp);
}
```

여러 개의 센서를 하나의 GPIO 핀에 연결할 수 있기 때문에 getTempCByIndex 함수에서는 사용하고자 하는 센서 개수(0부터 시작)를 매개변수로 넘겨 준다. 센서를 여러 개 사용할 때는 어느 센서가 어디에 연결되었는지를 알기 위해서 시행착오를 거쳐야 한다.

라즈베리 파이 소프트웨어

라즈비안은 DS18B20에서 사용하는 1선 인터페이스를 지원하지만, 이를 활성화시키려면 /boot/config.txt 파일의 마지막에 다음 라인을 추가해야 한다. 그런 다음 변경 사항을 적용시키기 위해 라즈베리 파이를 재부팅해야 한다.

`dtoverlay=w1-gpio`

이 프로그램의 파일명은 ch_12_dS18b20.py이며 앞에서 다운로드했던 소스 코드에서 확인할 수 있다(레시피 10.4 참고).

```python
import glob, time

base_dir = '/sys/bus/w1/devices/'
    device_folder = glob.glob(base_dir + '28*')[0]
    device_file = device_folder + '/w1_slave'

def read_temp_raw():
    f = open(device_file, 'r')
    lines = f.readlines()
    f.close()
    return lines

def read_temp():
    lines = read_temp_raw()
    while lines[0].strip()[-3:] != 'YES':
        time.sleep(0.2)
        lines = read_temp_raw()
    equals_pos = lines[1].find('t=')
    if equals_pos != -1:
        temp_string = lines[1][equals_pos+2:]
        temp_c = float(temp_string) / 1000.0
        return temp_c

while True:
    print(read_temp())
    time.sleep(1)
```

이 프로그램의 아두이노 버전에서처럼, 읽어 들일 센서로 접근하기 위해 다음 라인에 포함된 위치가 참조된다.

`device_folder = glob.glob(base_dir + '28*')[0]`

DS18B20의 인터페이스는 파일과 유사한 구조를 가진다. 파일 형식의 인터페이스는 항상 /sys/bus/w1/devices/ 폴더 내에 위치하며, 경로의 이름은 28로 시작하되

그 뒷부분은 센서에 따라 달라진다.

위의 코드는 센서가 하나라고 가정하고, 28로 시작하는 첫 번째 폴더를 찾는다. 센서를 여러 개 사용하려면 대괄호([]) 안에 서로 다른 인덱스 값을 사용해야 한다.

폴더 안에는 called w1_slave라는 파일이 있는데, 이 파일을 열고 값을 읽어 들여서 온도를 확인한다.

센서는 다음과 같은 문자 스트링을 반환한다.

```
81 01 4b 46 7f ff 0f 10 71 : crc=71 YES
81 01 4b 46 7f ff 0f 10 71 t=24062
```

코드는 이 스트링에서 온도 부분만을 추출해 낸다. 여기에서 온도는 't=' 뒷부분이며, 단위는 1/1,000℃다.

read_temp 함수는 이 값을 섭씨온도(℃)로 바꾼 뒤 반환한다.

논의 사항

센서를 여러 개(최대 255개) 사용하려면 그림 12-19처럼 연결할 수 있다. 여기에 필요한 풀업 저항은 하나뿐이다. 센서가 디지털 방식이고 데이터 전송 속도가 낮기 때문에 센서를 긴 리드선에 연결하더라도 측정값의 정확성에는 아무런 영향을 미치지 않는다.

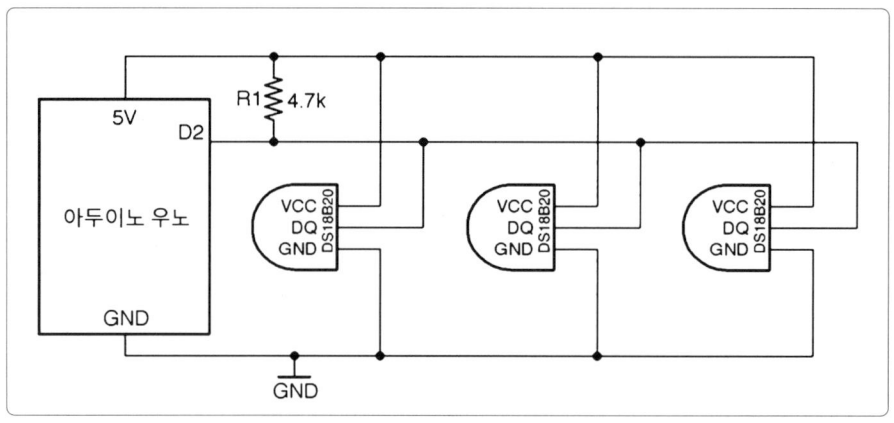

그림 12-19 DS18B20 온도 센서를 여러 개 사용하기

DS18B20에 전선을 2개만 연결하려면 IC의 특수한 기생 전력(parasitic power) 기능을 사용할 수 있다. DS18B20은 데이터 선으로부터 에너지를 수확해서 일시적으

로 IC 내의 커패시터에 저장해 두도록 고안되었다. 실용성 면에서 선을 3개 사용하면 센서에 더 긴 전선을 사용할 수 있으며 안정성도 향상되지만, IC에서 이러한 방식을 지원하는지 여부는 IC의 데이터시트를 확인해야 한다.

센서를 설치할 장소가 물에 젖을 가능성이 있는 곳이라면 방수 처리된 밀폐형 DS18B20 센서를 사용한다. 센서는 이베이에서 구입할 수 있다.

참고 사항
- DS18B20의 데이터시트는 *http://bit.ly/2mTPyuu*에서 확인할 수 있다.
- 서미스터를 사용한 온도 측정 방법은 레시피 12.7과 레시피 12.8을 참고한다
- TMP36 아날로그 온도 감지 IC를 사용한 온도 측정 방법은 레시피 12.10을 참고한다.

12.12 습도 측정하기

문제
아두이노나 라즈베리 파이를 사용해서 습도를 측정하고 싶다.

해결책
DHT11 습도 및 온도 센서를 사용한다. 이 장치의 직렬 출력에서는 사실 1선, I2C, SPI 등의 표준 중 그 어떤 것도 지원하지 않는다. 그러나 아두이노와 라즈베리 파이의 라이브러리에서 이를 지원한다.

그림 12-20은 센서를 아두이노에 연결하는 방법을 보여준다. 라즈베리 파이와 사용할 때에는 VDD(전압 드레인 드레인) 핀을 3.3V에, DATA 핀을 GPIO 4번 핀에 연결해야 한다.

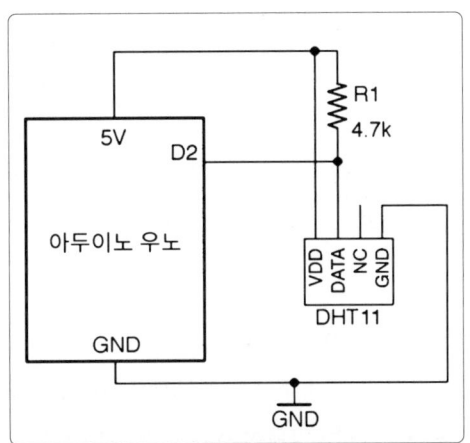

그림 12-20 아두이노 우노에 DHT11 연결하기

라즈베리 파이에 연결할 때에는, 5V가 아닌 3.3V 전원 커넥터를 사용하고 DHT11의 데이터 핀은 GPIO 4번 핀에 연결해야 한다.

아두이노 소프트웨어

이 아두이노 스케치 코드는 앞에서 다운로드한 소스 코드에서 확인할 수 있으며 (레시피 10.2), 파일명은 ch_12_dht11이다. 스케치를 실행시키려면 아두이노에 SimpleDHT 라이브러리가 설치되어 있어야 한다. 설치를 위해서는 메뉴 Sketch(스케치)→Include Library(라이브러리 설치)→Manage Libraries(라이브러리 관리)로 들어가서 Arduino Library Manager(아두이노 라이브러리 매니저)를 선택한 뒤, SimpleDHT를 찾아 그 옆에 위치한 설치 버튼을 클릭하면 된다.

```
#include <SimpleDHT.h>

const int pinDHT11 = 2;
SimpleDHT11 dht11;

void setup() {
  Serial.begin(9600);
}

void loop() {
  byte temp;
  byte humidity;
  dht11.read(pinDHT11, &temp, &humidity, NULL);

  Serial.print(temp); Serial.print("°C, ");
  Serial.print(humidity); Serial.println("%");

  delay(1000);
}
```

dht11.read의 호출 방식은 조금 특이해서 앞에 &가 붙은 변수 temp와 humidity를 넘겨 준다. &가 붙으면 두 값이 read 함수 내에서 변할 수 있다는 뜻이 된다. 이렇게 하면 read 함수의 실행이 끝났을 때 temp와 humidity에는 갱신된 값이 저장된다.

라즈베리 파이 소프트웨어

이 센서의 라즈베리 파이 코드에는 에이다프루트의 라이브러리가 필요하며, 이를 다운로드하는 명령어는 다음과 같다.

```
$ git clone https://github.com/adafruit/Adafruit_python_DHT.git
$ cd Adafruit_python_DHT
$ sudo python setup.py install
```

이 프로그램의 코드는 앞에서 다운로드했던 소스 코드 중 하나이며(레시피 10.4), 파일명은 ch_12_dht11.py다.

```
import time, Adafruit_DHT

    sensor_pin = 4
    sensor_type = Adafruit_DHT.DHT11

while True:
    humidity, temp = Adafruit_DHT.read_retry(sensor_type, sensor_pin)
    print(str(temp) + "°C " + str(humidity) + "%")
    time.sleep(1)
```

논의 사항

DHT11은 다른 습도 및 온도 센서 중에서 가장 저렴하고 흔하게 사용된다. 더 정확한 측정값을 구하려면 DHT22를 사용한다.

참고 사항

- 온도 측정을 위한 기타 레시피는 레시피 12.7, 레시피 12.8, 레시피 12.10, 레시피 12.11을 참고한다.

12.13 거리 측정하기

문제

물체에서 센서까지의 거리를 측정하고 싶다.

해결책

4인치(10cm)에서 6피트(2m)까지의 거리라면 HC-SR04 초음파 거리계(range finder) 모듈을 사용한다.

그림 12-21은 거리계를 아두이노에 연결하는 방법을 보여준다. 거리계에 연결하려면 아두이노의 핀 하나를 디지털 출력으로 두고(TRIG에 연결), 다른 하나를 디지털 입력으로 두어야 한다(ECHO에 연결).

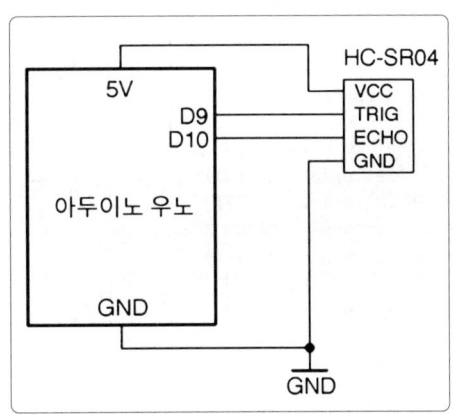

그림 12-21 아두이노에 HC-SR04 거리계 연결하기

TRIG(트리거) 핀이 활성화되면 HC-SR04가 40kHz의 초음파 펄스를 생성하며, 초음파가 반사되어 돌아오면 ECHO(에코) 핀이 양의 전압 상태가 된다. 이에 걸리는 시간이 센서와 물체 간의 거리를 나타낸다.

거리계를 라즈베리 파이에 연결하려면, 거리계에서 ECHO 핀의 출력 전압이 3.3V로 낮아져야 한다. 이러한 변환은 한 쌍의 저항을 분압기로 사용하는 단순한 전압 변환기(level converter)로도 가능하다. 이를 회로도로 나타낸 것이 그림 12-22다.

전압 변환에 대해서는 레시피 10.17을 참고한다.

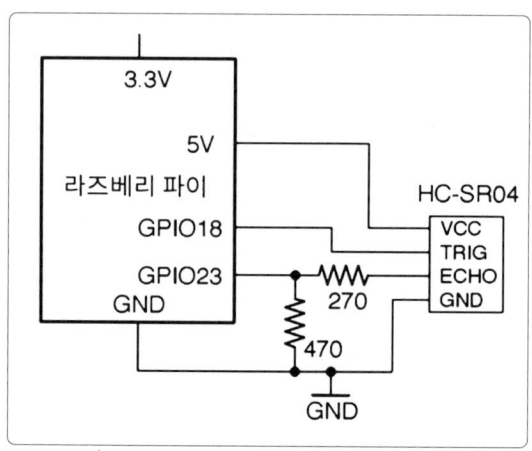

그림 12-22 라즈베리 파이에 HC-SR04 거리계 연결하기

아두이노 소프트웨어

거리계를 사용하는 아두이노 스케치(ch_12_rangefinder)는 앞에서 다운로드한 소스 코드에서 확인할 수 있다(레시피 10.2 참고).

```
const int trigPin = 9;
const int echoPin = 10;

void setup()
{
  pinMode(trigPin, OUTPUT);
  pinMode(echoPin, INPUT);
  Serial.begin(9600);
}

void loop()
{
  float cm = takeSounding();
  Serial.print(int(cm));
  Serial.print("cm ");
  int inches = int(cm / 2.5);
  Serial.print(inches);
  Serial.println("인치");
  delay(500);
}

float takeSounding()
{
```

```
digitalWrite(trigPin, HIGH);
delayMicroseconds(10);    // 10us 트리거 펄스
digitalWrite(trigPin, LOW);
delayMicroseconds(200);   // 200us 동안 반사된 신호는 무시한다.
long duration = pulseIn(echoPin, HIGH, 100000) + 200;
float distance = duration / 29.0 / 2.0;
return distance;
}
```

모든 일은 takeSounding 함수에서 일어난다. 먼저 10μs 펄스가 거리계의 TRIG 핀으로 전송되어 주기가 여덟 번 반복되는 40kHz의 초음파를 보낸다. 그 뒤에는 200 μs 대기 시간을 두어 초음파 발생이 끝난 뒤에 그 반사된 음파가 돌아와 그 시간을 측정할 수 있도록 한다.

거리는 측정한 시간과 음속(29cm/μs)을 사용해 계산할 수 있다. 측정 시간은 음향 신호가 나갔다 돌아오는 데 걸린 시간이기 때문에 계산한 거리 값을 2로 나누어 주어야 한다.

라즈베리 파이 소프트웨어

파일명이 ch_12_rangefinder.py인 이 라즈베리 파이 프로그램은 앞에서 다운로드했던 소스 코드 중 하나다(레시피 10.4 참고).

```
import RPi.GPIO as GPIO
import time

trigger_pin = 18
echo_pin = 23               # 전압 크기 5V->3.3V로 변환

GPIO.setmode(GPIO.BCM)
GPIO.setup(trigger_pin, GPIO.OUT)
GPIO.setup(echo_pin, GPIO.IN)

def time_to_echo(timeout):
    t0 = time.time()
    while GPIO.input(echo_pin) == False and time.time() < (t0 + timeout):
        pass
    t0 = time.time()
    while GPIO.input(echo_pin) == True and time.time() < (t0 + timeout):
        pass
    return time.time() - t0

def get_distance():
    GPIO.output(trigger_pin, True)
    time.sleep(0.00001)     # 10us
    GPIO.output(trigger_pin, False)
    time.sleep(0.0002)      # 200us
```

```
        pulse_len = time_to_echo(1)
        distance_cm = pulse_len / 0.000058
        distance_in = distance_cm / 2.5
        return (distance_cm, distance_in)

while True:
    print("cm=%f\t인치=%f" % get_distance())
    time.sleep(1)
```

논의 사항

HC-SR04 거리계는 그다지 정확한 장치는 아니며, 라즈베리 파이와 함께 사용하면 특히 정확성이 떨어지는 경향이 있다. 라즈베리 파이에서는 초음파가 반사되어 돌아오는 시간의 측정값이 원래보다 늘어날 때가 있다.

이 외에 측정값에 원치 않은 영향을 미치는 요인은 음속의 변화다. 음속은 온도와 습도에 따라 조금씩 변한다.

참고 사항

- HC-SR04 모듈의 데이터시트는 *http://bit.ly/2mTOPtn*에서 확인할 수 있다

모터 13

13.0 개요

이 장에서는 다양한 모터 유형과 모터의 속도 및 방향을 제어하는 방법을 살펴본다. 이 장에서는 상당히 높은 부하 전류를 제어하는 전자부품과 그에 필요한 소프트웨어도 함께 다룬다. 또한 아두이노와 라즈베리 파이를 사용한 예도 수록되어 있다.

모터라고 하면 배터리로 구동되는 장난감 자동차에 사용되는 소형 DC 모터가 머릿속에 떠오를지도 모른다. DC 모터는 흔하게 사용되며, 기어박스와 함께 높은 회전 속도를 줄여 주는 단일 장치인 감속 모터(gear motor)를 구성한다.

스테퍼 모터(stepper motor)는 DC 모터와는 다른 원리로 작동하며, 회전이 아주 작은 단계로 나누어 이루어지기 때문에(보통 회전당 200단계 이상) 3D 프린터를 포함하는 모든 유형의 프린터에 사용된다.

서보모터(servo motor) 역시 용도가 다른데, 서보모터를 사용하면 제한된 각도 범위(약 180°)에서 '팔'을 정확한 위치로 이동시킬 수 있다. 서보모터는 원격 조종 (RC) 장난감 자동차를 운전하거나, 무선 조종 비행기나 헬리콥터의 조종간을 움직이는 데 흔히 사용된다.

유형별로 모터는 크기가 다양해서 여러 응용 방식에서 요구되는 전력 요건을 충족시키는 제품을 찾을 수 있다. 크기에 상관 없이 모터 제어에 적용되는 기본적인 원리는 모두 같다.

13.1 DC 모터의 전원 스위칭하기

문제

작은 제어 전압으로 GPIO 핀에서 DC 모터를 제어하고 싶다.

해결책

트랜지스터 스위치를 사용하되 그림 13-1에서 보는 것처럼 프리휠링 다이오드를 추가해 주어야 한다. 이 회로는 레시피 11.1을 기초로 구성되었으며, 소형 DC 모터에 사용하기에 나쁘지 않다. 그러나 전류가 이보다 높다면 레시피 11.3에서처럼 전력 MOSFET을 사용해야 한다.

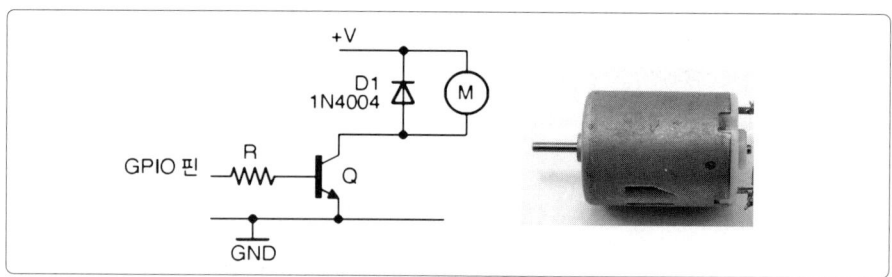

그림 13-1 DC 모터를 스위칭하기 위한 회로도와 6V DC 모터의 모습

논의 사항

다이오드 D1은 트랜지스터가 손상되지 않도록 보호해준다. 이와 같은 프리휠링 다이오드를 사용해주어야 과도한 역전압으로부터 스위칭 트랜지스터를 보호할 수 있다. 과도한 역전압은 모터의 유도 부하가 원래 전압과 반대되는 극성의 전압 펄스로 저장된 에너지를 방출할 때 발생한다. 이러한 역전압을 '역기전력(back-electromotive force, back-EMF)'이라고 부른다.

보통 전력 MOSFET에 프리휠링 다이오드를 꼭 사용해야 할 필요는 없다. 전력 MOSFET 내부에 이미 다이오드가 내장되어 있어서 정전하로 인한 손상을 방지할 뿐 아니라 전압 스파이크로부터도 보호해준다. 이런 내장 다이오드는 (적어도 상대적으로 일반적인 모터의 경우) 트랜지스터를 보호하기에 충분하다. 그러나 BJT를 사용할 때처럼 다이오드를 추가해 주는 편이 가장 안전하다.

그림 13-1의 회로를 연결하려고 할 때, 레시피 11.6과 레시피 11.7의 테스트용 프로그램을 사용해서 아두이노나 라즈베리 파이에서 모터를 제어할 수 있다.

참고 사항

- 11장에서 설명한 여러 방식들이 모터 스위칭에 사용될 수 있다.
- 모터의 속도를 제어하는 방법은 레시피 13.2를 참고한다.

13.2 DC 모터의 속도 측정하기

문제

DC 모터의 속도를 측정하고 싶다.

해결책

트랜지스터 스위치와 펄스 폭 변조를 사용해서 모터의 속도를 조정할 때, 광 검출기(optical detector)와 모터의 축에 붙은 슬롯형 바퀴를 이용해서 모터의 속도를 측정한다.

그림 13-2의 회로도를 사용해서 레시피 10.13과 레시피 10.14에서 설명한 것처럼 펄스 폭 변조로 GPIO 제어 핀에 펄스를 보낼 수 있다.

논의 사항

펄스 폭 변조를 사용하는 모터 제어 방식은 사실 그 속도가 아니라 모터에 공급되는 전원을 제어하는 것이지만, 모터의 부하가 일정할 경우 전원을 제어하면 결국 속도를 제어하는 것과 같은 효과를 얻게 된다.

모터의 속도를 측정하기 위해서는 모터의 회전을 방해하지 않는 센서가 필요하다. 한 가지 방법은 그림 13-2에서 미리 만들어 놓은 모델처럼 광 센서와 레이저로

그림 13-2 모터 속도 측정하기

슬롯을 잘라낸 디스크를 함께 설치해 사용하는 것이다. 여기서 디스크는 회전하면서 빛을 차단하거나 통과시켜서 일련의 펄스를 만들어 내는데, 이 펄스가 모터의 속도와 회전 수를 결정한다.

광 센서에는 비교기가 내장되어 있으며 5V에 1kΩ의 풀업 저항을 연결해야 하는 '오픈 컬렉터'(레시피 11.11) 출력이 제공된다. 광 센서는 몇 달러(몇 천 원)면 이베이에서 즉시 구입할 수 있다.

모터 제어 회로에서는 레시피 11.3에서 설명한 회로의 MOSFET이 사용된다.

스케치 ch_13_motor_speed_feedback(레시피 10.2 참고)은 직렬 모니터에 매초 모터의 속도를 RPM(분당 회전 수)으로 표시한다. 또, 스케치를 실행시킨 뒤 0~255 사이의 펄스 폭 변조 값을 전송하면 모터의 속도를 제어할 수도 있다.

이때 직렬 모니터의 라인 엔딩 드롭 다운 메뉴는 'line ending 없음(No line ending)'으로 설정되어 있어야 한다.

```
const int outputPin = 11;
const int sensePin = 2;

const int slotsPerRev = 20;
const long updatePeriod = 1000L;   // ms

long lastUpdateTime = 0;
long pulseCount = 0;

float rpm = 0;

void setup()
{
  pinMode(outputPin, OUTPUT);
  Serial.begin(9600);
  Serial.println("속도를 입력해 주세요(0~255): ");
  attachInterrupt(digitalPinToInterrupt(sensePin), incPulseCount, RISING);
}

void loop()
{
  if (Serial.available())
  {
    int setSpeed = Serial.parseInt();
    analogWrite(outputPin, setSpeed);
  }
  updateRPM();
}

void incPulseCount()
{
```

```
    pulseCount ++;
}
void updateRPM()
{
  long now = millis();
  if (now > lastUpdateTime + updatePeriod)
  {
    lastUpdateTime = now;
    rpm = float(pulseCount) * 60000.0 / (20.0 * updatePeriod);
    pulseCount = 0;
    Serial.println(rpm);
  }
}
```

여기에서는 인터럽트(interrupt)가 사용되어서 sensePin이 LOW에서 HIGH로 바뀔 때마다 incPulseCount 함수를 호출해 pulseCount의 값을 증가시킨다.

updateRPM 함수는 pulseCount를 사용해서 값이 0으로 리셋되기 전까지 매초 RPM을 계산한다.

참고 사항
- 모터의 전원 스위칭은 레시피 13.1을, DC 모터의 방향 제어는 레시피 13.3을 참고한다.

13.3 DC 모터의 방향 제어하기

문제
DC 모터가 회전하는 방향을 제어하고 싶다.

해결책
푸시풀 드라이버 2개로 구성된 반 브리지(H-bridge) 회로를 사용한다. 반 브리지를 사용할 때는 부품 수를 줄이기 위해 반 브리지 IC를 사용하는 것이 보통이다. 그림 13-3은 대중적인 L293D 모터 컨트롤러를 아두이노와 함께 사용해서 DC 모터 2개를 각각 제어하는 회로도를 보여준다.

L293D는 별도의 전압을 IC 논리 입력(VCC1)과 모터(VCC2)에 각각 공급한다. 이렇게 하면 모터가 논리 입력과 다른 전압으로 작동할 수 있으며, 모터가 논리 입력을 방해해서 생기는 전기 잡음의 문제를 줄일 수 있다.

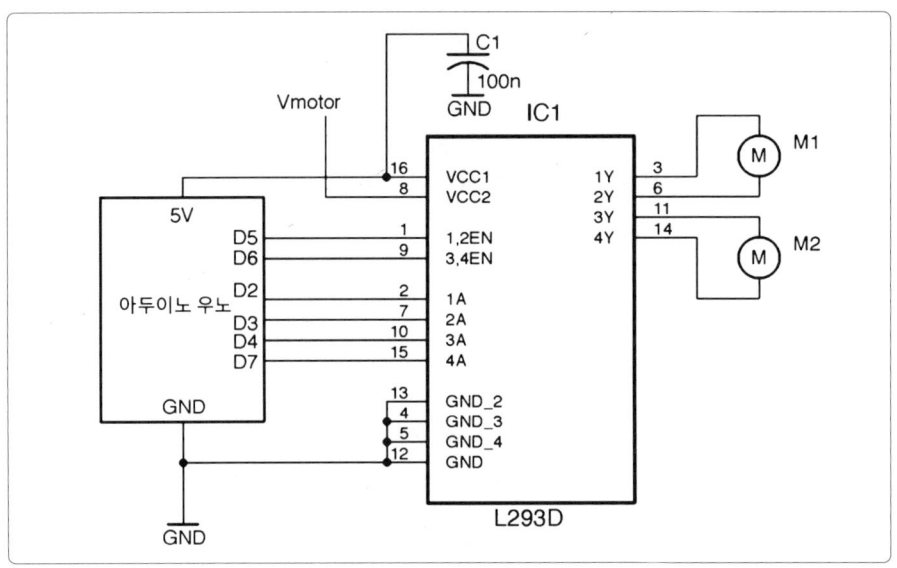

그림 13-3 L293D IC를 사용해서 모터 2개 제어하기

이 회로에서는 모터의 속도를 제어하기 위해 PWM 신호로 1,2EN과 3,4EN 핀을 구동해서 푸시풀 드라이버를 쌍으로 활성화시킨다. 모터 하나의 방향은 L293D의 1A 핀과 2A 핀으로 제어되고, 다른 하나의 방향은 3A 핀과 4A 핀으로 제어된다. 표 13-1은 1A와 2A 제어 핀에서 가능한 네 가지 모터 드라이브 상태를 보여준다.

1A	2A	모터 M1
LOW	LOW	꺼짐
LOW	HIGH	시계방향
HIGH	LOW	반시계방향
HIGH	HIGH	급정지(fast stop)

표 13-1 모터 제어 핀의 논리

아두이노 소프트웨어

모터를 제어하기 위해서는 모터당 아두이노 핀이 3개씩 필요하다. 하나는 모터의 속도를, 나머지 A와 B 제어 핀은 모터의 방향을 제어하기 위한 것으로, 이들 두 핀은 모터를 각각 제어하는 L293D의 1A, 2A 제어 핀과 3A, 4A 제어 핀에 연결된다.

```
const int motoR1SpeedPin = 5;
const int motoR2SpeedPin = 6;

const int motoR1DirAPin = 2;
const int motoR1DirBPin = 3;
const int motoR2DirAPin = 4;
const int motoR2DirBPin = 7;

void setup()
{
  pinMode(motoR1SpeedPin, OUTPUT);
  pinMode(motoR2SpeedPin, OUTPUT);
  pinMode(motoR1DirAPin, OUTPUT);
  pinMode(motoR1DirBPin, OUTPUT);
  pinMode(motoR2DirAPin, OUTPUT);
  pinMode(motoR2DirBPin, OUTPUT);
  Serial.begin(9600);
  // M1 전속도 시계 방향
  analogWrite(motoR1SpeedPin, 255);
  digitalWrite(motoR1DirAPin, LOW);
  digitalWrite(motoR1DirBPin, HIGH);
  // M2 반속도 반시계 방향
  analogWrite(motoR2SpeedPin, 127);
  digitalWrite(motoR2DirAPin, HIGH);
  digitalWrite(motoR2DirBPin, LOW);
}

void loop()
{
}
```

코드는 모든 제어 핀을 출력으로 설정하고, 모터가 하나는 전속도, 다른 하나는 반속도로 회전하며 회전 방향은 서로 반대가 되도록 설정한다. 이 코드를 사용해서 모터가 다른 움직임을 보이도록 실험해 본다.

라즈베리 파이 소프트웨어

라즈베리 파이의 3.3V 디지털 출력을 L293D에 연결하더라도 작동은 하지만, 엄밀히 말해 L293D에 공급되는 논리 입력이 4.5V 이상이어야 하기 때문에 라즈베리 파이 GPIO 커넥터의 5V 핀을 사용해야 한다. 표 13-2는 라즈베리 파이와 L293D 사이의 연결을 보여준다.

다음의 파이썬 프로그램(ch_13_l293d.py)은 M1이 전속도, M2가 반속도에서 서로 반대 방향으로 회전하도록 설정한다.

라즈베리 파이 GPIO 핀	L293D 핀 이름	L293 핀 개수	기능
5V	VCC1	16	논리 입력
GND	GND	12	접지
GPIO18	1,2EN	1	M1 속도
GPIO23	3,4EN	9	M2 속도
GPIO24	1A	2	M1 방향 A
GPIO17	2A	7	M1 방향 B
GPIO27	3A	10	M2 방향 A
GPIO22	4A	15	M2 방향 B

표 13-2 L293D IC를 라즈베리 파이에 연결하기

```
import RPi.GPIO as GPIO

GPIO.setmode(GPIO.BCM)

# 핀 정의
motor_1_speed_pin = 18
motor_2_speed_pin = 23
motor_1_dir_A_pin = 24
motor_1_dir_B_pin = 17
motor_2_dir_A_pin = 27
motor_2_dir_B_pin = 22

# 핀 모드 설정
GPIO.setup(motor_1_speed_pin, GPIO.OUT)
GPIO.setup(motor_2_speed_pin, GPIO.OUT)
GPIO.setup(motor_1_dir_A_pin, GPIO.OUT)
GPIO.setup(motor_1_dir_B_pin, GPIO.OUT)
GPIO.setup(motor_2_dir_A_pin, GPIO.OUT)
GPIO.setup(motor_2_dir_B_pin, GPIO.OUT)

# PWM 시작
motor_1_pwm = GPIO.PWM(motor_1_speed_pin, 500)
motor_1_pwm.start(0)
motor_2_pwm = GPIO.PWM(motor_2_speed_pin, 500)
motor_2_pwm.start(0)

# 1번 모터를 전속도로 설정
motor_1_pwm.ChangeDutyCycle(100)
GPIO.output(motor_1_dir_A_pin, False)
GPIO.output(motor_1_dir_B_pin, True)

# 2번 모터를 반속도로 설정
motor_2_pwm.ChangeDutyCycle(50)
GPIO.output(motor_2_dir_A_pin, True)
GPIO.output(motor_2_dir_B_pin, False)
```

```
input("멈추려면 '0'을 입력하세요.")
print("GPIO 초기화 완료")
GPIO.cleanup()
```

코드는 아두이노 버전과 같은 흐름을 따라 간다. 먼저, 핀을 출력으로 설정한 뒤 PWM 채널 2개를 모터 속도를 제어하도록 정의한다. 마지막으로 모터가 하나는 전속도, 다른 하나는 반속도로 회전하며 회전 방향은 서로 반대가 되도록 설정한다.

GPIO.cleanup() 함수가 모든 핀을 입력으로 설정한 후 프로그램이 종료되며 모터를 모두 정지시킨다.

논의 사항

그림 13-4는 반 브리지 드라이버의 작동 원리를 보여주는 '회로도'다. 그러나 이 회로도를 실제로 만들지는 말자. 실제로 만든다면 Q1과 Q2, 또는 Q3과 Q4가 동시에 켜질 때 트랜지스터가 손상될 가능성이 있기 때문이다. 게다가 회로는 모터 전압이 제어 핀의 논리 입력 전압과 거의 같을 때에만 작동된다 (레시피 11.4 참고).

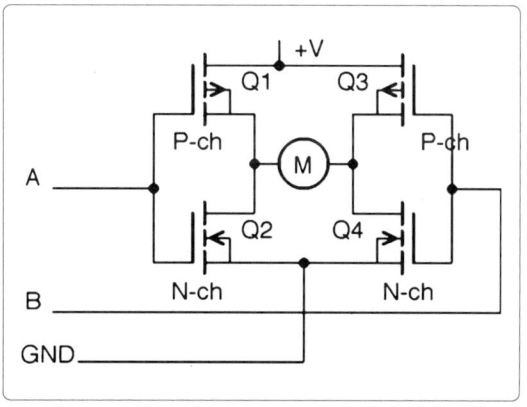

그림 13-4 대략적인 반 브리지 드라이버

이 회로에서 제어 핀 A가 LOW이면 Q1에 전원이 인가되고, HIGH이면 Q2에 전원이 인가된다. 마찬가지로 제어 핀 B가 LOW면 Q3에, HIGH면 Q4에 전원이 인가된다.

A와 B를 어떻게 설정하는지에 따라 표 13-1처럼 모터를 통과하는 전류의 방향을 제어할 수 있다.

참고 사항

- 푸시풀(반 브리지) 드라이버에 대한 자세한 내용은 레시피 11.8을 참고한다.

13.4 모터에 정확한 위치 설정하기

문제

아두이노나 라즈베리 파이에서 모터를 특정 위치로 움직이고 싶다

해결책

서보모터를 사용하면 이 문제를 해결할 수 있다. 서보모터를 그림 13-5처럼 연결한다.

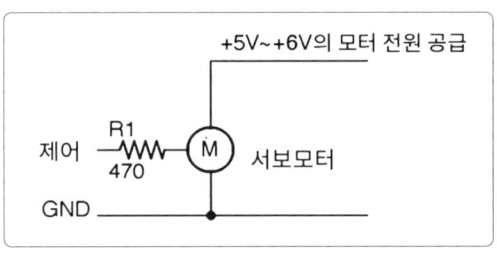

그림 13-5 서보모터를 GPIO 핀에 연결하기

서보모터는 보통 아두이노나 라즈베리 파이와는 별도의 전원 공급 장치를 사용하는데, 모터를 작동시킬 정도로 큰 부하 전류는 공급 전압을 낮춰서 제어 장치를 리셋시킬 수 있기 때문이다. 그러나 부하가 작은 서보모터라면 양쪽에 같은 전원 공급 장치를 사용할 수 있다.

저항 R1은 GPIO 핀을 보호하기 위해 연결하기는 했지만, 대부분의 서보모터가 제어 핀으로부터 아주 소량의 전류를 인출하기 때문에 반드시 저항을 사용해야 할 필요는 없다. 그러나 사용하려는 서보모터의 데이터시트가 없다면 만일을 대비해 R1을 사용하는 편이 합리적이다.

그림 13-6은 취미용 소형 9g 서보모터의 모습을 보여준다. 서보에는 상당히 표준화된 커넥터가 달려 있지만, 그렇다고 해도 서보모터의 데이터시트를 확인해야 한다.

그림 13-6 9g 서보모터

빨간 리드선이 모터의 양의 전원, 갈색 리드선이 접지 연결이며, 주황색 리드선이 제어 신호용이다.

제어 신호는 보통 3.3V의 논리 전원으로도 충분하지만, 해당 서보모터의 데이터 시트에서 명시된 전원이 더 높으면, 전압 변환기를 사용한다(레시피 10.17).

아두이노 소프트웨어

다음의 예제 코드(ch_13_servo)는 앞서 다운로드한 스케치 중 하나로(레시피 10.2 참고), 서보의 제어 핀이 아두이노 우노의 9번 핀에 연결되어 있다고 가정한다.

아두이노 직렬 모니터를 열면 서보모터 팔의 각도를 입력하라는 메시지가 보인다.

```
#include <Servo.h>

const int servoPin = 9;

Servo servo;

void setup() {
void setup() {
  servo.attach(servoPin);
  servo.write(90);
  Serial.begin(9600);
  Serial.println("각도(°): ");
}

void loop() {
  if (Serial.available()) {
    int angle = Serial.parseInt();
    servo.write(angle);
  }
}
```

이때, 직렬 모니터의 라인 엔딩 드롭 다운 메뉴가 "line ending 없음(No line ending)"으로 설정되어 있어야 한다.

서보 라이브러리의 servo.write는 서보모터의 팔을 0°~180° 사이의 각도로 설정한다.

라즈베리 파이 소프트웨어

위의 아두이노 스케치에 해당하는 라즈베리 파이 프로그램은 ch_13_servo.py로 앞서 다운로드한 프로그램에서 확인할 수 있다(레시피 10.4 참고).

```
import RPi.GPIO as GPIO
```

```
import time

servo_pin = 18

# 서보모터가 움직이는 전체 범위를 구하기 위해 이 값을 수정
deg_0_pulse = 0.5        # ms
deg_180_pulse = 2.5      # ms
f = 50.0                 # 50Hz = 펄스 간격이 20ms

# 펄스 폭 파라미터를 구하려면 계산이 필요하다.
period = 1000 / f        # 20ms
k = 100 / period         # 20ms 동안 듀티 사이클 0~100
deg_0_duty = deg_0_pulse * k
pulse_range = deg_180_pulse - deg_0_pulse
duty_range = pulse_range * k

GPIO.setmode(GPIO.BCM)
GPIO.setup(servo_pin, GPIO.OUT)
pwm = GPIO.PWM(servo_pin, f)
pwm.start(0)

def set_angle(angle):
    duty = deg_0_duty + (angle / 180.0) * duty_range
    pwm.ChangeDutyCycle(duty)
try:
    while True:
        angle = input("각도(°)를 입력하세요(0~180): ")
        set_angle(angle)
finally:
    print("GPIO 초기화 완료")
    GPIO.cleanup()
```

set_angle 함수는 변수 deg_0_duty와 duty_range를 사용한다. 이 둘의 값을 구하기 위한 계산은 프로그램이 시작할 때 한 번 이루어지며, 이 두 값으로 특정 각도에 대해 적절한 펄스 폭을 생성하는 듀티 사이클을 구한다.

서보모터는 제품마다 움직임 범위가 조금씩 다르기 때문에, 이 프로그램과 이에 해당하는 아두이노 스케치는 서보모터가 닿을 수 있는 각도 범위를 확인할 때 사용하면 좋다.

논의 사항

그림 13-7은 서보모터의 제어 핀에 도달한 펄스 폭이 서보모터 팔의 각도를 바꾸는 모습을 보여준다.

서보모터는 위치를 유지하기 위해서는 20ms마다 펄스 하나를 받아야 한다. 펄스의 폭은 서보모터 팔의 위치를 결정하며, 팔은 보통 180°를 움직인다. 0.5ms~1ms

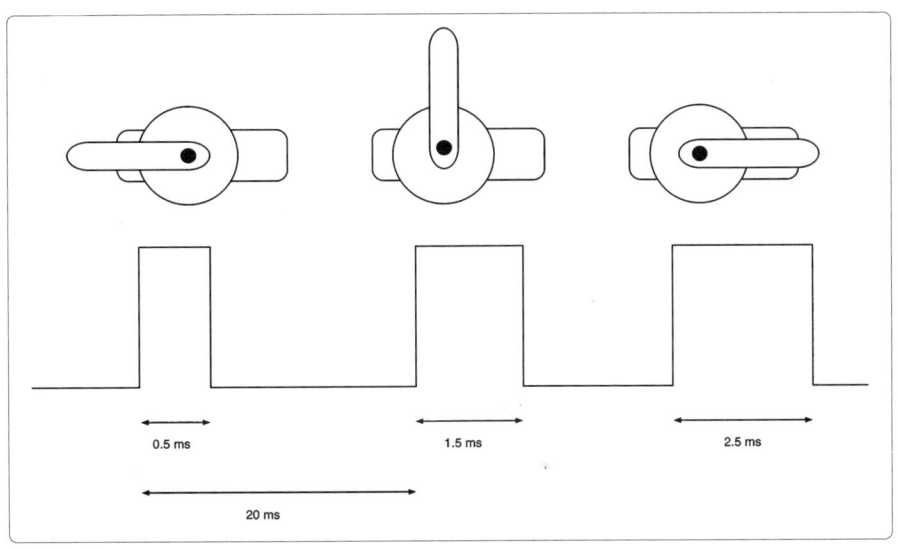

그림 13-7 펄스 폭은 서보모터 팔의 위치를 제어한다.

의 짧은 펄스 폭은 팔을 범위 한쪽 끝, 1.5ms의 펄스는 팔을 범위 가운데, 최대 2.5ms의 긴 펄스는 범위의 가장 먼 곳으로 이동시킨다.

✓ **서보모터 여러 개 연결하기**

아두이노나 라즈베리 파이에 연결해야 할 서보모터가 많을 때 서보식스(ServoSix) 보드 등의 서보모터 인터페이스 보드를 사용하면 도움이 된다(그림 13-8).

그림 13-8 몽크메이크 서보식스 보드

파이썬 GPIO 라이브러리를 사용해서 펄스를 생성하면 서보 팔의 움직임이 매끄럽지 않을 수 있다. 이런 현상은 라즈비안에서 여러 작업이 동시에 실행되면서 펄스 타이밍의 정확성이 떨어지기 때문에 일어난다.

이를 개선하기 위해서는 ServoBlaster 소프트웨어나 ServoBlaster에서 작성된 ServoSix 라이브러리를 사용해서 특정 GPIO 핀을 서보모터 전용으로 할당해 줄 수 있다. ServoSix 라이브러리는 제어 프로그램이 실행되는 동안 서보모터용 핀을 설정한다.

또 다른 방법은 서보모터를 제어하는 역할을 에이다프루트의 16채널 서보모터 보드 같은 하드웨어로 완전히 넘기는 것이다. 이렇게 하면 해당 하드웨어가 라즈베리 파이가 보내는 제어 메시지를 수신한다.

참고 사항

- 라즈베리 파이용 ServoBlaster의 파이썬 라이브러리에 대한 내용은 *https://github.com/richardghirst/PiBits/tree/master/ServoBlaster*를 참고한다.
- ServoSix 라이브러리는 *https://github.com/simonmonk/servosix*에서, ServoSix 연결 보드는 *https://www.monkmakes.com/servosix/*에서 구할 수 있다.
- 에이다프루트의 서보모터 인터페이스 보드를 사용하려면 *https://www.adafruit.com/product/815*를 참고한다.

13.5 모터를 정확한 단계 수만큼 이동시키기

문제

아두이노나 라즈베리 파이를 이용해서 모터를 정확한 각도나 단계 수만큼 한 곳에서 다른 곳으로 움직이고 싶다.

해결책

양극성 스테퍼 모터(bipolar stepper motor)를 사용한다. 레시피 13.3에서 사용한 L293D 같은 듀얼 반 브리지 IC를 사용해서 양극성 스테퍼 모터의 코일 2개에 전원을 인가한다. 그림 13-9는 아두이노 우노를 사용하는 회로도를, 그림 13-10은 라즈베리 파이를 사용하는 회로도를 보여준다.

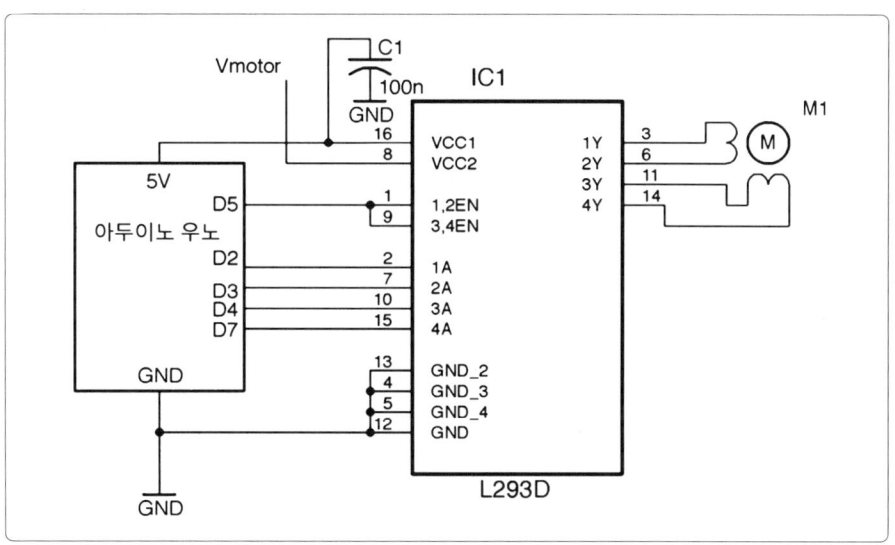

그림 13-9 아두이노 우노를 사용해서 양극성 스테퍼 모터 제어하기

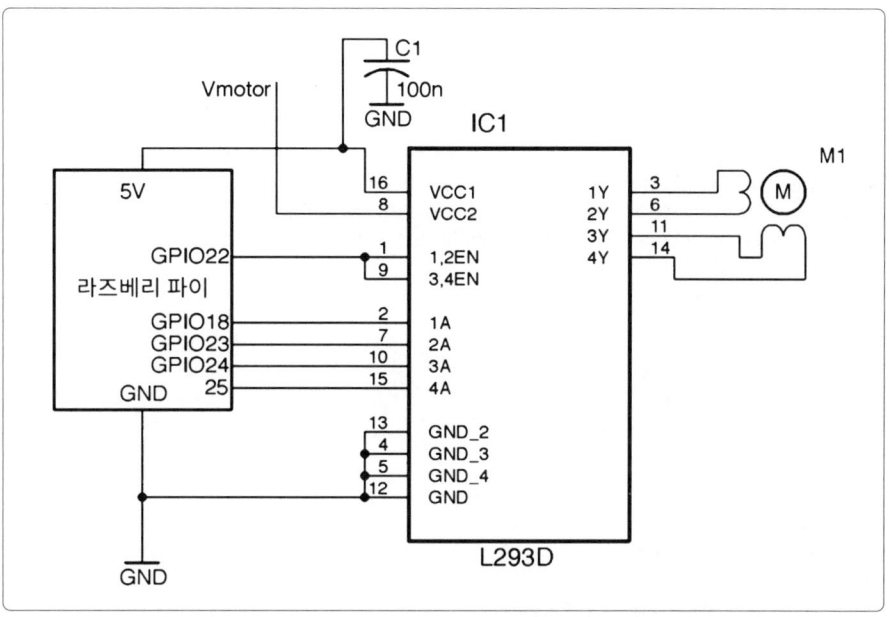

그림 13-10 라즈베리 파이를 사용해서 양극성 스테퍼 모터 제어하기

스테퍼 모터의 코일 2개에는 각각 푸시풀 드라이버가 필요하다. L293D의 활성화 핀은 모두 GPIO 핀에 각각 연결되어 있다. 일반적으로 활성화 핀은 영구적으로 활

성화되어 있지만, 스테퍼 모터의 전압이 전원 공급 장치의 전압보다 낮으면 고주파 PWM 신호로 사용될 수도 있다.

아두이노 소프트웨어

파일명이 ch_13_bi_stepper인 아두이노 스케치는 앞서 다운로드한 스케치에서 확인할 수 있다(레시피 10.2 참고).

```
#include <Stepper.h>

const int in1Pin = 2;
const int in2Pin = 3;
const int in3Pin = 4;
const int in4Pin = 7;
const int enablePin = 5;

Stepper motor(200, in1Pin, in2Pin, in3Pin, in4Pin);

void setup() {
  pinMode(in1Pin, OUTPUT);
  pinMode(in2Pin, OUTPUT);
  pinMode(in3Pin, OUTPUT);
  pinMode(in4Pin, OUTPUT);
  pinMode(enablePin, OUTPUT);
  digitalWrite(enablePin, HIGH);
  Serial.begin(9600);
  Serial.println("명령 문자와 숫자를 붙여 입력한다.");
  Serial.println("p20 - 모터 속도를 20으로 설정한다.");
  Serial.println("f100 - 모터를 앞으로 100단계 회전시킨다.");
  Serial.println("r100 - 모터를 뒤로 100단계 회전시킨다.");
  motor.setSpeed(20);
}

void loop() {
  if (Serial.available()) {
    char command = Serial.read();
    int param = Serial.parseInt();
    if (command == 'p') {
      motor.setSpeed(param);
    }
    else if (command == 'f') {
      motor.step(param);
    }
    else if (command == 'r') {
      motor.step(-param);
    }
  }
}
```

스케치에서는 아두이노 IDE에 내장되어 있는 Stepper 라이브러리를 사용한다. 라이브러리의 첫 번째 줄에서는 단계 수를 첫 번째 파라미터로 입력해 주어야 한다.

Stepper motor(200, in1Pin, in2Pin, in3Pin, in4Pin);

프로그램을 테스트해 보려면 직렬 모니터를 열고 f100 등 명령어를 입력해 본다. 여기서 f는 방향을(forward 앞으로, reverse 뒤로), 100은 단계 수를 뜻한다.

라즈베리 파이 소프트웨어

양극성 스테퍼 모터를 구동하기 위한 라즈베리 파이 소프트웨어의 파일명은 ch_13_bi_stepper.py다. 이 코드를 다운로드하려면 레시피 10.4를 참고한다.

```python
import RPi.GPIO as GPIO
import time

GPIO.setmode(GPIO.BCM)

in_1_pin = 18
in_2_pin = 23
in_3_pin = 24
in_4_pin = 25
en_pin = 22

GPIO.setup(in_1_pin, GPIO.OUT)
GPIO.setup(in_2_pin, GPIO.OUT)
GPIO.setup(in_3_pin, GPIO.OUT)
GPIO.setup(in_4_pin, GPIO.OUT)
GPIO.setup(en_pin, GPIO.OUT)
GPIO.output(en_pin, True)

period = 0.02

def step_forward(steps, period):
  for i in range(0, steps):
    set_coils(1, 0, 0, 1)
    time.sleep(period)
    set_coils(1, 0, 1, 0)
    time.sleep(period)
    set_coils(0, 1, 1, 0)
    time.sleep(period)
    set_coils(0, 1, 0, 1)
    time.sleep(period)
def step_reverse(steps, period):
  for i in range(0, steps):
    set_coils(0, 1, 0, 1)
    time.sleep(period)
    set_coils(0, 1, 1, 0)
    time.sleep(period)
    set_coils(1, 0, 1, 0)
    time.sleep(period)
```

```
        set_coils(1, 0, 0, 1)
        time.sleep(period)

def set_coils(in1, in2, in3, in4):
    GPIO.output(in_1_pin, in1)
    GPIO.output(in_2_pin, in2)
    GPIO.output(in_3_pin, in3)
    GPIO.output(in_4_pin, in4)

try:
    print('명령 문자와 숫자를 붙여 입력한다.');
    print('p20 - 단계 사이의 시간을 20ms로 설정한다(속도 제어)');
    print('f100 - 모터를 앞으로 100단계 회전시킨다.');
    print('r100 - 모터를 뒤로 100단계 회전시킨다.');

    while True:
        command = input('명령어 입력: ')
        parameter_str = command[1:]    # 1부터 끝까지
        parameter = int(parameter_str)
        if command[0] == 'p':
            period = parameter / 1000.0
        elif command[0] == 'f':
            step_forward(parameter, period)
        elif command[0] == 'r':
            step_reverse(parameter, period)
finally:
    print('GPIO 초기화 완료')
    GPIO.cleanup()
```

이 코드에서는 라이브러리를 사용하지 않고 푸시풀 드라이버의 출력이 제대로 된 순서로 코일을 활성화하도록 직접 설정해서 모터가 특정 단계 수만큼 앞으로 또는 뒤로 움직이도록 한다.

✓ **파이썬 2를 사용한다면?**

앞의 코드는 파이썬 3으로 작성된 것이다. 이 코드를 파이썬 2에서 실행시키려면 다음을 수정해야 한다.

```
command = input('명령어 입력: ')
```

위를 아래와 같이 수정한다.

```
command = raw_input('명령어 입력: ')
```

이 책의 파이썬 프로그램은 파이썬 2나 파이썬 3에서 실행되도록 작성되었지만, input/raw_input 문제는 파이썬 버전 간의 호환성을 불가능하게 만드는 원인 중 하나다.

논의 사항

서보모터와 달리, 스테퍼 모터는 계속해서 회전할 수 있다. 단, 한 번에 한 단계씩만 움직일 수 있을 뿐이다. 보통 스테퍼 모터는 한 바퀴 회전하는 동안 수십에서 수백 단계를 거친다. 스테퍼 모터를 한 위치에서 다른 위치로 움직이려면 특정 패턴에 따라 내장된 코일 2개를 활성화해야 한다.

L293D를 사용하면 브레드보드에서 스테퍼 모터를 테스트하기 좋다. 그림 13-11은 그림 13-9의 회로도대로 아두이노를 연결한 모습이다. GND 연결은 칩 내부에 존재하기 때문에 회로도에서 보이는 접지 연결을 모두 만들 필요는 없다.

참고 사항

- 앞에서 테스트용으로 사용한 스테퍼 모터는 에이다프루트의 제품으로, 홈페이지에서 모터의 데이터시트를 확인할 수 있다.
- 단극성 스테퍼 모터(보통 리드선이 5개)를 사용하려면 레시피 13.6을 참고한다.

그림 13-11 L293D를 브레드보드에 연결한 모습

13.6 더 간단한 스테퍼 모터 선택하기

문제
아두이노나 라즈베리 파이에서 단극성(5선) 스테퍼 모터를 사용하고 싶다.

해결책
단극성 스테퍼 모터는 레시피 13.6에서 설명한 양극성 유형보다 사용하기 조금 쉽다. 단극성 스테퍼 모터에는 푸시풀 반 브리지 드라이버가 필요 없으며, ULN2803 같은 달링턴 어레이 칩을 사용해 제어할 수 있다. 그림 13-12는 아두이노, 그림 13-13은 라즈베리 파이에 ULN2803을 연결한 회로도를 보여준다.

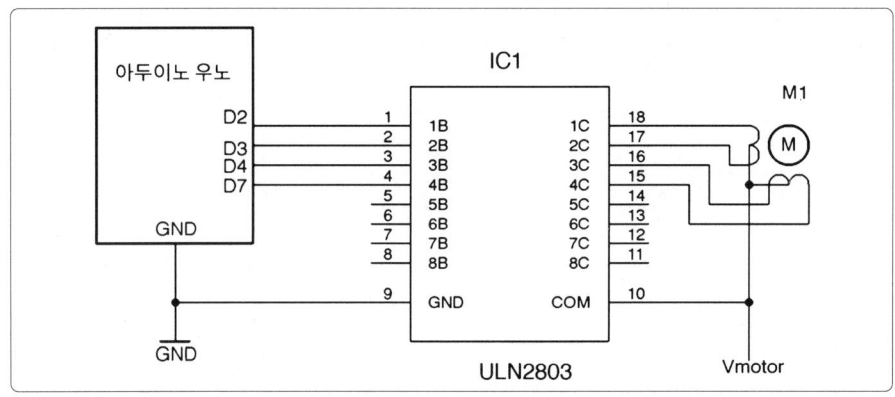

그림 13-12 ULN2803으로 단극성 스테퍼 모터 제어하기(아두이노)

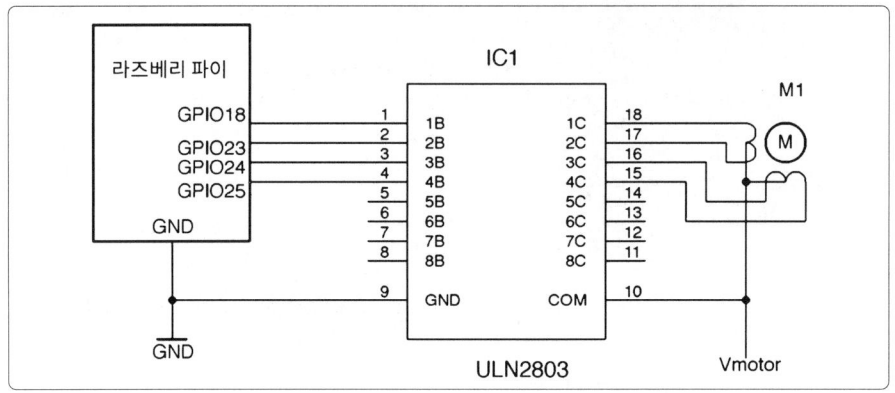

그림 13-13 ULN2803으로 단극성 스테퍼 모터 제어하기(라즈베리 파이)

ULN2803에는 오픈 컬렉터 달링턴 트랜지스터가 8개 내장되어 있으며, 각각의 싱크 전류가 약 500mA이기 때문에 단극성 스테퍼 모터 2개를 구동하는 데 사용될 수 있다.

아두이노 소프트웨어

Stepper 라이브러리를 사용하는 아두이노의 예제 스케치는 앞에서 내려 받은 스케치에서 확인할 수 있으며(레시피 10.2 참고), 파일명은 ch_13_uni_stepper다.

```
#include <Stepper.h>

const int in1Pin = 2;
const int in2Pin = 3;
const int in3Pin = 4;
const int in4Pin = 7;

Stepper motor(513, in1Pin, in2Pin, in3Pin, in4Pin);

void setup() {
  pinMode(in1Pin, OUTPUT);
  pinMode(in2Pin, OUTPUT);
  pinMode(in3Pin, OUTPUT);
  pinMode(in4Pin, OUTPUT);
  Serial.begin(9600);
  Serial.println("명령 문자와 숫자를 붙여 입력한다.");
  Serial.println("p20 - 모터 속도를 20으로 설정한다.");
  Serial.println("f100 - 모터를 앞으로 100단계 회전시킨다.");
  Serial.println("r100 - 모터를 뒤로 100단계 회전시킨다.");
  motor.setSpeed(20);
}

void loop() {
    if (Serial.available()) {
    char command = Serial.read();
    int param = Serial.parseInt();
    if (command == 'p') {
      motor.setSpeed(param);
    }
    else if (command == 'f') {
      motor.step(param);
    }
    else if (command == 'r') {
      motor.step(-param);
    }
  }
}
```

이 스케치는 레시피 13.5의 스케치와 아주 비슷하지만, 여기에는 사용할 수 있는 활성화 핀이 없다. 코드의 설명은 레시피 13.5의 스케치를 참고한다.

라즈베리 파이 소프트웨어

이 라즈베리 파이 프로그램은 앞에서 내려 받은 ch_13_uni_stepper.py 프로그램에서 확인할 수 있다. 레시피 13.5의 프로그램과 거의 같지만, 드라이버 활성화 기능이 삭제되었다.

```python
import RPi.GPIO as GPIO
import time

GPIO.setmode(GPIO.BCM)

in_1_pin = 18
in_2_pin = 23
in_3_pin = 24
in_4_pin = 25

GPIO.setup(in_1_pin, GPIO.OUT)
GPIO.setup(in_2_pin, GPIO.OUT)
GPIO.setup(in_3_pin, GPIO.OUT)
GPIO.setup(in_4_pin, GPIO.OUT)
period = 0.02

def step_forward(steps, period):
  for i in range(0, steps):
    set_coils(1, 0, 0, 1)
    time.sleep(period)
    set_coils(1, 0, 1, 0)
    time.sleep(period)
    set_coils(0, 1, 1, 0)
    time.sleep(period)
    set_coils(0, 1, 0, 1)
    time.sleep(period)
def step_reverse(steps, period):
  for i in range(0, steps):
    set_coils(0, 1, 0, 1)
    time.sleep(period)
    set_coils(0, 1, 1, 0)
    time.sleep(period)
    set_coils(1, 0, 1, 0)
    time.sleep(period)
    set_coils(1, 0, 0, 1)
    time.sleep(period)

def set_coils(in1, in2, in3, in4):
  GPIO.output(in_1_pin, in1)
  GPIO.output(in_2_pin, in2)
  GPIO.output(in_3_pin, in3)
  GPIO.output(in_4_pin, in4)
```

```python
try:
    print('명령 문자와 숫자를 붙여 입력한다.');
    print('p20 - 단계 사이의 시간을 20ms로 설정한다(속도 제어)');
    print('f100 - 모터를 앞으로 100단계 회전시킨다.');
    print('r100 - 모터를 뒤로 100단계 회전시킨다.');

    while True:
        command = raw_input('명령어 입력: ')
        parameter_str = command[1:]    # 1부터 끝까지
        parameter = int(parameter_str)
        if command[0] == 'p':
            period = parameter / 1000.0
        elif command[0] == 'f':
            step_forward(parameter, period)
        elif command[0] == 'r':
            step_reverse(parameter, period)

finally:
    print('GPIO 초기화 완료')
    GPIO.cleanup()
```

논의 사항

단극성 스테퍼 모터는 내장형 감속 기어박스(reduction gearboxes)와 함께 사용하면 소형 로버 로봇에 쓸 수 있을 만한 큰 모터를 만들 수 있다.

참고 사항

- 이 책의 레시피를 검증하기 위해 사용한 단극성 스테퍼 모터는 에이다프루트 제품이다(*https://www.adafruit.com/product/858*).
- 양극성 스테퍼 모터를 사용하려면 레시피 13.6을 참고한다.
- ULN2803의 데이터시트는 *http://www.ti.com/lit/ds/symlink/uln2803a.pdf*에서 확인할 수 있다.

LED와 디스플레이 14

14.0 개요

LED는 조명과 인디케이터로 사용할 수 있다. LED는 7-세그먼트 디스플레이나 유기 발광 다이오드(organic LED, OLED)의 작은 픽셀로 배열해 사용할 수도 있다.

이 장에서는 LED에 전원을 공급하고 제어하기 위한 레시피와 아두이노나 라즈베리 파이에 디스플레이 장치를 연결해 사용하는 레시피가 수록되어 있다.

14.1 표준 LED 연결하기

문제
표준 저전력 LED를 GPIO 핀에 연결하고 싶지만, 사용해야 하는 직렬 저항의 저항값이 확실하지 않다.

해결책
앞의 레시피 4.4에서 LED에 지나치게 높은 전류가 흐르지 않도록 직렬 저항을 사용하는 법을 살펴보았다. LED에 지나치게 높은 전류가 흐르면 LED 수명을 단축시키기도 하지만, 그보다 더 중요한 점은 LED를 제어하는 아두이노나 라즈베리 파이의 GPIO 핀에 손상을 입히거나 심한 경우 완전히 못 쓰게 만든다는 것이다.

LED를 그림 14-1에서 보는 것처럼 GPIO 핀에 연결한 뒤 표 14-1을 사용해 직렬 저항의 저항값을 선택한다.

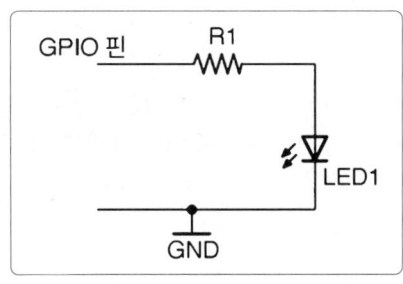

그림 14-1 LED를 GPIO 핀에 연결하기

	적외선	빨간색	주황색/노란색/초록색	파란색/흰색	보라색	자외선
Vf	1.2-1.6V	1.6-2V	2-2.2V	2.5-3.7V	2.7-4V	3.1-4.4V
3.3V GPIO 3mA	1kΩ	680Ω	470Ω	270Ω	220Ω	68Ω
3.3V GPIO 16mA	150Ω	120Ω	82Ω	56Ω	39Ω	15Ω
5V GPIO 20mA	220Ω	180Ω	150Ω	150Ω	120Ω	100Ω

표 14-1 LED 직렬 저항의 값

논의 사항

실제로 거의 모든 LED는 3.3V에서 전류를 차단하는 1kΩ 저항과 사용하더라도 어느 정도 빛을 낸다. 그렇기 때문에 LED의 밝기를 최적화해야 할 필요가 없다면 경험을 바탕으로 어림잡았을 때 270Ω 저항으로도 충분하다.

그림 14-2 라즈베리 파이 스퀴드 RGB LED

최적의 밝기가 필요하다면 사용하는 LED의 데이터시트를 확인한 뒤, 레시피 4.4의 식에 순방향 전압 Vf와 최대 순방향 전류 If를 대입해서 최적의 저항 값을 계산한다.

LED를 그림 14-1과 같이 연결했다면 레시피 10.8과 레시피 10.9를 참고해서 아두이노와 라즈베리 파이로 LED를 껐다 켰다 할 수 있다.

라즈베리 파이에서 LED를 사용할 때 있으면 편리한 것이 바로 라즈베리 스퀴드(Raspberry Squid)다(그림 14-2). 이 제품의 리드선에는 빨간색, 초록색, 파란색 LED용 직렬 저항이 내장되어 있기 때문에 이를 라즈베리 파이의 GPIO 커넥터에 끼우기만 하면 된다.

> **LED 핀 구별하기**
>
> 그림 14-3에서 보는 것과 같은 표준 스루홀 유형의 LED를 자세히 들여다 보면, 한쪽 리드선

이 다른 쪽보다 길다는 사실을 알 수 있다. 길이가 긴 애노드가 양의 전압 쪽에 연결되어 있어야 LED가 순방향 바이어스 상태가 되면서 켜진다.

LED의 투명한 속을 들여다 보면 LED 안의 내부 연결도 한 쪽이 다른 한쪽보다 훨씬 길다는 것을 알 수 있다.

그래도 아직 핀 구별이 어렵다면, 마지막으로 LED의 바닥 모서리에 납작하게 깎인 부분이 있는데 그 쪽 리드선이 캐소드(음극 단자)다.

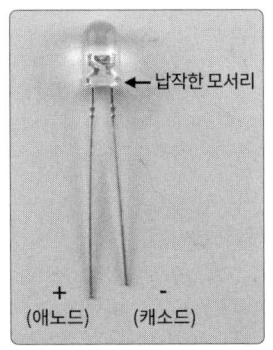

그림 14-3 5mm 스루홀 유형의 LED

참고 사항

- LED에 관한 자세한 배경 지식은 레시피 4.4를 참고한다.
- 자신만의 라즈베리 스퀴드를 만들고 싶다면 *https://github.com/simonmonk/squid* 를 참고한다.

14.2 고전력 LED에 전원 공급하기

문제
아두이노나 라즈베리 파이에서 일정한 전류를 사용하는 2W~5W의 LED에 전원을 인가해서 PWM GPIO 신호로 LED의 밝기를 제어하고 싶다.

해결책
레시피 7.7을 수정해서 그림 14-4처럼 LED 구동을 위한 제어 입력을 추가한다.

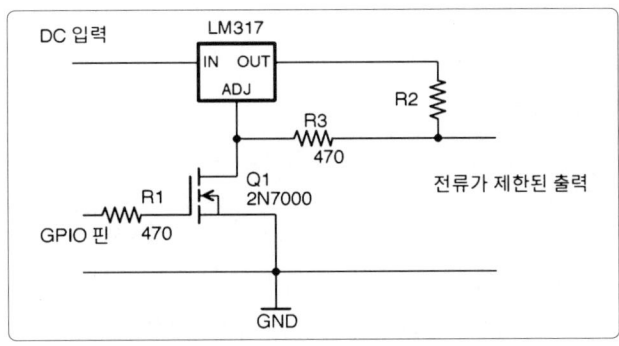

그림 14-4 아두이노나 라즈베리 파이로 정전류 LED 제어하기

GPIO 핀이 LOW이면 Q1이 꺼지면서 회로에 아무런 일도 하지 않는다. 이때 LM317이 일정한 전류를 공급하며, 전류의 크기는 R2에 의해 결정된다. 전류 크기는 레시피 7.7에서 설명한 것처럼 다음 식을 사용해 계산할 수 있다.

$$I = \frac{1.2}{R_2}$$

전류의 크기를 알고 있다면, 다음 식을 사용해서 R2 값을 계산할 수 있다.

$$R_2 = \frac{1.2}{I}$$

R3은 LM317의 조정(Adjust) 핀에 걸리는 입력 임피던스에 비해 매우 낮은 값을 가지기 때문에 무시할 수 있다.

GPIO 핀에 걸리는 전압이 Q1의 게이트 문턱 전압보다 높으면 Q1이 켜지면서 조정 핀을 LOW 상태로 바꾸고 조정 전압을 0V로 낮춘다.

논의 사항

LM317에서 발열이 일어나는 경우는 DC 입력 전압이 LED의 순방향 전압보다 훨씬 클 때다. 실제로 전력이 발생시키는 열은 다음 식으로 계산할 수 있다.

$$P = I_f(V_{in} - V_f - 1.2)$$

이때 I_f는 LED의 순방향 전류, V_{in}은 입력 전압, V_f는 LED의 순방향 전압이다.

R2에는 보통 낮은 값의 저항을 사용하며, 발생시키는 열은 다음의 식으로 계산한다.

$$P = 1.2 \times I_f$$

예를 들어 그림 14-5는 120mA 전류를 고전력 LED에 공급하는 그림 14-4의 회로를 실제로 완성한 모습이다. 이때, R2는 10Ω 1/4W 저항을 사용했다. 제어 핀은 아두이노의 GPIO 핀에 연결되어 있다.

아두이노 소프트웨어

LED를 켜고 끌 때 레시피 10.8의 레시피를 사용할 수도 있지만, 이 경우 GPIO 핀이 HIGH 상태일 때 LED가 꺼지기 때문에 온, 오프 상태가 뒤바뀐다.

또, 펄스 폭 변조를 사용해서 LED의 밝기를 제어할 수도 있지만, 이것 역시 논리

그림 14-5 아두이노에서 일정한 전류를 공급하도록 제어하기

가 뒤집히기 때문에 ch_10_analog_output의 다음 줄을 수정해주어야 한다.

```
int brightness = Serial.parseInt();
```

위는 아래와 같이 수정한다.

```
int brightness = 255 - Serial.parseInt();
```

라즈베리 파이 소프트웨어

레시피 10.9의 파이썬 프로그램을 사용할 수 있지만, 아두이노 스케치의 경우와 마찬가지로 온·오프 논리가 뒤바뀐다.

밝기를 제어하기 위해서는 여기서도 프로그램을 수정해야 한다.

```
duty = int(duty_s)
```

위는 아래와 같이 수정한다.

```
duty = 100 - int(duty_s)
```

참고 사항

- LM317의 데이터시트는 *http://www.ti.com/lit/ds/symlink/lm317.pdf*에서 확인할 수 있다.

14.3 LED 여러 개에 전원 공급하기

문제
LED 여러 개에 전원을 동시에 인가하고 싶다.

해결책
공급 전원의 크기에 맞춰서 LED 여러 개를 직렬로 연결하고, 여기에 전류 제어를 위한 저항을 연결한다. 그 예로 그림 14-6은 12V 전원 공급 장치를 사용해서 1.7V 의 순방향 전압, 20mA의 순방향 전류로 LED 20개에 전원을 공급한다.

이 경우 한 줄로 이어진 LED 5개는 순방향 바이어스 상태이며, 전압을 총 8.5V 떨어뜨려서 저항에 걸리는 전압은 3.5V가 된다. 옴의 법칙을 사용해 계산하면 저항 값이 175Ω이므로, 180Ω의 표준 저항을 사용하면 전류가 원하는 크기보다 조금 낮기는 해도 충분한 수준이 된다.

더 많은 LED를 직렬로 연결해서 필요한 저항의 개수를 줄이고 싶을 수도 있겠지만, LED의 데이터시트에 순방향 전압이 아주 정확하게 명시되어 있지 않을 때 이 방법을 사용하면 과전류라는 실제적인 문제가 발생할 수 있다. 경험에 비추어 봤을 때 공급 전압의 25% 정도는 직렬 저항에 할애하는 편이 낫다.

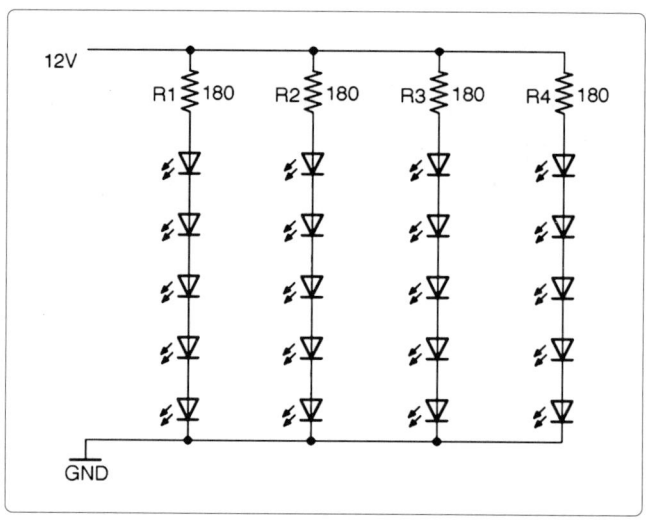

그림 14-6 여러 개의 LED에 전력 공급하기

논의 사항

위의 설계를 주 전원과 LED를 한 줄로 직렬로 연결하는 극단적인 형태로 변형해도 전원은 공급할 수 있다. 이렇게 만들어도 작동은 하지만, 솔직히 말해 끔찍한 생각이니 그만 두자.

또, 그림 14-7처럼 LED 여러 개가 하나의 직렬 저항을 공유하도록 직렬로 연결하고 싶을 수도 있다.

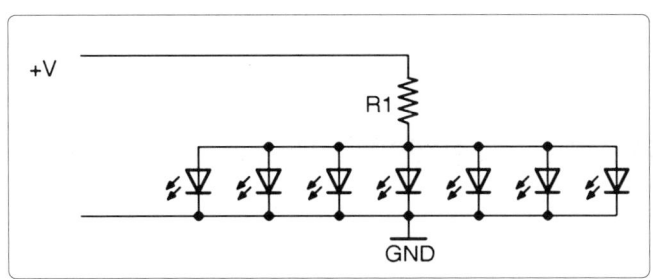

그림 **14-7** LED에 전력을 공급하는 잘못된 방법

이 경우 문제는 각 LED의 순방향 전압이 조금씩 다를 수 있기 때문에 가장 작은 순방향 전압을 가진 LED에 제일 먼저 전원이 인가되어 저항의 모든 전류를 끌어 간다. 그럴 경우 한번에 하나씩 모든 LED가 타 버릴 수 있다.

참고 사항

- LED와 직렬 저항에 대한 기본적인 내용은 레시피 14.1을 참고한다.
- 인터넷에는 직렬 저항값을 계산해 주는 훌륭한 계산기가 제공되며, 이는 *http://led.linear1.org/led.wiz*에서 사용할 수 있다.

14.4 LED 여러 개를 동시에 스위칭하기

문제

아두이노나 라즈베리 파이에서 아주 많은 LED(레시피 14.3 참고)를 모두 켜거나 끄고 싶다.

해결책

아주 많은 LED를 스위칭하는 것은 꽤 큰 부하를 스위칭하는 것과 별반 다르지 않다. 이를 위해 레시피 13.3을 사용할 수 있다.

LED를 켜고 끄는 프로그램은 레시피 10.8과 레시피 10.9를 참고한다.

논의 사항

또한 PWM 신호를 사용해서 아주 많은 LED의 밝기를 제어할 수 있는데, 이때 사용되는 프로그램은 레시피 10.13과 레시피 10.14를 참고한다.

참고 사항

- 이와 같은 부하의 스위칭에 관한 전체 레시피는 11장을 참고한다.

14.5 7-세그먼트 디스플레이에 신호 멀티플렉싱하기

문제

아두이노나 라즈베리 파이에서 숫자가 여러 개인 7-세그먼트 디스플레이를 구동하고 싶다.

해결책

여러 개의 LED를 켜는 데 필요한 GPIO 핀의 개수를 줄여주는 기법인 멀티플렉싱(multiplexing)을 사용한다. 그림 14-8은 아두이노 우노에서 4자리 LED 디스플레이를 제어하는 방법을 보여준다.

디스플레이의 각 자리수는 숫자 8의 형태로 배열되어 있다. 8의 숫자를 이루고 있는 각 세그먼트에는 A~G까지 명칭이 붙어 있으며 LED 장치 내부에 같은 명칭이

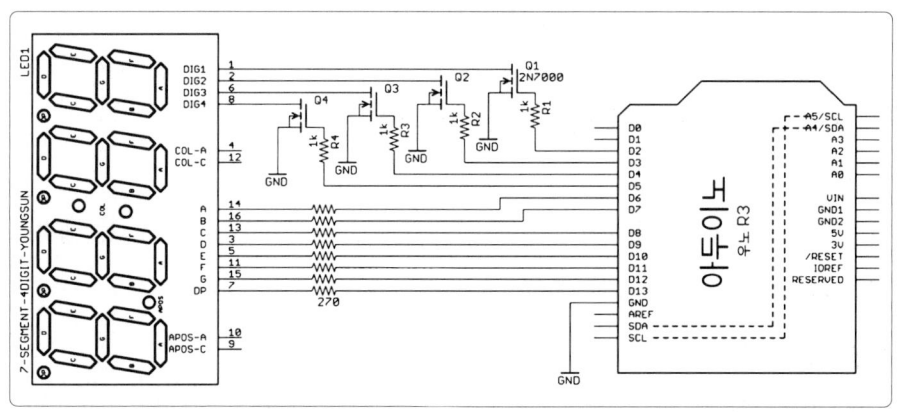

그림 14-8 아두이노로 네 자리 수 LED 디스플레이 장치 제어하기

붙은 다른 세그먼트와 모두 연결되어 있다. 이 장치에서 세그먼트 캐소드는 숫자별로 공통 캐소드 하나에 연결되어 있다. LED 디스플레이 장치에는 이들 공통 캐소드 4개에 각각 핀이 할당되어 있어서 소프트웨어로 숫자를 순서대로 하나하나 활성화할 수 있기 때문에, 하나의 숫자 세그먼트 패턴을 설정한 뒤 다음 숫자로 넘어간다.

스케치 ch_14_7_seg_mux는 디스플레이 장치에 1부터 4까지의 숫자를 표시한다(그림 14-9 참조).

그림 14-9 7-세그먼트 디스플레이를 멀티플렉싱하는 회로를 브레드보드에 설치한 모습

이 스케치는 앞서 다운로드한 스케치에서 확인할 수 있다(레시피 10.2 참고).

```
const int digitPins[] = {2, 3, 4, 5};
const int segPins[] = {6, 7, 8, 9, 10, 11, 12, 13};

// abcdefgD
const char num[] = { 0b11111100,  // 0 abcdef
                     0b00001100,  // 1 ef
                     0b11011010,  // 2 ab de g
                     0b10011110,  // 3 a defg
                     0b00101110,  // 4 c efg
                     0b10110110,  // 5 a cd fg
```

```
                  0b11110110,    // 6 abcd fg
                  0b00011100,    // 7 def
                  0b11111110,    // 8 abcdefg
                  0b10111110};   // 9 a cdefg
int digits[] = {1, 2, 3, 4};
void setup()
{
  for (int i = 0; i < 4; i++)
  {
    pinMode(digitPins[i], OUTPUT);
  }
  for (int i = 0; i < 8; i++)
  {
    pinMode(segPins[i], OUTPUT);
  }
}

void loop()
{
  refreshDisplay();
}

void refreshDisplay()
{
  for (int d = 0; d < 4; d++)
  {
    for (int seg=0; seg < 8; seg++)
    {
      digitalWrite(segPins[seg], LOW);
    }
    digitalWrite(digitPins[d], HIGH);
    for (int seg=0; seg < 8; seg++)
    {
      digitalWrite(segPins[seg], bitRead(num[digits[d]], 7-seg));
    }
    delay(1);
    digitalWrite(digitPins[d], LOW);
  }
}
```

숫자와 세그먼트 핀은 배열로 저장된다. setup 함수는 이들을 모두 출력으로 설정한다.

이 외에 배열 2개가 추가로 정의되는데, num에는 0~9까지 숫자의 비트 패턴이 저장된다. 1의 비트 위치는 해당 값에서 세그먼트에 불이 들어와야 한다는 뜻이다. 배열 digits에는 네 자리수 각각에 표시되는 숫자 값을 저장한다.

refreshDisplay 함수가 호출될 때마다 디스플레이의 숫자 4개가 모두 표시된 뒤 꺼진다. 따라서 refreshDisplay를 최대한 자주 호출해야 디스플레이가 깜빡이거나 흐려지지 않는다. 이 함수에는 각 자릿수 d가 0에서 3까지 반복되는 외부 루프가 있다. 외부 루프에서는 세그먼트를 먼저 끄고 해당 자리수에 대한 제어 핀을 활성화시킨다.

내부 루프는 각 세그먼트(seg) 값에 따라 반복되며, 다음의 함수 값에 따라 해당 세그먼트를 켤지 끌지를 결정한다.

```
bitRead(num[digits[d]], 7-seg)
```

여기에서는 먼저 현재 자릿수 값을 찾은 뒤, 그 값에 대한 비트 패턴을 확인한다.

논의 사항

앞의 예제에서 중요한 사실은 loop 함수 내에서 refreshDisplay와 함께 일어나는 일은 아주 잠깐이어야 하며, 그렇지 않으면 디스플레이에 깜빡임이 생긴다는 것이다. 인간의 눈은 refreshDisplay가 1초에 30번 이상 호출될 때는 깜빡임을 인식하지 못하기 때문에 loop 내에서 무언가를 할 수 있는 시간은 이론적으로 약 30ms다. 이 시간은 디지털 입력의 상태를 확인하고 단순한 작업을 몇 가지 수행하는 데 충분하기는 하지만, loop 함수가 최대한 빠르게 실행되도록 해야 한다는 점을 잊지 말자.

그림 14-9는 디스플레이의 멀티플렉싱을 구현하기 위한 전선 연결이 상당히 많음을 보여준다. 동일한 하드웨어를 라즈베리 파이의 GPIO에 연결할 수도 있지만 (GPIO 핀이 40개 이상인 라즈베리 파이의 경우), 운영체제의 특성상 디스플레이 재생이 매끄럽지 않을 수 있다. 라즈베리 파이의 경우, 레시피 14.9의 I2C LED 디스플레이 같이 자체 하드웨어를 내장한 디스플레이 모듈을 사용하는 편이 더 나을 수 있다.

참고 사항

- I2C 7-세그먼트 LED 모듈 사용 방법은 레시피 14.9를 참고한다.

14.6 LED 여러 개를 제어하기

문제

몇 개의 GPIO 핀만으로 LED 여러 개를 제어하고 싶다.

해결책

찰리플렉싱(Charlieplexing)이라는 방식을 사용한다.

찰리플렉싱이라는 이름은 맥심(Maxim)이라는 회사의 개발자 이름인 찰리 앨런(Charlie Allen)에서 따왔다. 이 방식은 프로그램이 실행되는 동안 GPIO 핀의 상태를 출력에서 입력으로 바꿀 수 있다는 특성을 사용한다. 핀이 입력으로 바뀌면 LED를 켜기에 충분하지 않은 전류가 흐르거나, 출력으로 설정된 LED에 연결된 다른 핀에 영향을 준다.

그림 14-10은 핀 3개로 LED 6개를 제어하는 회로도를 보여준다.

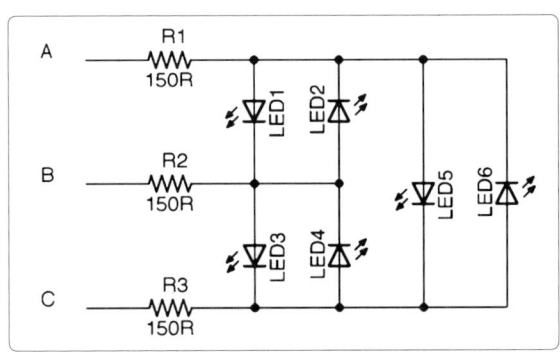

그림 14-10에서 LED1을 켜려면 핀 A를 HIGH, 핀 B를 LOW로 만들어야 한다. 그러나 그 외의 LED를 꺼진 상태로 유지하려면 핀 C를 입력으로 설정해서 전류가 이 지점을 통과하지 못하도록 해야 한다. 조금 더 정확하게 말하자면, LED를 켤 수 있을 정도의 전류가 핀을 통과하지 못하도록 해야 한다.

그림 14-10 LED 6개를 찰리플렉싱하는 회로도

LED 개수가 몇 개 되지 않는다면 그림 14-11처럼 설치한 브레드보드에서 찰리플렉싱을 테스트해 볼 수 있다.

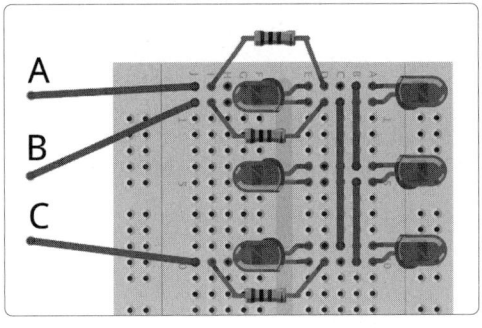

그림 14-11 브레드보드에 구성한 찰리플렉싱 회로

아두이노 소프트웨어

브레드보드의 제어 핀 3개를 아두이노의 D5 핀, D6 핀, D7 핀에 연결한다(D6 핀을 가운데 제어 핀에 연결). 그런 다음 다음의 스케치(ch_14_charlieplexing)를 사용해서 찰리플렉싱을 테스트할 수 있다. 이 스케치는 앞서 다운로드한 스케치에서 확인할 수 있다(레시피 10.2 참고).

```
const int pins[] = {5, 6, 7};

const int pinLEDstates[6][3] = {
  {1, 0, -1},   // LED 1
  {0, 1, -1},   // LED 2
  {-1, 1, 0},   // LED 3
  {-1, 0, 1},   // LED 4
  {1, -1, 0},   // LED 5
  {0, -1, 1}    // LED 6
};

int ledState[6];

void setup()
{
  Serial.begin(9600);
  Serial.println("LED 번호(0~5):");
}

void loop()
{
  if (Serial.available())
  {
    int led = Serial.parseInt();
    ledState[led] = ! ledState[led];
  }
  refresh();
}

void refresh()
{

  for (int led = 0; led < 6; led ++)
  {
    clearPins();
    if (ledState[led])
      {
      setPins(led);
    }
    else
    {
      clearPins();
    }
    delay(1);
  }
}

void setPins(int led)
{
  for (int pin = 0; pin < 3; pin ++)
  {
    if (pinLEDstates[led][pin] == -1)
    {
      pinMode(pins[pin], INPUT);
```

14.6 LED 여러 개를 제어하기

```
      }
      else
      {
        pinMode(pins[pin], OUTPUT);
        digitalWrite(pins[pin], pinLEDstates[led][pin]);
      }
    }
}
void clearPins()
{
  for (int pin = 0; pin < 3; pin ++)
  {
    pinMode(pins[pin], INPUT);
  }
}
```

이 코드의 핵심은 pinLEDstates의 데이터 구조다. 이 구조에서는 특정 LED에 설정해야 하는 제어 핀의 상태를 명시한다. 따라서 LED3의 패턴은 -1, 1, 0이 되어야 한다. 이 패턴은 LED3이 켜졌을 때 첫 번째 제어 핀이 입력(-1), 두 번째 제어 핀이 HIGH 디지털 출력, 세 번째 제어 핀이 LOW 디지털 출력으로 설정되어야 함을 뜻한다. 그림 14-10을 보면 이러한 설정을 확인할 수 있다.

loop 함수는 먼저 특정 LED를 입력 받은 뒤 해당 LED가 꺼져 있으면 켜고, 켜져 있으면 끈다. 배열 ledStates는 각각의 LED가 켜졌는지 아닌지를 기록하는 데 사용된다.

그런 다음 loop 함수에서 호출된 refresh가 clearPins를 사용해 모든 핀을 입력으로 설정하고, 각각의 LED에 대해 setPins를 사용해서 핀이 해당 LED를 켤 수 있도록 적절히 설정하거나, 핀이 ledState의 LED 값에 좌우되지 않도록 한다.

이 스케치는 LED 개수가 그렇게 많지 않을 때는 잘 작동한다. 이 경우 아두이노가 LED를 제어하는 작업 외에 달리 일을 많이 하지 않을 것이기 때문에 refresh가 자주 호출될 수 있다. LED가 깜빡이는 동안 직렬 모니터를 통해 직렬 통신이 이루어지고 있다는 사실을 깨달은 독자가 있을 수도 있겠다.

라즈베리 파이 소프트웨어

아두이노가 아닌 라즈베리 파이를 사용하면 양쪽이 수단자인 헤더 리드선을 수단자와 암단자로 이루어진 커넥터로 교체하고, GPIO 핀을 3개 선택해야 한다. 다음의 예제 프로그램(ch_14_charlieplexing.py)에서는 18번, 23번, 24번을 선택했다.

그 외에 저항값도 270Ω으로 올려 주어야 한다.

이 프로그램은 앞서 다운로드한 프로그램에서 확인할 수 있다(레시피 10.4 참고).

```python
import RPi.GPIO as GPIO
import thread, time

GPIO.setmode(GPIO.BCM)
pins = [18, 23, 24]

pin_led_states = [
  [1, 0, -1], # LED1
  [0, 1, -1], # LED2
  [-1, 1, 0], # LED3
  [-1, 0, 1], # LED4
  [1, -1, 0], # LED5
  [0, -1, 1]  # LED6
]

led_states = [0, 0, 0, 0, 0, 0]

def set_pins(led):
  for pin in range(0, 3):
    if pin_led_states[led][pin] == -1:
      GPIO.setup(pins[pin], GPIO.IN)
    else:
      GPIO.setup(pins[pin], GPIO.OUT)
      GPIO.output(pins[pin], pin_led_states[led][pin])

def clear_pins():
  for pin in range(0, 3):
    GPIO.setup(pins[pin], GPIO.IN)

def refresh():
  while True:
    for led in range(0, 6):
      clear_pins()
      if led_states[led]:
        set_pins(led)
      else:
        clear_pins()
      time.sleep(0.001)

thread.start_new_thread(refresh, ())
while True:
    x = int(raw_input("핀(0~5):"))
    led_states[x] = not led_states[x]
```

라즈베리 파이 버전은 아두이노 버전의 패턴을 거의 그대로 따라가지만, refresh 호출이 별도의 스레드로 실행된다는 점이 다르다. 따라서 라즈베리 파이에서의 디스플레이 화면은 파이썬 프로그램이 입력을 기다리는 동안에도 자동으로 업데이트된다.

논의 사항

GPIO 핀(n)의 수에 따라 제어할 수 있는 LED 개수는 다음 식으로 계산할 수 있다.

$$LED \text{ 개수} = n^2 - n$$

핀을 4개 사용하는 경우 16 - 4 = 12, 즉 LED 12개를 제어할 수 있으며, 이런 식으로 계산했을 때 핀을 10개 사용하면 LED는 무려 90개를 제어할 수 있다.

참고 사항

- 찰리플렉싱과 LED 여러 개를 사용한 설계에 대한 자세한 설명은 *https://en.wikipedia.org/wiki/Charlieplexing*을 참고한다.

14.7 RGB LED의 색깔 바꾸기

문제

라즈베리 파이나 아두이노의 GPIO 핀에 연결된 RGB LED의 색을 설정하고 싶다.

해결책

공통 캐소드 RGB LED를 그림 14-12와 같이 연결한다.

이 예제에서 사용된 빨간색, 초록색, 파란색 LED에는 모두 다른 값의 직렬 저항을 사용해 주어야 밝기가 같아진다. LED 채널 3개는 제어 핀 3개로 서로 다른 색 7개를 단순히 껐다 켰다 할 수도 있고, 핀에 펄스 폭 변조를 사용해서 조금 더 미묘한 색 배합을 만들어 낼 수도 있다.

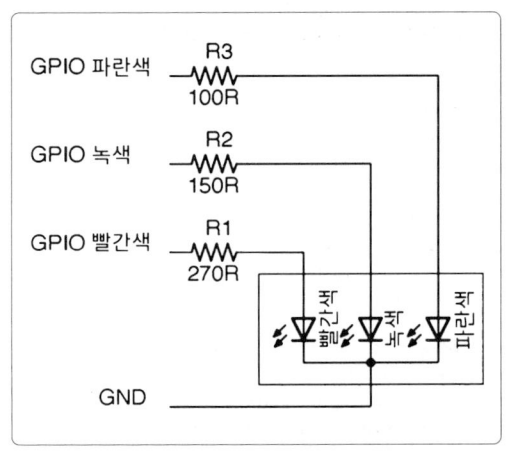

그림 14-12 RGB LED 연결하기

> **RGB LED의 리드선 구별하기**
>
> 그림 14-13은 일반적인 RGB LED의 리드선을 구별하는 방법을 보여준다.
>
> 보통은 가장 긴 리드선이 공통 리드, 나머지 세 선이 각각의 색 채널에 해당된다(그러나 반드시 데이터시트를 확인하자).
>
> LED의 종류가 분명하지 않다면, 1k 저항을 실험실용 전원 공급 장치나 9V 배터리 같은 양의 전원에 연결한 뒤 연결의 모든 조합을 테스트해본다. 먼저 공통 연결(애노드나 캐소드)을 확인한 뒤, 각 리드선으로 제어되는 LED 색을 확인한다.

그림 14-13 RGB LED 핀

아두이노 소프트웨어

RGB LED는 아두이노 핀 3개를 사용해서 그림 14-12와 같이 아두이노에 연결한다. 아두이노의 9번 핀, 10번 핀, 11번 핀이 각각 파란색, 초록색, 빨간색 채널에 사용된다.

다음의 스케치는 앞서 다운로드한 스케치에서 확인할 수 있으며(레시피 10.2) 파일명은 ch_14_rgb_led다.

```
const int redPin = 11;
const int greenPin = 10;
const int bluePin = 9;

void setup() {
  pinMode(redPin, OUTPUT);
  pinMode(greenPin, OUTPUT);
  pinMode(bluePin, OUTPUT);
  Serial.begin(9600);
  Serial.println("R G B 입력(예: 255 100 200): ");
}
void loop() {
  if (Serial.available()) {
    int red = Serial.parseInt();
    int green = Serial.parseInt();
    int blue = Serial.parseInt();
    analogWrite(redPin, red);
```

```
    analogWrite(greenPin, green);
    analogWrite(bluePin, blue);
  }
}
```

아두이노 직렬 모니터에서 공백으로 구별되는 숫자 3개를 입력하면 LED로 웬만한 색은 거의 다 배합할 수 있다.

라즈베리 파이 소프트웨어

라즈베리 파이에서는 RPi.GPIO 라이브러리를 사용해서 PWM 채널 3개를 만드는 방식을 따라하거나(레시피 10.14 참고), 이러한 과정을 단순하게 만들어 주는 파이썬의 Squid 라이브러리를 설치할 수 있다.

Squid 라이브러리를 설치하려면 다음 명령어를 실행시킨다.

```
$ git clone https://github.com/simonmonk/squid.git
$ cd squid
$ sudo python setup.py install
```

라즈베리 파이에서 RGB LED를 제어하기 위해 사용되는 비슷한 프로그램은 아두이노보다 조금 더 폼이 나는 듯한데, 파이썬의 Tkinter 라이브러리에서 제공하는 사용자 인터페이스에 빨간색, 초록색, 파란색 채널을 조정하는 슬라이더가 표시되기 때문이다(그림 14-14).

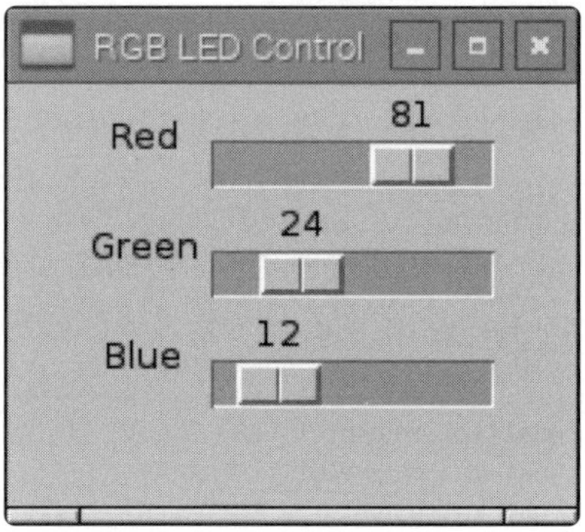

그림 14-14 사용자 인터페이스를 통해 RGB LED의 색 조정하기

```
from squid import *
from Tkinter import *

rgb = Squid(18, 23, 24)

class App:

    def init(self, master):
        frame = Frame(master)
        frame.pack()
        Label(frame, text='Red').grid(row=0, column=0)
        Label(frame, text='Green').grid(row=1, column=0)
        Label(frame, text='Blue').grid(row=2, column=0)
        scaleRed = Scale(frame, from_=0, to=100,
            orient=HORIZONTAL, command=self.updateRed)
        scaleRed.grid(row=0, column=1)
```

```
        scaleGreen = Scale(frame, from_=0, to=100,
            orient=HORIZONTAL, command=self.updateGreen)
        scaleGreen.grid(row=1, column=1)
        scaleBlue = Scale(frame, from_=0, to=100,
            orient=HORIZONTAL, command=self.updateBlue)
        scaleBlue.grid(row=2, column=1)
    def updateRed(self, duty):
        rgb.set_red(float(duty))
    def updateGreen(self, duty):
        rgb.set_green(float(duty))

    def updateBlue(self, duty):
        rgb.set_blue(float(duty))

root = Tk()
root.wm_title('RGB LED Control')
app = App(root)
root.geometry("200x150+0+0")
root.mainloop()
```

논의 사항

그림 14-12의 LED는 공통 캐소드 부품이기 때문에 LED의 음극 단자(캐소드)가 한 데 연결되어 있다. RGB LED의 경우는 공통 애노드 형태로 판매되는데 로사이드 스위칭이 가능하기 때문에 가끔은 트랜지스터로 제어하는 것보다 더 편할 때가 있다.

참고 사항

- 아두이노와 라즈베리 파이에서의 펄스 폭 변조에 대한 레시피는 각각 레시피 10.13과 레시피 10.14를 참고한다.
- 여러 개의 RGB LED를 제어하는 가장 쉬운 방법은 레시피 14.8의 설명처럼 주소 지정이 가능한 LED 띠를 사용하는 것이다.

14.8 주소 지정 가능한 LED 띠 연결하기

문제

보통 네오픽셀(neopixel)이라고 부르는 주소 지정이 가능한 LED 띠를 아두이노나 라즈베리 파이에서 제어하고 싶다.

해결책

픽셀에 인가되는 전원을 신중하게 계산한 뒤 GPIO 핀 하나를 사용해서 데이터를

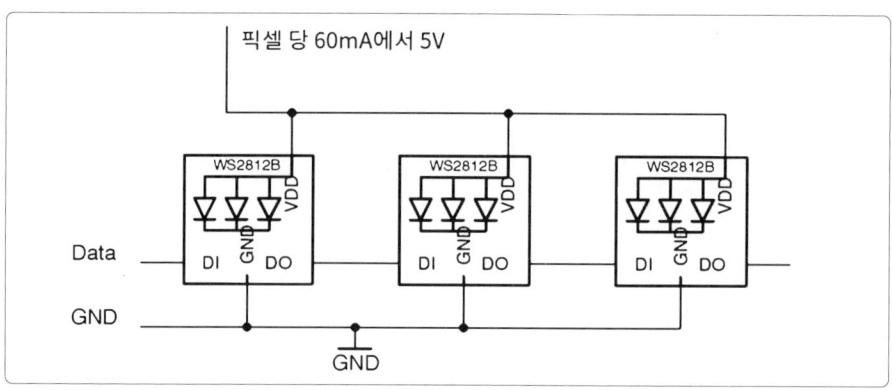

그림 14-15 주소 지정 가능한 WS2812 LED 띠를 사용하는 회로도

픽셀 배열에 보낸다. 그림 14-15는 여러 개의 픽셀에 사용되는 일반적인 배열을 보여준다. 사용할 픽셀 수가 그다지 많지 않다면(5개~10개 정도) 아두이노나 라즈베리 파이에서 직접 전원을 공급할 수 있다.

라즈베리 파이, 아두이노 등 USB를 통해 픽셀에 전원을 공급하는 장치를 사용할 때 손상이 발생할 위험을 감수한다면, 아주 신중하게 프로그램 코드에서 픽셀의 밝기를 최대 밝기보다 훨씬 낮게 유지시켜서 더 많은 픽셀에 전원을 공급할 수도 있다. 그러나 이러한 방식은 추천하지 않는다.

아두이노 소프트웨어

아두이노에서 주소 지정이 가능한 LED 띠를 테스트하려면 D9 핀을 주소 지정이 가능한 LED 띠의 데이터 단자에 연결해 주어야 한다.

아두이노 스케치 ch_14_neopixel은 앞서 다운로드한 스케치에서 확인할 수 있다(레시피 10.2 참고). 이 스케치에서는 에이다프루트의 NeoPixel 라이브러리를 사용한다. 라이브러리를 설치하려면 아두이노 IDE의 메뉴에서 Sketch(스케치)→Include Library(라이브러리 추가)→Manage Libraries(라이브러리 관리)를 선택한다.

그런 다음 일단 라이브러리 매니저를 실행시키고 스크롤을 아래로 내려서 Adafruit NeoPixel을 선택한 뒤 install(설치)을 클릭한다.

```
#include <Adafruit_NeoPixel.h>
const int pixelPin = 9;
```

```
const int numPixels = 10;

Adafruit_NeoPixel pixels = Adafruit_NeoPixel(numPixels, pixelPin,
                                             NEO_GRB + NEO_KHZ800);

void setup() {
  pixels.begin();
}
void loop() {
  for (int i = 0; i < numPixels; i++) {
    int red = random(64);
    int green = random(64);
    int blue = random(64);
    pixels.setPixelColor(i, pixels.Color(red, green, blue));
    pixels.show();
  }
  delay(100);
}
```

사용하는 GPIO 핀과 LED 띠의 픽셀 수에 맞춰서 pixelPin과 numPixels의 값을 바꿔 준다.

각 픽셀은 빨간색, 초록색, 파란색 밝기가 무작위로 할당된다. 0~255의 전체 범위 대신 최대값이 64인 범위를 사용하는데, 이는 255의 밝기가 실제로는 지나치게 밝기 때문이다.

라즈베리 파이 소프트웨어

주소 지정이 가능한 LED 띠를 라즈베리 파이에서 테스트하려면 GPIO 10번 핀을 주소 지정이 가능한 LED 띠의 데이터 단자에 연결한다.

디스플레이를 사용하려면 먼저 다음의 명령을 실행시켜서 몇 가지 라이브러리를 설치해야 한다.

```
$ git clone https://github.com/doceme/py-spidev.git
$ cd py-spidev/
$ make
$ sudo make install
$ cd ..
$ git clone https://github.com/joosteto/wS2812-spi.git
$ cd wS2812-spi
$ sudo python setup.py install
```

또, 라즈베리 파이에서 SPI도 활성화시켜야 한다(레시피 10.16 참고).

LED 디스플레이를 테스트하기 위한 프로그램은 파일 ch_14_neopixels.py에서 확인할 수 있다. 파이썬 예제 프로그램을 다운로드하려면 레시피 10.4를 참고한다.

```
import spidev
import wS2812
from random import randint
import time

spi = spidev.SpiDev()
spi.open(0,0)

N = 10
                    # g r b
pixels = []
for x in range(0, 10):
    pixels.append([0, 0, 0])

while True:
    for i in range(0, N):
        pixels[i] = [randint(0, 64), randint(0, 64), randint(0, 64)]
    wS2812.write2812(spi, pixels)
    time.sleep(0.1)
```

각 픽셀은 세 값의 배열로 표현된다. 일반적으로는 픽셀의 값이 나타내는 색은 빨간색, 초록색, 파란색 순이지만 여기에서는 초록색, 빨간색, 파란색 순이다. 라이브러리에서 이렇게 쓰기 때문이다. 픽셀 수를 나타내는 N 성분의 배열(픽셀)을 생성할 때는 for 루프를 사용해서 N 배열을 초록색, 빨간색, 파란색으로 pixels 배열에 덧붙인다.

메인 루프는 아두이노의 스케치에서와 동일하다. 루프는 각 픽셀의 위치에 색의 밝기를 임의로 할당한 뒤 wS2812 라이브러리를 사용해서 픽셀을 GPIO 핀으로 출력한다.

논의 사항

라즈베리 파이를 사용한다면 데이터 출력의 전압을 변환해 주어야 할 수도 있지만 (레시피 10.17), 필자의 경우 이 과정이 실제로 필요한 적은 없었다. WS2812의 데이터시트를 확인해보면 이론적으로 논리 상태가 HIGH로 인식되는 최소 입력 전압은 공급 전압(5V)의 0.7배인 3.5V다.

디스플레이 장치를 좀 더 편리하게 만들려면 아두이노나 라즈베리 파이에 연결할 때 점퍼선을 포기하고 커넥터의 한쪽을 잘라낸 뒤 전선을 LED 띠에 납땜하면 된다. 그림 14-16은 이런 방식으로 라즈베리 파이에 연결된 디스플레이 장치를 보여 준다. 납땜 연결이 구부러지지 않도록 열 수축 튜브를 사용한 것에 주의하자.

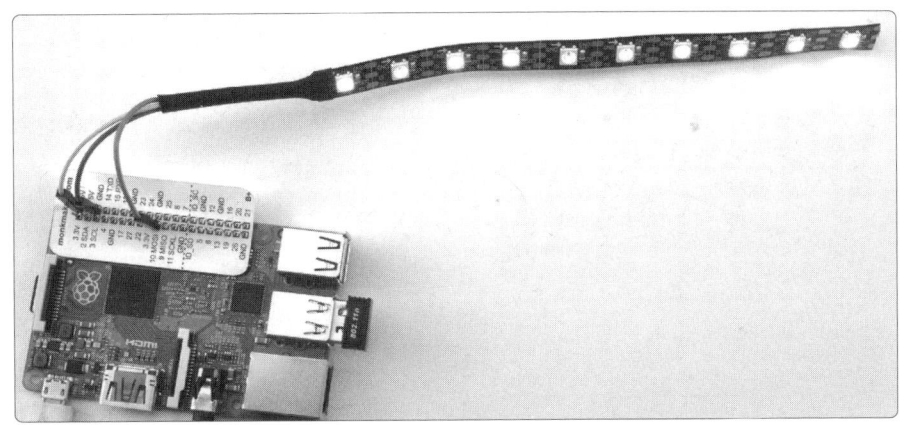

그림 14-16 주소 지정이 가능한 픽셀을 사용한 편리한 디스플레이 장치

참고 사항

- wS2812-spi 라이브러리에 대한 자세한 내용은 *https://github.com/joosteto/wS2812-spi*를 참고한다. 여기에는 NumPy 라이브러리를 사용해서 긴 LED 스트링의 성능을 향상시키는 명령어도 포함되어 있다.
- WS2812의 데이터시트는 *https://cdn-shop.adafruit.com/datasheets/WS2812.pdf*를 확인한다
- RGB LED 1개를 직접 제어하려면 레시피 14.7을 참고한다.
- 주소 지정이 가능한 LED 픽셀은 LED 띠뿐 아니라 원(에이다프루트 제품 1586)이나 판(에이다프루트 제품 1487) 형태로도 판매된다.
- 라즈베리 파이의 SPI가 아닌 DMA 하드웨어를 기반으로 하는 라이브러리는 *https://github.com/richardghirst*에서 확인할 수 있다.

14.9 I2C 7-세그먼트 LED 디스플레이 사용하기

문제

7-세그먼트 디스플레이를 사용하되, 레시피 14.5와 같은 복잡한 전선 연결은 피하고 싶다.

해결책

그림 14-17에서 보는 것과 같은 완성품 I2C 디스플레이 모듈을 사용한다.

그림 14-17 에이다프루트의 7-세그먼트 디스플레이

이 모듈 외에도 이베이에서 판매되는 4자리나 8자리의 비슷한 모듈을 사용하면 아두이노나 라즈베리 파이에 7-세그먼트 디스플레이를 쉽게 연결할 수 있다.

그림 14-18은 GPIO 핀 2개를 사용해서 장치를 연결한 모습을 보여준다.

I2C 직렬 인터페이스에는 5V 출력 외에 데이터 핀도 2개 필요하다. 아두이노와 라즈베리 파이 모두 I2C 인터페이스에 사용되는 전용 핀이 존재한다. 아두이노 우노에서는 이에 해당하는 것이 SCL(시리얼 클록)과 SDA(시리얼 데이터) 핀(레시피 10.7 참고)이고, 라즈베리 파이에서는 GPIO 2번과 GPIO 3번 핀이다.

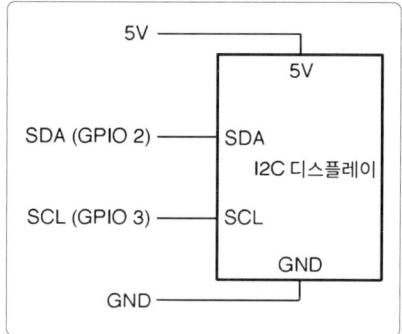

그림 14-18 아두이노나 라즈베리 파이에 I2C 디스플레이 연결하기

이와 같거나 유사한 여러 디스플레이에서 HT16K33 IC가 사용되는데, 이 IC는 최대 8자리 수, 세그먼트 16개를 제어할 수 있다. 모듈에는 5V의 전압이 공급되어야 하지만, I2C 인터페이스는 라즈베리 파이 GPIO 핀의 3.3V에서도 무리 없이 작동하기 때문에 전압 변환은 없어도 된다.

아두이노 소프트웨어

이 스케치에서는 에이다프루트의 LED Backpack 라이브러리와 에이다프루트의 GFX 라이브러리를 사용한다. 이들 라이브러리는 아두이노 IDE 내에서 라이브러리 매니저를 사용해 설치할 수 있다. 메뉴 화면에서 Sketch(스케치)→Include Library(라이브러리 추가)→Manage Libraries(라이브러리 관리)를 선택한다.

일단 라이브러리 매니저를 열었다면 스크롤을 내려 해당 라이브러리 2개를 선택하고 install(설치)을 클릭한다.

에이다프루트에서는 아두이노 IDE에서 직접 접근할 수 있는 라이브러리를 사용하는 예제 프로그램도 많이 제공된다. 실행해 볼만한 좋은 예제 프로그램은 메뉴의

File(파일)→Examples(예제)→Adafruit Backpack Library(에이다프루트 Backpack 라이브러리)→sevenseg에서 확인할 수 있다.

라즈베리 파이 소프트웨어

라즈베리 파이와 모듈 사이에는 다음과 같은 연결이 존재한다.

- 디스플레이의 VCC(+)와 라즈베리 파이 GPIO 커넥터의 5V
- 디스플레이의 GND(-)와 라즈베리 파이 GPIO 커넥터의 GND
- 디스플레이의 SDA(D)와 라즈베리 파이 GPIO 커넥터의 GPIO 2번(SDA) 핀
- 디스플레이의 SCL(C)과 라즈베리 파이 GPIO 커넥터의 GPIO 3번(SCL) 핀

VCC는 **볼트 컬렉터 컬렉터**(volts collector collector)의 약자이며, 주로 IC나 모듈에서 양의 전원 공급 장치를 표시할 때 사용된다.

디스플레이 장치를 사용하기 전에 레시피 10.15에 따라 라즈베리 파이의 I2C 인터페이스를 활성화해야 한다.

에이다프루트도 이 모듈에 사용할 수 있는 파이썬 코드를 제공한다. 설치를 위해서는 단말 장치에 다음의 명령어를 입력한다.

```
$ sudo apt-get update
$ sudo apt-get install build-essential python-dev
$ sudo apt-get install python-imaging
$ git clone https://github.com/adafruit/Adafruit_python_LED_Backpack.git
$ cd Adafruit_python_LED_Backpack
$ sudo python setup.py install
```

테스트하기에 좋은 예제로는 시간을 나타내는 프로그램인 sevensegment_test.py가 있다.

논의 사항

프로토타입을 개발할 때는 이와 같은 모듈을 사용하는 것도 그다지 나쁘지 않지만, 최종 제품에서는 거의 대부분 레시피 14.5에서 설명한 것 같은 직접적인 멀티플렉싱을 사용한다(비용 절감 가능). 정말로 하드웨어 드라이버가 필요하다면 자체 회로 보드에 HT16K33 IC를 사용한다.

> **I2C 주소**
>
> 이론상으로 아두이노나 라즈베리 파이는 SDA 핀과 SCL 핀 2개로 장치를 최대 255개까지 연결할 수 있다. 버스에 부착된 각 장치에는 자기만의 고유한 주소가 할당된다.
>
> 그렇기 때문에 같은 디스플레이 장치 2개가 같은 버스에 연결되어 있을 때 둘 중 하나의 모듈 주소를 바꾸어 줄 수 있으며, 실제로 바꾸어야 한다. 대부분의 I2C 장치에서 그림 14-19와 같은 납땜식 스위치(solder switch)를 볼 수 있는데, 이 스위치의 떨어져 있는 빈 틈을 납땜해서 주소를 특정할 수 있다. 주소 결정을 위한 방법은 모듈의 정보를 담고 있는 문서를 참고해야 한다.
>
>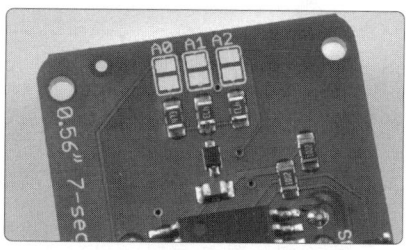
>
> 그림 14-19 납땜식 스위치를 사용해서 I2C 모듈의 주소 선택하기

참고 사항

- 여기에서 사용된 디스플레이 장치에 대한 훨씬 자세한 내용은 에이다프루트의 프로젝트 페이지에서 확인할 수 있다.
- 이와 비슷한 디스플레이 장치를 멀티플렉싱을 사용해 제어하려면 레시피 14.5를 참고한다.
- HT16K33의 데이터시트는 *http://bit.ly/2mbaWyP*에서 다운로드할 수 있다.

14.10 OLED 디스플레이에 그래픽이나 문자 출력하기

문제

소형 디스플레이 장치에 문자와 그래픽을 출력해야 한다.

해결책

그림 14-20과 같은 I2C OLED 디스플레이 장치를 아두이노에 연결해 사용한다.

여기에 사용된 디스플레이 장치에는 레시피 14.9의 장치처럼 연결이 4개 존재하기 때문에 그림 14-18에서 보는 것과 똑같이 연결할 수 있다.

그림 14-20 아두이노에 연결된 I2C OLED 디스플레이

아두이노 소프트웨어

디스플레이 장치를 레시피 14.9에서처럼 연결한다.

먼저 라이브러리 매니저로 에이다프루트의 GFX와 SSD1306 라이브러리를 아두이노 IDE에 추가해 주어야 한다(설치를 위해서는 메뉴 Sketch(스케치)→Include Library(라이브러리 추가)→Library Manager(라이브러리 매니저)를 선택한 뒤 스크롤을 내려 Adafruit GFX 라이브러리와 Adafruit SSD1306 라이브러리를 모두 설치한다).

예제 스케치 sketch ch_14_oled는 그림 14-20에서 보는 것과 같은 메시지를 출력한다. 이 책에 수록된 아두이노 스케치의 실행은 레시피 10.2를 참고한다.

```
#include <Wire.h>
#include <Adafruit_GFX.h>
#include <Adafruit_SSD1306.h>

Adafruit_SSD1306 display(4);

void setup()
{
  display.begin(SSD1306_SWITCHCAPVCC, 0x3c);
```

```
    display.clearDisplay();
    display.drawRect(0, 0, display.width()-1, display.height()-1, WHITE);
    display.setTextSize(1);
    display.setTextColor(WHITE);
    display.setCursor(5,10);
    display.print("전자공학 만능 레시피");
    display.display();
}

void loop()
{
}
```

라즈베리 파이 소프트웨어

디스플레이 장치를 레시피 14.9에서처럼 연결한다.

장치를 사용하기 전에 레시피 10.15에 따라 라즈베리 파이의 I2C 인터페이스를 활성화시켜 주어야 한다.

또, 다음의 명령을 사용해서 SSD1306 파이썬 라이브러리와 기타 필요 사항을 내려 받아 설치해야 한다.

```
$ sudo pip install pillow
$ git clone https://github.com/rm-hull/ssd1306.git
$ cd ssd1306
$ sudo python setup.py install
```

그런 뒤 디렉터리를 책의 예제 프로그램이 저장된 곳으로 바꾸고 파일명 ch_14_oled.py(레시피 10.4 참고)를 실행시킨다. 그렇게 하면 화면에 "전자공학 만능 레시피"라는 문자열이 사각형의 테두리 안에 표시된다. 표시되지 않을 때는 다른 파일과 함께 내려 받은 demo_opts.py 파일에서 장치의 I2C 주소를 바꾸면 보통 해결된다. 13번째 줄의 0x3c를 사용하는 장치의 I2C 주소로 변경한다. ch_14_oled.py 파일은 다음과 같다.

```
from demo_opts import device
from oled.render import canvas
from PIL import ImageFont
from demo_opts import args

font = ImageFont.load_default()

with canvas(device) as draw:
    draw.rectangle((0, 0, device.width-1, device.height-1), outline=255, fill=0)
    font = ImageFont.load_default()
    draw.text((5, 20), '전자공학 만능 레시피', font=font, fill=255)
```

논의 사항

문자와 그래픽을 보여줄 수 있는 디스플레이를 사용하려면 라즈베리 파이에 HDMI 모니터를 연결할 수 있다.

참고 사항

- 숫자를 표시하는 간단한 디스플레이 장치는 레시피 14.9를, 두 줄로 숫자와 문자를 표시하는 저렴한 디스플레이 장치는 레시피 14.11을 참고한다.
- GitHub의 SSD1306 라이브러리 페이지(*https://github.com/rm-hull/ssd1306*)에는 이들 디스플레이 장치 사용과 관계된 예제와 문서가 많이 수록되어 있다.

14.11 LCD 디스플레이에 메시지 표시하기

문제

문자와 숫자가 표시되는 저렴한 디스플레이가 필요하다.

해결책

HD44780 IC 기반의 LCD 디스플레이를 사용한다. 그림 14-21은 이러한 디스플레이 장치 중 하나를 아두이노에 연결한 모습을, 그림 14-22는 브레드보드에서의 연결 방법을 보여준다. 그림 14-23은 라즈베리 파이에서의 연결을 회로도로 나타낸 모습이다.

HD44780은 4비트 또는 8비트 병렬 데이터 버스를 사용하도록 구성할 수 있다. 4비트 버스를 사용하면 버스의 4~7비트만 사용된다. Vo 핀은 화면의 콘트라스트를 조정하는 데 사용된다. R1의 값에

그림 14-21 아두이노에 연결된 HD44780 16×2 LCD 디스플레이

따라 화면에 출력되는 문자의 콘트라스트를 조정할 수 있다.

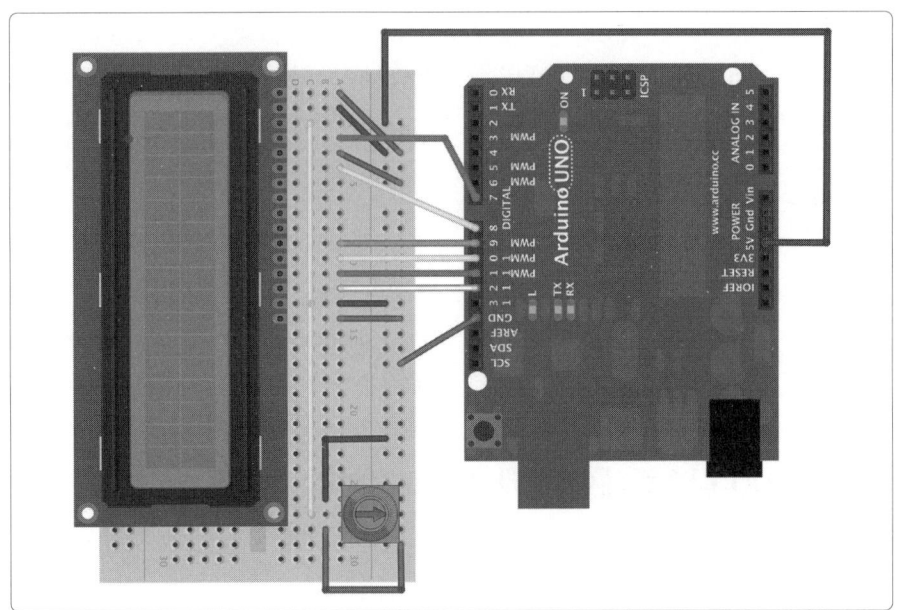

그림 14-22 HD44780 디스플레이를 아두이노 우노에 연결하기(브레드보드 사용)

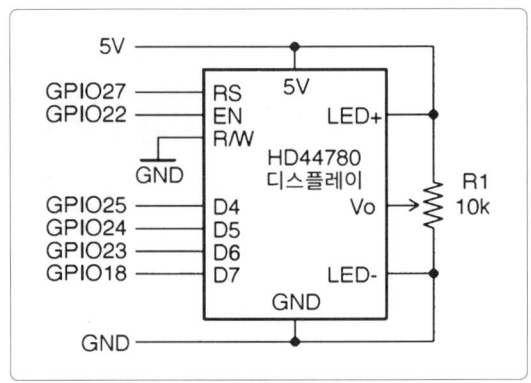

그림 14-23 HD44780 디스플레이를 라즈베리 파이에 연결하기

아두이노 소프트웨어

아두이노 IDE에는 HD44780 IC와의 통신에 필요한 모든 것을 처리해 주는 Liquid Crystal 라이브러리가 내장되어 있다. 다음의 아두이노 예제 스케치는 앞에서 내려받은 스케치에서 확인할 수 있으며(레시피 10.2 참고), 파일명은 ch_14_lcd다.

```
#include <LiquidCrystal.h>

//                  RS EN D4 D5  D6  D7
LiquidCrystal lcd(7, 8, 9, 10, 11, 12);

void setup() {
  lcd.begin(16, 2);
  lcd.print("Electronics"); // 전자공학
  lcd.setCursor(0, 1);
  lcd.print("Cookbook");    // 만능 레시피
}

void loop() {
  lcd.setCursor(10, 1);
  lcd.print(millis() / 1000);
}
```

라즈베리 파이 소프트웨어

라즈베리 파이에서 HD44780을 사용하려면 먼저 다음 명령어를 실행시켜서 에이다프루트의 CharLCD 파이썬 라이브러리를 설치해야 한다.

```
$ git clone https://github.com/adafruit/Adafruit_python_CharLCD.git
$ cd Adafruit_python_CharLCD
$ sudo python setup.py install
```

이제 예제 프로그램 ch_14_lcd.py를 실행시킬 수 있다.

```
import time
import Adafruit_CharLCD as LCD

# 라즈베리 파이 핀 구성:
lcd_rs        = 27   # 모델 B Rev.1 라즈베리 파이에서는 이를 21로 바꿔야 한다.
lcd_en        = 22
lcd_d4        = 25
lcd_d5        = 24
lcd_d6        = 23
lcd_d7        = 18
lcd_backlight = 4

lcd_columns = 16
lcd_rows = 2

lcd = LCD.Adafruit_CharLCD(lcd_rs, lcd_en, lcd_d4, lcd_d5, lcd_d6, lcd_d7,
                           lcd_columns, lcd_rows, lcd_backlight)

lcd.message('Electyronics\nCookbook') # 전자공학\n만능레시피
t0 = time.time()

while True:
    lcd.set_cursor(10, 1)
```

```
lcd.message(str(int(time.time()-t0)))
time.sleep(0.1)
```

논의 사항

이러한 디스플레이는 다양한 크기로 판매된다. 위에서 사용된 16×2(16글자 2줄) 디스플레이 외에 8×1, 20×2, 20×4도 많이 사용된다.

참고 사항

- 에이다프루트에는 이러한 유형의 디스플레이 제품이 RGB 컬러 백라이트 제품을 포함하여 다양하게 구비되어 있다(*https://www.adafruit.com/products/399*).

디지털 IC 15

15.0 개요

대부분의 프로젝트에서 필요한 디지털 IC는 마이크로컨트롤러뿐이다. 마이크로컨트롤러가 있고 GPIO 핀이 충분하다면 디지털 신호를 다루는 대부분의 작업이 가능하다. 이 장에서는 최근의 전자공학 설계에서 나름의 역할을 하고 있는 디지털 IC에 대한 레시피가 수록되어 있다.

그러나 가끔은 마이크로컨트롤러 없이 디지털 논리 IC 하나로 충분할 때도 있다. 디지털 논리 IC는 1개만 두고 보면 마이크로컨트롤러보다 가격이 저렴하며 마이크로컨트롤러를 사용할 때 거쳐야 할 프로그래밍 과정이 필요 없다.

15.1 전기 잡음으로부터 IC 보호하기

문제
IC를 사용하되, 전기 잡음으로 인한 오류는 피하고 싶다.

해결책
100nF 커패시터를 디지털 IC의 전원 핀과 가장 가까운 곳에 연결한다. 커패시터에 연결하는 리드선은 짧을수록 좋다.

단락 상태의 회로 기판에서 IC의 전원 핀으로 이어지는 경로에 커패시터를 연결하는 과정을 '디커플링(decoupling)'이라고 한다. 이렇게 커패시터를 사용하면 각 IC에 부하를 담아 두는 소규모의 자체 저장 공간이 생겨서, 전원 공급에 영향을 주는 이웃한 커패시터와의 '결합(coupling)'이 끊어지기 때문이다. 이러한 방식으로 사용되는 커패시터를 디커플링 커패시터 또는 바이패스(bypass) 커패시터라고 부른다.

그림 15-1은 표면실장형과 스
루홀 유형 두 가지로 모두 판매
되는 100nF 적층 세라믹(multi-
layer ceramic, MLC) 커패시터를
디지털 IC와 함께 사용한 회로
기판을 보여준다.

그림 15-1의 오른쪽 회로에는
사실 커패시터 2개가 병렬로 연
결되어 디커플링 커패시터 역할

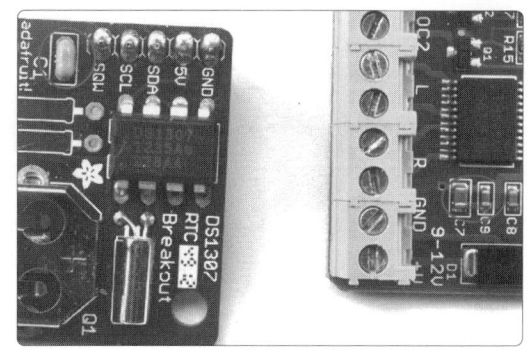

그림 15-1 디커플링 커패시터

을 한다. 작은 쪽이 100nF, 큰 쪽이 10μF 커패시터다. 이렇게 연결할 경우 100nF
커패시터의 효과가 사라진다고 생각할 수도 있겠으나, 100nF 커패시터의 등가 직
렬 저항(ESR, 레시피 3.2 참고)이 낮기 때문에 커패시터가 칩의 전력 소비로 인해
발생하는 펄스에 더 빠르게 반응할 수 있다. 반면 10μF 커패시터는 용량이 작은
100nF 커패시터와 IC에서 끌어오는 에너지를 저장할 수 있는 큰 공간을 제공하지
만, ESR이 더 크기 때문에 100nF 커패시터와 비교했을 때 펄스에 그만큼 빨리 반응
하지 못한다. IC의 전력 레일을 다룰 때 이런 식으로 커패시터의 용량을 줄여 나가
는 배치 방식은 큰 전류가 스위칭되는 모터 제어 장치나 오디오 출력 증폭기 등에
서 특히 많이 사용된다.

논의 사항

디지털 IC에는 빠르게 스위칭이 일어나는 트랜지스터가 많이 내장되어 있다. 디커
플링 커패시터는 아주 소량의 부하를 저장하는 역할을 하기 때문에 이러한 스위칭
으로 인해 과도한 전기 잡음이 전력선에 발생해서 회로에 영향을 미치는 일을 막을
수 있다.

따라서 디커플링 커패시터를 디지털 IC마다 사용하는 것은 좋은 습관이다. 그러
나 사실 이는 아날로그 IC에도 똑같이 적용된다.

참고 사항

- 커패시터에 대한 자세한 내용은 3장을 참고한다.

15.2 논리 제품군에 대해 배워 보기

문제

사용해야 하는 논리 계열 제품군과 그 특징을 알고 싶다.

해결책

예전에 만들어진 전자장치를 수리하는 경우가 아니라면 고속 상보적 금속산화 반도체(complimentary metal-oxide semiconductor CMOS)인 74HC 제품군을 사용한다.

논의 사항

마피아처럼 논리 게이트 IC도 패밀리를 이루고 있다. TTL(transistor transistor logic)은 예전에 널리 사용되었지만, 지금은 20세기에 만들어진 낡은 컴퓨터를 고치기 위해 사용될 때가 아니면 완전히 퇴물 취급을 받는다. 부품 번호가 74로 시작하는 TTL 칩(예를 들어 7400)은 40으로 시작하는 CMOS 칩(예를 들어 4011)과 경쟁 관계였다. 각각의 제품군에는 논리 게이트, 플립플롭, 시프트 레지스터, 카운터의 제품이 제공하는 범위가 겹쳐질 수 있도록 다양하게 구비되어 있었다.

TTL은 CMOS보다 빨랐지만 CMOS는 전류 소비가 작고 공급 전압 범위 면에서 훨씬 덜 까다로웠다. 현재 이들 두 논리 제품군은 두 제품군의 장점만을 모은 고속 CMOS 제품군으로 흡수되었다. 1970년대부터 전자장치를 만들기 시작한 독자라면 TTL과 CMOS 제품군 중 가장 선호하는 논리 IC가 74HC로 시작하는 부품명으로 여전히 판매되고 있음을 알 수 있을 것이다. 예를 들어 이전의 7400 제품은 현재 74HC00으로, 이전의 4011 제품은 현재 74HC4001으로 판매되고 있다.

고속 CMOS 칩의 공급 전압은 2V~6V이며 스위칭을 시작하기 전의 소비 전류는 약 1μA에 불과하다. 출력이 출력부에서 게이트 당 끌어 오거나 내보내는 전류의 크기는 약 4mA다.

초기 40xx CMOS 제품군은 지금도 판매되고 있으며, 고속 CMOS보다 더 높은 전력 공급 범위가 필요할 때 유용하게 사용될 수 있다.

참고 사항

- 일반적인 고속 CMOS 장치의 데이터베이스는 *http://www.ti.com/lit/ds/symlink/sn74hc00.pdf*를 참고한다

15.3 GPIO 핀에 허용된 수보다 많은 출력 제어하기

문제
아두이노나 라즈베리 파이의 GPIO 핀이 모자라지만 LED를 여러 개 제어하고 싶다.

해결책
74HC4094 같은 직렬 입력, 병렬 출력의 시프트 레지스터를 사용한다. 이때 핀을 3개만 사용하는 직렬 인터페이스를 통해 레지스터에 데이터를 로딩하는 프로그램을 작성한다. LED는 출력에 연결할 수 있다. 그림 15-2는 이를 위한 회로도를 보여준다.

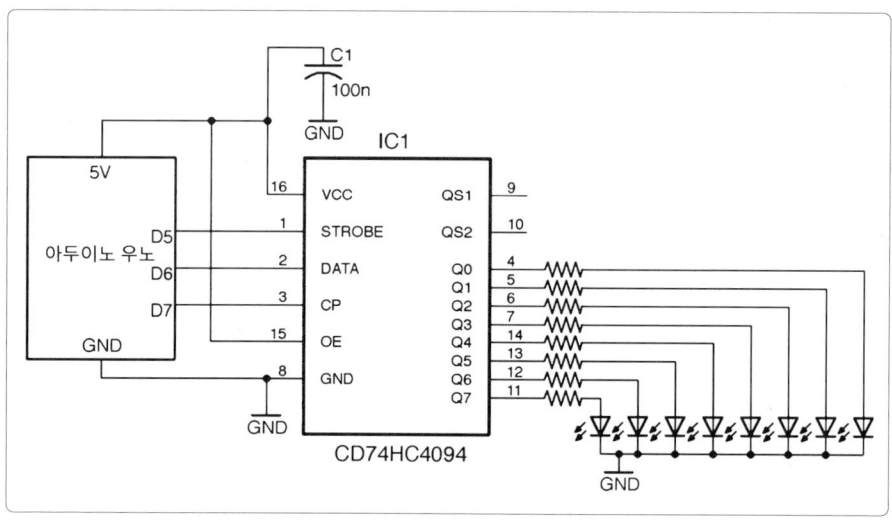

그림 15-2 74HC4094를 아두이노 우노에 연결하기

74HC4094에 허용되는 총 전류는 50mA이기 때문에 LED당 6mA의 전류가 걸린다고 가정하자. 이때 LED가 동시에 켜진다고 하면 8×6mA=48mA의 전류가 흐르도록 하기 위한 적절한 직렬 저항의 크기는 680Ω이다.

아두이노 소프트웨어
데이터를 시프트 레지스터로 보내는 아두이노 코드는 앞서 다운로드한 스케치에서 ch_15_sift_reg라는 파일명으로 확인할 수 있다(레시피 10.2 참고).

```
const int strobePin = 5;
const int dataPin = 6;
const int clockPin = 7;

void setup() {
  pinMode(strobePin, OUTPUT);
  pinMode(dataPin, OUTPUT);
  pinMode(clockPin, OUTPUT);
  Serial.begin(9600);
  Serial.println("Enter Byte"); // 바이트 입력
}

void loop() {
  if (Serial.available()) {
    char bits = Serial.parseInt();
    shiftOut(dataPin, clockPin, MSBFIRST, bits);
    digitalWrite(strobePin, HIGH);
    delayMicroseconds(10);
    digitalWrite(strobePin, LOW);
    Serial.println(bits, 2);
  }
}
```

이 스케치에서는 아두이노의 shiftOut 함수를 사용해서 직렬 데이터를 전송하며, 파라미터로 데이터 전송 핀, 클록 핀, 데이터가 전송되는 순서를 결정하는 플래그 값(이 경우 최상위 비트(MSB) 먼저), 그리고 실제 전송되는 데이터가 사용된다.

아두이노 직렬 모니터를 열면, 시프트 레지스터에 로딩할 값을 입력하라(Enter Byte)라는 메시지가 보인다. 이 값은 시프트 레지스터로 들어가 그림 15-3에서 보는 것처럼 이진법의 형태로 출력된다. 입력된 값은 0~255 사이의 십진법 수여야 한다. 이 값은 확인을 위해 직렬 모니터에 이진법 수로 다시 출력된다.

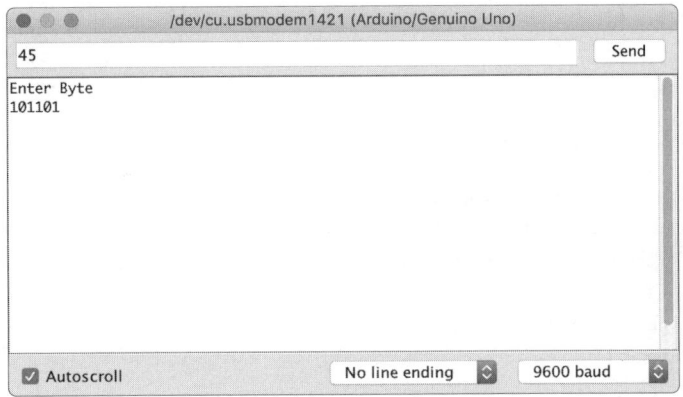

그림 15-3 시프트 레지스터에 데이터 전송하기

라즈베리 파이 소프트웨어

다음의 예제 프로그램은 74HC4094의 STROBE(스트로브) 핀을 GPIO 18번 핀, DATA(데이터) 핀을 GPIO 23번 핀, CLOCK(클록) 핀을 GPIO 24번 핀에 각각 연결했다고 가정한다.

파이썬의 코드(ch_15_shift_reg.py)는 아두이노의 스케치 패턴을 비슷하게 따라가지만, 이 경우 shift_out 함수를 실행시켜야 한다. shift_out 함수는 data_pin을 8비트의 데이터로 설정하고 clock_pin에 펄스를 보내, 데이터를 1비트씩 8비트 전체를 왼쪽으로 옮겨서 최상위 비트가 가장 먼저 오도록 한다.

```python
import RPi.GPIO as GPIO
import time

GPIO.setmode(GPIO.BCM)

strobe_pin = 18
data_pin = 23
clock_pin = 24

GPIO.setup(strobe_pin, GPIO.OUT)
GPIO.setup(data_pin, GPIO.OUT)
GPIO.setup(clock_pin, GPIO.OUT)

def shift_out(bits): # MSB 먼저. 8비트
    for i in range(0, 8):
        b = bits & 0b10000000
        bits = bits << 1
        GPIO.output(data_pin, (b == 0b10000000))
        time.sleep(0.000001)
        GPIO.output(clock_pin, True)
        time.sleep(0.000001)
        GPIO.output(clock_pin, False)
        time.sleep(0.000001)

try:
    while True:
        bits = input("바이트 입력")
        print(bin(bits))
        shift_out(bits)
        GPIO.output(strobe_pin, True)
        time.sleep(0.000001)
        GPIO.output(strobe_pin, False)

finally:
    print("GPIO 초기화 완료")
    GPIO.cleanup()
```

논의 사항

그림 15-4는 74HC4094의 논리 다이어그램을 보여준다.

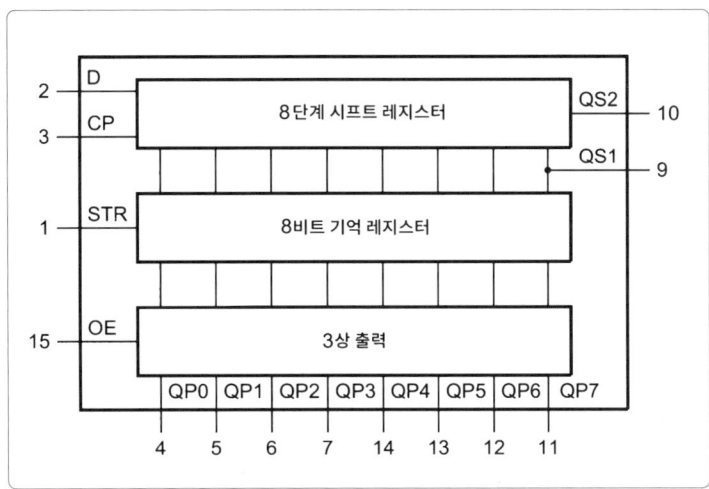

그림 15-4 74HC4094

74HC4094는 직렬 입력, 병렬 출력의 시프트 레지스터다. 8단계 시프트 레지스터의 데이터는 데이터(D) 핀을 HIGH나 LOW로 설정한 뒤 클록(CP) 핀에 펄스를 보내 해당 비트를 전송하기 때문에 비트를 한 번에 하나씩 이동시킨다. 그런 다음 데이터 핀에 다음 값이 놓이고 클록이 다시 펄스를 보내면 시프트 레지스터에 이미 들어 있던 비트가 한 칸 이동하면서 데이터 핀의 비트가 레지스터의 앞에 새롭게 추가된다. 이 과정은 8비트가 시프트 레지스터에 모두 로딩될 때까지 계속된다.

시프트 레지스터 내에 저장된 비트가 실제로 74HC4094의 출력으로 전송되려면 스트로브 핀에 펄스를 보내야 한다.

74HC4094에는 출력 활성화(OE) 핀도 있어서 8개 출력을 모두 고임피던스 상태로 스위칭하거나 3상(3-state) 출력 레지스터에서 HIGH와 LOW로 이루어진 비트 패턴으로 스위칭한다. OE 핀을 PWM 출력에 연결하면, 모든 LED의 밝기를 동시에 제어할 수 있다.

여러 개의 시프트 레지스터는 클록을 동기화하고 시프트 레지스터 하나의 QS2 데이터 출력이 다른 시프트 레지스터의 입력이 되도록 폭포 형태(캐스케이드)로 연결할 수도 있다.

참고 사항

- 적은 수의 GPIO 핀으로 여러 개의 LED를 제어하는 또 다른 방법으로는 찰리플렉싱이 있다(레시피 14.6).
- 74HC4094의 데이터시트는 *http://bit.ly/2mqB0ET*를 확인한다
- 아두이노의 shiftOut 함수는 *http://bit.ly/2msRHAg*를 참고한다

15.4 디지털 토글 스위치 만들기

문제

LED를 켜고 끄는 푸시 스위치 2개를 토글 스위치로 바꾸고 싶다.

해결책

74HC00 IC를 사용해서 그림 15-5와 같은 리셋-셋(RSS) 플립플롭을 만든다.

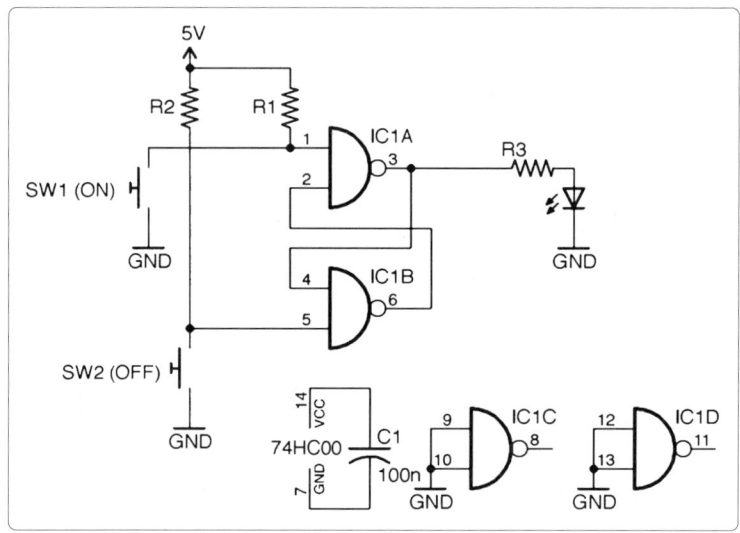

그림 15-5 플립플롭과 푸시버튼을 이용해서 LED 전원을 스위칭하기

SW1을 누르면 LED가 켜지고, 이렇게 켜진 상태는 SW2를 누를 때까지 유지된다.

논의 사항

R1과 R2는 풀업 저항이며 버튼이 눌러질 때까지 플립플롭의 입력을 HIGH로 유지시킨다. 이러한 스위칭 방식의 장점은 스위치에서 바운싱이 일어나더라도(레시피

12.1) 회로의 작동에 아무런 영향을 미치지 않는다는 점이다.

그림 15-5의 74HC00에서 사용되지 않은 게이트의 입력 2개가 접지되어 있다는 사실에 주목하자. 이렇게 접지하는 습관을 들여 놓으면 접지하지 않았을 때 생기는 부동 입력으로 인해 전기 잡음이 발생해서 게이트가 진동하는 일을 막을 수 있기 때문에 좋다.

LED를 켜고 끄도록 스위칭하는 것 외에도 이 회로를 레시피 11.1이나 레시피 11.3에 추가해서 트랜지스터와 연결된 대용량 부하를 스위칭할 수도 있다.

참고 사항

- 74HC00의 데이터시트는 *http://bit.ly/2lLK0R5*를 확인한다.

15.5 신호의 주파수 낮추기

문제

고주파를 저주파로 낮추고 싶다.

해결책

8단계 74HC590과 같은 분주기(frequency divider) IC를 그림 15-6과 같이 배치해 사용한다.

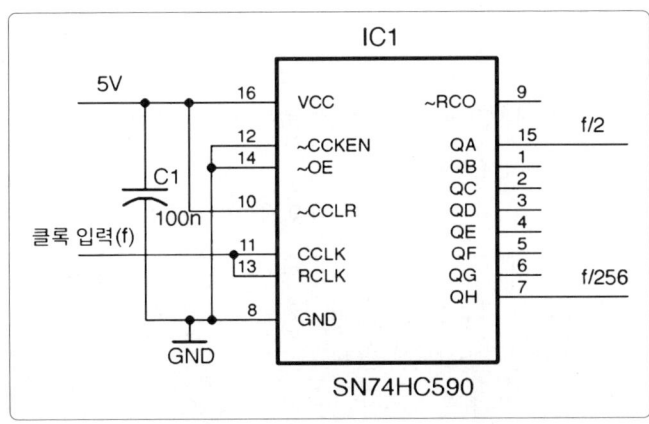

그림 15-6 74HC590을 사용하는 분주기

QA에서의 출력은 입력 주파수 f의 1/2, QB에서의 출력은 f의 1/4, 이런 식으로 줄어들어서 QH의 출력은 f의 1/256까지 낮아진다.

논의 사항

대부분의 설계에서 카운팅 등의 작업을 할 때는 마이크로컨트롤러가 선호된다. 그러나 마이크로컨트롤러로 클록의 주기를 세면(카운팅하면) 마이크로컨트롤러의 실제 클록 주파수보다 훨씬 느리다. 이때의 최대 주파수는 몇백 kHz에 불과할 수도 있다. 카운팅되는 주파수를 높이려면 QH이나 74HC590의 다른 출력 중 하나를 마이크로컨트롤러의 디지털 입력에 연결할 수 있다. 이 경우 주파수가 74HC590의 최대 허용치인 24MHz까지 올라갈 수 있다.

참고 사항

- 74HC590의 데이터시트는 *http://www.nxp.com/documents/data_sheet/74HC590.pdf* 를 확인한다.

15.6 십진 카운터에 연결하기

문제

아두이노나 라즈베리 파이에 비어 있는 GPIO 핀은 없지만, 출력을 10개 추가하고 한 번에 출력 1개만 HIGH로 만들고 싶다.

해결책

그림 15-7에서 보는 것처럼 74HC4017 십진 카운터 IC의 클록 핀과 리셋 핀을 아두이노나 라즈베리 파이에 연결하고, LED를 74HC4017의 출력에 전류를 적절히 제어할 수 있는 저항과 함께 연결한다.

74HC4017은 출력을 디코딩하는 십진 카운터다. 말하자면 카운터가 클록(CLK) 핀으로 펄스를 수신할 때마다 출력 값이 그 다음 출력으로 이동한다. 따라서 첫 출력인 Q0가 HIGH이면 그 다음은 Q1이 HIGH, 이런 식으로 이어진다. 리셋(RES) 핀은 카운터를 처음 출력인 Q0로 되돌린다.

한 번에 켜져 있는 LED가 하나뿐이기 때문에 74HC4017의 20mA 출력이 모두 LED를 켜는 데 사용될 수 있다.

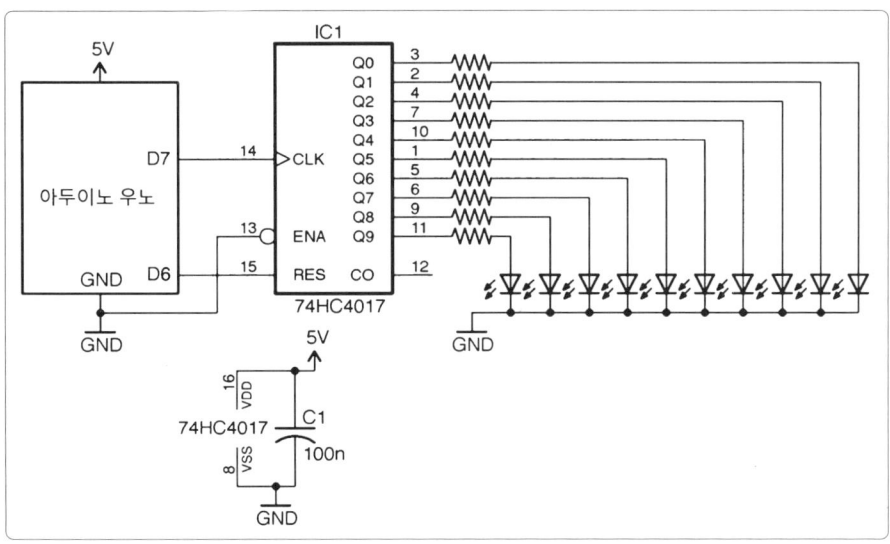

그림 15-7 74HC4017 십진 카운터를 아두이노에 연결해 사용하기

아두이노 소프트웨어

여기에 소개된 아두이노 스케치 ch_15_decade_counter는 앞서 다운로드한 스케치에서도 확인할 수 있다(레시피 10.2 참고).

```
const int resetPin = 6;
const int clockPin = 7;

void setup() {
  pinMode(resetPin, OUTPUT);
  pinMode(clockPin, OUTPUT);
  Serial.begin(9600);
  Serial.println("숫자 입력(0~9)");
}

void loop() {
  if (Serial.available()) {
    int digit = Serial.parseInt();
    setDigit(digit);
  }
}

void setDigit(int digit) {
  digitalWrite(resetPin, HIGH);
  delayMicroseconds(1);
  digitalWrite(resetPin, LOW);
  for (int i = 0; i < digit; i++) {
    digitalWrite(clockPin, HIGH);
    delayMicroseconds(1);
```

```
            digitalWrite(clockPin, LOW);
            delayMicroseconds(1);
    }
}
```

코드는 리셋 핀에 펄스를 보내 출력 Q0를 HIGH로 설정하는 일부터 시작한다. 그런 다음 직렬 모니터로부터 입력 받은 수만큼 펄스를 클록 핀에 전달한다.

그러나 실제로 실행시켰을 때 선택된 LED에 불이 켜지기 이전에 여러 LED가 깜빡거리거나 켜져 있는 모습을 볼 수는 없는데 이러한 펄스 발생이 아주 빠르게 이루어지기 때문이다(실제로 수 마이크로초 정도에 불과하다).

라즈베리 파이 소프트웨어

동일한 라즈베리 파이의 파이썬 프로그램에서는 GPIO 18번 핀이 74HC4017의 리셋 핀에, GPIO 23번 핀이 클록 핀에 연결된다.

이 프로그램의 파일명은 ch_15_decade_counter.py다. 예제 프로그램을 설치하려면 레시피 10.4를 참고한다.

```python
import RPi.GPIO as GPIO
import time

GPIO.setmode(GPIO.BCM)

reset_pin = 18
clock_pin = 23

GPIO.setup(reset_pin, GPIO.OUT)
GPIO.setup(clock_pin, GPIO.OUT)

def set_digit(digit):
    GPIO.output(reset_pin, True)
    time.sleep(0.000001)
    GPIO.output(reset_pin, False)
    time.sleep(0.000001)
    for i in range(0, digit):
        GPIO.output(clock_pin, True)
        time.sleep(0.000001)
        GPIO.output(clock_pin, False)
        time.sleep(0.000001)

try:
    while True:
        digit = input("숫자 입력(0~9)")
        set_digit(digit)

finally:
```

```
print("GPIO 초기화 완료")
GPIO.cleanup()
```

이 프로그램은 아두이노의 스케치와 완전히 같은 방식으로 실행된다.

논의 사항

74HC4017과 같은 카운터를 사용하면 LED 디스플레이를 멀티플렉싱할 때 유용할 수 있다(레시피 14.5). 카운터를 사용하면 GPIO 핀을 여러 개 쓰지 않더라도 7-세그먼트 디스플레이에서 숫자를 각각 선택하거나 LED 매트릭스의 열을 선택할 수 있기 때문이다.

참고 사항

- 74HC4017의 데이터시트는 *http://www.nxp.com/documents/data_sheet/74HC_HCT4017.pdf*를 확인한다.

아날로그 16

16.0 개요

이 장은 이 책의 앞부분에서 배웠던 저항, 커패시터, 트랜지스터의 기본적인 개념 몇 가지를 바탕으로 이야기를 이어 나간다. 또, 여러 곳에 아주 유용하게 사용할 수 있는 555 타이머 IC에 대한 내용도 수록되어 있다.

아날로그에 대한 이야기는 17장, 18장, 19으로 이어진다.

16.1 고주파 필터링하기(쉽고 빠른 방법)

문제

신호의 고주파 성분, 예를 들면 펄스를 받아 발생되는 디지털 출력을 저역 필터(low-pass filter)로 필터링해서 매끄러운 아날로그 출력으로 변환하고 싶다.

해결책

이 경우 단순한 저항-커패시터(RC) 필터(그림 16-1)를 사용하면 원치 않는 고주파 PWM 반송파를 거의 제거할 수 있다.

직관적으로 생각했을 때 저항(R)과 커패시터(C)가 하는 일은 출력이 입력의 변화에 반응하는 속도를 늦

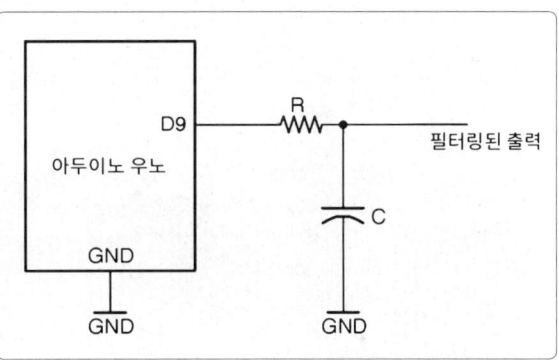

그림 16-1 아두이노에서 생성된 PWM 신호를 저역 필터링하기

추는 것이 전부다. 나머지는 R과 C의 적절한 값을 정하는 것뿐이다. 예를 들어 설명해보자.

아두이노의 Mozzi 라이브러리(레시피 18.1)는 PWM 오디오 출력을 생성한다(레시피 10.13). 32.7kHz로 일정한 PWM 주파수의 펄스 폭은 오디오 신호 아래의 저주파 진폭을 결정한다(440Hz). 이를 그림으로 설명한 것이 그림 16-2다.

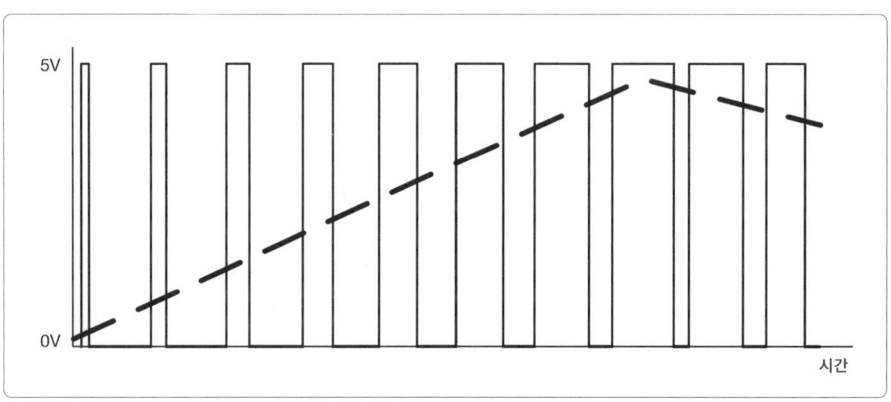

그림 16-2 오디오 신호의 PWM

평균 출력 전압은 점선으로 표시되어 있으며, 펄스 폭이 넓어짐에 따라 증가한다.
R의 값을 270Ω, C의 값을 330nF로 두면 그림 16-3과 같은 필터링이 발생한다.

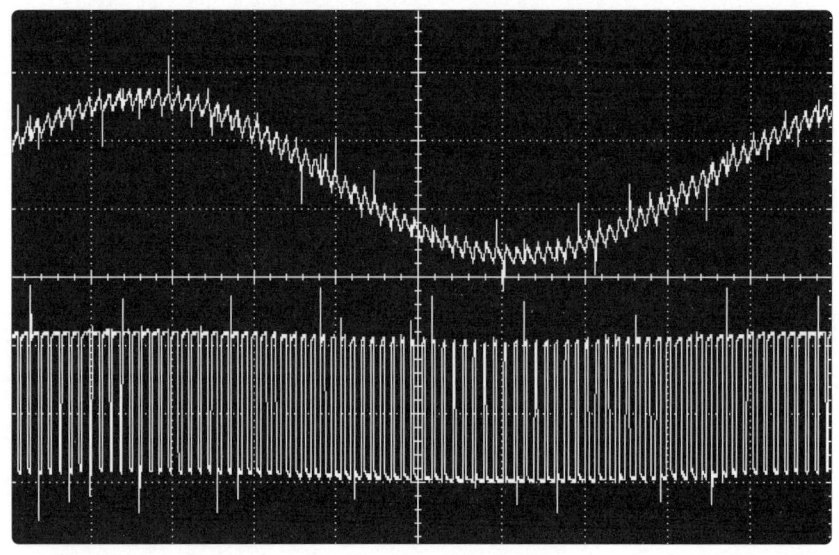

그림 16-3 PWM 신호의 저역 필터링

위의 자취는 필터링된 출력을, 아래의 자취는 PWM 신호를 나타낸다.

그림을 보면 원래의 사인 파형(위)이 PWM 신호(아래)로부터 추출된 것임을 알 수 있다.

논의 사항

여기서 사용된 RC 필터는 1차 필터라고 부르며, 필터링된 신호가 유지하려는 주파수보다 훨씬 클 때만 제대로 작동한다. 그림 16-4는 주파수에 대한 이득 그래프의 특징을 잘 보여준다.

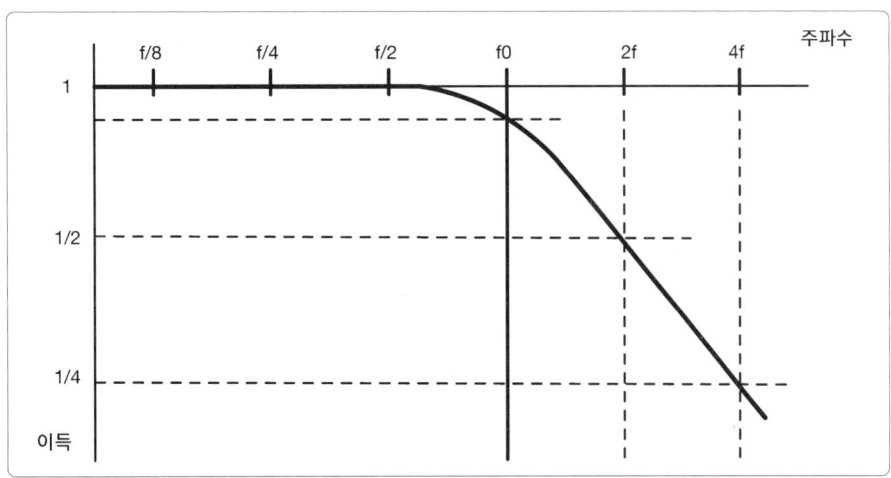

그림 16-4 저역 필터의 주파수 반응

이득이 1이라는 말은 신호의 진폭이 변하지 않는다는 뜻이다. 신호가 감쇠되는 '저지 대역(stop band)'에서 신호의 진폭은 주파수가 두 배로 커질 때마다 절반으로 줄어든다.

저지 대역은 '코너 주파수(corner frequency, f0)'에서부터 시작된다. 코너 주파수는 신호의 진폭이 원래 값의 75% 수준으로 떨어졌을 때의 주파수로 정의된다.

코너 주파수는 다음 식으로 계산할 수 있다.

$$f_c = \frac{1}{2\pi RC}$$

270Ω 저항과 330nF 커패시터를 사용하면 코너 주파수는 다음과 같다.

$$f_c = \frac{1}{2\pi RC} = \frac{1}{2\pi \times 270 \times 330n} = 1.786 kHz$$

코너 주파수가 1.768kHz고 필터링하려는 PWM 신호의 주파수가 32.7kHz일 때, 주파수 32.7kHz는 코너 주파수 1.786kHz에 2의 네제곱을 곱한 값보다 조금 더 크다는 사실을 알 수 있다. 또 주파수에 2의 네제곱을 곱하면 고주파 성분의 진폭은 1/2의 네제곱을 곱한 값으로 줄어든다. 그 결과 32.7kHz 신호의 진폭은 감쇠되지 않은 값의 1/16 수준으로 줄어든다. 그렇기 때문에 그림 16-3에서 보듯이 440Hz 사인파가 존재하는 상태에서 PWM 주파수도 사라지지 않고 여전히 나타난다.

이 실험을 테스트해 보려면 아두이노 IDE에 Mozzi 라이브러리를 설치해야 한다. 라이브러리의 ZIP 파일을 GitHub에서 다운로드한 뒤 아두이노 IDE의 메뉴에서 Sketch(스케치)→Include Library(라이브러리 추가)→Add ZIP Library(ZIP 라이브러리 추가) 순으로 선택해서 ZIP 파일을 설치하자.

아두이노 IDE의 예제 메뉴에서 Files(파일)→Examples(예제)→Mozzi→Basics(기초)→Sinewave(사인파)를 아두이노에 업로드한 뒤 부품을 그림 16-1과 같이 연결한다.

오실로스코프를 필터링을 거친 D9의 출력과 거치지 않은 출력에 연결하면 그림 16-3과 같은 결과를 얻을 수 있다.

참고 사항

- 주파수 이득이 훨씬 더 급격하게 떨어지는 고품질 필터에 대한 내용은 레시피 17.7를 참고한다.
- 이 레시피에서는 신호의 진폭을 감쇠할 때 1/2이나 1/4이라는 표현을 주로 사용했다. 그러나 신호의 감쇠나 증폭에 일반적으로 사용되는 단위는 데시벨(dB)이다. 이에 대해서는 레시피 17.1에서 설명한다.
- 필터 설계에 도움이 되는 좋은 방법은 시뮬레이션을 하는 것이다. 이 예는 레시피 21.11에 수록되어 있다.
- 오실로스코프의 사용법은 레시피 21.9를 참고한다.

16.2 발진기 만들기

문제

한 쌍의 트랜지스터로 간단한 발진기(oscillator)를 만들어서 LED를 밝히거나 오디오 신호를 생성하고 싶다.

해결책

트랜지스터를 그림 16-5와 같이 연결한다. 이런 연결 방식을 안정된 상태가 없이 두 상태 사이에서 진동한다는 의미에서 '비안정' 방식이라고도 부른다.

회로에 전원이 인가되면 Q1과 Q2는 모두 꺼진다. 이때 커

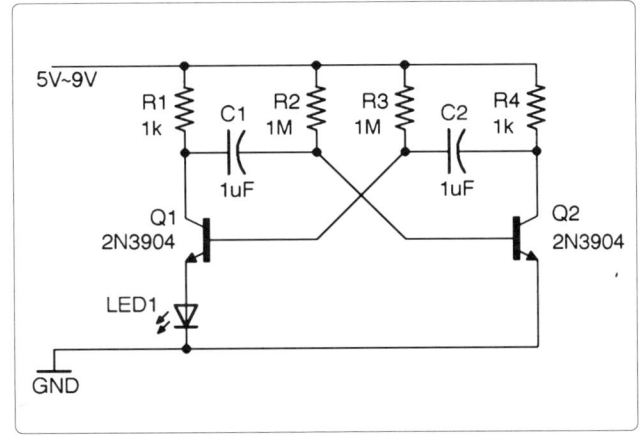

그림 16-5 트랜지스터 2개로 만든 발진기

패시터 C1과 C2의 값, 또 R2와 R3의 값이 조금이라도 다르면 커패시터 중 하나가 R2나 R3를 통해 다른 커패시터보다 더 먼저 충전을 시작하게 된다. 충전을 빨리 시작한 커패시터는 베이스를 통해 연결된 트랜지스터의 전원을 먼저 켜게 된다. 이 트랜지스터를 통과하는 전류는 LED를 켜고 컬렉터 전압을 떨어뜨리기 때문에, 충전이 늦게 시작된 커패시터는 반대편 트랜지스터가 켜질 때까지 충전을 계속한다.

논의 사항

이 발진기의 주파수는 시간 상수 C1과 R2에 의해 결정되지만(C1과 C2는 R2와 R3처럼 같은 값이어야 한다), 트랜지스터의 특성에도 좌우된다. 그림 16-5의 회로에서 공급 전압이 9V일 때 주파수는 2.8Hz로 측정되며, 다음 식에서 주파수는 R2, C1에 영향을 받는다는 것을 알 수 있다.

$$f = \frac{1}{0.36 R_2 C_1}$$

참고 사항

- NE555 타이머 IC를 사용하는 발진기는 레시피 16.5를 참고한다.
- 이 회로가 작동하는 모습을 담은 동영상은 *https://youtu.be/-NvMFmPHc4s*에서 확인할 수 있다.

16.3 LED 연속으로 밝히기

문제

마이크로컨트롤러나 디지털 IC를 사용하지 않으면서 홀수 개(3개 이상)의 LED를 순서대로 켜고 싶다.

해결책

MOSFET를 사용해서 그림 16-6의 회로도처럼 링 발진기를 만든다.

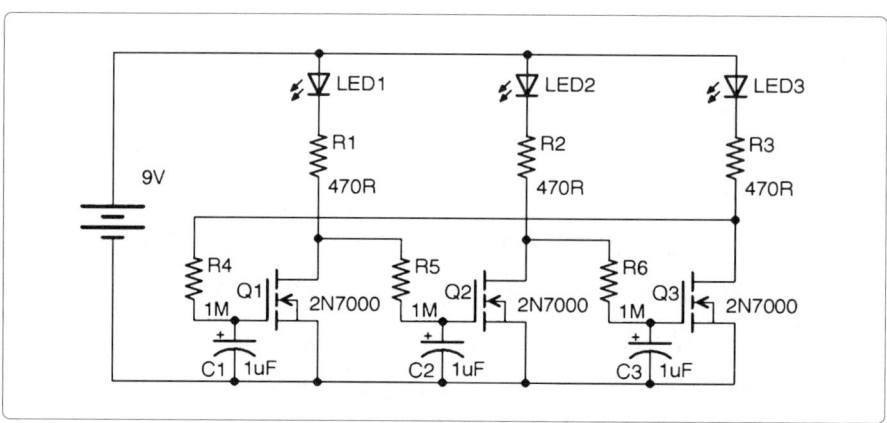

그림 16-6 링 발진기

이 회로의 작동 원리를 이해하는 방법 중 하나는 트랜지스터의 각 단계를 인버터라고 생각하는 것이다. 이렇게 하면 트랜지스터의 게이트가 LOW 상태일 때 트랜지스터의 드레인이 LED와 저항에 의해 HIGH로 높아진다. 트랜지스터의 게이트 커패시터가 충전을 시작하면 게이트 전압이 점점 높아져서 마침내 트랜지스터가 켜지고 드레인이 LOW 상태가 된다. 마지막 인버터 단계에서 처음의 트랜지스터로 피드백이 전송되어 주기는 다시 처음부터 계속된다. 이 회로는 단계가 짝수일 때는 작동하지 않는데, 이 경우 마지막 단계의 출력과 처음 단계의 출력이 모두 HIGH가

되거나 모두 LOW가 되어서(위상이 같아서) 발진(oscillation)이 일어나지 않기 때문이다.

논의 사항
이 발진기를 사용하면 LED가 점차 밝아졌다가 흐려지는 신기한 효과를 낼 수 있다.

실용성 측면에서라면 LED 개수가 많을 때 LED를 마이크로컨트롤러의 디지털 출력에 연결해 사용하거나 레시피 15.6에서 설명한 4017 같은 십진 카운터를 사용할 것이다.

참고 사항
- 링 발진기에 대한 흥미로운 내용을 담고 있는 위키피디아 항목(*https://en.wikipedia.org/wiki/Ring_oscillator*)을 참고한다.
- 회로가 작동되는 모습을 담은 동영상은 *https://youtu.be/9O5Ojhr0oGg*에서 확인할 수 있다.

16.4 입력에서 출력 사이의 전압 강하 방지하기

문제
고임피던스 전압을 보호해서 전압이 출력되는 곳에 상당한 부하를 연결하되 입력에는 영향을 미치지 않도록 하고 싶다.

해결책
양극성 접합 트랜지스터(BJT)를 그림 15-7처럼 이미터 팔로워(emitter-follower)로 연결해 사용한다. 이 경우 입력은 포텐셔미터로 공급된다. 출력 전압은 입력 전압(베이스-이미터 전압보다 작다)을 따라 간다.

이는 겉으로는 의미가 없는 것처럼 보여서 왜 R1의 슬라이더에

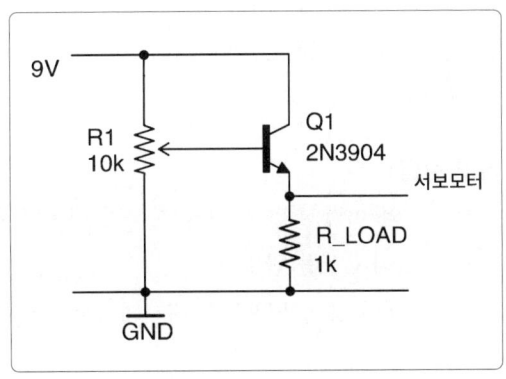

그림 16-7 버퍼로 사용된 이미터 팔로워

서 출력을 받지 않는지 궁금해질 수 있다. 이렇게 연결하는 이유는 R1에 걸리는 아주 작은 부하 저항이라 하더라도 출력 전압을 바꿀 수 있으며, 이 경우 트랜지스터를 사용해서 훨씬 더 큰 부하 전류를 끌어올 수 있기 때문이다.

트랜지스터의 베이스에 설정된 전압의 크기(약 0.6V)에 관계 없이 이미터 전압은 항상 0.6V보다 낮지만 상당히 큰 전류를 제공한다. 사실 베이스 전류와 컬렉터 전류의 비는 트랜지스터의 DC 이득이다. 2N3904 같은 트랜지스터에서 DC 이득은 보통 100 정도다. 그렇기 때문에 컬렉터 전류가 10mA면 100μA 미만의 전류가 R1에서 베이스로 흐른다.

논의 사항

이와 같은 이미터 팔로워는 그림 16-8의 회로도를 사용하는 전압 조정기의 기반이 될 수 있지만, 보통은 전압 조정기 IC 쪽이 사용하기 쉽다.

레시피 4.3에서 설명한 것처럼 제너 다이오드는 입력 전압이 5.6V보다 크기만 하면 Q1의 베이스를 5.6V로 유지한다. 제너 다이오드는 Q1의 전압 기준 역할을 하며, Q1의 이미터는 부

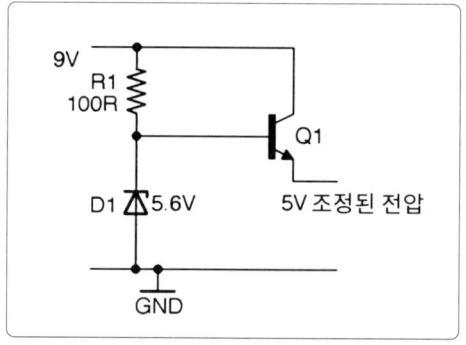

그림 16-8 제너 다이오드/이미터 팔로워 전압 조정기

하 전류가 상당한 크기의 베이스 전류를 끌어가서 베이스의 전압을 떨어뜨릴 정도로 커지지 않는 한 5V로 유지된다. TIP120과 같이 DC 전류 이득이 10,000 정도인 전력 달링턴 트랜지스터를 사용하면 더 높은 전류에서 전압을 조정했을 때 더 나은 결과를 얻을 수 있지만, 베이스와 이미터 사이에 전압 강하가 더 커진다는 단점이 있다(레시피 5.2 참고).

참고 사항

- 베이스와 이미터 간에 전압 강하가 일어나지 않는 거의 완벽한 단위 이득 버퍼는 레시피 17.6을 참고한다.
- BJT에 대한 자세한 내용은 레시피 5.1을 참고한다.

16.5 낮은 비용으로 발진기 만들기

문제

낮은 비용으로 듀티 사이클이 50%, 푸시-풀 출력이 200mA인 단순한 발진기(즉, 비안정 방식)를 만들고 싶다.

해결책

NE555 타이머 IC를 그림 16-9와 같이 연결해 사용한다.

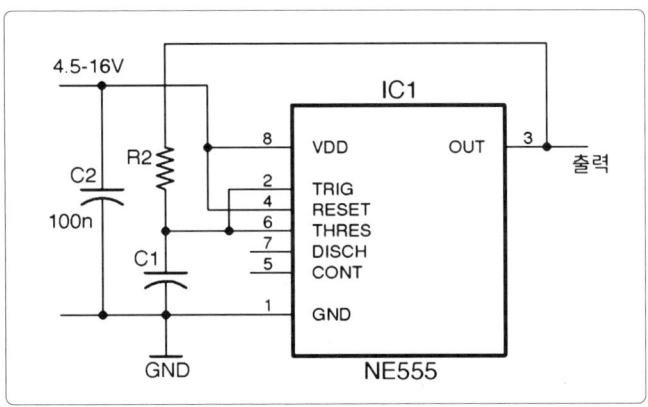

그림 16-9 NE555 발진기

그림은 NE555의 일반적인 비안정 발진기 회로도는 아니다. 그러나 펄스 폭 변조나 다른 목적으로 듀티 사이클을 제어해야 하는 경우가 아니라면 단순한 발진기로 쓰기에 적당하다.

주파수는 R2와 C1의 값에 따라 결정된다.

$$f = \frac{0.693}{R_2 C_1}$$

따라서 R2가 10kΩ, C1이 10nF이라고 하면 주파수는 다음과 같이 계산할 수 있다.

$$f = \frac{0.693}{R_2 C_1} = \frac{0.693}{10k \times 10n} = \frac{0.693}{100} kHz = 6.93 kHz$$

계산을 간단히 하기 위해 C1의 용량값을 몇 가지 표준화해 두자. 저주파 LED의 깜빡임에는 1μF 커패시터를, 수백 Hz의 오디오 주파수에는 100nF 커패시터를 사용한다. 또 kHz 수준의 더 높은 주파수라면 10nF 커패시터를 사용한다. 이런 식으로 커패시터의 용량값을 정해 놓으면 다음 식을 사용해서 필요한 R2의 값을 구할 수 있다.

$$R2 = \frac{0.693}{fC_1} 0.693$$

표 16-1은 흔히 사용되는 주파수와 그에 따른 적절한 부품 값을 보여준다.

주파수	C1	R2
1Hz	1μF	693kΩ
2Hz	1μF	347kΩ
50Hz	1μF	13.9kΩ
100Hz	1μF	6.93kΩ
1kHz	10nF	69.3kΩ
10kHz	10nF	6.93kΩ
100kHz	10n	F693Ω

표 16-1 일반적으로 사용되는 부품 값

논의 사항

커패시터는 특히 값의 ±10% 범위에서만 정확성을 유지하며, 주파수 역시 어느 정도 공급 전압에 영향을 받는다는 사실을 기억하자. 표 16-2는 R2가 10kΩ, C1이 10nF인 회로에서 공급 전압이 출력 주파수에 미치는 영향을 보여준다.

공급 전압(V)	출력 주파수(kHz)	R2
5	5.46	693kΩ
9	6.63	347kΩ
12	7.03	13.9kΩ
16	7.33	6.93kΩ

표 16-2 공급 전압에 대한 출력 주파수의 감도

참고 사항

- NE555의 데이터시트는 *http://www.ti.com/lit/ds/symlink/ne555.pdf*를 확인한다.
- 발진기의 상보성 출력이 필요하다면 4047 타이머 IC를 사용한다(레시피 7.10).
- NE555 IC는 여러 용도로 사용될 수 있으며, 원샷 타이머(one-shot timer)로도 사용될 수 있다(레시피 16.7).

- 발진기는 레시피 16.2에서 설명한 것처럼 트랜지스터 2개만으로도 만들 수 있다.

16.6 가변 듀티 사이클 발진기 만들기

문제
듀티 사이클을 설정할 수 있는 발진기(비안정)가 필요하다.

해결책
NE555 타이머 IC를 사용하되, 이번에는 그림 16-10처럼 구성한다.

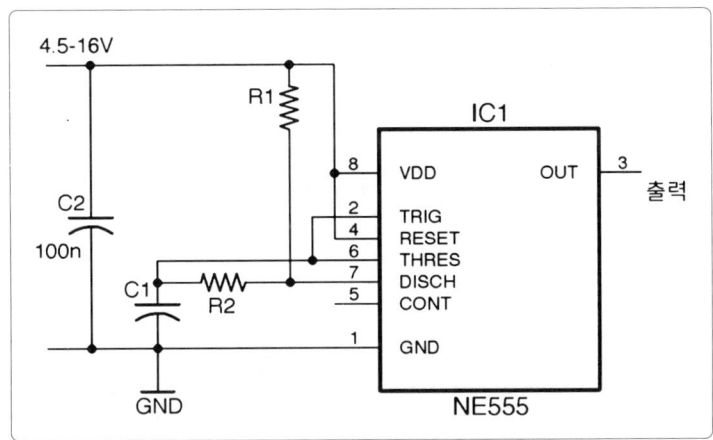

그림 16-10 듀티 사이클을 조정할 수 있는 NE555 발진기

주파수와 듀티 사이클(출력이 HIGH일 때의 시간과 LOW일 때의 시간의 비)은 C1, R1, R2 값에 따라 정해진다. 각 주기에서 출력이 HIGH일 때의 시간은 다음과 같이 계산할 수 있다.

$$T_{high} = 0.693(R_1 + R_2)C_1$$

출력이 LOW일 때의 시간은 다음과 같다.

$$T_{low} = 0.693 \times R_2 C_1$$

전체 주파수(Hz)는 이들 두 시간을 더해서 역수를 취한 값이다.

$$f = \frac{1}{T_{high} + T_{low}} = \frac{1.44}{(R_1 + 2R_2)C_1}$$

상당히 일정한 듀티 사이클이 필요하다면 레시피 16.5를 사용하거나 R1이 R2보다 훨씬 작으면 된다(단, 0은 안 됨).

계산이 번거롭다면 인터넷에 쓸만한 계산기가 많이 올라와 있다. 이런 계산기는 원하는 주파수와 듀티 사이클을 입력하기만 하면 되기 때문에 상당히 유용하다.

논의 사항

NE555 타이머는 아주 다양한 용도로 사용할 수 있는 장치다. 그림 16-11은 NE555 IC의 내부 구조를 보여준다.

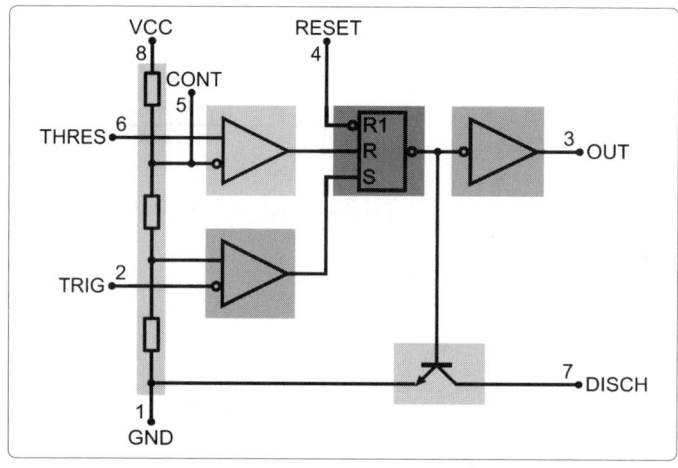

그림 16-11 NE555 타이머 IC의 내부

설계는 리셋-셋(RS) 플립플롭을 중심으로 구성되어 있다(레시피 15.4 참고). 이 플립플롭에서 S의 입력이 HIGH이면 출력이 HIGH가 된다. 출력은 플립플롭이 리셋되거나 R이 HIGH가 되거나 R1이 LOW가 될 때까지 HIGH를 유지한다. 플립플롭의 출력은 푸시-풀 출력 단계(레시피 11.8)를 구동하고 오픈 컬렉터 출력을 발생시키는데, 이 둘은 각각 OUT 핀과 타이밍 커패시터를 방전시키는 데 사용되는 DISCH(방전) 핀에 연결된다.

플립플롭의 설정(set)과 재설정(reset)에는 저항 3개와 비교기 2개가 사용되며, 양의 전원(VCC)과 GND 사이에 분압기의 형태로 연결된다(레시피 17.10).

TRIG(트리거) 핀의 전압이 공급 전압의 1/3 아래로 떨어지면 아래쪽 비교기가 플립플롭을 설정하고, 그 뒤 THRES(문턱값) 핀의 전압이 공급 전압의 2/3를 초과하면 플립플롭이 재설정된다.

CONT(제어) 핀은 잘 사용되지 않지만, 비교기 문턱 전압을 조정하는 데 사용될 수 있다. 또한 CONT 핀과 GND 사이에 10nF 커패시터가 연결되어 있는 회로도를 흔히 볼 수 있다. 이는 디커플링 커패시터로, 발진기의 안정성을 높여줄 수 있지만 반드시 사용해야 할 필요는 없다.

NE555 타이머는 표준 유형 외에 수많은 유형이 개발되었다. NE556은 단순한 14핀 IC 패키지를 사용하며, 공통 공급 핀을 공유하는 NE555 타이머 2개로 이루어져 있다.

LMC555는 555 타이머의 CMOS 버전으로 핀 호환이 가능하며, 공급 전압이 1.5V로 낮아져도 작동한다.

참고 사항

- NE555의 데이터시트는 *http://www.ti.com/lit/ds/symlink/ne555.pdf*를, 555의 데이터시트는 *http://www.ti.com/lit/ds/symlink/lmc555.pdf*를 확인한다
- 그림 16-11은 위키피디아의 555 타이머 항목(*https://en.wikipedia.org/wiki/555_timer_IC*)에서 가져 왔다.

16.7 원샷 타이머 만들기

문제
버튼을 누르면 정해진 시간 동안 출력을 켜는 타이머가 필요하다.

해결책
그림 16-12는 원샷 타이머(단안정 방식)로 구성된 NE555 타이머를 보여준다. SW1을 누르면 OUT이 HIGH가 되고, 이는 SW2를 누르거나(타이머 취소) $1.1 \times R1 \times C1$ 만큼의 시간이 흐를 때까지 유지된다. 예를 들어 C1이 100μF, R1이 100kΩ이라고 할 때 지연 시간은 $1.1 \times 100\mu \times 100k = 11$초가 된다.

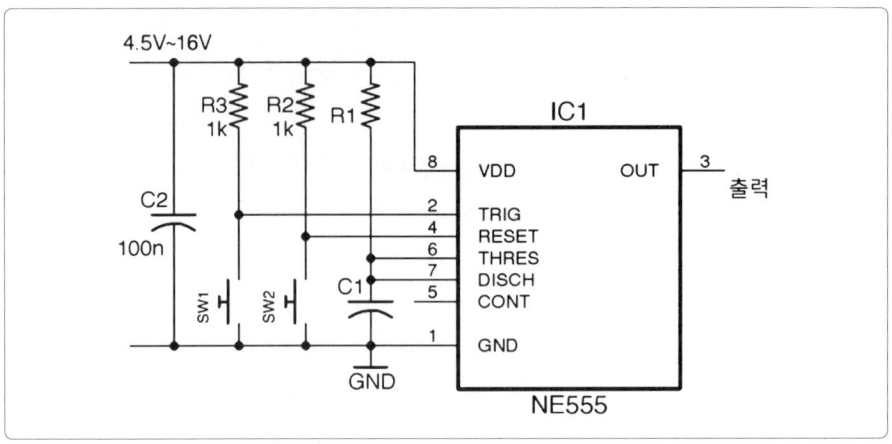

그림 16-12 NE555 타이머를 원샷 타이머로 사용하기

논의 사항

이 타이머 회로에서 지연 시간이 1초가 넘으려면 용량이 100µF이 넘는 전해 커패시터를 사용해야 한다.

물론 R1에 가변저항을 사용하거나 고정 저항과 가변 저항을 직렬로 연결해서 지연 시간을 최소화할 수 있으며, 둘 중에서는 후자의 방법이 더 자주 사용된다.

참고 사항

- 555 타이머가 사용되는 다른 레시피로는 레시피 16.5, 레시피 16.6, 레시피 16.8, 레시피 16.9, 레시피 16.10이 있다.

16.8 모터 속도 제어하기

문제

아두이노를 사용하지 않고 손잡이를 돌려서 모터 속도를 제어하고 싶다.

해결책

NE555 타이머를 그림 16-13에서처럼 사용한다.

약 1kHz의 PWM 주파수에서 R1에 270Ω 저항, R2에 10kΩ 포텐셔미터, C1에 100nF 커패시터를 사용한다.

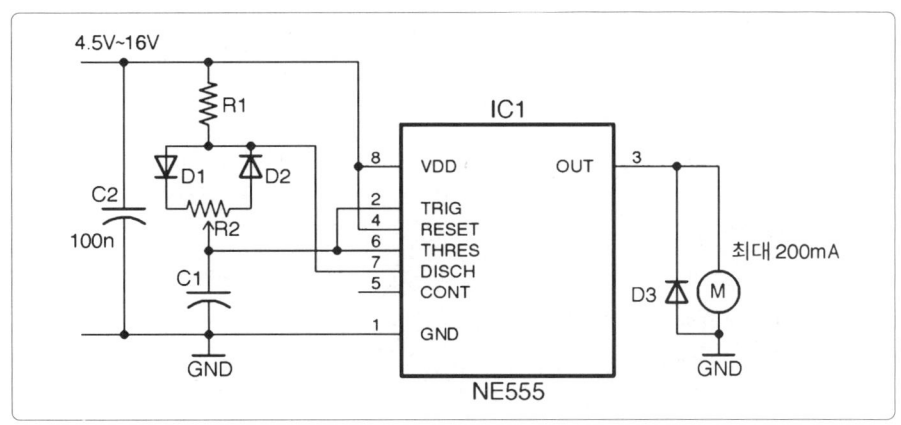

그림 16-13 555 타이머를 사용한 PWM 모터 제어

논의 사항

NE555 타이머의 출력 전류는 200mA이며, 이는 꽤 작은 모터 정도나 구동할 수 있을 정도의 크기다. 이보다 더 높은 전류를 끌어오려 하면 열이 지나치게 발생해서 결국 고장을 일으킨다. 출력이 더 높은 모터를 구동하려면 트랜지스터를 레시피 13.2에서 설명한대로 사용하면 된다.

이 회로의 최소 듀티 사이클은 R1과 R2의 비에 따라 결정된다. 듀티 사이클을 최소화하려면 R1은 R2보다 상당히 낮은 값을 가져야 하지만 0Ω이 되면 안 된다. 0Ω이 될 경우 발진이 멈춘다. R1과 R2의 비가 40:1이면 최소 듀티 사이클이 3%~4% 정도가 될 수 있다.

그림 16-14는 R2의 손잡이를 한쪽 끝까지 돌려서 듀티 사이클이 최소일 때를, 그림 16-15은 듀티 사이클이 50%일 때를 보여준다. 그림 16-16은 듀티 사이클이 최대일 때다.

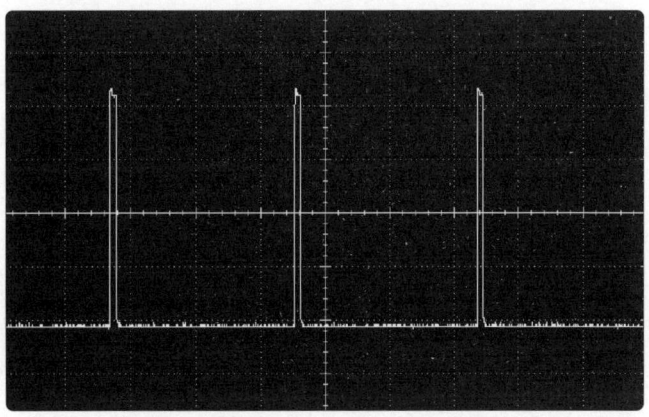

그림 16-14 PWM 모터 제어(최소 듀티 사이클)

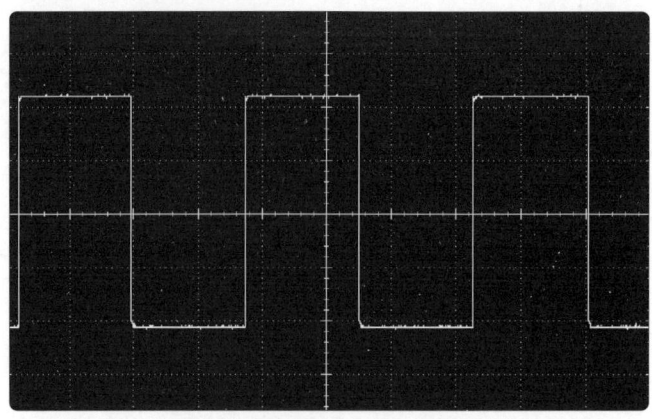

그림 16-15 PWM 모터 제어(50% 듀티 사이클)

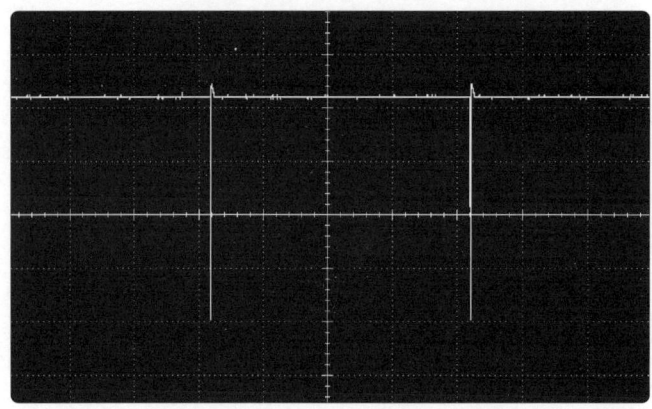

그림 16-16 PWM 모터 제어(최대 듀티 사이클)

참고 사항

- 아두이노나 라즈베리 파이에서 PMW 출력을 사용하려면 레시피 13.2를 참고한다.

16.9 아날로그 신호에 펄스 폭 변조 적용하기

문제

아날로그 신호에 펄스 폭 변조를 적용하고 싶다.

해결책

NE555 타이머를 그림 16-17과 같은 모습으로 연결한다.

아날로그 신호는 0과 VCC 사이여야 하며, IC의 CONT(제어) 핀으로 입력되어야 한다. 클록 신호는 변조 주파수에 따라 발생되어야 하며, 레시피 16.5에서 설명한 것처럼 안정 방식으로 구성된 또 다른 NE555 타이머에 의해 공급될 수 있다. 별도의 칩을 사용해서 클록을 생성하는 대신 NE555 타이머 2개가 하나의 패키지에 내장된 NE556 타이머를 쓸 수도 있다.

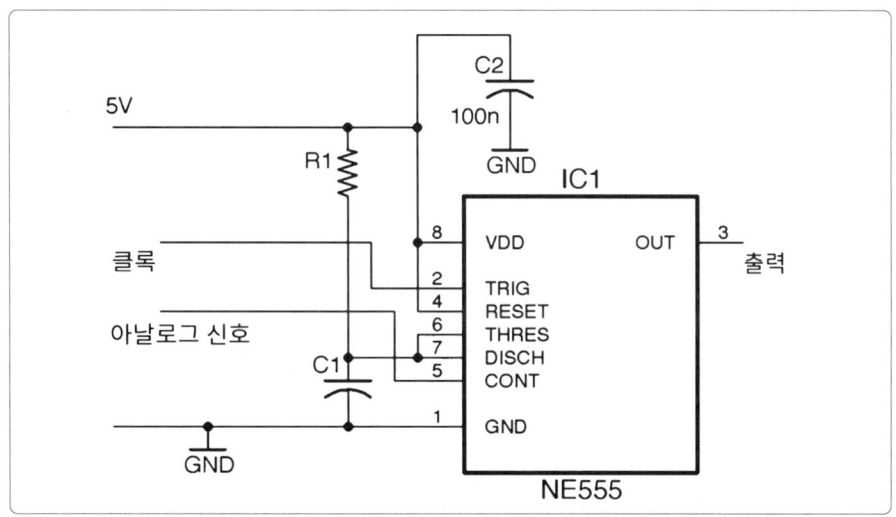

그림 16-17 NE555 타이머를 사용하는 아날로그 신호의 펄스 폭 변조

논의 사항

NE555 타이머는 단안정(monostable) 방식으로 구성되어 있으며, 이때의 펄스 폭은 R1, C1, CONT에 걸린 전압에 따라 결정된다. 이러한 단안정 방식의 구성에서는 변조 클록에 맞춰 매번 TRIG(트리거) 핀에 펄스를 보낸다.

R1과 C1의 값에 따라 최대 펄스 폭이 설정되는데, 이 값은 클록의 1파장에 맞추어야 한다.

예를 들어 클록 주파수가 30kHz라면 1파장의 폭은 다음과 같다.

$1/30k = 33.3 \mu s$

최대 펄스 폭 T_{max}는 다음의 식으로 구할 수 있다(레시피 16.7 참고).

$T_{max} = 1.1 R_1 C_1$

따라서 R1 값을 470Ω, C1 값을 100nF으로 두면 T_{max}는 다음과 같다.

$$1.1 \times 270 \times 100n = 29.7 \mu s$$

이렇게 하면 0V~5V 사이의 전체 전압 범위에 펄스 폭 변조가 적용된다.

NE555 타이머 IC 2개(또는 NE556 IC 하나) 중 하나는 발진기로 구성하고 두 번째 타이머는 클록을 제공하는 단안정 방식으로 구성하면, 부하에 공급되는 전력을 상승 에지에서 펄스 폭 변조 방식으로 제어하는 레시피 16.8 대신 사용할 수 있다. 이 경우, CONT 핀은 펄스 폭 제어를 위해 5V와 GND에 연결된 포텐셔미터의 슬라이더에 연결한다.

참고 사항
- PWM 출력 신호를 생성하는 과정은 D급 디지털 증폭의 첫 단계에 해당한다(레시피 18.5 참고).
- 모터나 그 외의 부하에 인가되는 전원을 제어하는 방법은 레시피 16.8을 참고한다.

16.10 전압 제어 발진기(VCO) 만들기

문제
주파수가 제어 전압에 따라 달라지는 발진기를 만들고 싶다.

해결책
NE555 타이머를 비안정 방식으로 구성하고, CONT 핀 전압으로 스위칭 문턱 전압(switching threshold)과 그에 따른 주파수를 제어한다. 그림 16-18은 이러한 배치를 보여준다.

논의 사항
전압 제어 발진기(voltage-controlled oscillator, VCO)는 아날로그 오디오 합성기의 일반적인 구성 요소다. 오디오 합성기에서 저주파 발진기의 출력은 VCO의 오디오 주파수를 변조하는 데 사용될 수 있다.

이런 식으로 설계된 VCO는 상당히 한정적인 주파수 범위에서 작동한다. 그림 16-19의 그래프는 공급 전압이 5V, R1이 1kΩ, R2가 10kΩ, C1이 10nF일 때 제어 전압에 따라 주파수가 변하는 모습을 보여준다.

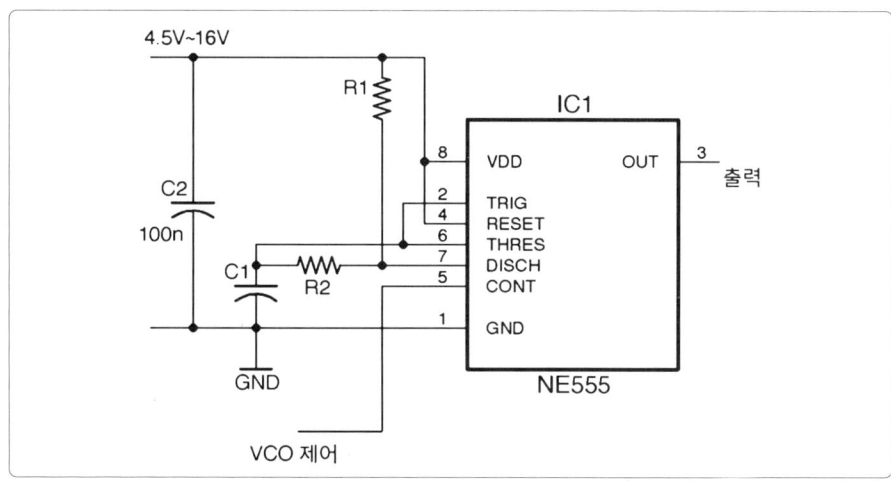

그림 16-18 NE555를 VCO로 사용하기

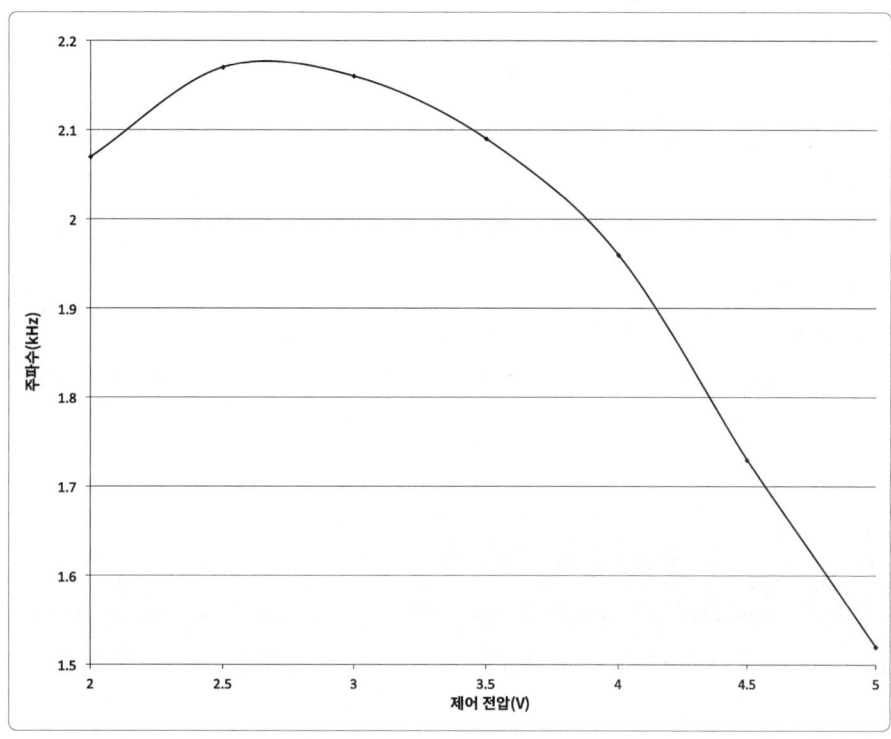

그림 16-19 제어 전압에 따른 주파수

유용한 제어 전압 범위는 이 예의 경우 3V~5V 정도다. 전압이 1.8V 밑으로 떨어지면 발진은 완전히 멈춘다.

참고 사항
- FM 트랜스미터에서 사용되는 VCO에 대해서는 레시피 19.1을 참고한다.

16.11 데시벨 측정하기

문제
데시벨(dB)이라는 단위가 뜻하는 바를 알고 싶다.

해결책
'데시벨'이라는 용어는 엄밀히 말해 무언가의 단위라기보다 인간이 인식하는 소리 같은 특성이 로그 값을 가질 때 그 특성에 맞추어 비를 표현하는 방식이라고 할 수 있다. 다시 말해 소리 신호가 조금 더 큰 소리를 내도록 하기 위해서는 진폭(전압)을 두 배로 올려야 할 수도 있다.

그렇기 때문에 1W 증폭기로 내는 소리 크기를 두 배로 높이고 싶다면 2W 출력 전압이 아니라 10W 출력이 필요하고, 다시 두 배로 높이려면 100W 전압이 필요한 식이다.

dB 값이 양이면 신호가 증폭되었음을, dB 값이 음이면 신호가 감쇠(진폭이 감소)되었음을 뜻한다.

dB로 표시된 이득은 전압(진폭)이나 전력에 적용될 수 있는데, 전력이 진폭 제곱에 비례하기 때문이다. dB라는 단위는 진폭에 가장 많이 사용되며, 그때의 이득은 다음과 같이 계산한다(이때 로그는 밑을 10으로 하는 상용로그다).

$$이득 = 20 log \frac{V_{out}}{V_{in}}$$

그림 16-20은 여러 비와 그에 따른 dB 값을 보여준다.

이득이 0dB이라는 말은 출력과 입력의 진폭이 완전히 같다는 뜻이다. 또, 이득이 +6dB이면 진폭이 두 배 증폭, -6dB이면 신호가 절반으로 감쇠되었다는 뜻이다.

표 16-3은 일반적으로 사용되는 dB 비 몇 가지와 이 비에 따라 진폭(전압)과 전력이 얼마만큼 증폭되거나 감쇠되는지를 보여준다.

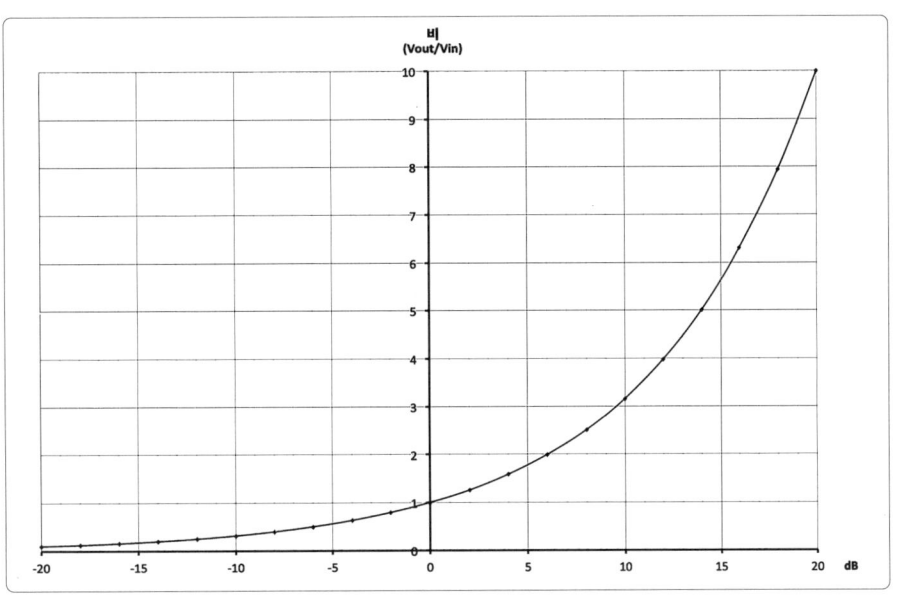

그림 16-20 dB과 비로 나타낸 진폭의 이득과 감쇠

dB	진폭(전압)	전력
100	100,000의 이득	10,000,000,000의 이득
80	10,000의 이득	100,000,000의 이득
60	1,000의 이득	1,000,000의 이득
40	100의 이득	10,000의 이득
20	10의 이득	100의 이득
10	3.162의 이득	10의 이득
6	약 2의 이득	3.981의 이득
3	1.413의 이득	약 2의 이득
0	변화 없음	변화 없음
-3	1.413의 감쇠	약 2의 감쇠
-6	약 2의 감쇠	3.981의 감쇠
-10	3.162의 감쇠	10의 감쇠
-20	10의 감쇠	100의 감쇠
-40	100의 감쇠	10,000의 감쇠
-60	1,000의 감쇠	1,000,000의 감쇠
-80	10,000의 감쇠	100,000,000의 감쇠
-100	100,000의 감쇠	10,000,000,000의 감쇠

표 16-3 dB에 따른 진폭과 전력의 증폭과 감쇠

논의 사항

데시벨이라는 용어는 소리의 크기를 나타낼 때 흔히 사용된다. 엄밀히 말해 이 경우에는 절대 데시벨(decibels Absolute, dBA)이 사용되는데, 이 값은 기압파가 생성된 시점에서의 에너지와 관련이 있으며 상대적인 비가 아닌 절대적인 값이다.

참고 사항

- 이득의 단위로 사용되는 데시벨을 설명한 위키피디아의 항목도 유용하니 참고한다.

OP 앰프 17

17.0 개요

OP 앰프라고 불릴 때가 더 많은 연산 증폭기(operational amplifier)는 이론을 실제로 구현하기 쉽도록 도와 준다. OP 앰프는 필터나 전치 증폭기(preamplifier)를 만들 때 가장 좋은 해결책이 되는 경우가 많다.

OP 앰프에는 입력이 2개, 출력이 1개 존재하며, 회로도 기호는 삼각형의 밑변으로 +와 - 기호로 표시된 입력 2개가 들어가고, 반대편 꼭지점에서 출력이 나온다(그림 17-1). 또, 양의 전원과 음의 전원도 필요하다. OP 앰프는 핀의 개수가 5개, 6개, 8개인 다양한 IC 패키지로 판매된다. 또, 하나의 패키지에 OP 앰프가 2개, 또는 4개 내장된 IC도 판매된다.

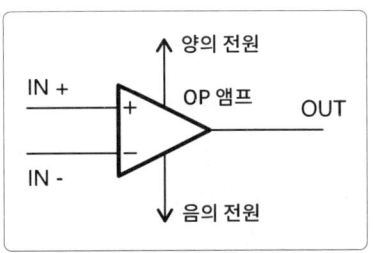

그림 17-1 OP 앰프의 회로도 기호

OP 앰프는 +와 - 입력 사이의 차이를 증폭시킨다. 증폭기의 이득은 보통 수백 만이나 수십 억에 달하기도 한다. 그렇기 때문에 출력 전압이 두 입력 전압 차의 백만 배가 되기도 한다. 그런 높은 이득이 좋다고 느껴질 수도 있겠지만, 실제로는 유용하게 사용하기에 값이 지나치게 크다. 이득을 조금 더 관리가 가능한 수준으로 낮추기 위해서 OP 앰프는 대부분 음의 피드백과 함께 사용되며, 출력의 일부가 음의 입력으로 되돌아 간다. 이런 식으로 피드백을 사용하는 예는 레시피 17.4와 레시피 17.5에서 확인할 수 있다. 또, 모든 출력이 음의 입력으로 피드백되면 레시피 16.4에서 설명한 이미터 팔로워에서처럼 출력이 OP 앰프로 들어가는 양의 입력을 따라가게 되는데 레시피 17.6에서는 이 원리를 살펴본다.

보통 OP 앰프는 양의 전압과 음의 전압(레시피 17.2) 사이에 GND가 존재하는 양전원 공급 장치(split power supply)로 전원을 공급받는다. 그러나 3.3V나 5V의 단전원 공급 장치(single power supply)를 사용하는 마이크로컨트롤러의 사용이 늘어나면서 단전원 작동을 지원하는 OP 앰프도 많아졌다(레시피 17.3).

OP 앰프는 개별 트랜지스터 방식의 설계보다 IC를 사용하는 편이 훨씬 좋은데, 부품 개수가 적고 일반적으로 더 뛰어난 성능을 보유하고 있기 때문이다. 전원 공급 장치, 주파수, 잡음 요건에 따라 특수한 유형의 OP 앰프도 판매된다.

17.1 OP 앰프 선택하기

문제

인터넷에서 부품 카탈로그를 살펴보면 말 그대로 OP 앰프를 수천 개는 볼 수 있다. 이 중에서 만들고자 하는 프로젝트에 맞는 OP 앰프를 선택하고 싶다.

해결책

이 책에서는 이렇게 방대한 선택지를 줄여서 모든 응용 방식에 적합하며 즉시 구입할 수 있는 장치를 몇 가지 추려 놓았다.

선택에서 고려해야 할 사항은 다음과 같다.

- 가격
- 전원 공급 범위
- 출력과 입력이 전체 공급 범위에 해당(레일투레일 방식)될 수 있는지 여부
- 속도. 이득 대역폭 곱(gain bandwidth product, GBP)은 OP 앰프의 이득(피드백 없음)이 1로 떨어질 때의 주파수를 뜻한다.
- 출력 슬루율(output slew rate). 출력이 증가할 수 있는 최대 속도.
- 공통 모드 제거(common mode rejection, CMR). OP 앰프는 두 입력의 차를 증폭시키는데, OP 앰프의 CMR은 입력에 동시에 일어난 변화가 무시되는 정도를 뜻한다. 이 값은 데시벨로 측정된다(레시피 16.11 참고).
- 잡음. 모든 전자 회로는 약간의 잡음을 발생시킨다. 잡음은 신호가 아주 약할 때 문제를 일으킬 수 있기 때문에 이득이 높은 응용 방식에서는 저잡음 OP 앰프가 필요하다.

- 공급 전류. OP 앰프 중에는 배터리를 오래 사용할 수 있도록 아주 낮은 전류에서 작동하는 부품들이 있다. 또, 정지 또는 대기 모드가 있어서 사실상 전원을 끊을 수 있는 OP 앰프도 있다. 예를 들어 마이크로컨트롤러는 배터리 전력을 아끼기 위해 자체 대기 상태로 전환되기 전에 OP 앰프를 정지 또는 대기 모드로 전환시킬 수도 있다.
- 출력 전류. OP 앰프의 높은 출력 전류는 작은 부하를 직접 구동할 때 유용할 수 있다.
- 패키지당 OP 앰프 수. OP 앰프는 하나의 패키지에 1개부터 4개까지 내장된 제품으로 판매된다. 회로에서 여러 개의 OP 앰프가 사용될 때 이러한 패키지를 사용하면 설계 공간과 비용을 절약할 수 있다.

표 17-1에는 우선 살펴 보면 좋은 OP 앰프를 모아두었다.

	LM741	LM321	TLV2770	OPA365
설명	아마도 수명이 가장 길고 가장 흔히 사용되는 OP 앰프.	단전원 작동에 사용할 수 있으며 높은 공급 전압을 사용하기 괜찮은 장치.	낮은 전류를 사용하는 대기 모드가 내장된 단전원, 저전압 장치.	성능이 뛰어나고 낮은 전압을 사용하며 잡음이 낮은 장치. 표면 실장형으로만 판매.
기준 가격	$0.50	$0.70	$2	$2
공급 전압 범위	±10V-22V	3V-30V	2.5V-5.5V	2.2V-5.5V
레일투레일	N	N	YY	
이득 대역폭 곱	1MHz	1MHz	5.1MHz	50MHz
슬루율	0.5V/μs	0.4V/μs	10V/μs	25V/μs
공통 모드 제거	96dB	85dB	86dB	120dB
잡음(nV/√Hz)	명시되지 않음	40	17	4.5
공급 전류	1.7mA	0.7mA	1mA (대기 모드에서 1μA)	4.6mA
출력 전류	25mA	20mA	50mA	65mA
듀얼 앰프 패키지	LM747	LM358	TLV2773	OPA2385
쿼드 앰프 패키지	LM148	LM324	TLV2775	해당 사항 없음

표 17-1 적절한 OP 앰프 사용하기

논의 사항

가끔은 응용 방식에 따라 표 17-1에서 추천한 것 외의 제품을 사용해야 하는 경우도 있다. 고주파에서 작동하지만 상위 공급 전압(upper supply voltage)이 높은 OP 앰프가 필요할 수도 있다. 그런 경우 해당 요건에 딱 맞는 제품이 분명히 있지만, 이를 찾아 내기 위해서는 인터넷에서 요건을 검색한 뒤 주의 깊게 데이터시트를 살펴보아야 한다.

OP 앰프마다 핀 배열이 모두 같지는 않다는 점에 주의한다. 이 레시피에서 설명한 OP 앰프의 핀 배열은 부록 A를 참고한다.

참고 사항

- 이 레시피에 소개된 OP 앰프의 데이터시트를 살펴보자
    - 741
    - LM321
    - TLV2770
    - OPA365

- 레시피 18.3에서도 OP 앰프가 사용된다.

17.2 OP 앰프에 전원 인가하기(양전원)

문제

양의 전원, 음의 전원과 접지를 제공하는 양전원 공급 장치가 요구되는 LM741 같은 OP 앰프를 구동하기에 적합한 전원 공급 장치가 필요하다.

해결책

전압이 조정된 전원 공급 장치나 배터리, 또는 이들 둘을 모두 사용한다. 어느 경우라도 스위칭 전압 조정기보다는 선형 전압 조정기를 사용해야 한다. OP 앰프가 소비하는 전류가 낮기 때문에 전력 공급 효율은 고려할 필요가 없다.

OP 앰프를 양전원 공급 장치로 작동시키려면, 그림 17-2의 ±12V 전원 공급 방식에서 보는 것처럼 선형 전압 조정기의 양의 전원, 음의 전원 유형을 사용할 수 있다.

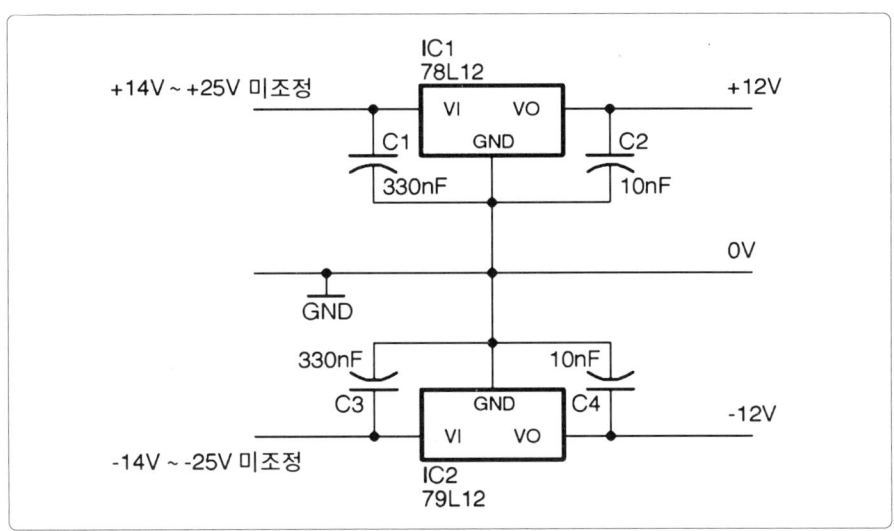

그림 17-2 12V로 조정된 양전원 공급 방식

OP 앰프를 디커플링 커패시터와 함께 사용할 경우 큰 이점이 있다(레시피 15.1 참고). 응용 방식에서 요구되는 요건이 까다롭지 않다면, 100nF 커패시터 1개를 OP 앰프 IC에 가까이 연결시켜 두는 것만으로 충분하다. 이득 요건이 까다로운 응용 방식에서라면 보통은 100nF과 10µF 커패시터가 IC 가까이 나란히 연결된다.

논의 사항

전원 공급 장치의 양의 전원에 대해서는 레시피 7.4에서 설명했지만, 이 경우 공급되는 양의 전원을 조정하기 위한 78L12(L은 저전력을 뜻한다) 외에, 음의 전원을 조정하기 위한 79L12 전압 조정기가 사용된다.

참고 사항

- 이와 같은 양전원 공급 장치가 오디오와 과학 실험 장치에 흔히 사용되지만, 보통은 레시피 17.3에서 설명하는 것처럼 단전원 공급 장치를 사용하는 쪽이 훨씬 편하다.

17.3 OP 앰프에 전원 인가하기(단전원)

문제

단전원 장치에서 공급된 전압으로 OP 앰프를 사용하고 싶지만, 공급 전압 범위 중간 정도에 해당되는 기준 전압도 필요하다.

해결책

그림 17-3은 조정된 5V의 공급 전압과 분압기, 커패시터를 사용해서 2.5V의 기준 전압을 공급하는 일반적인 방법을 보여준다. 커패시터 C3는 전압을 한층 더 안정시켜서 기준 전압을 통과해 지나가는 전류의 변화에 영향을 적게 받도록 해준다.

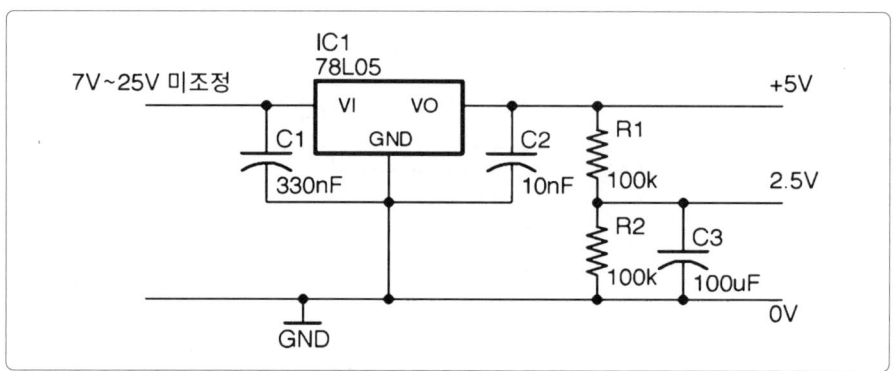

그림 17-3 OP 앰프가 단전원 공급 장치로 작동하도록 중간에 해당하는 전압 제공하기

레시피 17.4와 레시피 17.5에서 보는 것처럼 거의 모든 OP 앰프 회로에서 OP 앰프의 이득을 낮출 수 있는 음의 피드백을 보내려면 이와 같은 중간값의 기준 전압이 필요하다.

논의 사항

이를 향상시키고 안정적인 중간 전압을 공급하려면, 레시피 17.6에서 설명한 것처럼 분압기와 커패시터를 단위 이득 버퍼와 함께 사용한다. 설계에서 OP 앰프를 여러 개 사용하는 경우, OP 앰프가 4개 내장된 쿼드 패키지에 보통 이러한 목적으로 사용할 수 있는 '여분'의 OP 앰프가 있음을 알 수 있다.

참고 사항

- 양전원 공급 장치를 사용해서 OP 앰프에 전원을 인가하려면 레시피 17.2를 참고한다.

17.4 반전 증폭기 만들기

문제

신호 출력이 입력을 뒤집은 형태가 되어도 괜찮으니 단순한 OP 앰프가 필요하다.

해결책

OP 앰프를 그림 17-4의 회로도와 같이 연결한다. 이때 ±12V의 양전원 공급 장치를 사용한다고 가정한다.

OP 앰프의 출력에서 입력으로 아무런 피드백을 보내지 않을 때 OP 앰프의 이득은 수백 만에서 수백 억에 이를 수 있으며, 이는 유용한 작업을 하기에는 지나치게 높은 수준으로 잡

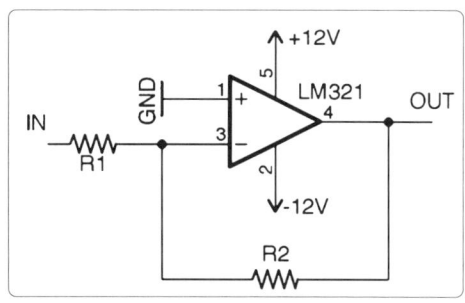

그림 17-4 반전 증폭기

음을 증폭시킬 뿐이다. 이 회로에서는 R1과 R2를 사용해서 OP 앰프의 이득을 적절한 수준으로 낮춰 준다. 적절한 수준이란 10에서 10,000 사이의 값이다. 이보다 이득이 높아야 한다면, 여러 번 증폭을 거치되 원치 않는 잡음이 증폭되지 않도록 필터링 과정을 거쳐야 한다.

회로의 전압 이득은 다음 식으로 구한다.

$$이득 = \frac{V_{out}}{V_{in}} = -\frac{R_2}{R_1}$$

따라서 증폭기의 이득이 -10(신호가 10배로 반전되어 증폭)이면, R2의 값을 10kΩ, R1의 값을 1kΩ으로 선택할 수 있다. 이렇게 하고 IN에 +1V를 인가하면 OUT의 전압이 -10V가 된다. 반대로 IN에 -0.1V를 인가하면 OUT은 +1V가 된다.

5V의 단전원 장치를 사용하려 할 때도 동일한 원리가 적용되지만, 이번에는 증폭이 중간 전압인 2.5V와 관련이 있다. 그림 17-5는 단전원을 사용하는 OPA365 레일투레일 OP 앰프를 조정된 5V의 공급 전압과 함께 사용하기 위한 회로도를 보여 준다.

단전원 공급 장치를 사용하면 IN에 인가되는 전압이 0V와 5V 사이여야 하며, 증폭은 중간 전압인 2.5V와 상관 관계를 가진다. 그 결과 IN에 걸린 전압이 2.5V일 때, OUT 역시 2.5V가 되지만, IN에 2.6V 전압이 걸리면(2.5V보다 0.1V 높음) OUT

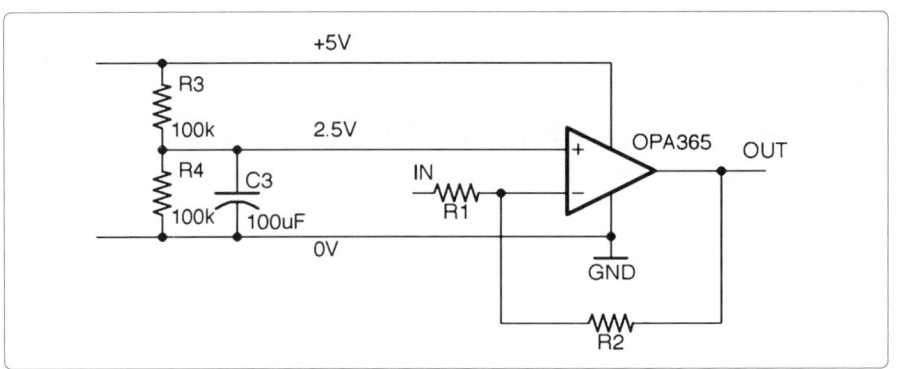

그림 17-5 OP 앰프를 사용한 단전원 반전 증폭

에 1.5V 전압(2.5V보다 1V 낮음)이 걸린다.

따라서 그림 17-5의 회로도에서 V_{in}이 주어졌을 때 V_{out}은 다음과 같이 계산할 수 있다.

$$V_{out} = (2.5 - V_{in})\frac{R_2}{R_1} + 2.5$$

논의 사항
증폭기의 이득이 얼마이든 간에 OP 앰프의 출력은 공급 전압의 이득보다 클 수 없다. 레일투레일 OP 앰프에서 전압이 한쪽 끝에서 다른 쪽 끝까지 변하되 이 범위를 초과할 수 없는 반면, 레일투레일 유형이 아닌 OP 앰프에서는 공급 전압 중 1V나 2V만 허용된다.

참고 사항
레시피 17.5는 비반전 방식의 OP 앰프 배치를 보여준다.

17.5 비반전 증폭기 만들기

문제
신호의 전압을 증폭시키고 싶지만 반전시키고 싶지는 않다.

해결책
OP 앰프를 그림 17-6처럼 비반전 방식으로 배치해 사용한다.

이 경우 증폭기의 이득은 다음 식으로 계산할 수 있다.

$$이득 = \frac{V_{out}}{V_{in}} = 1 + \frac{R_2}{R_1}$$

R2에 10kΩ 저항, R1에 1kΩ 저항을 사용한다면 이득은 11이 된다. 다시 말해 이는 OUT의 전압이 IN의 전압보다 11배 커진다는 뜻이다. IN의 전압이 음의 값이라면 OUT의 전압도 음의 값이 된다.

증폭기가 5V의 단전원 장치로 작동한다고 하면, 레시피 17.4에서와 마찬가지로 2.5V의 편차를 처리해야 한다. 그림 17-7은 단전원을 사용하는 비반전 증폭기를 만드는 방법을 보여준다.

이 경우 이득은 다음과 같다.

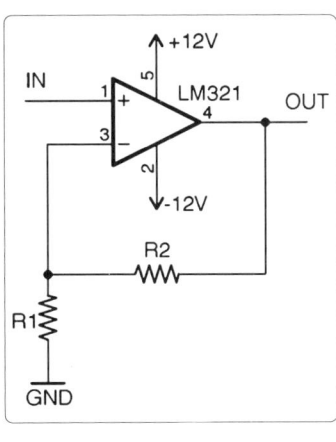

그림 17-6 비반전 OP 앰프

$$이득 = \frac{V_{out}}{V_{in}} = 1 + \frac{R_2}{R_1}$$

출력 전압은 입력 전압과 관련이 있으며, 다음 식으로 계산할 수 있다.

$$V_{out} = (V_{in} - 2.5)(1 + \frac{R_2}{R_1}) + 2.5$$

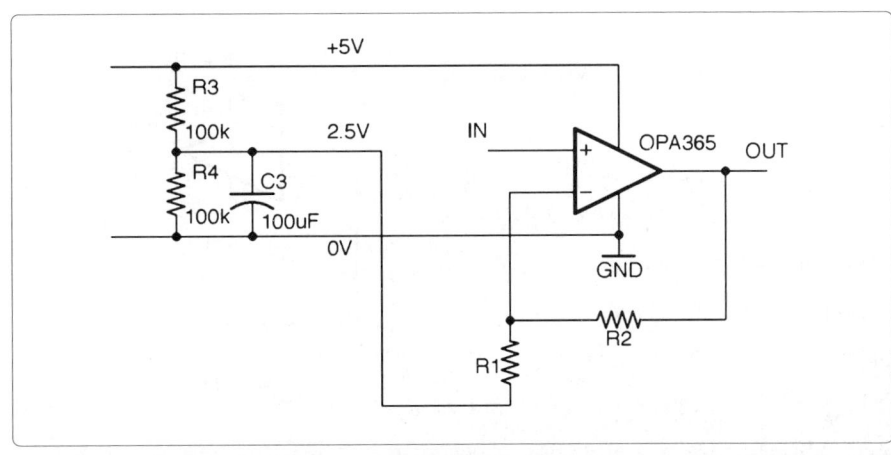

그림 17-7 단전원에서 OP 앰프를 사용한 비반전 증폭

논의 사항

지금까지 설명한 증폭기는 DC 신호(예를 들어 센서로부터의 입력)와 변화하는 AC

신호(예를 들어 오디오 신호)를 모두 증폭시킬 수 있다. 이와 같은 5V(또는 3.3V) 단전원 공급 방식의 설계는 출력 전압이 0V와 공급 전압 사이를 왕복하기 때문에 마이크로컨트롤러의 아날로그 입력으로 연결하기에 적합하다. 이 경우 이론적으로 전압 증폭이 쉬워지는데, 증폭된 전압이 약 2.5V에서 반전되는 문제가 발생하지 않기 때문이다. 따라서 단전원 설계에서는 이러한 비반전 레시피를 사용하는 것이 조금 더 일반적이다.

참고 사항

- 반전 증폭기의 설계는 레시피 17.4를 확인한다.

17.6 신호에 버퍼 사용하기

문제

신호에 버퍼를 사용해서 신호가 조금이라도 증폭되거나 감쇠되지 않으면서도 효과적으로 낮은 출력 임피던스를 발생시켜서 부하가 영향을 크게 받지 않도록 하고 싶다.

해결책

OP 앰프를 그림 17-8처럼 구성한다.

출력 전압은 입력 전압을 따라 간다. 따라서 입력이 1V면 출력도 1V가 된다. 이 경우 원하는 부하를 출력으로부터 끊어내더라도, 이로 인해 입력이 받는 영향을 크게 고민하지 않을 수 있다.

다시 말하면, 이는 전압이 증폭되지 않더라도 부하를 통과할 수 있는 전류는 크게 증가할 수 있다는 뜻이다. 이런 방식이 사용

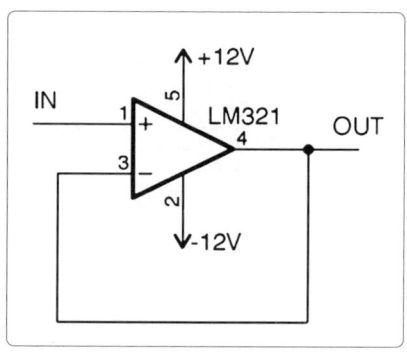

그림 17-8 단위 이득 버퍼

되는 예가 헤드폰의 증폭기다. 헤드폰에서는 이론적으로 신호 전압이 헤드폰을 작동시킬 정도로 충분히 크더라도, 출력이 헤드폰의 낮은 임피던스에 전원을 인가할 정도의 크기는 아닐 수 있다.

논의 사항

이와 같은 버퍼가 사용될 수 있는 상황 중 하나가 단전원 OP 앰프 증폭기에 중간 전압을 제공하는 경우다. 그림 17-9는 버퍼를 이런 방식으로 사용하도록 그림 17-7을 수정한 5V 단전원 증폭기를 보여준다.

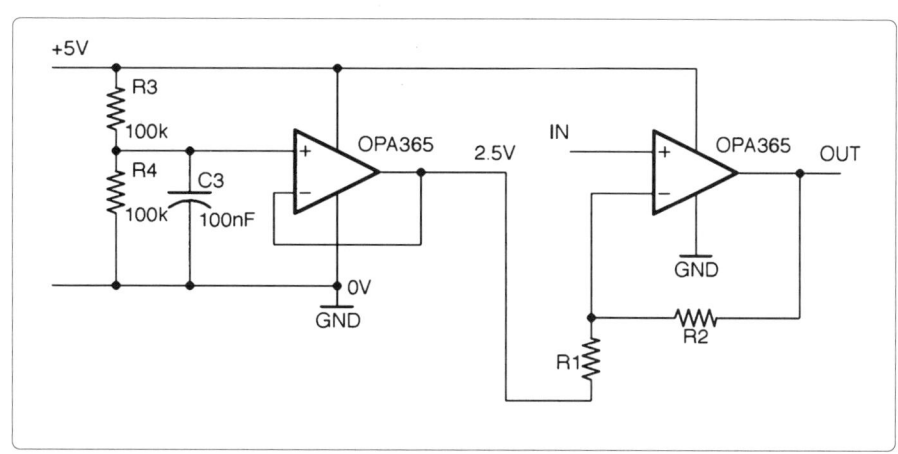

그림 17-9 단위 이득 버퍼를 사용해서 단전원을 사용하는 비반전 증폭기에 중간 전압 제공하기

버퍼의 입력 임피던스가 아주 높기 때문에 C3의 용량을 낮춰서 여기에서 흘러 나가는 전류의 크기를 극도로 낮출 수 있다. 이렇게 하면 부하가 걸리지 않은 전원 공급 장치에서 리플 현상이 일어나는 것을 줄여준다.

참고 사항

- 단위 이득 버퍼의 작동 방식은 전류 증폭기로 볼 수도 있다. 이는 레시피 16.4의 이미터 팔로워 배치에서 양극성 트랜지스터를 사용한 경우와 비슷하다.

17.7 고주파의 진폭 줄이기

문제

저역 필터로 고주파의 진폭은 줄이되, 레시피 16.3에서 사용한 단순한 RC 필터보다 급격하게 줄여야 한다.

해결책

OP 앰프와 2극 필터(2-pole filter)를 사용한다.

예로 32.7kHz PWM 반송 주파수로부터 440Hz 신호를 분리하도록 설계된 레시피 16.1의 간단한 필터를 다시 한 번 살펴보자. 여기에서 사용된 단순한 저항-커패시터(RC) 필터로 결국 코너 주파수가 1.786kHz가 되고, 주파수가 두 배로 늘어날 때마다 신호의 진폭이 절반으로 준다는 사실을 알 수 있었다. 그 결과 진폭은 32kHz에서 1/16배 정도로 줄어들었다. 능동 필터를 이용하면 32kHz에서 신호의 감쇠 수준이 분명 100배는 향상될 수 있다.

R1, R2, C2의 부품값을 선택할 때, 복잡한 계산은 직접 할 수도 있고 필터 설계 툴을 사용할 수도 있다. 이 레시피에서는 칩 제조사인 아나로그디바이스(Analog Devices)에서 온라인으로 제공하는 아날로그 필터 마법사(Analog Filter Wizard, *http://www.analog.com/designtools/en/filterwizard/*)를 사용한다.

사이트를 방문해서 살펴 보면, 저역, 고역, 통과 대역 필터를 선택할 수 있다. 저역 필터를 선택하면 그림 17-10에서 보는 것처럼 필터의 코너 주파수와 기타 파라미터를 구체적으로 입력할 수 있다.

로그 눈금

언뜻 보면 그림 17-10의 주파수 눈금이 조금 이상해 보인다. 1kHz, 10kHz, 100kHz 주파수가 각각 같은 거리만큼 떨어져 있기 때문이다. 축을 따라 1kHz부터 10kHz까지 거리가 이보다 훨씬 넓은 범위인 10kHz부터 100kHz까지의 거리와 같다. 또, 밑변에 수직으로 난 선들은 고르게 분포되어 있지도 않다. 앞부분은 넓게 떨어져 있지만 다음의 표시된 주파수로 가면서 점점 그 간격이 좁아진다.

이는 그림 17-10에서, 또 그림 17-12와 그림 17-15에서도 주파수 눈금이 로그 값에 따라 표시되기 때문이다. 이 경우 넓은 주파수 범위에서의 전체 곡선 형태를 볼 수 있도록 눈금의 길이가 주파수의 로그 값(밑이 10인 상용로그)을 기준으로 왜곡된다.

1kHz의 눈금 주변을 보면 다음의 수직선이 2kHz, 그 다음의 수직선이 3kHz, 이렇게 10kHz까지 나아가는 동안 수직선의 간격은 점점 좁아진다.

로그로 나타낸 주파수 눈금이 아닌 방식으로 그림 17-10의 그래프를 그리면 그래프가 깎아지는 절벽 같은 모습이 된다. 따라서 그런 방식으로는 로그 값에 따라 그린 그래프만큼 주파수 반응을 자세하게 확인할 수 없다.

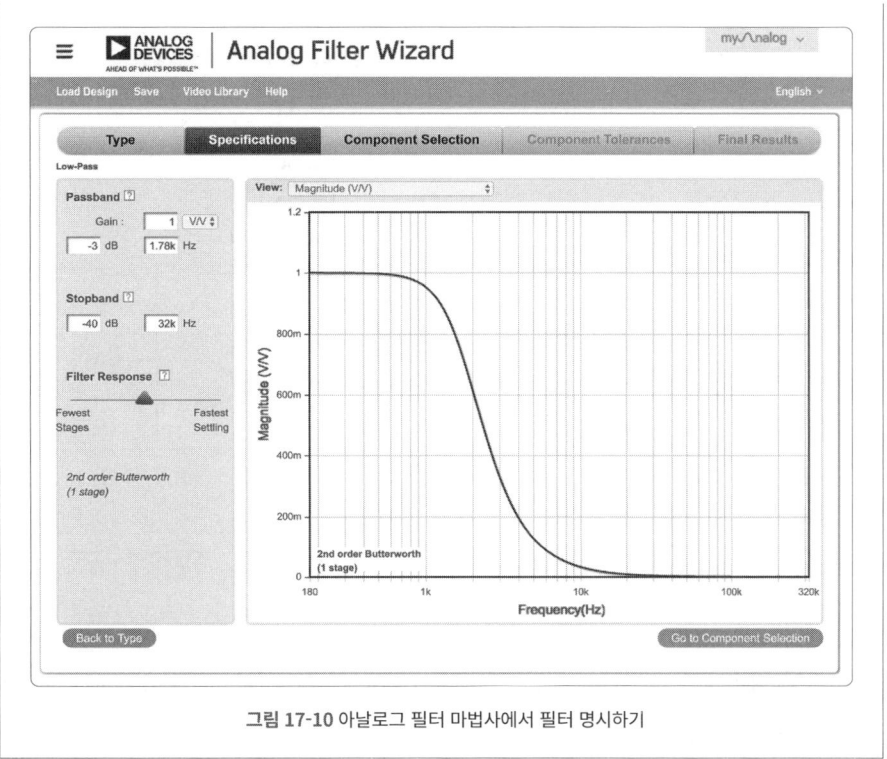

그림 17-10 아날로그 필터 마법사에서 필터 명시하기

툴은 아무런 설정을 하지 않으면 dB 단위에서 실행된다(레시피 16.11 참고). 단위는 그림 17-10처럼 Passband(통과 대역) 아래의 드롭다운 메뉴에서 진폭과 전압의 비(V/V)로 바꾸어 설정할 수 있다. 이때 코너 주파수는 1.78kHz, 원하는 저지 대역(stop band)은 32kHz에서 -40dB(1/100배)로 설정되어 있다.

필터 반응 슬라이더는 곡선의 기울기와 통과 대역의 반응이 평평한 정도를 결정하는 데 사용된다. 또, 슬라이더를 움직이면 설계에 필요한 OP 앰프 수(단계 수)와 필터의 차수도 변한다. OP 앰프 하나면 2차 필터를 구현할 수 있다. 이보다 차수를 높이려면 OP 앰프 몇 개를 체인으로 연결해야 한다. 필터 유형(버터워스, 체비쇼프, 베셀)에 따른 회로도는 모두 동일하지만, 사용되는 부품의 부품값이 다르기 때문에 다른 행동을 보인다. 차이점에 대해서는 '논의 사항' 섹션을 참고한다.

필터 마법사에서 슬라이더를 움직여서 툴에서 추천하는 유형이 2차 버터워스(1단계)가 되도록 한 뒤, Go and Component Selection(부품 선택하기)을 클릭하면, 그림 17-11에서 보는 것처럼 추천하는 부품값이 명시된 회로가 '짜잔'하고 나타난다.

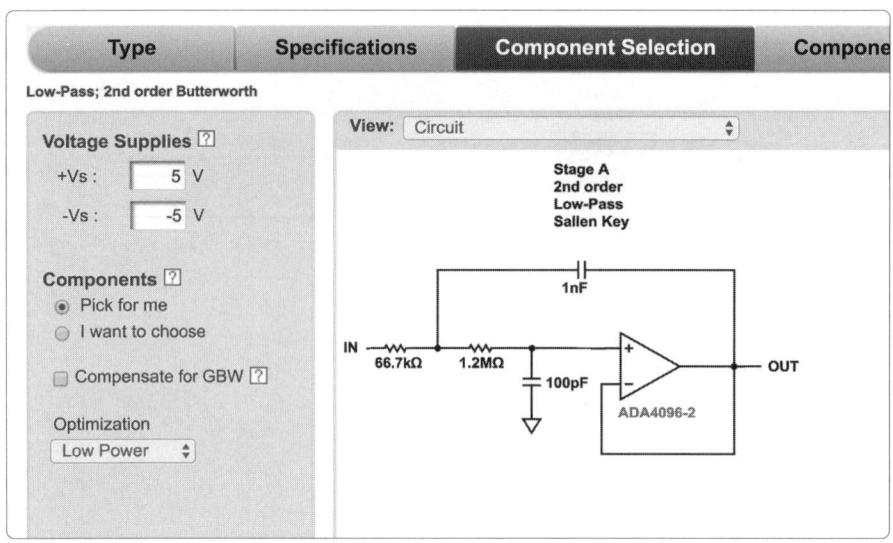

그림 17-11 부품값이 명시된 필터 설계

그 뒤에 공급 전압과 설계의 다른 특성을 입력할 수도 있고, 부품의 정확성이 설계에 미치는 영향도 볼 수 있다. 이 마법사는 아나로그디바이스의 툴이기 때문에 이곳에서 생산하는 OP 앰프를 추천하지만, 설계 자체는 다른 제조사의 OP 앰프와도 사용할 수 있다.

필터에 이득을 어느 정도 추가하기란 아주 쉽기 때문에 레시피 17.5의 비반전 증폭기 설계에서 사용한 것처럼 OP 앰프 출력에서 음의 입력으로 이어지는 연결 대신 저항 한 쌍으로 대체하는 방식으로 신호를 증폭시키거나 감쇠시킬 수 있다. 그러나 설계 툴에서는 필터를 결정하면 이득을 입력할 수 없다(그림 17-10 참고).

논의 사항

요건이 특별히 까다로운 프로젝트가 아니라면, OP 앰프 하나를 사용하는 2차 필터의 경우 보통 복잡성과 성능 간의 균형이 뛰어나다. 필터 설계와 그 외에 더 복잡한 필터 설계 도구를 다루는 책은 아주 많이 출간되어 있다.

아날로그 필터 마법사에서 제공하는 세 가지 필터 유형의 특징은 다음과 같다.

버터워스(Butterworth)
코너 주파수를 얻기 전에 통과 대역에서 아주 납작한 반응(이득이 거의 같다)을 보

이지만, 통과 대역에서 저지 대역으로의 변화가 다른 필터 유형에 비해 급격하지 않다. 버터워스 필터는 입력과 출력 신호 사이에서 주파수에 따른 위상 변이를 발생시켜 원래 신호를 왜곡한다.

체비쇼프(Chebyshev)
통과 대역에서 이득에 리플이 존재하지만 통과 대역에서 저지 대역으로의 변화가 훨씬 급격하다. 그러나 버터워스 필터와 마찬가지로 위상 변이의 문제가 발생한다.

베셀(Bessel)
위상 변이가 거의 없는 대신 통과 대역에서 저지 대역으로의 변화가 훨씬 덜 급격하다.

이들 유형은 모두 그림 17-11의 같은 회로도를 사용해 구현된다. 아날로그 필터 마법사의 계산을 통해 필터의 유형이 결정된다.

참고 사항
- 다른 유형의 필터 설계는 뒤에서 소개하는 몇 가지 레시피를 참고한다.

17.8 저주파 필터링으로 주파수 제거하기

문제
능동 필터를 만들어서 저주파를 제거하고 바뀌지 않은 고주파만 남기고 싶다.

해결책
하나의 OP 앰프를 사용해 구현한 2차 필터를 사용한다. 필터를 설계할 때는 아날로그 필터 마법사 같은 툴을 사용한다. 그림 17-12는 이득이 10이고 코너 주파수가 1kHz에서 고역 필터링을 제공하도록 아날로그 필터 마법사로 설계한 필터의 주파수 반응을 보여준다.

2kHz와 3kHz 사이의 반응 부분에 살짝 솟아오른 부분이 있는데, 여기는 이득이 원하는 값인 10보다 살짝 높아지는 곳이다. 이는 오버슈트(overshoot)라고 하며, 체비쇼프 필터의 또 다른 특성이다.

체비쇼프 필터에 해당되는 회로도는 그림 17-13을 참고한다.

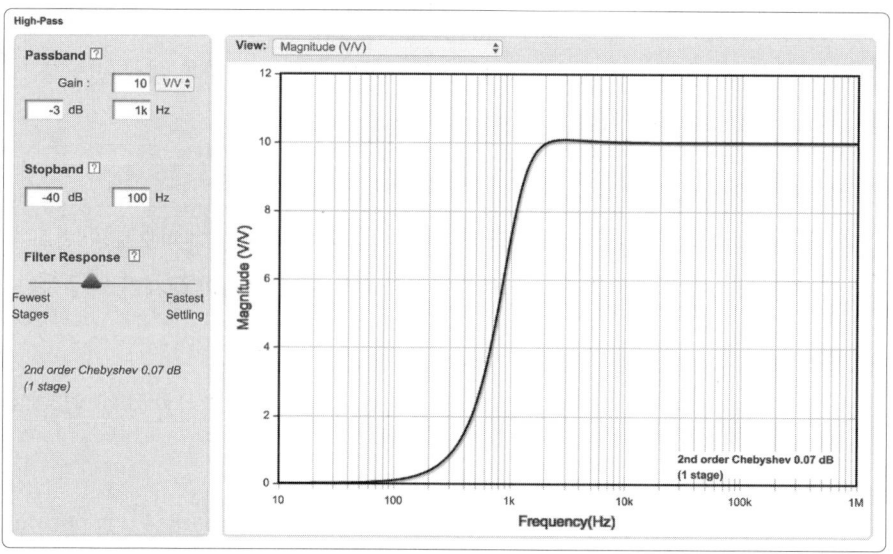

그림 17-12 2차 체비쇼프 고역 필터의 주파수 반응

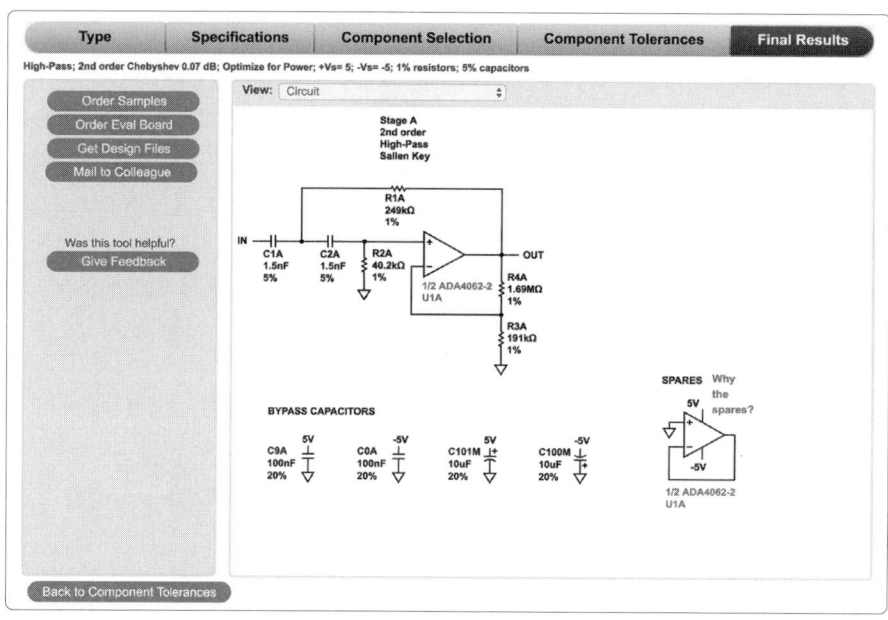

그림 17-13 2차 체비쇼프 고역 필터의 회로도

318   17장 OP 앰프

논의 사항

레시피 17.7의 논의 사항 섹션에서 설명하는 필터 유형의 차이에 대한 대부분의 내용은 고역 필터에서도 똑같이 잘 적용된다.

그림 17-13에서 아날로그 필터 마법사가 도움이 되도록 필요한 바이패스 커패시터 값을 추천해 주었다는 사실에 주목하자(레시피 15.1).

참고 사항

- 저역 필터는 레시피 17.7, 대역 필터는 레시피 17.9를 참고한다.

17.9 고주파와 저주파 필터링으로 주파수 제거하기

문제

원하는 주파수 범위를 벗어나는 주파수를 감쇠시켜 줄 필터가 필요하다.

해결책

원하는 주파수 대역이 충분히 넓을 때, 가장 좋은 해결책은 그냥 신호를 저역 필터에 통과시킨 뒤(레시피 17.7) 다시 고역 필터에 통과시키는 것이다(레시피 17.8.) 이렇게 하려면 OP 앰프가 2개 필요하며, OP 앰프가 2개 내장된 IC라고 해서 1개 내장된 IC보다 그렇게 많이 비싸지는 않다.

그림 17-14는 코너 주파수가 20Hz와 20kHz인 통과 대역 필터의 회로도를 보여 준다. 이 회로는 신호를 오디오 주파수 범위로 제한하는 데 사용할 수 있다.

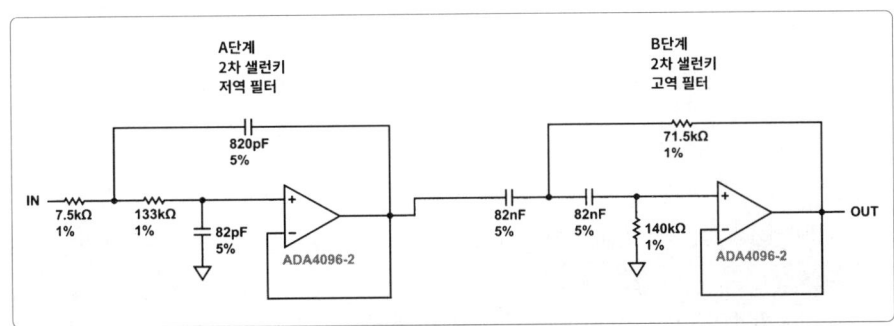

그림 17-14 대역 필터

필터는 레시피 17.7과 레시피 17.8에서 사용한 아날로그 필터 마법사로 설계했다.

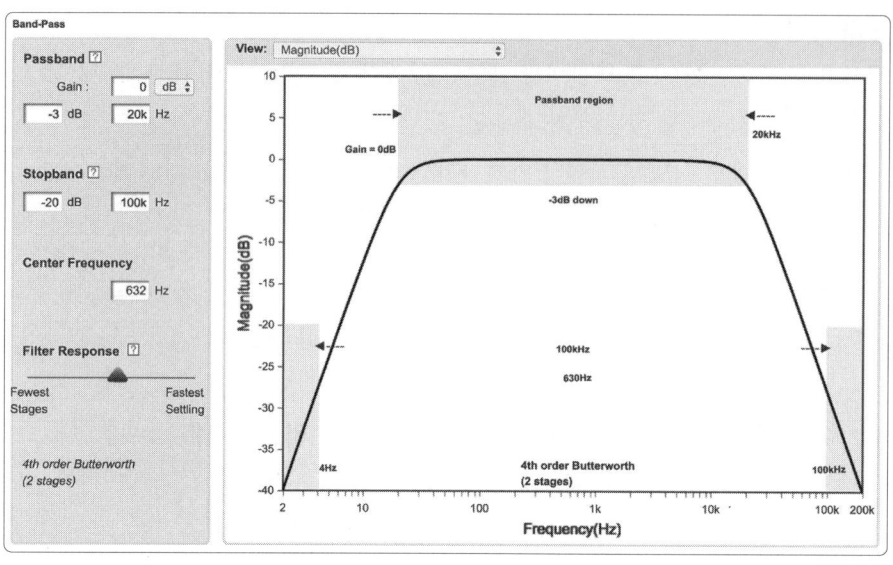

그림 17-15 아날로그 필터 마법사를 사용해서 대역 필터 설계하기

이번에는 대역 필터 유형을 선택하고 파라미터를 그림 17-15와 같이 입력했다.

대역 필터는 진폭이 3dB 떨어질 때(원래 진폭의 0.71) 20kHz로 설정하고 저지 대역은 감쇠 목표가 20dB(원래 진폭의 0.1)인 최고값일 때 100kHz로 설정한다.

중간 주파수는 기대했던 10kHz가 아니라 위쪽과 아래쪽 코너 주파수를 곱한 값의 제곱근이 된다. 즉, 다음과 같이 계산할 수 있다.

$$\sqrt{20 \times 20{,}000} = 632 Hz$$

논의 사항

필터 설계는 전문가의 영역이며, 이 책에서는 가장 일반적인 전자공학 레시피를 살짝 들여다 본 것뿐이다. 그러나 OP 앰프 단계가 하나인 단순한 설계만으로 충분한 응용 방식도 많다.

> **Q 인자**
>
> 통과 대역 필터의 Q 또는 '품질(quality)' 인자는 대역폭을 나타내는 성분으로, 대역의 중간 주파수와 폭의 비로 정의된다. 필터의 대역폭은 3dB 이상 감쇠 없이 통과한 대역을 말한다.
>
> 예를 들어, 중간 주파수가 10kHz, 대역폭이 5kHz인 필터의 경우 Q 인자는 2가 된다.

참고 사항

- 저역 능동 필터 설계는 레시피 17.7, 대역 필터 설계는 레시피 17.8을 참고한다.

17.10 두 전압 비교하기

문제

두 전압을 비교해서 한쪽 전압이 기준 전압보다 높을 때 부하를 스위칭하도록 하고 싶다.

해결책

OP 앰프와 밀접한 관련이 있는 **비교기**(comparator)라는 장치를 사용한다. 그림 17-16은 조도가 일정한 문턱값 아래로 떨어질 때 LED를 켜는 간단한 자동 조명 만드는 법을 보여준다.

R1과 R3는 분압기를 구성하며, 분압기의 출력은 조도에 반응한다. 따라서 전압이 높을수록 조도도 높아진다. 가변 저항 R2는 IN-에서의 기준 전압을 설정하는 데 사용된다.

LM311의 출력은 NPN 출력 트랜지스터의 이미터와 컬렉터 양쪽 모두에 연결을 제공해서 활용도를 최대로 높여준다.

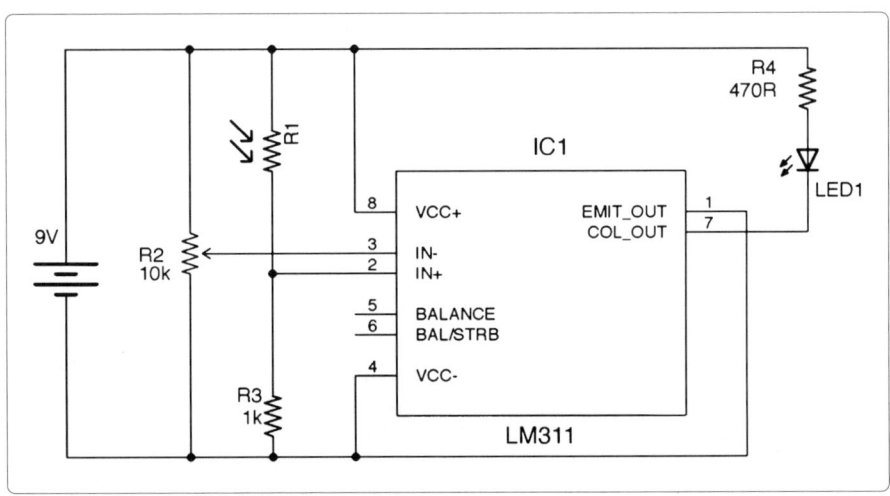

그림 17-16 비교기를 사용해서 LED 제어하기

조도가 낮아서 IN+가 IN-보다 낮다면, 출력 트랜지스터의 베이스 전류가 LED를 통과한다.

IN+가 IN-보다 낮을 때 트랜지스터가 켜지는 논리는 직관에 반하는 것 같지만, 출력 트랜지스터에서 이미터는 종종 접지되며 컬렉터에서 논리 출력을 가져오는데, 이 출력이 VCC로 높아진다. 이 장치는 인버터로서 효과적인 행동을 보이며, 그 결과 IN+가 IN-보다 큰 경우 컬렉터 출력이 HIGH가 된다.

논의 사항

OP 앰프를 비교기로 사용할 수도 있지만, 특별한 목적을 가진 비교기 IC의 경우 보통 출력 전류가 더 높고 전압 범위가 더 넓기 때문에 이왕이면 이를 사용하는 편이 더 낫다.

참고 사항

- 아두이노와 라즈베리 파이를 사용해 빛을 감지하는 방법은 레시피 12.3, 레시피 12.6을 각각 참고한다.

오디오 18

18.0 개요

오디오 전자부품은 모두 신호를 생성하고 스피커에 전원을 인가할 수 있도록 신호를 증폭시켜서 사람이 이 신호를 들을 수 있도록 하기 위한 것이다.

이 장에는 증폭과 신호 생성에 관한 여러 레시피가 수록되어 있다. 오디오-전력 증폭기 설계를 다루는 자료라면 A급, B급, AB급, D급으로 지정되어 있는 증폭기 등급과 그 외에 특이한 설계 방식을 반드시 설명한다. 대부분의 경우 이 문자들은 증폭기를 양극성 접합 트랜지스터(BJT)로 구성하는 방식과 바이어스 상태가 되는 방식을 명시한다. 그러나 최근에는 IC가 아닌 개별 트랜지스터로 증폭기를 만드는 방식이 비용이나 품질 면에서 딱히 이점이 없기 때문에(까다로운 오디오 애호가는 예외로 둔다) 여기에서는 가장 일반적으로 사용되는 설계 방식과 주요 특징만 살펴본다.

A급
왜곡이 적지만 에너지 효율이 크게 떨어진다. 발열이 심하다.

B급과 AB급
푸시풀 설계. A급보다 왜곡 현상이 심하지만 에너지 효율은 아주 뛰어나다. AB급은 B급과 비슷하지만 증폭기가 스위칭되면서 스피커를 밀거나 당길 때 발생하는 왜곡을 줄이도록 보정하는 기능이 있다(레시피 18.4 참고).

D급
디지털 증폭기. A급이나 B급보다 왜곡 현상이 심하지만 에너지 효율은 아주 뛰어나다(레시피 18.5 참고).

자신이 설계한 증폭기를 실제로 만들어 보기 전에, 아무것도 없는 상태에서 증폭기를 꼭 만들어야 할지 먼저 질문해 보자. 대부분의 일회성 프로젝트의 경우 판매되는 모듈을 사용하거나 USB로 전원을 공급받아 증폭되는 스피커를 사용하는 편이 더 간단하고 비용도 저렴하다.

아두이노에서 음파를 생성할 때는 음을 쉽게 표현할 수 있다. 라즈베리 파이를 대용량 메모리와 복잡한 하드웨어와 함께 사용해서 오디오 잭을 통해 외부의 앰프에 연결하면 MP3나 다른 사운드 파일을 들을 수 있다.

18.1 아두이노에서 소리 듣기

문제
아두이노에서 소리를 생성해 스피커로 듣고 싶다.

해결책
스피커를 그림 18-1에서 보는 것처럼 아두이노에 연결하면 아두이노에서 음을 생성하고 스피커를 작동시킬 수 있다.

스케치 ch_18_speaker는 앞에서 내려 받은 스케치에서 확인할 수 있다 (레시피 10.2 참고).

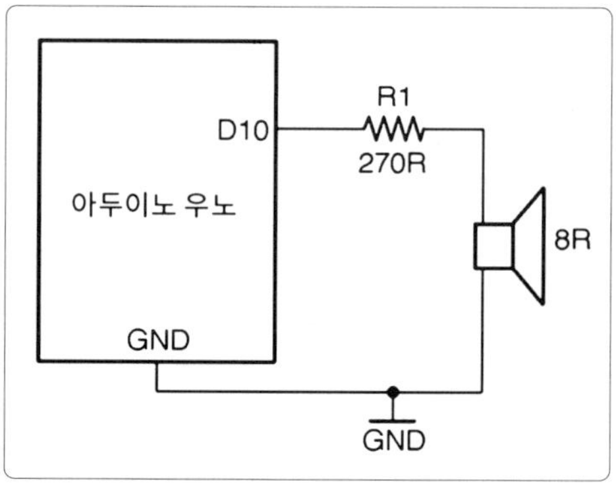

그림 18-1 아두이노로 소리 생성하기

```
const int outputPin = 10;

void setup()
{
  pinMode(outputPin, OUTPUT);
  Serial.begin(9600);
  Serial.println("100Hz~8000Hz 사이의 값을 입력하세요(0은 꺼짐).");
}

void loop()
{
  if (Serial.available())
  {
    int f = Serial.parseInt();
    if (f == 0) {
      noTone(outputPin);
```

```
      }
      else {
        tone(outputPin, f);
      }
    }
}
```

아두이노의 tone 함수는 톤을 생성하는 핀과 생성할 톤의 주파수의 값을 긴 정수형(long integer)의 파라미터로 취한다. tone 함수는 31Hz에서 65,535Hz까지의 주파수를 생성할 수 있다.

tone 함수를 사용하려면 아두이노 직렬 모니터를 열고 라인 엔딩 드롭 다운 메뉴가 'line ending 없음(No line ending)'으로 설정되어 있는지 확인한 뒤, 주파수(Hz)를 입력하고 Send(전송)를 클릭한다.

tone의 명령어로 생성된 5V 신호는 증폭기로 직접 보내기에는 조금 높다. 신호의 전압은 2V 아래로 낮추거나 저항 한 쌍을 분압기로 사용해 나눠 주어야 한다. 1kΩ과 270Ω 저항을 사용하고 270Ω 저항은 GND에 연결하면 출력을 1/5로 줄일 수 있다.

> **스피커**
>
> 그림 18-2는 스피커의 구조를 보여준다.
>
> 스피커는 프레임과 콘 두 부분으로 크게 나눌 수 있다. 프레임은 모든 부품을 제자리에 고정시켜 주고, 콘은 앞뒤로 움직이며 공기 중에 인간의 귀로 들을 수 있는 압력파를 생성한다.
>
> 프레임에는 고정 자석과 콘이 부착되어 있으며, 콘이 좁아지는 끝부분에는 전선 코일이 감겨 있다. 구부릴 수 있는 전선은 코일과 프레임에 부착된 단자를 연결한다. 전류가 코일을 통과하면 고정 자석의 세기에 비례해서 콘에 움직임이 발생하며, 이로 인해 공기에 압력파가 생성된다.

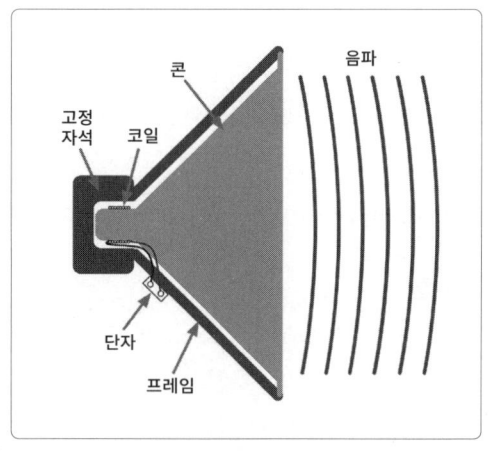

그림 18-2 스피커의 구조

> 적당한 크기의 소리를 내는 데 필요한 스피커의 출력은 상당히 커서 보통 수십 와트에 이른다. 스피커를 구동하는 데 높은 전압을 사용해야 하는 위험을 피하기 위해 보통 낮은 저항이 사용된다. 일반적으로 사용되는 저항값은 8Ω이지만, 12V DC만 사용할 수 있는 차량에서는 4Ω 스피커도 많이 사용된다.

논의 사항

스피커는 릴레이의 코일처럼 유도성 부하이기 때문에 전압 스파이크가 발생해서 스피커를 구동시키는 GPIO 핀을 손상시킬 위험이 있다. 그러나 실제로는 저항을 통해 구동되는 소형 스피커를 사용하면, 전압 스파이크가 GPIO 핀의 정전기 보호 기능에서 처리할 필요가 없을 정도로 상당히 낮다.

구형파의 조잡한 소리도 나름의 쓸모가 있지만, 아두이노는 실제로 Mozzi 라이브러리를 사용해서 조금 더 정교한 소리를 생성해 낼 수 있다. Mozzi 라이브러리는 32.7kHz에서 고주파 PWM 신호를 사용해서 펄스 폭 변조를 사용하는 사운드 파일을 만들 수 있다.

Mozzi 라이브러리로 구형파와 사인파의 차이를 들으려면 Mozzi 라이브러리를 설치한 뒤 Mozzi 라이브러리에서 01. Basics(기본)→Sinewave(사인파)를 선택해 내장된 예제 프로그램을 실행시킨다.

이 경우 R1이 연결된 아두이노의 핀을 10번에서 Mozzi 라이브러리가 사용하는 9번으로 바꿔 주어야 한다.

Mozzi 소리가 생성되는 원리를 알고 싶다면 레시피 18.1을 확인한다.

참고 사항

- 분압기의 사용은 레시피 2.6을 참고한다.
- 아두이노가 필요 없는 발진기 레시피는 레시피 16.2, 레시피 16.5, 레시피 16.6을 참고한다.
- 아두이노로 더 나은 오디오 소리를 생성하려면 아두이노 Mozzi 라이브러리를 살펴본다.

18.2 라즈베리 파이에서 소리 듣기

문제

라즈베리 파이의 오디오 잭을 이용해서 소리를 듣고 싶다.

해결책

하드웨어의 측면에서 볼 때 대부분의 라즈베리 파이 모델에는 3.5mm 헤드폰용 잭 소켓이 있어서 스테레오 증폭기와 스피커에 연결할 수 있다.

최근 버전의 라즈비안에는 OMXPlayer가 내장되어 있다. 사운드 파일을 재생하려면 OMXPlayer를 통해 재생하려는 사운드 파일의 이름을 써 주기만 하면 된다. 예를 들어 다음과 같이 사용할 수 있다.

```
$ omxplayer file.mp3
```

파이썬 프로그램 내에서 사운드 파일을 연주하기 위해 OMXPlayer를 실행시키려면 다음과 같이 os.system 명령어를 사용한다.

```python
import os
os.system('omxplayer file.mp3')
```

논의 사항

소리는 헤드폰 잭 외에 HDMI 커넥터를 통해서도 재생할 수 있다. OMXPlayer 소프트웨어는 오디오 잭에 무언가가 연결되어 있지 않는 한 HDMI를 통해 소리를 자동으로 재생한다.

소리를 재생하는 채널은 -o 옵션을 사용해 바꿀 수 있다. -o 옵션의 값으로는 local(오디오 소켓) 또는 hdmi을 입력할 수 있다. 예는 다음과 같다.

```
$ omxplayer –o hdmi file.mp3
```

참고 사항

- OMXPlayer에 대한 내용은 *http://elinux.org/Omxplayer*를 참고한다. OMXPlayer는 대부분의 소리 파일 형식 외에 동영상 파일도 재생할 수 있다. 이 외에 소리 파일을 재생하는 또 다른 방법인 Pygame 라이브러리에 대한 내용은 *http://bit.ly/2mt4eDM*을 참고한다.

- 라즈베리 파이 제로에는 오디오 잭이 없지만, 그래도 오디오는 재생할 수 있다. 자세한 내용은 *http://bit.ly/2mIjZH9*을 참고한다.

18.3 프로젝트에 일렉트릿 마이크 연결하기

문제

일렉트릿 마이크를 위한 전치 증폭기가 필요하다. 이는 신호를 추가로 증폭시켜서 스피커를 사용하거나(전력 증폭기) 아두이노로 소음 수준을 검출하기 위한 것이다.

해결책

OPA365 같은 단전원 레일투레일 OP 앰프를 사용해서 신호를 30배~100배 증폭시킨다. 마이크에 직접 대고 말한다면 이득이 30, 마이크로 주변 소음을 잡아내고 싶다면 이득이 100 정도로 충분하다.

그림 18-3은 이득이 101인 마이크로폰 전치 증폭기의 회로도를 보여준다. 이득을 설정하는 방법에 대한 논의 사항은 레시피 17.5를 참고한다.

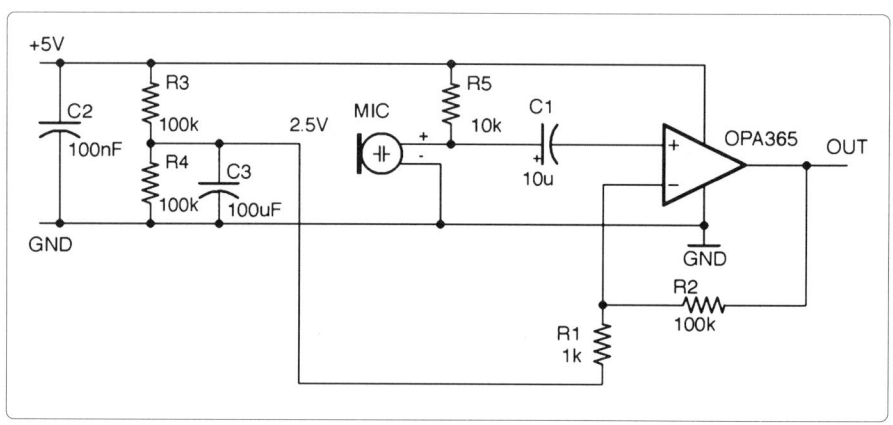

그림 18-3 일렉트릿 마이크 전치 증폭기

C1은 마이크의 약한 출력을 AC로 커플링해서 OP 앰프의 비반전 입력으로 보내는 데 사용한다. 이렇게 하면 마이크에서 들어온 신호의 AC 부분만 남고, 존재할 수 있는 DC 바이어스는 제거된다.

논의 사항

일렉트릿 마이크는 커패시터와 작동 방식이 비슷하다. 음파는 커패시터의 한쪽 판을 효과적으로 당겼다가 밀어냈다가 한다. 일렉트릿 마이크의 판은 마이크를 구동하기 위해 부하를 생산해 유지하는 동안 충전된다. 이런 정전 용량의 변화가 마이크에 내장된 전계효과(field effect, FET) 트랜지스터를 통해 소량의 전압으로 변환된다. 마이크 모듈은 극성이 있기 때문에 올바른 방식으로 연결해야 한다. 또, 전계효과 트랜지스터의 드레인에 저항도 연결해 주어야 한다(그림 18-3의 R5).

그림 18-3의 회로는 2.5V 정도의 출력을 발생시키며, 이 출력은 아두이노의 아날로그 입력으로 직접 연결해서 최대 소음 수준 측정 등에 사용할 수 있다.

그림 18-4는 이 회로를 아두이노 우노에서 사용한 모습을 보여준다.

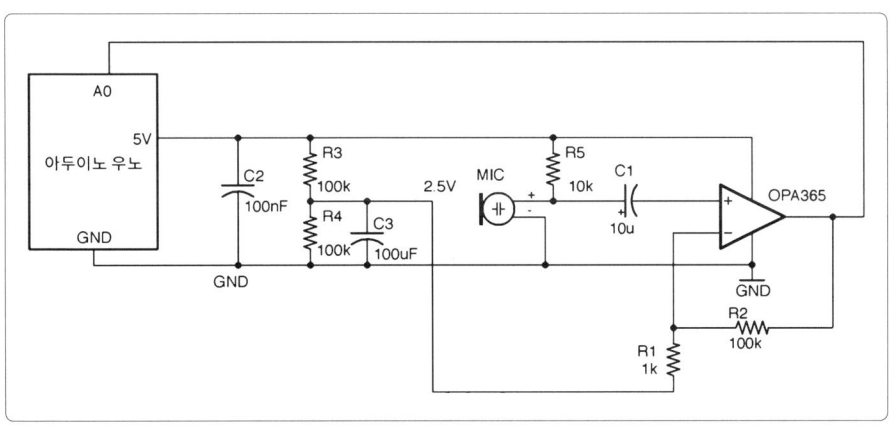

그림 18-4 아두이노 지시 소음계

이 회로는 브레드보드에 설치할 수도 있지만 OPA365는 표면 실장형으로만 판매되기 때문에 그림 18-5와 같이 Schmartboard.com 등에서 판매하는 SOT-23이나 SOIC 브레이크아웃 보드를 사용해야 한다.

아두이노 스케치 ch_18_sound_meter(레시피 10.2 참고)는 100ms마다 아날로그 입력 A0를 샘플링한 뒤 샘플링한 입력 중 최대 진폭을 보고한다(그림 18-6). 이 스케치를 수정해서 소음 수준이 일정 수준 이상을 넘어설 때 특정 행동을 하도록 할 수도 있다.

측정 가능한 최댓값이 512라는 점에 주의한다(전체 아날로그 측정값의 절반).

```
const int soundPin = A0;
const long samplePeriod = 100; // ms

long lastSampleTime = 0;
int maxAmplitude = 0;
```

```
int n = 0;

void setup() {
  Serial.begin(9600);
}

void loop() {
  long now = millis();
  if (now > lastSampleTime + samplePeriod) {
    processSoundLevel();
    n = 0;
    maxAmplitude = 0;
    lastSampleTime = now;
  }
  else {
    int amplitude = analogRead(soundPin) - 512;
    if (amplitude > maxAmplitude) {
      maxAmplitude = amplitude;
    }
    n++;
  }
}

void processSoundLevel() {
  // replace or add your own code to use maxAmplitude
  Serial.print("Of ");
  Serial.print(n);
  Serial.print(" samples, the maximum was "); // 개의 샘플 중에서 최대값은
  Serial.println(maxAmplitude);
}
```

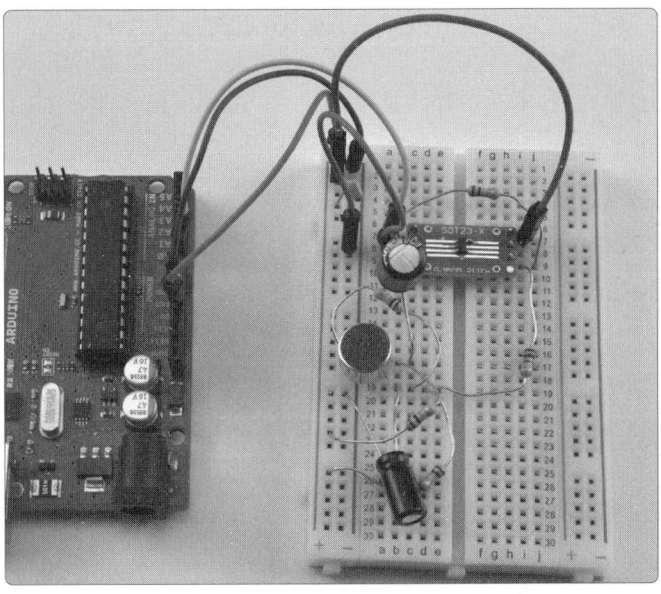

그림 18-5 브레드보드에서 SMT OPA365를 사용한 모습

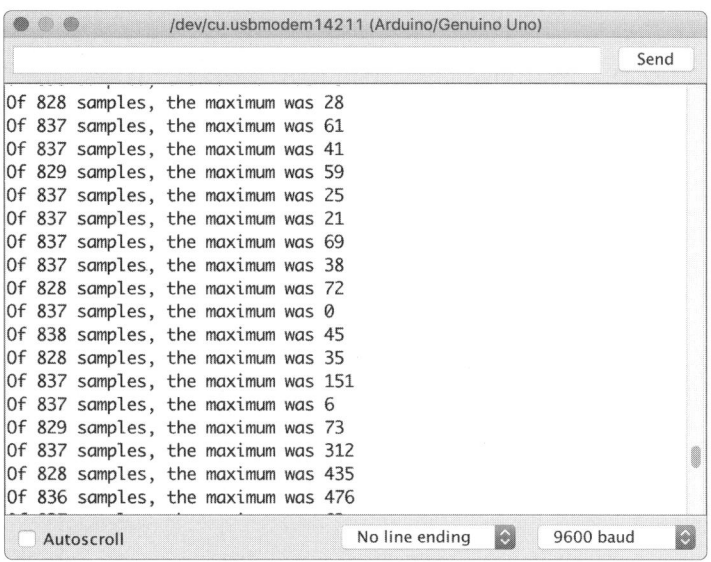

그림 18-6 직렬 모니터에서 소음 수준이 출력되는 모습

참고 사항

- 일렉트릿 마이크를 사용하는 완성품 마이크 전치 증폭기 모듈은 *https://www.sparkfun.com/products/12758*에서 구입할 수 있다.
- 일렉트릿 마이크 대신 미세전자 기계 시스템(microelectromechanical system, MEMS)이라는 휴대전화의 마이크 유형을 사용할 수도 있다. MEMS는 본래 칩을 기반으로 하는 마이크다. 스파크펀이나 다른 공급 업체에서 이러한 초소형 마이크에 사용하는 브레이크아웃 보드를 판매한다. *https://www.sparkfun.com/products/9868* 등에서 구입이 가능하다.
- 아두이노에서 아날로그 입력을 사용하는 방법은 레시피 10.12를 참고한다.

18.4 1W 전력 증폭기 만들기

문제

저렴한 전력 증폭기로 레시피 19.3과 같은 FM 라디오 수신기가 달린 소형 스피커를 낮은 볼륨으로 작동시키고 싶다.

해결책

TDA7052 같은 전력 증폭기 IC를 사용한다. TDA7052는 3V~15V의 전원 공급 장치라면 어디서나 작동할 수 있으며 1W 전력을 8Ω 스피커에 공급할 수 있다. 이 장치를 사용한 간단한 증폭기의 회로도는 그림 18-7과 같다.

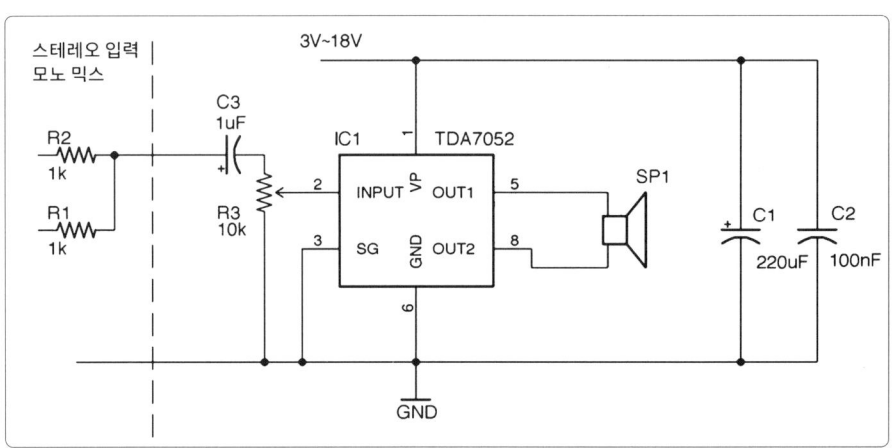

그림 18-7 TDA7052 1W 선형 전력 증폭기 사용하기

R1과 R2는 스테레오 오디오 음원의 왼쪽과 오른쪽 신호를 모노로 혼합하는 방법을 보여주기 위한 용도로만 사용되었다. 모노 음원을 사용한다면 C3와 직접 연결하면 된다.

R3는 볼륨 조절기의 역할을 하며, 음원에 볼륨 조절기가 있다면 이를 고정 저항 2개로 대체해서 분압기로 사용할 수도 있다.

C1과 C2는 스피커가 구동되는 동안 IC의 부하가 빠르게 변화하기 때문에 이를 위해 에너지를 저장하는 저장고 역할을 한다. C1은 IC1과 가장 가까운 곳에 두어야 한다.

논의 사항

그림 18-8은 이와 같은 증폭기를 무납땜 브레드보드에 설치하는 방법을 보여준다. 이 경우 브레드보드를 몽크메이크의 프로토보드에 끼우면 스피커를 나사 단자로 장착할 수 있고 오디오 잭과 전원 잭을 사용할 수 있어 편리하다.

> ✓ **'전력' 증폭기에서는 무엇이 중요한가?**
> 1W는 가정용 스테레오 시스템에서 흔히 보는 20W 이상의 출력과 비교하면 그다지 강력하지 않다. 증폭기는 충분한 전류가 증폭되어서 낮은 임피던스의 부하(예를 들어 4Ω이나 8Ω 스피커)를 구동시킬 정도가 되면 일반적으로 '전력' 증폭기로 간주된다.

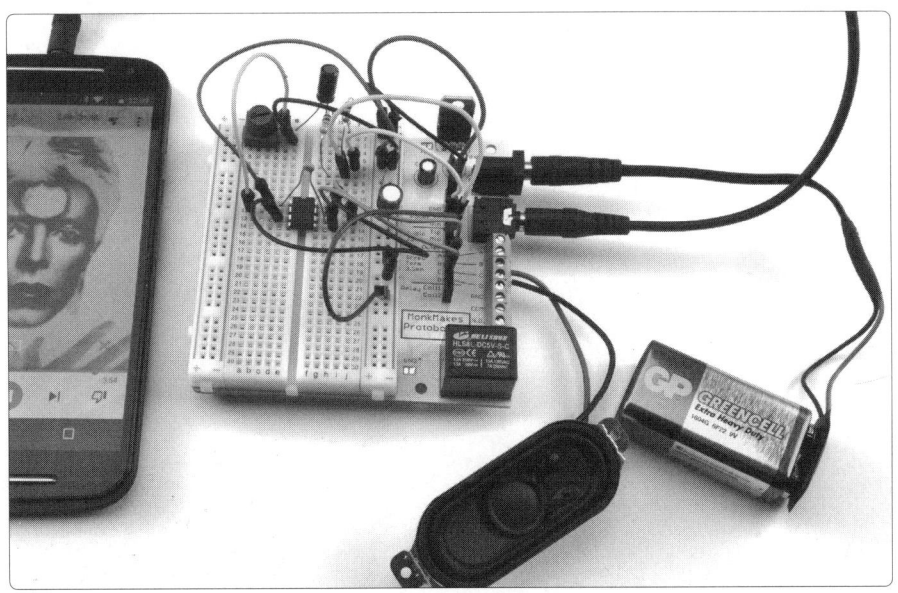

그림 18-8 1W 전력 증폭기를 브레드보드에 설치한 모습

참고 사항

- TDA7052의 데이터시트는 *http://bit.ly/2nA0GgB*에서 확인할 수 있다.
- 고출력 D급 설계는 레시피 18.5를 참고한다.

18.5 10W 전력 증폭기 만들기

문제

높은 출력에서도 잘 작동하는 효율적인 전력 증폭기를 낮은 비용으로 만들고 싶다.

해결책

TPA3122D2 같은 D급 디지털 증폭기 IC를 사용한다. 그림 18-9는 이를 위한 회로도를 보여준다.

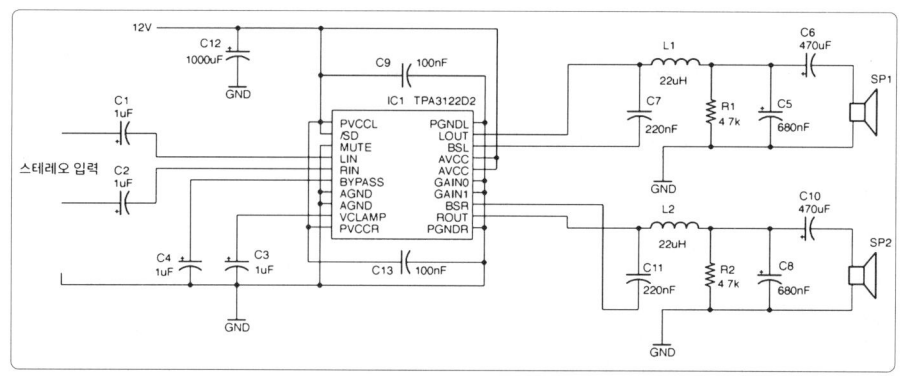

그림 18-9 TPA3122D2를 사용하는 D급 전력 증폭기

이 설계는 칩의 데이터시트 14쪽에 수록된 회로도를 수정한 버전이다. 이 회로도는 10V∼30V의 공급 전압에서 작동하지만 간편한 12V 전압 공급 장치로도 4Ω 스피커에 채널당 7.5W 정도의 출력을 공급한다. 더 높은 출력이 필요하다면 공급 전압을 높여야 한다.

TPA3122D2는 핀이 20개인 이중 인라인(dual in-line, DIL) IC로, 설계를 바탕으로 브레드보드에 프로토타입을 만들 때 사용하면 아주 좋다(그림 18-10).

그림 18-10 TPA3122D2를 사용해서 브레드보드에 D급 전력 증폭기를 설치한 모습

TPA3122D2에 있는 한 가지 재미있는 기능은 디지털 입력 2개가 네 가지 값 중 하나로 이득을 설정한다는 것이다. 표 18-1은 이들 핀이 어떻게 사용되는지 보여준다. 그림 18-9의 회로도에서는 가장 낮은 20dB의 이득을 선택했다.

GAIN1	GAIN0	증폭기 이득(dB)
LOW	LOW	20
LOW	HIGH	26
HIGH	LOW	32
HIGH	HIGH	36

표 18-1 TPA3122D2의 이득 설정하기

논의 사항

레시피 18.4와 같은 기존의 증폭기 설계와 달리 D급 증폭기의 효율은 아주 뛰어나서 공급 받은 전력의 90퍼센트 이상을 출력 부하(스피커)에 전달한다.

그림 18-11은 D급 증폭기의 작동 원리를 보여준다.

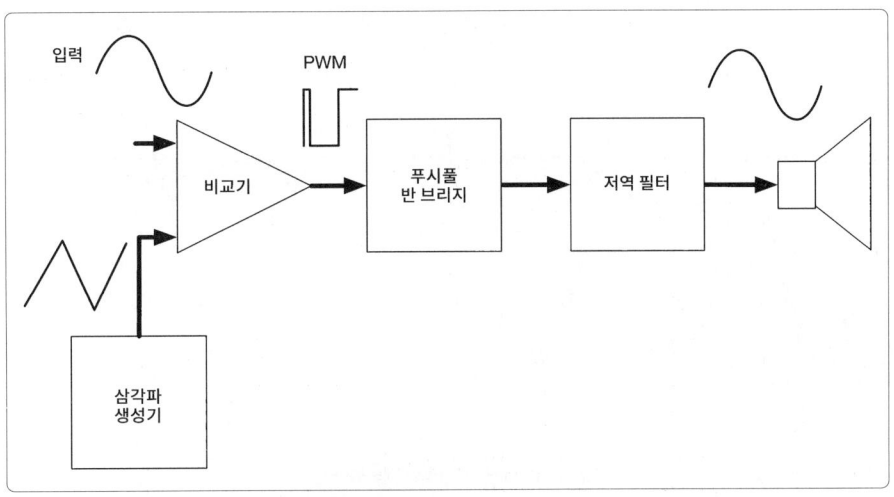

그림 18-11 D급 증폭기의 블록 다이어그램

입력 신호는 삼각파 생성기와 비교기의 조합에 의해 고주파 PMW 신호(TPA3122 D2의 경우 250kHz)로 변환된다. 이는 실제로 레시피 16.9의 작동 방식과 같다. 펄스 폭은 삼각파 신호가 아날로그 입력 값을 초과할 때까지 걸리는 시간에 의해 결정된다. 그런데 아날로그 입력의 주파수가 삼각파보다 훨씬 낮기 때문에 입력 주파수는 일정한 순간값을 가지고 삼각파가 입력 주파수를 '샘플링'한다고 생각할 수도 있다. 이는 차를 타고 걸어가는 사람을 추월하는 것과 비슷하다. 차에서 보면 걸어가고 있는 사람은 실제적으로 정지한 상태처럼 보인다.

이 PWM 신호는 레시피 11.8과 같은 반 브리지 스위칭 방식으로 배치된 트랜지스터로 증폭시킬 수 있다. 그런 다음 신호는 저역 필터를 통과해 스피커로 전달된다.

디지털 증폭기는 대부분의 응용 방식에는 무리 없이 사용될 수 있지만, HiFi 애호가들은 설계를 상당히 개선하지 않는 한 이를 그다지 선호하지 않는다. 디지털 증폭기는 보통 아날로그 증폭기보다 왜곡 수준이 높다. 그림 18-12에서 증폭된 사인파의 왜곡을 분명하게 확인할 수 있다.

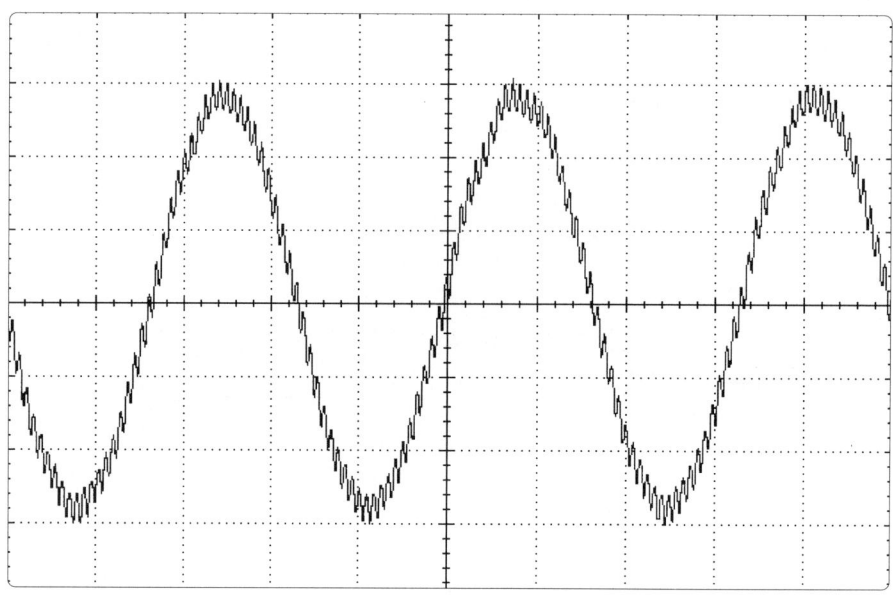

그림 18-12 입력이 6kHz 사인파일 때의 D급 증폭기 출력

참고 사항

- TPA3122D2의 데이터시트는 *http://www.ti.com/lit/ds/symlink/tpa3122d2.pdf*를 확인한다.

무선 주파수 19

19.0 개요

예전이라면 괜찮은 전자공학 서적에 으레 AM과 FM 방송 수신기용 분리 회로가 수록되어 있었고, 아날로그 TV의 작동 원리를 다룬 책도 있었다. 그러나 오늘날과 같은 디지털 시대에 이와 같은 주제는 역사적인 흥미를 위한 것이 되었다.

이러한 이유로 이 장에서는 무선 주파수를 사용한 디지털 통신의 사용법을 주로 다루고, 무선의 본질에 대한 이야기는 개요에서만 다룬다. 레시피 자체는 기본적으로 실용적인 측면에 초점을 맞춘다.

요즘은 무선 주파수가 당연시되고 있지만, 처음 대중화되었을 때만 해도 마법처럼 느껴졌다. 무선 덕분에 전선이 연결되어 있지 않은데도 멀리 떨어진 사람에게 말을 건넬 수 있었기 때문이다. 이것이 어떻게 가능했을까?

> **! 송신기와 규정**
>
> 레시피 19.1, 레시피 19.2, 레시피 19.4는 무선 송신기에 대한 내용이다. 대부분의 국가에서 저출력의 단거리 FM 송신기 사용이 허용되며 패킷 무선에 사용되는 대역이 할당되어 있기는 하지만, 자신이 살고 있는 곳의 규정과 이러한 장치의 사용이 위법인지 여부를 반드시 확인해야 한다.

진폭 변조(Amplitude Modulation, AM)

모든 것은 AM 전송에서 시작된다. AM 전송에서는 전송되는 오디오 신호를 변조한 반송파가 사용된다. 그림 19-1는 이러한 원리를 보여준다.

그림 19-1에서 반송파는 오디오 신호의 4.5배에 불과하다. 실제 AM 방송에서 오디오 신호는 보통 최대 16kHz 정도인데 반해 반송파는 500kHz에 달해서 그림 19-1

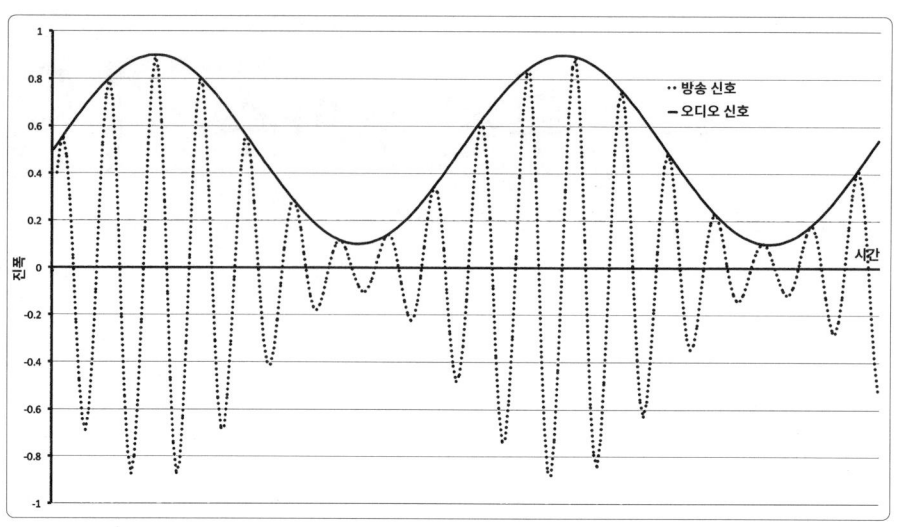

그림 19-1 AM 전송

에서 보는 것처럼 가청 주파수가 한 번 반복될 동안 반송파는 최소 10번 주기가 반복된다. 그러나 반송파의 주기가 적은 편이 어떤 일이 일어나는지 살펴보기 더 쉽다.

송신소는 송신소마다 고유의 주파수를 가진다. 중파(MW) 대역의 AM 공공방송은 주파수 범위가 520kHz에서 1600kHz 사이다. 반송파의 진폭은 오디오 신호로 변조되며, 그 결과로 생기는 신호가 안테나를 통해 방송된다.

AM의 신호 품질은 아주 나쁜데 반송파의 진폭에 영향을 미치는 요인이 아주 많기 때문이다. 대기 조건이나, 이동하는 차량에서 방송을 듣는 경우라면 수신기의 위치 변화도 그 요인 중 하나가 될 수 있다.

수신기는 오디오 신호에서 무선 주파수(RF) 반송파를 분리해 낼 수 있어야 한다.

분리를 위한 첫 단계는 송신 주파수를 원하는 값으로 맞추는 것이다. 이는 협대역 통과 필터(narrow band-pass filter)를 사용해서(레시피 17.9) 다른 송신소의 주파수는 무시하겠다는 뜻이다. 과거에는 고정 인덕터의 형태로 주파수가 맞춰진 회로(안테나의 역할도 한다)와 여러 주파수로 주파수를 맞출 수 있는 가변 커패시터를 사용해서 주파수를 분리했다.

20kHz가 넘는 주파수는 인간이 들을 수 없기 때문에(나이가 들면 이 수치는 더욱 낮아진다) 500kHz 이상의 무선 반송파 주파수는 인간이 들을 수 없다. 인간의 귀는 저역 필터의 역할을 하기 때문에 주파수가 맞춰진 무선 신호를 적절하게 증폭

시키면 이를 변조하는 오디오 신호를 들을 수 있다고 생각하기 쉽다. 이는 어느 정도는 사실이지만, 진폭에 관계 없이 각 양의 파형 뒤에는 음의 파형이 하나 따라 와서 각 주기의 '평균'이 영(0)이 되기 때문에 결국 소리는 전혀 들을 수 없다. 그러나 다이오드로 신호의 절반을 제거하면(그림 19-2), 원래의 오디오 신호가 분리되면서 AM 신호의 엔벨로프(envelop) 곡선 내에 있는 오디오 신호를 들을 수 있게 되고, 귀는 기쁘게 저역 필터의 역할을 수행한다.

그림 19-2 아래의 넓은 빈 공간은 주파수가 맞춰진 신호의 음(-)에 해당하는 부분이 다이오드에 의해 제거된 모습을 보여준다.

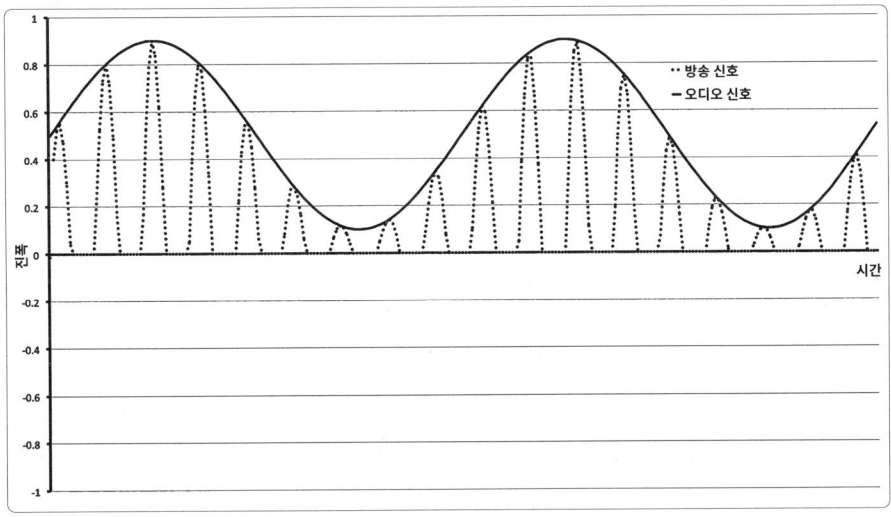

그림 19-2 AM에서 오디오 신호 검출하기

가장 초기의 AM 수신기(광석 라디오)는 그림 19-3처럼 말 그대로 코일, 안테나, 가변 커패시터, 다이오드(순방향 전압이 낮은 게르마늄 다이오드), 감도가 뛰어난 헤드폰 크리스털만으로 구성되었다.

그러나 AM 수신기의 설계, 그 중에서도 특히 감지 전에 RF 신호를 증폭하는 기능이 점점 개선되면서 스피커를 구동시킬 정도로 신호를 증폭시킬 수 있게 되었지

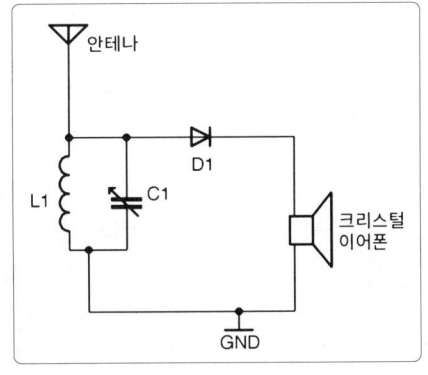

그림 19-3 기본적인 AM 수신기

만, AM 수신기의 기본 원리는 처음 발명된 백 년 전이나 지금이나 차이가 없다.

주파수 변조(FM)

주파수 변조(frequency modulation, FM)를 사용하면 반송파의 진폭이 아닌 주파수를 바꿔서 AM이 개선된다. 이렇게 하면 주파수가 대기 상태나 수신기의 이동으로 인한 변화에 영향을 받지 않기 때문에 방송의 오디오 품질이 좋아진다. 그림 19-4는 오디오 신호를 사용해서 반송파를 변조하는 원리를 보여준다.

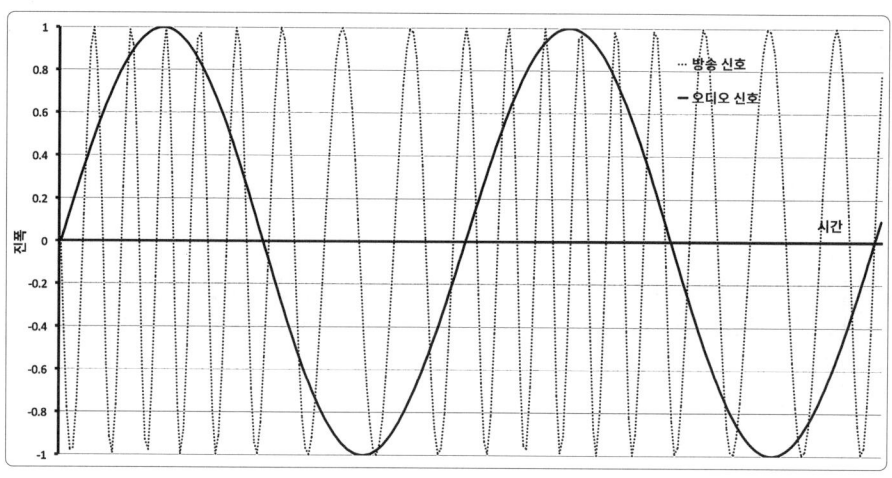

그림 19-4 주파수 변조

FM 송신기를 만드는 데에는 VCO(레시피 16.10)가 사용된다. 오디오 신호는 VCO의 주파수 제어 입력으로 들어가서 주파수를 변경한다. 이 장의 첫 번째 레시피(레시피 19.1)에서는 간단한 저전력 FM 송신기를 만든다.

FM 방송 신호에서 오디오 신호를 추출하는 데에는 여러 가지 방법이 있겠지만, 그 중에서 가장 많이 사용되는 방법은 위상 고정 루프(phase locked loop, PLL) 방식으로 VCO를 배치하는 것이다. 그림 19-5는 FM 복조기로 구성된 PLL을 보여준다.

먼저 AM 수신기에서처럼 RF 신호는 특정 주파수에 맞추되, 원래의 오디오 신호를 복조하려면 RF 신호를 위상 비교기(phase comparator)로 입력한다. 위상 비교기에서는 입력 신호 2개의 위상이 완전히 일치하면 출력이 영(0)이 된다. 신호의 위상이 서로 다르면 비교기의 출력은 위상차에 비례한다. 이 신호가 이제 저역 필터

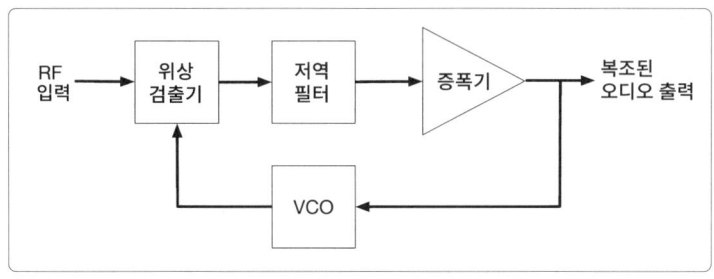

그림 19-5 위상 고정 루프 FM 복조기

로 필터링된 뒤 증폭되어 VCO를 제어하는 데 사용되며, VCO의 출력은 다시 위상 비교기의 두 번째 입력으로 공급된다. 이 피드백으로 인해 VCO에서는 위상 비교기의 RF 입력과 같은 주파수의 신호가 생성된다. VCO의 출력이 RF 주파수를 따라 가면서 변조 과정에서 위상이 살짝 변하면 오디오 신호가 생성되어 위상 검파기에서 필터링과 증폭을 거쳐 출력된다. PLL이 방송 신호를 따라 가는 부작용으로 증폭된 신호에는 복조된 오디오 신호가 포함된다.

PLL 칩 제품은 VCO와 위상 비교기 등 모든 부품이 하나의 패키지에 담겨 편리하게 판매된다. 그러나 FM 수신기를 만들 때 FM 수신기 IC를 사용할 수도 있다. 여기에는 수신기에 필요한 RF 증폭기와 PLL 등 거의 모든 부품이 다 내장되어 있기 때문에 저항, 커패시터, 인덕터만 몇 개 더 준비하면 된다.

디지털 라디오

현재의 무선은 상당히 디지털적인 작업이다. FM 무선 수신기와 송신기는 이제 소프트웨어 정의 무선(software-defined radio, SDR) 장치로 주로 구현된다. 현재의 프로세서는 그 속도가 아주 빠르기 때문에 소프트웨어를 사용하면 소량의 하드웨어로도 아날로그 방송 신호를 생성해서 디코딩할 수 있다. 예를 들어, PLL의 필터링과 위상 검파 등은 모두 하드웨어에서 직접 구현하기보다 소프트웨어 알고리즘으로 구현할 수 있다. 레시피 19.2에서 라즈베리 파이를 사용하는 SDR FM 송신기의 레시피를 확인할 수 있다.

RF에 실려 이동하는 디지털 신호는 디지털 전자기기로 아날로그 신호의 디코딩 외에, 휴대전화에서부터 무선 자동차 열쇠에 이르기까지 아주 많은 곳에서 사용된다.

이 장에서는 디지털 데이터를 장치 간에 무선으로 전달하는 레시피를 몇 가지 살펴본다.

19.1 FM 라디오 송신기 만들기

문제

가정용 수신기로 수신할 수 있는 FM 주파수를 음향 신호로 전송하는 단거리 FM 송신기를 만들고 싶다.

해결책

FM 대역의 주파수에서 작동하도록 설정된 고주파 VCO 칩(MAX2606)을 사용하고, 오디오 신호로 주파수를 미세 조정해준다.

이를 회로도로 나타낸 것이 그림 19-6이다.

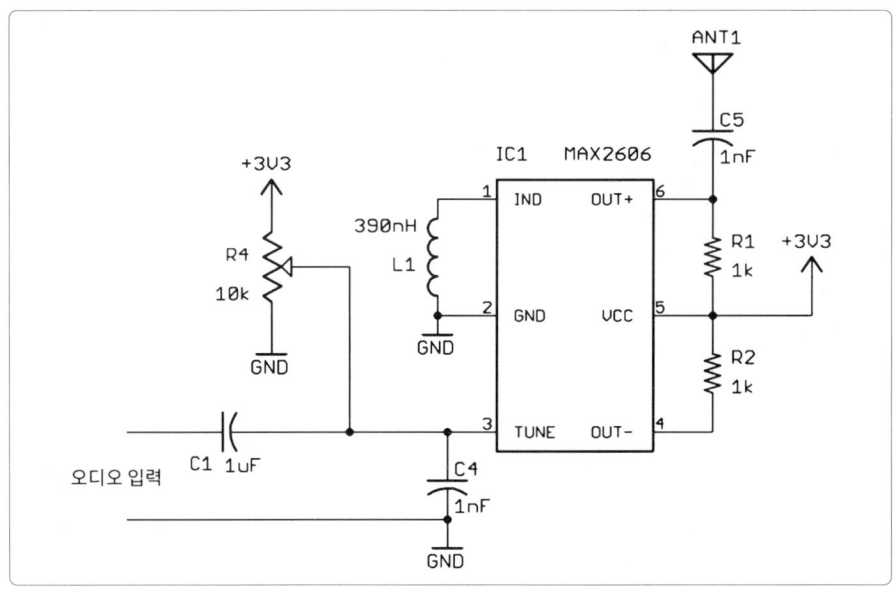

그림 19-6 VCO IC를 사용하는 FM 송신기

가변 저항 R4는 송신기를 특정 주파수에 맞추는 데 사용된다. 안테나는 망원 FM 안테나를 사용할 수도 있고, 그냥 전선 몇 십 센티미터를 사용할 수도 있다.

논의 사항

인덕터 L1은 VCO의 중간 주파수를 설정한다. 이 장치의 데이터시트에 따르면 인덕터의 용량이 390nH일 때 중간 주파수는 약 102MHz다.

VCO의 TUNE 핀에 걸리는 제어 신호는 R4에서 특정 송신 주파수에 맞추기 위해 공급되는 고정 DC 오프셋과 원하는 주파수 변조를 발생시키기에 충분한 오디오 신호로 이루어진다.

MAX2606의 출력인 OUT+는 안테나를 작동시킨다. 데이터시트에 따르면 보조용 오픈 컬렉터 출력 OUT-도 1kΩ 풀업 저항으로 공급된다.

참고 사항

- 이 레시피는 오픈 소스 하드웨어 회로 기판을 보유한 아프로맨(Afroman)의 튜토리얼을 기반으로 한다. 이러한 회로 기판은 직접 만들 수도 있지만 OSH파크(OSHPark)에서 구입할 수도 있다.
- MAX2606의 데이터시트는 *http://bit.ly/2ltwp5O*를 확인한다.

19.2 라즈베리 파이로 FM 송신기 소프트웨어 만들기

문제

라즈베리 파이가 FM 송신기의 역할을 하도록 만드는 방법을 알고 싶다.

해결책

PiFM 소프트웨어를 사용하고 안테나를 라즈베리 파이의 GPIO 4번 핀에 연결한다. 안테나는 암단자와 수단자로 이루어진 점퍼선을 사용해 그림 19-7처럼 연결하면 된다.

그림 19-7 라즈베리 파이 FM 송신기

먼저 다음의 명령문으로 PiFM을 다운로드해 설치한다.

```
$ mkdir pifm
$ cd pifm
$ wget http://omattos.com/pifm.tar.gz
$ tar -xvf pifm.tar.gz
```

라즈베리 파이 2나 3을 사용한다면 새로운 하드웨어에서 작동하는 수정된 소프트웨어 버전을 다운로드해 컴파일링해야 한다. 그러니 다음의 명령문을 실행하자.

```
$ git clone https://github.com/oatmeal3000/pi2fm.git
$ mv pi2fm pi2fmdir
$ mv pi2fmdir/pi2fm.c .
$ gcc -lm -std=c99 -g pi2fm.c -o pi2fm
```

이제 실행 가능한 프로그램이 2개가 된다. 하나는 라즈베리 파이 1 모델용인 pifm, 또 하나는 라즈베리 파이 2와 3용의 pi2fm다. 초기의 라즈베리 파이 1 모델을 사용한다면 다음의 명령문을 사용해서 pi2fm을 pifm으로 수정해 주어야 한다. 이 명령문에서는 pifm 소프트웨어에서 제공되는 sound.wav 파일을 재생한다.

```
pi@raspberrypi:~/pifm $ sudo ./pi2fm sound.wav 94.0
starting...
 -> carrier freq: 94.0 MHz
 -> band width: 8.0
now broadcasting: sound.wav ...
```

논의 사항
4번 핀에 더 긴 전선을 연결하면 송신기의 범위가 크게 늘어난다.

참고 사항
- PiFM 프로젝트의 홈페이지는 *http://bit.ly/18AcT5u*에서 확인할 수 있다.
- 라즈베리 파이 2 버전에 대한 자세한 내용은 *https://github.com/oatmeal3000/pi2fm*을 참고한다.

19.3 아두이노로 구동되는 FM 수신기 만들기

문제
아두이노로 제어되는 FM 라디오 수신기를 만들고 싶다.

해결책

아두이노로 제어되는 TEA5767 FM 라디오 수신기 모듈을 사용하고, 헤드폰을 연결하거나 전력 증폭기를 사용해서 스피커를 작동시킨다.

그림 19-8은 해당 모듈이 아두이노에 연결된 모습을 보여준다.

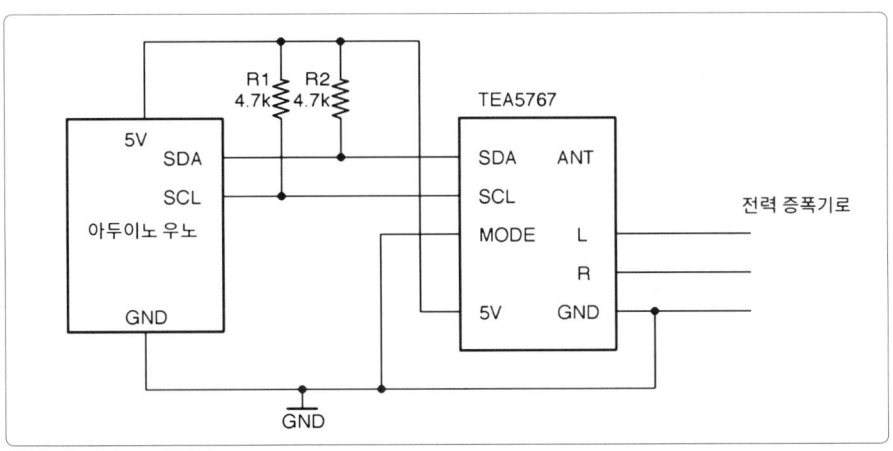

그림 19-8 TEA5767 FM 수신기 모듈을 아두이노에 연결하기

모듈을 가급적 프로그래밍하기 쉽게 만들려면 GitHub 홈페이지에서 Clone or Download(복사 또는 다운로드)를 클릭해서 아두이노의 TEA5767 라이브러리를 다운로드한다. 다운로드 옵션으로 ZIP 파일을 선택하고 아두이노 IDE에서 메뉴 Sketch(스케치)→Include Library(라이브러리 추가)→Add ZIP Library(ZIP 라이브러리 추가)를 선택한 뒤, 방금 막 다운로드한 ZIP 파일을 찾으면 된다.

논의 사항

TEA5767 FM 라디오 수신기 모듈을 브레드보드에 설치하려면(그림 19-9) 고밀도 실장 모듈 커넥터에 연결할 수 있는 브레이크아웃 회로 기판이 필요하다. 브레이크아웃 기판은 스트립보드로 직접 만들거나 OSH파크나 몽크메이크에서 브레이크아웃 기판을 구입할 수도 있다.

스케치 ch_19_fm_radio는 직렬 모니터를 사용하기 때문에 듣고자 하는 주파수를 입력할 수 있다. 이 스케치를 직렬 모니터에서 확인할 경우 라인 엔딩 드롭 다운 메뉴가 "line ending 없음(No line ending)"으로 설정되어 있는지 확인한 뒤 아두이노에 주파수를 보내야 한다.

그림 19-9 아두이노로 제어되는 FM 라디오를 브레드보드에 설치한 모습

여기에 수록된 스케치는 앞서 다운로드한 스케치에서도 확인할 수 있다(레시피 10.2 참고).

```
#include <Wire.h>
#include <TEA5767Radio.h>

TEA5767Radio radio = TEA5767Radio();

void setup() {
  Serial.begin(9600);
  Serial.println("주파수를 입력하세요:");
  Wire.begin();
}

void loop() {
  if (Serial.available()) {
    float f = Serial.parseFloat();
    radio.setFrequency(f);
    Serial.println(f);
  }
}
```

setFrequency 함수는 주파수(MHz)를 소수 값으로 받는다(예. 93.0).

참고 사항

- 이 프로젝트에 알맞은 전력 증폭기를 만드는 방법은 레시피 18.4나 레시피 18.5를 참고한다

- 이 수신기와 함께 사용할 수 있는 FM 송신기는 레시피 19.1이나 레시피 19.2를 참고한다.

19.4 무선으로 디지털 데이터 전송하기

문제

무선 연결을 통해 수백 미터 떨어진 곳으로 데이터를 전송하고 싶다.

해결책

CC1101 RF 트랜시버(송수신기)를 사용한다. 이들 보드는 이베이에서 아주 저렴하게 구입할 수 있다. 그림 19-10은 트랜시버를 아두이노의 SPI 인터페이스에 연결한 모습을 보여준다.

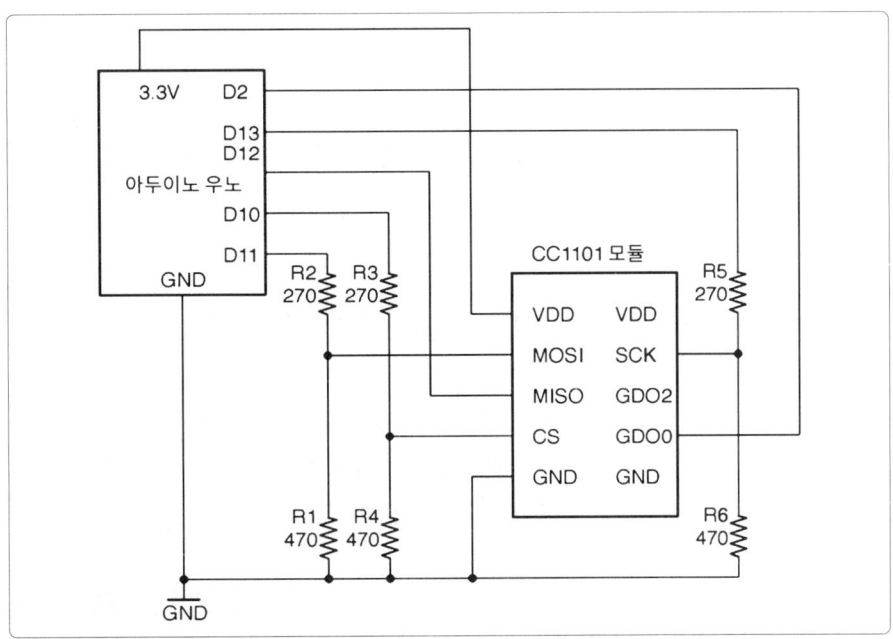

그림 19-10 CC1101 모듈을 아두이노에 연결하기

이 모듈은 3.3V 장치이며 데이터시트에 따르면 어떤 핀에 인가되는 전압도 3.9V를 넘지 않아야 하기 때문에, CC1101의 입력으로 사용되는 핀에는 모두 전압 변환기를 연결해 주어야 한다. 전압 변환기는 저항 6개를 쌍쌍으로 연결해 분압기를 구성하는 형태로 이루어져 있다(레시피 2.6 참고).

논의 사항

이 레시피를 테스트하기 위해서는 아두이노 2대와 CC1101 모듈 2개로 그림 19-11 과 같은 회로를 2개 만들어야 한다.

그림 19-11 CC1101 모듈에 연결된 아두이노 우노

모듈 테스트는 아주 까다로울 수 있는데 아두이노 IDE에서는 한 번에 하나의 포트 밖에 선택할 수 없기 때문이다. 따라서 두 번째 컴퓨터를 구해서 하나는 송신기를 프로그래밍하고 다른 하나는 직렬 모니터를 실행시키도록 하는 편이 훨씬 쉽다.

이 예제에서 사용되는 라이브러리는 *https://github.com/simonmonk/CC1101_arduino*에서 Clone or Download(복사 또는 다운로드)를 클릭해서 ZIP 파일로 다운로드해야 한다. ZIP 파일을 어딘가에 다운로드한 뒤 Sketch(스케치) 메뉴에서 Sketch(스케치)→Include Library(라이브러리 추가)→Add ZIP Library(ZIP 라이브러리 추가)를 눌러 방금 다운로드한 ZIP 파일을 선택한다.

이 두 예제 프로그램(각각 송신용과 수신용)은 라이브러리에 포함되어 있기는 하지만, 앞서 다운로드한 스케치에서도 확인할 수 있다(레시피 10.2 참고).

다음은 송신기 코드다(파일명 ch_19_cC1101_tx).

```
#include <ELECHOUSE_CC1101.h>

const int n = 61;
byte buffer[n] = "";

void setup() {
  Serial.begin(9600);
  Serial.println("Set line ending to New Line in Serial Monitor.");
  Serial.println("Enter Message");
  ELECHOUSE_cC1101.Init(F_433); // 주파수 설정하기 - F_433, F_868, F_965 MHz
}

void loop() {
  if (Serial.available()) {
    int len = Serial.readBytesUntil('\n', buffer, n);
    buffer[len] = '\0';
    Serial.println((char *)buffer);
    ELECHOUSE_cC1101.SendData(buffer, len);
  }
}
```

최대 패킷 크기는 64바이트이고, 버퍼는 보낼 데이터를 담기 위해 사용된다. 데이터는 바이트 배열로 담을 수 있는 것이라면 무엇이든 가능하다. 여기에서는 짧은 메시지를 보낸다.

setup 함수에서 통신 주파수가 설정된다. 직렬 모니터는 우선 직렬 모니터에서 line ending을 설정하도록 지시한다. 메시지를 전송하면, 메시지의 내용이 버퍼에 입력되고 SendData를 사용해 입력된 메시지가 전송된다.

다음은 수신기 코드로 파일명은 ch_19_cC1101_tx다.

```
#include <ELECHOUSE_CC1101.h>

const int n = 61;

void setup()
{
  Serial.begin(9600);
  Serial.println("Rx");
  ELECHOUSE_cC1101.Init(F_433); // 주파수 설정하기 - F_433, F_868, F_965MHz
  ELECHOUSE_cC1101.SetReceive();
}

byte buffer[61] = {0};

void loop()
{
  if (ELECHOUSE_cC1101.CheckReceiveFlag())
  {
    int len = ELECHOUSE_cC1101.ReceiveData(buffer);
```

```
    buffer[len] = '\0';
    Serial.println((char *) buffer);
    ELECHOUSE_cC1101.SetReceive();
  }
}
```

이 스케치에서는 CheckReceiveFlag가 CC1101에 연결된 아두이노의 2번 핀을 모니터링해서 새로운 메시지가 도착했음을 표시한다. 메시지가 도착하면 버퍼로 읽어들인 뒤 직렬 모니터에 출력한다. 그림 19-12와 그림 19-13은 송신기와 수신기의 직렬 모니터를 각각 보여준다.

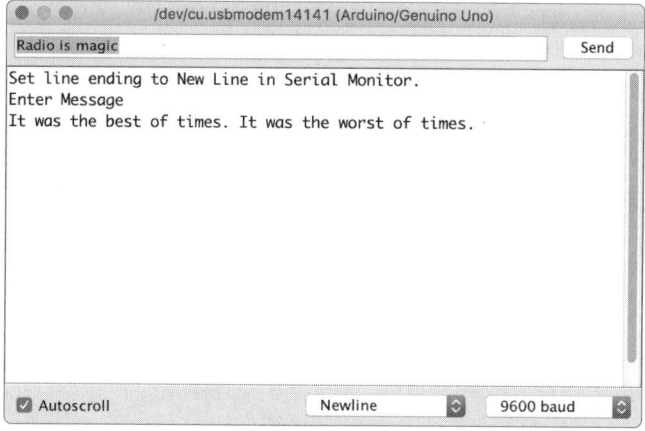

그림 19-12 CC1101 모듈을 사용해서 메시지 전송하기

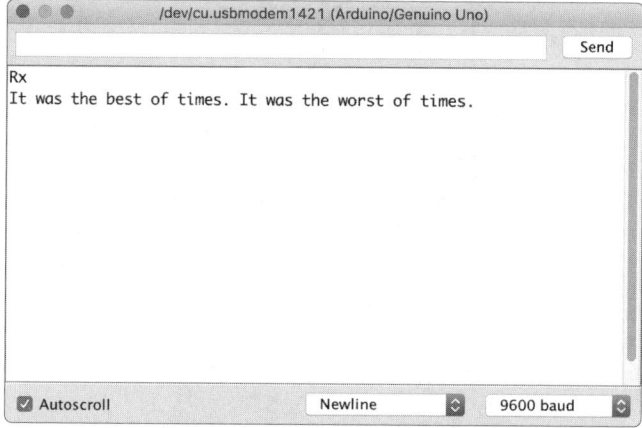

그림 19-13 CC1101 모듈을 사용해서 메시지 수신하기

참고 사항

- CC1101 IC의 데이터시트는 *http://bit.ly/2ltuxK9*를 확인한다
- 여기에서 사용된 라이브러리는 elechouse.com에서 제공하는 라이브러리를 수정한 것이다. 여기에서는 CC1101 모듈도 판매한다(*http://bit.ly/2n3lnQK*).

제작 20

20.0 개요

이 장에서는 납땜 없이 프로토타입을 만들고 이를 바탕으로 조금 더 내구성 있는 모듈까지 제작하는 실질적인 방법을 살펴본다.

20.1 임시 회로 만들기

문제

회로를 납땜 없이 쉽고 빠르게 만들고 싶다.

해결책

무납땜 브레드보드(그림 20-1)는 땜납을 제거하지 않고도(레시피 20.6) 쉽게 여러 부품을 끼웠다 뺄 수 있어서 임시로 전자 설계를 제작하기에 좋다. 일단 설계가 제대로 됐다면, 이를 프로토타이핑 기판(레시피 20.2)이나 직접 설계한 회로 기판(레시피 20.3)에 옮긴다.

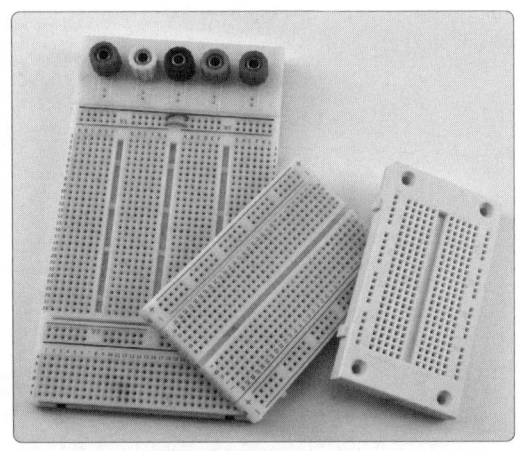

그림 20-1 다양한 브레드보드

브레드보드는 다양한 모양과 크기로 판매된다. 필자는 400홀 브레드보드(가장 큰 브레드보드의 절반 크기)를 추천하는데, 이 정도면 칩 몇 개와 부품 전체를 설치하기에 충분한 크기이기 때문이다. 공간이 더 필요하다면 브레드보드 여러 개를 연결해서 사용할 수 있다.

그림 20-2는 홀 다섯 개가 클립으로 연결된 열로 구성된 400홀 브레드보드를 보여준다. 여기서 "abcde"와 "fghij" 사이에 연결이 끊겨 있다는 점에 주의한다.

보드 양측에 쌍을 이루며 아래로 이어지는 '전력 레일'은 레일별로 모두 연결되어 있으며, 어떤 용도로 이용해도 되지만, 보통 '-' 기호가 붙은 파란색 레일은 접지에, '+' 기호가 붙은 빨간색 레일은 양의 전원에 사용된다.

브레드보드의 행(가로)과 열(세로)에는 각각 문자와 숫자가 표시되어 있어서, 설계를 퍼마프로토(Permaproto)나 몽크메이크 프로토보드에 영구적인 형태로 옮기기가 수월하다. 이런 프로토보드는 브레드보드와 동일한 형태의 범용 회로 기판이다.

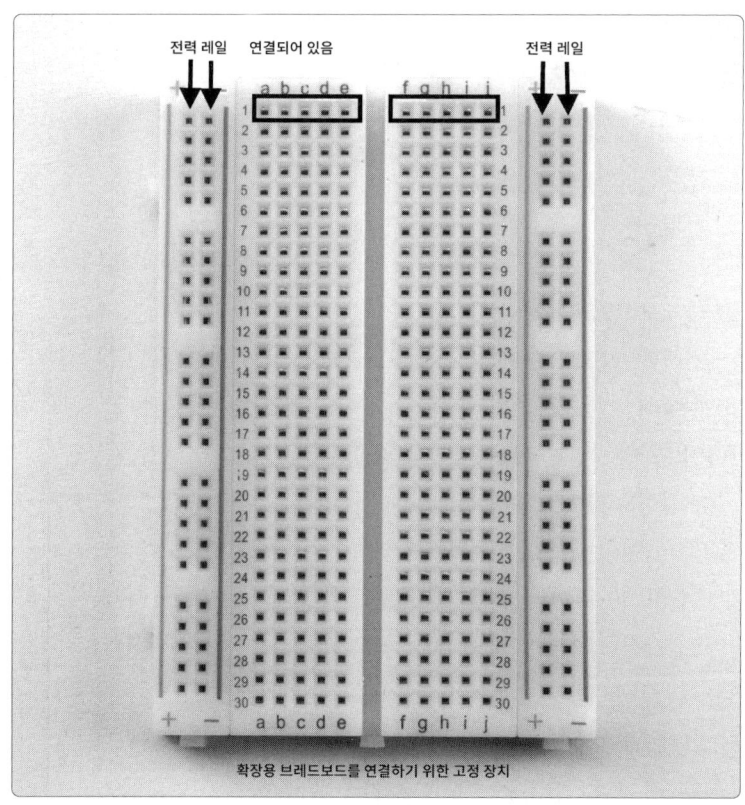

그림 20-2 가장 큰 브레드보드 크기의 절반에 해당하는 브레드보드의 배치

그림 20-3은 트랜지스터 2개를 사용한 레시피 16.2의 발진기를 브레드보드에 구성한 모습이다.

스루홀 부품의 리드선을 다른 부품의 리드선과 연결할 때는 리드선을 브레드보드의 같은 행에 있는 홀에 끼우면 된다. 만약 같은 행에 끼울 수 없다면 브레드보드 한쪽에 있는 부품과 다른 쪽에 있는 부품의 리드선을 양쪽이 수단자인 점퍼 선으로 서로 연결한다.

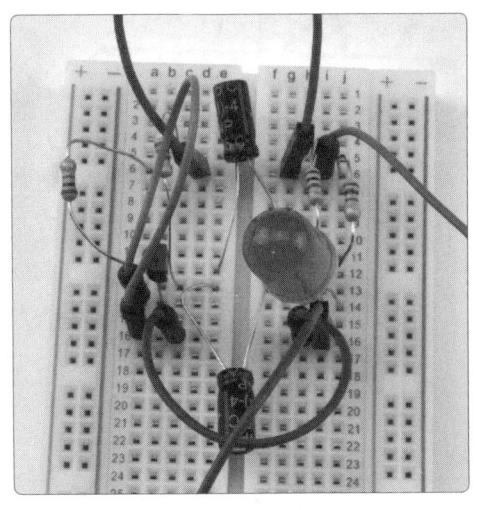

그림 20-3 브레드보드에 회로를 설치한 모습

회로도를 보고 이를 머릿속으로 브레드보드에 배치된 모습으로 바꾸어 보려면 기술이 조금 필요하다. 그림 20-4는 레시피 16.2의 회로도 배열을, 그림 20-5는 이에 해당하는 브레드보드 배열을 보여준다(그림 20-3도 동일).

회로도를 브레드보드로 옮길 때 필자는 주요 부품과 리드선이 멀리까지 구부러지지 않는 부품들부터 시작한다. 그렇기 때문에 보통은 IC부터 시작한다. 그러나 여기서는 트랜지스터부터 시작했으며, 회로도를 반영해서 브레드보드 양쪽에 설치했다.

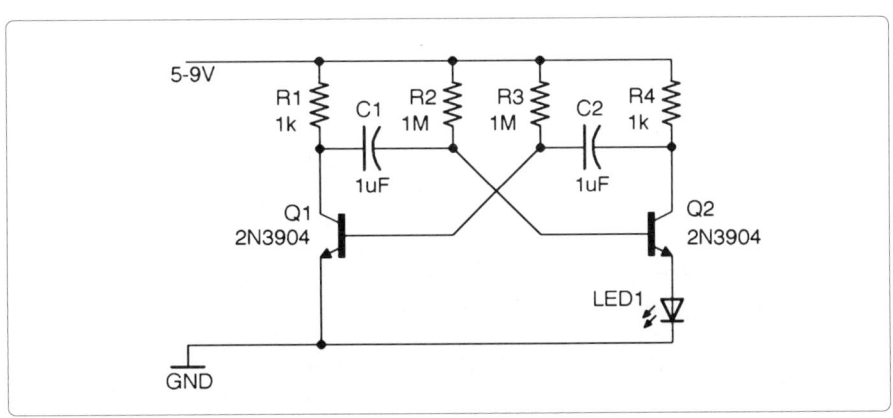

그림 20-4 트랜지스터 발진기의 회로도

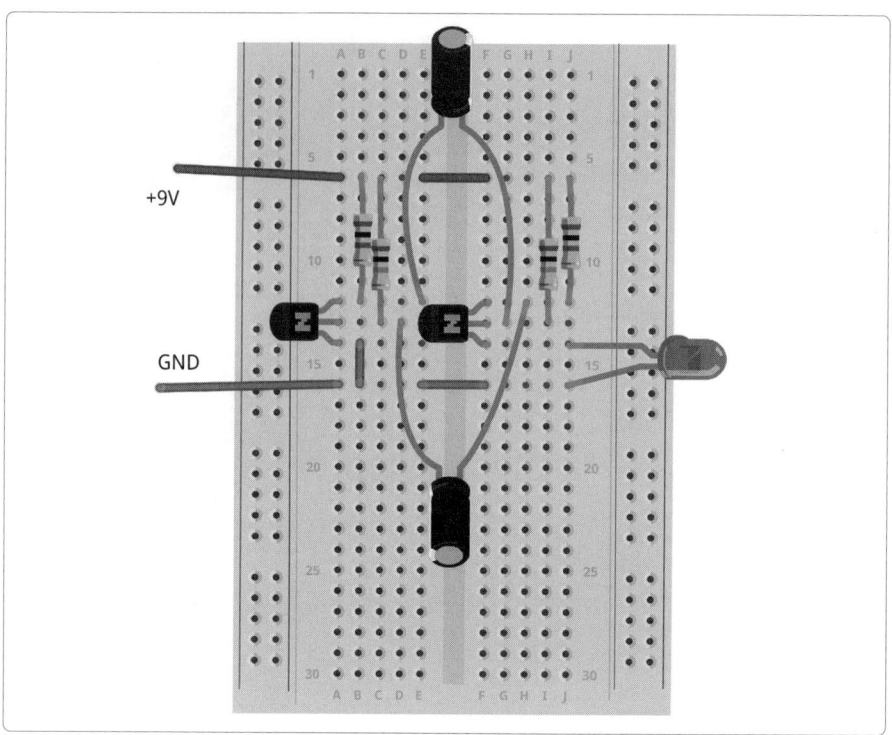

그림 20-5 트랜지스터 발진기의 브레드보드 배열

그런 다음 다른 부품과 점퍼선을 추가한다. 배치할 때 확실하고 빠른 방법은 없으며, 당연한 얘기지만 납땜을 하지 않기 때문에 공간이 부족하더라도 배치를 아주 쉽게 바꿔 볼 수 있다.

논의 사항

그림 20-5는 프릿징(Fritzing)이라는 오픈 소스 소프트웨어 툴을 사용해 그린 회로도다. 이 툴을 사용하면 멋진 다이어그램을 그릴 수 있으며, 같은 회로를 회로도, 브레드보드, 회로 기판 설계로 볼 수 있어서 프로토타이핑 보드의 배치를 회로 기판에 옮길 때도 같은 소프트웨어를 그대로 쓸 수 있다.

브레드보드를 아두이노나 라즈베리 파이와 연결할 때는 양쪽이 모두 수단자이거나 각각 암단자와 수단자로 이루어진 점퍼선을 사용할 수 있다. 그림 20-6은 레시피 12.12의 회로를 라즈베리 파이에 연결된 브레드보드 배치로 옮긴 모습이다.

그림 20-6 브레드보드를 라즈베리 파이에 연결하기

그림 20-7은 아두이노 마이크로를 무납땜 브레드보드 위에 설치한 모습이다. 아두이노 마이크로는 '브레드보드 친화적인' '미니'와 '나노' 아두이노 모델 중 하나다.

그림 20-3과 같이 브레드보드를 만든다면 제대로 된 전자공학자라도 머리를 쥐어뜯으며 이를 갈 수 있다. 여기에서의 문제점은 부품의 리드선이 건드리면 안 되는 다른 리드선을 건드리거나 브레드보드에서 빠지기가 너무 쉽다는 것이다. 이러한 배치 방식을 사용하면 닿으면 안 되는 부품끼리 서로 닿지 않으면서, 부품이 작동하는 동안 별 다른 일이 일어나지 않도록 신경을 많이 써야 한

그림 20-7 아두이노 마이크로를
브레드보드 위에 설치한 모습

다. 납땜한 프로토타입으로 넘어가기 전의 중간 버전에는 이보다 깔끔한 접근 방식을 사용해서, 점퍼선 대신 단선을 딱 맞는 길이로 자른 뒤 브레드보드에 납작하게 연결할 수 있다. 부품의 리드선은 딱 맞는 길이로 모두 잘라버릴 수 있지만, 이렇게 하면 자른 리드선을 다른 설계에서 다시 사용하기가 어려워질 수도 있다.

참고 사항

- 프릿징에 대한 자세한 내용은 *http://fritzing.org*나 필자의 책 『Fritzing for Inventors』(TAB DIY, 2015)를 참고한다.
- 설계를 프로토타입으로 납땜할 준비가 끝났다면 레시피 20.2의 지시에 따른다.

20.2 영구 회로 만들기

문제

브레드보드에 납땜 없이 만든 설계를 내구성이 더 뛰어난 프로토타입이나 세상에서 하나뿐인 프로젝트를 위한 완성품으로 납땜해 옮기고 싶다.

해결책

에이다프루트 퍼마프로토나 몽크메이크 프로토보드 등 프로토타이핑 보드 또는 프로토보드를 사용해서 부품을 브레드보드에서 프로토보드의 같은 위치로 그냥 옮기면 된다.

그림 20-8은 설계를 브레드보드에서 몽크메이크 프로토보드로 옮기는 작업의 초반 단계를 보여준다. 설계의 내용이 여기에서 중요하지 않지만, 흥미가 있을 독자를 위해 설명하자면 이 장치는 아두이노와 비슷한 보드인 파티클 포톤(Particle Photon), 전류 센서, AC 변압기를 사용하는 에너지 모니터링 장치다. 브레드보드 자체가 몽크메이크 프로토보드에 부착되어 있어서 나사 단자와 오디오용 소켓으로

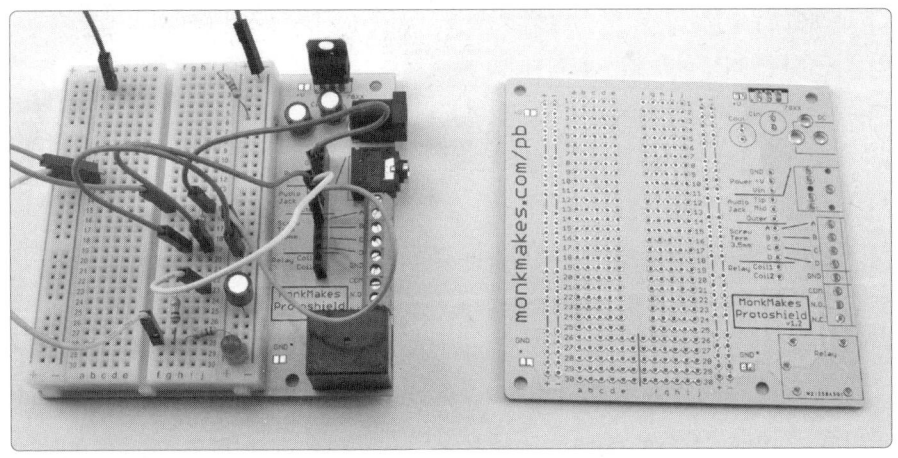

그림 20-8 브레드보드에 설치한 프로토타입

전류 센서와 AC 변압기를 프로토보드에 연결할 수 있음에 주목하자.

그런 다음 브레드보드에서 부품을 하나씩 제거해서 리드선이 연결되어 있는 곳의 행과 열로 좌표를 표시해 옮긴 뒤, 그림 20-9에서 보는 것처럼 부품을 몽크메이크 프로토보드에 납땜한다. 마지막으로 그림 20-10은 완성된 보드와 다음 프로젝트에 사용할 수 있는 빈 브레드보드의 모습을 보여준다.

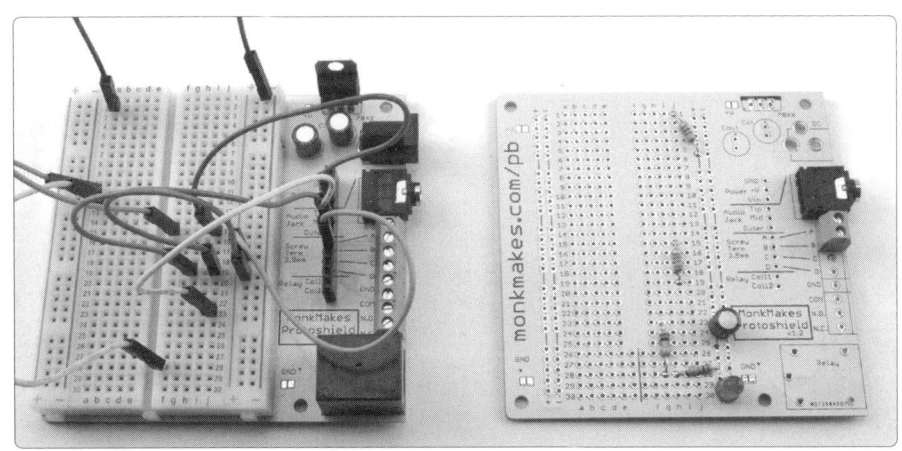

그림 20-9 부품을 프로토보드로 옮기기

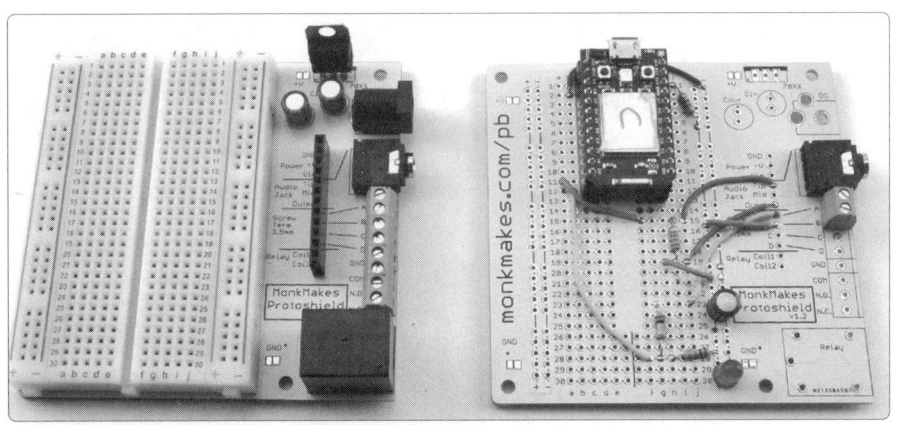

그림 20-10 완성된 프로토보드의 모습

논의 사항

그 외에 유용한 프로토타이핑 보드에는 에이다프루트의 퍼마프로토(Permaproto)가 있다. 이 제품은 리본 커넥터로 라즈베리 파이에 장착하도록 고안되었다.

20.2 영구 회로 만들기　　359

아두이노의 경우, 아두이노 포토실드(Protoshield)를 사용하면 프로젝트를 만든 뒤 보드 전체를 아두이노 우노의 위에 끼울 수 있다. 그림 20-11은 포토실드 위에 LED 큐브 프로젝트를 만든 모습이다. 그런 다음 프로토실드를 아두이노에 장착한다.

납땜을 해서 프로토타입을 만드는 데 흔히 사용되는 또 다른 방법은 스트립보드를 사용하는 것이다. 스트립보드(그림 20-12와 그림 20-13)는 행을 따라 구리 선이 배열되어 있으며 프로젝트에 맞춰서 원하는 크기로 잘라 사용할 수 있다. 구리 선을 끊고 싶다면 '스폿 커터(spot cutter)'라는 도구를 사용하거나 구리 선이 끊어질 만큼 손으로 드릴 날을 돌려 주면 된다.

퍼프보드(Perfboard, 구멍난 보드라는 뜻)는 스트립보드와 비슷하지만 뒤에 구리 선이 없다는 차이점이 있다. 모든 연결은 부품의 리드선이나 단선을 구부려서 만든다.

프로토보드는 각각의 구멍 뒤에 별도의 패드가 부착된 형태의 퍼프보드로, 마찬가지로 구입이 가능하다.

그림 20-11 아두이노 프로토실드로 만든 LED 큐브

그림 20-12 스트립보드(위쪽)

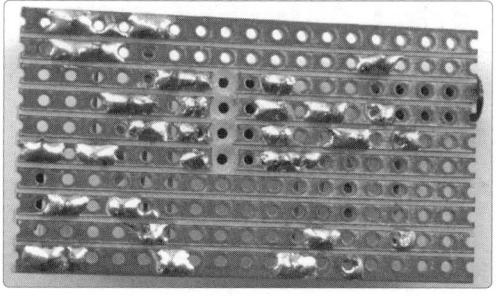

그림 20-13 스트립보드(아래쪽)

참고 사항
- 퍼마프로토에 대해서는 *https://www.adafruit.com/product/571*을 참고한다.
- 몽크메이크 프로토보드는 *https://www.monkmakes.com/pb/*를 참고한다.
- LED 큐브 프로젝트는 필자의 책 『TAB Book of Arduino Projects』(TAB DIY, 2015)에서 가져 왔다.

20.3 나만의 회로 기판 만들기

문제

프로젝트의 회로 기판을 설계하고 싶다.

해결책

이 레시피에 대한 해결책은 하나의 레시피에 다 담을 수 없지만, 일단 캐드소프트 이글(CadSoft EAGLE) 같은 회로 기판 설계 소프트웨어를 사용해서 기판의 회로도를 그린 뒤 회로 기판을 배치하는 것부터 시작한다. 그런 다음 거버(Gerber)라고 하는 설계 파일을 회로 기판 제작 회사에 보내면 된다.

간단한 회로 기판을 설계하는 것은 아마추어라도 충분히 가능하다. 구리층을 2개로 제한하면 회로 기판 설계용으로 나와 있는 여러 CAD(computer-aided design) 패키지 중 하나를 사용할 수 있다.

가장 흔히 사용되는 CAD 시스템 중 하나가 이글 CAD(EAGLE CAD, 그림 20-14)로, 오픈 소스 소프트웨어는 아니지만 비상업용 프로젝트에 사용할 수 있는 무료 버전이 공개되어 있다. 이글 CAD를 사용할 때 좋은 점은 오픈 소스 하드웨어 운동에서 이글 CAD를 채택하고 있으며, 이글 설계 파일용으로 여러 OSH 설계를 다운로드할 수 있어서 필요에 따라 적용할 수 있다는 점이다. 이글은 직관적으로 사용할 수 있는 유형의 소프트웨어는 아니다. 다른 회로 기판 설계 소프트웨어를 사용해 본 경험이 있다면 큰 도움 없이 어찌어찌 사용할 수도 있지만, 보통은 튜토리얼에 따라 단계별로 연습해야 사용법이 실제로 이해되기 시작한다.

이 책의 거의 모든 회로 다이어그램은 이글로 그린 것이며, 일단 이글의 특징에 익숙해지면 사용이 점점 즐거워질 것이다.

오픈 소스를 선호하는 사람은 이글의 모든 기능을 갖춘 오픈 소스 소프트웨어인 키캐드(KiCad)를 사용하면 된다. 키캐드에서는 이글 파일 형식 일부를 들여올 수

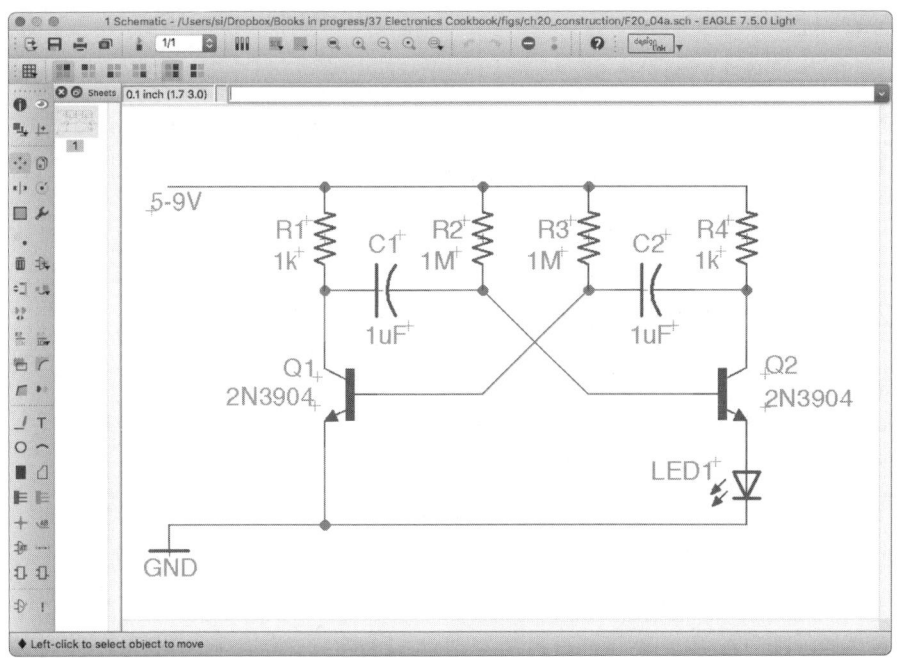

그림 20-14 이글 CAD 회로도 설계 편집기

있다. 이글과 마찬가지로 소프트웨어를 다운로드하고 십 분 만에 보드 설계를 완성할 수 있을 것이라 기대할 수는 없다.

디자인스파크(DesignSpark)는 최근 인기를 얻고 있는 거의 무료인 캐드 시스템으로 사용하기가 상대적으로 쉽지만 사용자가 광고를 봐야 한다.

아주 흔히 사용되는 부품으로 정말 간단한 회로 기판을 설계하려면, 프릿징을 사용할 수 있다. 프릿징은 회로 기판 설계를 회로도와 브레드보드 배치 형태로 나타낼 수 있으며, 사용도 쉽다. 그러나 프릿징에 없는 부품을 사용하는 경우 부품을 직접 그려야 하는데, 이 과정이 조금 까다로우며, 여러 층의 SVG 파일을 편집하는 기술이 조금 필요하다.

여기에서 설명한 모든 CAD 소프트웨어는 결과물을 가버 설계 파일로 내보내는 기능을 제공한다. 가버 파일이 있으면 인터넷 회로 기판 서비스를 사용할 수 있다. 설계가 포함된 ZIP 파일을 업로드하고 1, 2주 정도 기다리면 기판을 소량으로 보내준다. 최소 주문 수량은 보통 소형 보드의 경우 10개 정도인데 가격이 고작 1달러에 불과하다.

회로 기판 서비스는 계속 변화하고 있다. 필자의 경우, PCB웨이(PCBWay), ITEAD 스튜디오(ITEAD Studio), 시드 스튜디오(Seeed Studio)를 사용해 봤는데 별문제 없이 회로 기판을 제작할 수 있었다.

논의 사항

예전에는 자신만의 회로 기판을 만드는 것이 가치가 있었다. 사실 필자는 지금도 모든 장치를 기판으로 만들어서 다시는 열어 보지 않을 상자에 넣어 처박아 둔다. 자신의 회로 기판을 포토 에칭하는 데 반드시 비용이 많이 드는 것도 아니다. UV LED로 UV 노광기(UV exposure)도 직접 쉽게 만들 수 있다. 그러나 포토 에칭에는 독성 화학 물질이 필요해서 일단 섞은 물질들은 보관할 수 없고, 책임감을 갖고 제대로 폐기하기도 쉽지 않다. 최종 결과물도 전문 서비스를 통해 제작한 것보다 보통 품질이 떨어진다. 그렇기 때문에 계획에 조금 여유를 두어서 회로 기판 제작을 전문 서비스에 부탁하는 편이 낫다.

참고 사항

- 이글 CAD를 배우기 위한 안내서가 필요하다면 『Make Your Own PCBs with EAGLE: From Schematic Designs to Finished Boards』(TAB DIY, 2014)를 참고한다.
- 키캐드 웹사이트 주소는 *http://kicad-pcb.org/*다.
- 디자인스파크에 대한 내용은 *https://www.rs-online.com/designspark/pcb-software* 에서 확인할 수 있다.
- 또, 필자는 프릿징에 대한 안내서인 『Fritzing for Inventors: Take Your Electronics Project from Prototype to Product』(TAB DIY, 2015)도 집필한 바 있다.

20.4 스루홀 부품 납땜하기

문제

스루홀 부품을 회로 기판에 납땜하는 최고의 기술을 배우고 싶다.

해결책

부품 리드선과 납땜 패드가 만나는 부분에 1, 2초 열을 가한 뒤 그림 20-15처럼 땜납을 갖다 댄다.

조금 더 자세히 설명하면, 다음과 같은 방법으로 납땜 연결을 단단하게 만들 수 있다.

1. 납땜인두의 온도를 사용하는 땜납의 녹는점까지 올린다. 납이 첨가된 땜납은 녹는점이 280°C(536°F) 정도, 무연 땜납은 310°C(590°F) 정도다. 잘 되지 않는다면 온도를 변경해 본다.

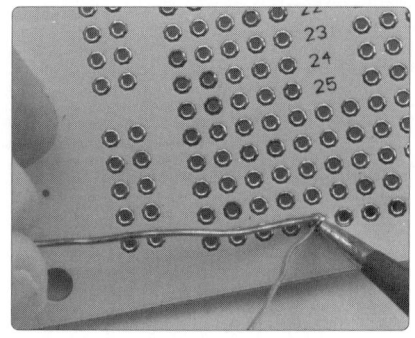

그림 20-15 회로 기판에 납땜하기

2. 납땜인두의 끝을 젖은 스폰지나 공모양의 놋쇠 수세미로 닦아 낸다. 닦고 나면 끝부분이 반짝여야 한다.
3. 인두를 부품의 리드선과 납땜 패드가 만나는 곳에 1, 2초 갖다 대서 열을 가한다.
4. 회로 기판과 부품의 리드선이 만나는 곳에 땜납을 가해서 땜납이 리드선 주변으로 흘러 패드 전체를 덮도록 한다. 이때 땜납의 끝은 리드의 위쪽으로 향하도록 살짝 들고 있어야 한다.
5. 불필요한 리드선을 잘라낸다.

> **안전하게 납땜하기**
>
> 납땜인두는 아주 뜨거워져서, 닿으면 심한 화상을 입을 수 있으니 조심한다. 보안경을 쓰는 것도 좋은 생각이다. 리드선으로 녹은 땜납을 튕기거나 땜납이 열로 끓어올라 땜납 입자가 튈 수 있기 때문이다. 또, 납땜 위치에 눈을 너무 가까이 갖다 대어도(종종 일어난다) 눈을 다칠 수 있다.
>
> 액체 상태의 땜납이 타면서 배출되는 해로운 연기를 없애도록 납연기 제거기를 사용하는 것도 좋다(가격이 그다지 비싸지 않다. 부록 A 참고). 이 연기는 폐에 정말 좋지 않다.

논의 사항

현재 시행되고 있는 다양한 국제 규정으로 인해 납(Pb)을 회로 기판 제조에 사용하는 관행이 빠르게 사라지고 있다. 따라서 현재 대부분의 땜납은 납이 포함되지 않은 무연 제품이다. 안타깝게도 무연 땜납의 녹는점은 납이 함유된 땜납보다 높으며 사용도 조금 더 까다롭다. 납이 포함된 땜납은 지금도 구입이 가능하며 많은 이들이 '이 좋은 제품'을 보관하고 있다.

작은 부품을 납땜한다면 얇은 다중 코어 로진 땜납을 사용한다. 필자는 0.7mm 두께 땜납을 사용한다.

참고 사항

- 유튜브에서 납땜 방법을 알려주는 괜찮은 동영상을 몇 가지 찾을 수 있으며, 스파크펀에서 제공하는 훌륭한 동영상은 *http://bit.ly/2mDxVyD*에서 확인할 수 있다.
- 브라이언 젭슨(Brian Jepson)이 쓴 『Learn to Solder』(Maker Media, 2012)라는 도서도 추천한다.

20.5 표면실장형 부품 납땜하기

문제

표면실장형 부품을 회로 기판에 납땜하고 싶다.

해결책

프로젝트를 영구적으로 남겨두고 싶거나 몇 가지 프로토타입을 만든다고 하면 직접 납땜하는 쪽을 생각해 볼 수 있다. 납땜이 익숙하지 않다면 결과물이 대단하지는 않겠지만, 그렇다고 해도 제대로 기능하는 프로토타입을 만들 수 있다.

0603 유형이나 이보다 더 큰 표면실장형 저항과 커패시터를 SOIC 패키지처럼 핀 간격이 0.05인치(1.27mm) 이상인 IC에 장착할 때는 직접 납땜하면 작업이 훨씬 수월해진다.

대부분의 부품은 다양한 크기의 패키지로 판매된다.

표면실장형 부품을 납땜하려면 부품을 고정시키고(내 경우는 핀셋을 사용) 핀을 하나하나 패드에 납땜해야 한다. 스루홀 유형을 납땜할 때는 핀과 패드에 1초 정도 열을 가한 뒤 패드와 핀에 땜납을 갖다 대서 연결 부위로 녹은 땜납이 흘러가도록 한다.

첫 번째 핀을 납땜할 때 패드 한쪽에 땜납으로 작은 방울을 만든 뒤(그림 20-16) 첫 번째 핀에 열을 가하고 패드에 핀을 갖다 대 납땜한다(그림 20-17). 핀 1개를 일단 납땜하고 나면 장치를 제 위치에 고정하고 있을 필요가 없다(그림 20-18). 다른 핀도 모두 납땜이 끝나면, 처음의 핀으로 돌아가 핀이 잘 납땜되도록 땜납을 조금 더 가해 주는 것도 좋다.

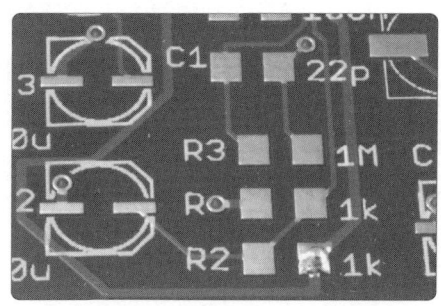

그림 20-16 패드 위에 작게 납땜 방울 만들기

그림 20-17 부품을 제 위치에 고정시키고 첫 번째 핀 납땜하기

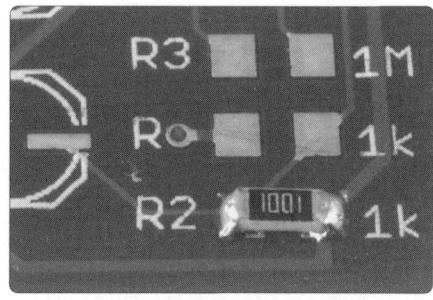

그림 20-18 표면실장형 저항을 직접 납땜한 모습

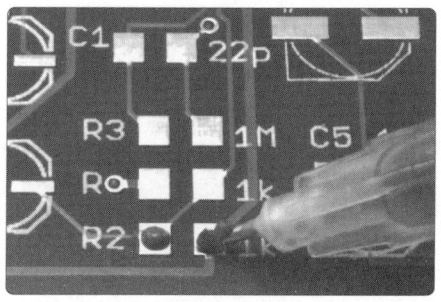

그림 20-19 패드 위에 땜납 페이스트로 작게 방울을 만드는 모습

그림 20-20 부품을 고정시키고 히트건으로 열을 가해 주는 모습

납땜인두 대신 땜납 페이스트와 히트 건을 사용할 수도 있다. 이 경우 먼저 땜납 페이스트를 부품 패드에 놓는다(그림 20-19). 그런 다음 패드 위에 부품을 놓고 핀셋으로 부품을 고정시킨 뒤, 히트 건으로 열을 가한다(그림 20-20).

그림 20-21과 같이 개조한 리플로우 오븐(reflow oven)을 사용할 수도 있다. 히트 건을 사용할 때처럼 먼저 땜납 페이스트를 각 패드에 놓는다. 이 작업은 대부분의 회로 기판 제조 업체들이 회로 기판 제작 시 추가 금액을 받고 판매하는 스탠실(공판)을 사용하면 더 쉽게 끝낼 수 있다.

땜납 페이스트를 패드에 놓고 그 위에 부품을 놓는다(부품은 땜납 페이스트에 붙어 있다). 그런 뒤 기판을 '구워서' 땜납 페이스트를 녹인다. 기능이 많은 리플로우 오븐이라면 땜납 페이스트 유형에 따라 온도 설정을 달리할 수 있다. 가정용 오

그림 20-21 개조된 리플로우 오븐

븐으로 납땜이 얼마나 편해지는지 알면 깜짝 놀랄 것이다. 필자가 사용하는 오븐은 온도 탐침이 내장된 토스트용 오븐을 개조한 것이다. 몇 번 시험해 보면 적당한 방법을 찾을 수 있겠지만, 순전히 참고를 위해 납이 첨가된 땜납 페이스트(녹는점이 더 낮다)를 사용하는 방법을 설명한다.

1. 기판을 오븐에 놓는다.
2. 오븐을 최고 온도로 맞춰서 온도가 80°C까지 올라가면, 오븐을 끄고 2분간 열기가 '흡수'되기를 기다린다. 그 동안 표시 온도가 130°C가 될 때까지 계속 올라가도록 둔다.
3. 다시 오븐을 최고 온도로 맞추고 땜납 페이스트가 녹으면(약 140°C일 때) 다시 오븐을 끈다.
4. 30초 더 두었다가 오븐 문을 열고 회로 기판을 재빨리 식힌다.

이 과정은 말할 것도 없이 어렵지만, 일단 적절한 방법을 알고 나면 사용할 때 실패하는 일은 없을 것이다.

> **직접 만든 리플로우 오븐은 화재를 일으킬 수 있다**
> 토스트 오븐을 개조하면 상당히 위험하다(이런 오븐이 '불쏘시개'라는 별명을 가지게 된 데는 다 이유가 있다). 오븐을 개조할 때도, 개조한 오븐을 사용할 때도, 하려는 작업과 그에 따른 위험을 정확히 알고 있어야 한다. 하려는 일에 확신이 없다면 오븐을 직접 만드는 일은 생각도 하지 말자.
> 개조한 오븐은 사용하는 동안 언제나 주변에 사람이 있어야 한다.

논의 사항

여러 회로 기판 제작 업체도 회로 기판 조립 서비스를 제공한다. 5개에서 10개 정도 작은 묶음의 프로토타입이라도 직접 기판을 만드는 것보다 비용 대비 상당히 효과적일 수 있다. 특히 리플로우 오븐을 직접 만드는 경우와 비교하면 확실히 훨씬 안전하다.

참고 사항

- 스루홀 유형의 부품을 납땜하려면 레시피 20.6을 참고한다.

20.6 부품 땜납 제거하기

문제

납땜 과정에서 실수를 해서 납땜된 부품을 기판에서 떼어 내야 한다.

해결책

땜납 제거는 납땜보다 훨씬 어렵다. 땜납을 제거하려는 부품이 그다지 중요한 게 아니어서 손상을 걱정할 필요가 없다면 그냥 기판에서 떼 내면 되기 때문에 삶이 훨씬 편해질 것이다.

저항처럼 리드선이 2개인 스루홀 유형의 부품은 다음의 순서를 따른다.

1. 땜납 제거용 끈을 패드에 누르고 여기에 납땜인두로 열을 가해서 땜납을 최대한 제거한다 (그림 20-22).
2. 가끔은 땜납 제거가 아주 효과적이어서 그냥 부품을 빼낼 수 있지만, 대부분은 부품을 반으로 자르거나 리드선이 충분히 길면 기판 위쪽으로 펜치를 갖다 대서 리드선 한 쪽을 잘라내야 한다.
3. 리드선을 빼낼 때는 한 번에 하나씩 작업하며, 기판 아래에서는 납땜인두로 리드선에 열을 가하면서 기판 위로는 펜치를 사용해 리드선을 잡아 당긴다.

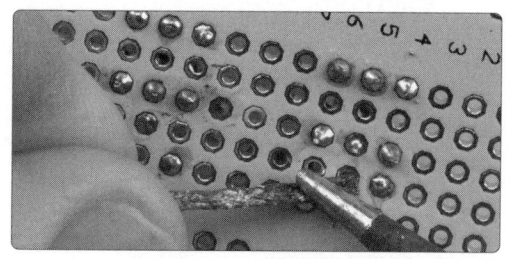

그림 20-22 땜납 제거용 끈 사용하기

DIL IC의 땜납을 제거하는 일은 더 어렵지만, IC 손상을 신경 쓰지 않는다면 핀을 잘라낸 뒤 하나하나 납땜을 제거할 수 있다. IC를 통째로 떼어 내는 것도 가능하다. 먼저 끈으로 땜납을 먼저 제거하고 IC를 깨끗하게 닦은 뒤, 스크루드라이버를 IC 한쪽 아래로 끼워서 부드럽게 들어 올린 뒤, 같은 방법으로 다른 모서리쪽도 반복하면 IC를 조금씩 빼낼 수 있다.

표면실장형 부품의 땜납 제거는 훨씬 쉽다. 히트 건을 부품에 갖다 대고 잠깐 동안 뜨거운 바람을 쐬어 주면 제거된다.

논의 사항

부품의 땜납 제거는 시간이 걸릴뿐더러 회로 기판 패드나 제거하려는 부품을 손상시키는 경우도 흔하다. 가끔은 그냥 갖다 버리고 처음부터 새로 시작하는 편이 빠를 수도 있다.

참고 사항

- 스루홀 유형 부품의 납땜은 레시피 20.4, 표면실장형 부품의 납땜은 레시피 20.5를 참고한다.

20.7 부품을 손상시키지 않으면서 납땜하기

문제

고전력 부품(전력 트랜지스터 등)을 지나친 열로부터 보호하기 위해 필요한 히트싱크의 크기를 알고 싶다.

해결책

장치가 지속적으로 소비해야 하는 전력량과 장치에서 도달하도록 하고 싶은 최대 온도(T_{max}, 데이터시트에 명시된 최대 정격 온도보다 낮아야 한다)를 정한다. 그런 뒤 다음 식을 사용해서 히트싱크($R\theta_{heatsink}$)에서 제공해야 하는 열저항을 구한다.

$$R\theta_{heatsink} = \frac{T_{max} - T_{ambient}}{P} - R\theta_{package}$$

이때 $T_{ambient}$는 주위 온도, $R\theta_{package}$는 부품 패키지의 열저항(TO220 전력 트랜지스터의 경우 1.5℃/W)을 뜻한다.

예로 TIP120의 데이터시트를 확인하면 최대 온도가 150℃이기 때문에, T_{max}는 이보다 훨씬 낮은 130℃로 유지한다. 이때, TIP120은 10W의 열을 발생시키는 회로에서 사용한다고 가정한다.

또, 프로젝트 케이스의 주위 온도는 30℃라고 가정한다(환기 상태에 따라 크게 달라진다).

이들 수치를 식에 대입하면 다음과 같다.

$$R\theta_{heatsink} = \frac{T_{max} - T_{ambient}}{P} - R\theta_{package} = \frac{130-30}{10} - 1.5 = 8.5\,°C/W$$

부품 카탈로그에서 히트싱크 목록을 확인하면 열저항이 8.5℃/W 이상인 제품을 찾을 수 있다.

논의 사항

계산이 끝났다면 실제로 장치의 최종 케이스에서 온도 상승 정도를 확인해보자. 케이스의 환기 상태에 따라 온도 변화가 크게 달라질 수 있다. 필요할 경우 히트싱크에 팬을 달면 열을 상당히 발산시킬 수 있다.

히트싱크는 다양한 모양과 크기로 판매된다. 그림 20-23은 두 가지 유형의 히트싱크를 보여준다.

그림 20-23 히트싱크(대형과 소형)

장치를 히트싱크에 부착할 때는 열 전달 성질이 있는 물질(흰 반죽)을 장치 위에 얇게 펴 바르면 장치에서 히트싱크로의 열 전달 성능이 크게 향상된다.

참고 사항

- 전력에 대한 배경 지식은 레시피 1.6을 참고한다.
- TIP120의 데이터시트는 *http://bit.ly/2mHBQy6*을 확인한다.

도구 21

21.0 개요

이 장에서는 가장 일반적인 전자부품용 도구와 테스트 장비를 사용하는 방법을 알아본다. 여기에는 멀티미터와 오실로스코프 같은 측정 장치와 설계, 아날로그 전자부품을 다룰 때 유용한 시뮬레이션 소프트웨어가 모두 포함된다.

21.1 작업대용 전원 공급 장치 사용하기

문제

작업대용 전원 공급 장치를 바르게 사용하는 방법을 알고 싶다.

해결책

작업대용 전원 공급 장치를 바르게 사용하려면 다음의 단계를 따른다.

1. 전압을 회로에 필요한 전압으로 설정한다.
2. 전류를 회로 예상 소비 전류량보다 조금 높게 설정한다.
3. 출력을 켜고 전압 화면을 확인한다. 회로에서 지나치게 많은 전류를 끌어가면 무언가 잘못 되었다는 신호로 전압이 떨어진다.

논의 사항

멀티미터를 제외하면, 작업대용 전원 공급 장치가 가장 유용한 테스트 장비일 수 있다. 하나쯤 구비해 두면 배터리를 찾거나 공급 전원의 크기를 맞출 필요가 없기 때문에 장기적으로 시간을 크게 절약할 수 있으며, 프로토타입을 제작할 때 실수로 부품을 손상시키는 일이 줄어든다.

그림 21-1은 5A에서 최대 22V를 공급할 수 있는 대표적인 작업대용 전원 공급 장치를 보여준다.

화면의 윗줄은 전압, 아랫줄은 전류를 보여준다. 출력이 꺼져 있을 때 전압 손잡이를 돌리면 전압을 설정할 수 있다. 전류 손잡이로는 회로가 끌어갈 수 있는 최대 전류를 설정한다. 회로에서 이보다 많은 전류를 끌어가면 전원 공급 장치가 자동적으로 전압을 낮춰서 전류가 설정해 둔 최댓값 밑으로 떨어지도록 한다. 이런 방식으로 전원 공급 장치는 다음과 같이 사용될 수 있다.

- 최대 전류에서 일정한 전압 공급
- 최대 전압에서 일정한 전류 공급

그림 21-1과 같이 출력이 1개인 전원 공급 장치 외에 출력이 2개인 전원 공급 장치도 판매된다. 이런 장치는 전압을 분리해 공급하는 아날로그 회로에서 아주 유용하게 사용된다.

그림 21-1 작업대용 전원 공급 장치

참고 사항
- 다양한 유형의 전원 공급 장치를 직접 만드는 방법은 7장을 참고한다.

21.2 DC 전압 측정하기

문제
DC 전압을 측정하고 싶다.

해결책
자동으로 범위를 지정해 주는 멀티미터를 사용한다면 단순히 계측기를 DC 전압으로 설정하고 탐침을 전압원에 연결하기만 하면 된다.

멀티미터의 범위를 수동으로 설정해야 한다면 원하는 최대 전압을 정한 뒤 멀티미터의 최대 범위를 그보다 높게 설정한다. 그런 다음 탐침의 리드선을 측정하려는 회로의 지점에 갖다 댄다.

일단 전압이 설정한 범위보다 지나치게 높지 않다는 사실을 확인했다면 정밀도를 높이기 위해 전압 범위를 줄일 수도 있다.

논의 사항

그림 21-2는 대표적인 중간 범위의 디지털 멀티미터다.

자동으로 범위를 설정해 주는 멀티미터가 수동으로 범위를 설정해 주어야 하는 멀티미터보다 더 나은 제품인 것 같지만, 수동으로 범위를 측정하면 실제로 측정값을 읽어 들이기 전에 어떤 값을 얻게 될 지 반드시 생각해 보아야 하며, 이는 장점이 될 수 있다.

그림 21-2 디지털 멀티미터

아주 저렴한 디지털 멀티미터라고 해도 보통 아날로그 계측기보다 정밀성과 정확성이 뛰어나다. 그러나 아날로그 계측기에는 측정하는 값에 대해 더 많은 것을 알 수 있다는 커다란 장점이 있다. 예를 들어, 계측기의 바늘 끝이 살짝 흔들린다면 잡음이 있음을 알 수 있고, 계측기 바늘이 이쪽이나 저쪽으로 움직이는 속도를 보고 전압의 변화율을 알 수 있다. 반면, 디지털 멀티미터 중에는 디지털 화면 외에도 '아날로그' 막대 그래프 유형의 화면이 장착되어 아날로그와 디지털의 장점을 모두 가진 제품도 있다.

테스트용 리드선

멀티미터는 보통 탐침 유형의 테스트 리드선이 달려 있어서 부품의 전압을 측정하기에 좋지만, 측정하는 동안 리드선을 펜치로 잡아주면 더 편리한 경우도 많다.

또, 멀티미터의 음극 리드선을 펜치로 접지에 연결해 두고 양극 리드선의 탐침으로 테스트하려는 회로의 여러 부분의 전압을 측정하면 상당히 편리하다.

그렇기 때문에 일반적인 테스트 리드선 외에 그림 21-2와 같은 악어 클립이 끝에 달린 멀티미터 리드선을 조금 사 둘 것을 추천한다.

참고 사항

AC 전압을 측정하려면 레시피 21.3을 참고한다.

21.3 AC 전압 측정하기

문제

AC 전압을 측정하고 싶다.

해결책

레시피 21.2와 같은 순서를 따르되, 멀티미터의 범위를 DC 전압이 아닌 AC 전압으로 설정한다.

　AC를 측정하고 있기 때문에 리드선이 회로에 어떻게 연결되던 간에 동일한 극성의 측정값을 얻는다.

　높은 전압의 AC를 측정하려면 계측기 탐침이 높은 전압에 사용하도록 설정되어 있는지 확인해야 한다. 자세한 내용은 레시피 21.12를 참고한다.

논의 사항

디지털 멀티미터는 대부분 AC 전압을 정류한 뒤 다듬어서 RMS(root mean square, 실효값) 전압의 근사치만을 보여준다. 그렇기 때문에 고사양 멀티미터 중에는 'RMS 참값' 기능이 포함된 제품이 많다.

참고 사항

- DC 전압의 측정 방법은 레시피 21.2를 참고한다.

21.4 전류 측정하기

문제

회로의 특정 지점을 지나가는 전류를 측정하고 싶다.

해결책

멀티미터를 사용해서 전류를 측정한다.

- 사용하는 전압에 따라 계측기의 전압 범위를 AC 또는 DC로 설정하고, 전류 범

위는 측정을 원하는 최대 전류보다 높게 정한다.
- 계측기 탐침을 전류 측정이라고 표시된 소켓에 끼운다. 전압 측정시에는 다른 소켓을 사용하며, 전류 범위가 달라질 때 다른 소켓을 사용하는 경우도 있으니 주의한다.
- 리드선을 회로에 연결해서 멀티미터가 전류가 흐르는 경로에 놓이도록 한다.

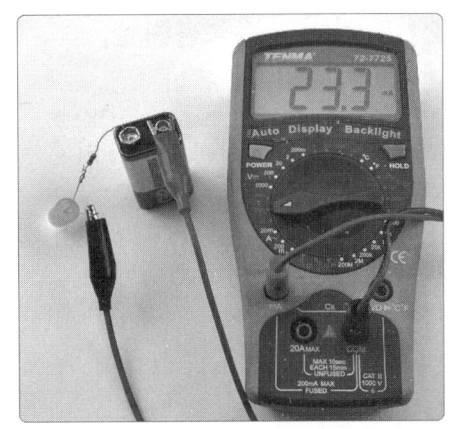

그림 21-3 전류를 측정하는 디지털 멀티미터

그림 21-3은 이러한 방식으로 사용되는 디지털 멀티미터를 보여준다.

논의 사항

디지털 멀티미터는 아주 낮은 크기의 저항을 지나가는 전압을 측정해서 전류의 흐름을 측정한다. 그렇기 때문에 전류를 측정할 때 보통 탐침의 리드선을 다른 소켓으로 옮긴다.

> **탐침의 리드선을 잊지 말고 원래대로 돌려 놓자**
>
> 멀티미터의 리드선을 전류 측정 소켓에 끼운 채로 전압을 측정하면 측정하려는 전압에 합선을 일으키게 된다. 이 경우 회로가 손상되거나 멀티미터의 퓨즈가 나갈 수 있다.
>
> 이를 막기 위해서는 전류 측정이 끝났을 때 리드선을 원래의 전압 측정 위치로 되돌려 놓아야 한다.
>
> 멀티미터의 퓨즈가 나가면 케이스를 열어 퓨즈를 갈아 주어야 한다.

참고 사항

- DC 전압과 AC 전압의 측정은 레시피 21.2와 레시피 21.3을 각각 참고한다.
- 대부분의 작업대용 전원 공급 장치(레시피 21.1)에는 회로에서 끌어 가는 전류를 알려주는 전류계가 포함되어 있다.

21.4 전류 측정하기

21.5 연속성 측정하기

문제
전선, 구리 선, 퓨즈 등에서 연결이 끊어진 곳이 눈에 보이지 않지만 전기적으로 확인하고 싶다.

해결책
전선의 연결을 끊어서 사용하지 않는 상태로 두고, 멀티미터를 연속성(continuity) 측정으로 설정한 뒤 탐침을 테스트하려는 곳의 양쪽에 연결한다.

긴 연선 케이블을 테스트한다면(즉, 원래 상태로는 멀티미터의 리드선으로 전선 양쪽 끝에 닿지 않을 정도로 전선이 길 때) 그림 21-4처럼 케이블의 한쪽 끝에서 서로 떨어져 있는 연선을 연결하고 다른 쪽 끝에서 연속성을 테스트할 수 있다.

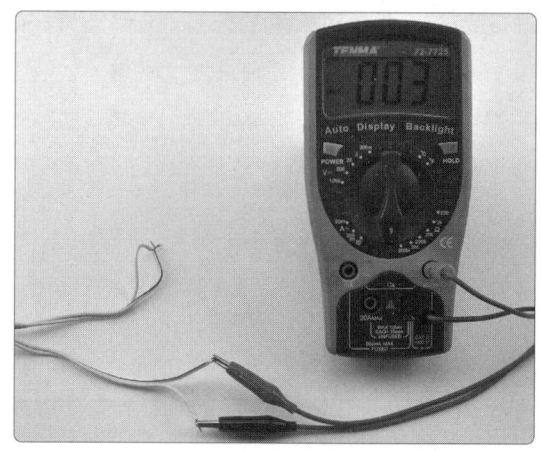

그림 21-4 긴 전선의 연속성 측정하기

논의 사항
멀티미터에서 DC 전압 측정 다음으로 가장 많이 사용하는 기능이 아마도 연속성 측정일 것이다. 저항이 연속성을 나타내지 못할 정도로 작을 때 멀티미터에서 소리가 난다면 특히 유용하다. 이 기능이 탑재되어 있으면 멀티미터 화면을 보지 않고 테스트용 탐침을 움직여가며 연속성을 테스트할 수 있다.

참고 사항
- 멀티미터에 대한 기본적인 내용은 레시피 21.2를 참고한다.

21.6 저항, 전기 용량, 인덕턴스 측정하기

문제
멀티미터를 사용해서 저항값, 정전 용량, 인덕턴스(L)를 측정하고 싶다.

해결책

거의 모든 멀티미터에는 저항 범위가 몇 가지 있으며, 정전 용량 범위가 여러 개 있는 제품도 많다.

이러한 범위를 사용하기 위해서는 단순히 범위를 선택한 뒤 부품을 테스트용 리드선과 연결하면 된다. 전류를 측정할 때처럼 이러한 측정 범위를 사용할 때는 멀티미터의 서로 다른 소켓에 테스트용 리드선을 꽂아야 한다.

논의 사항

디지털 멀티미터 중에는 인덕턴스와 주파수 범위를 제공하는 제품도 있으며, 저항, 정전 용량, 인덕턴스를 일반 디지털 멀티미터보다 더 정확하게 측정할 수 있는 전문가용 계측기도 있다.

이러한 디지털 멀티미터 중에는 테스트용 리드선을 부품에 갖다 대기만 하면 계측기가 먼저 부품을 파악해서 그 특성을 측정해 주는 제품도 있다. 놀랍게도 이런 계측기를 만들 수 있는 키트를 이베이에서는 약 10달러(약 11,000원)면 구입할 수 있다.

부품 값을 측정할 때는 결과의 정밀성을 고려해서 아주 정확한 측정값을 기대하지는 않는다. 측정값이 1.23µF이라고 해도 ±10%의 오차가 있을 수 있기 때문에 계측기의 사양을 확인해야 한다.

참고 사항

- 멀티미터에 대한 기본적인 내용은 레시피 21.2를 참고한다.

21.7 커패시터 방전시키기

문제

상당한 양의 에너지를 보관할 수 있는 대용량 커패시터를 안전하게 방전시키고 싶다.

해결책

회로의 연결을 끊고 저항을 커패시터와 병렬로 연결해서 DC 전압으로 설정된 멀티미터로 측정했을 때 커패시터에 걸린 전압이 안전한 수준으로 떨어질 때까지 커패시터를 방전시킨다.

그림 21-5 커패시터 방전시키기

커패시터를 방전시킬 때는 절연된 악어 클립을 사용해서 저항을 연결하거나, 저항의 리드선을 적당한 간격으로 구부린 뒤 저항을 펜치로 잡고 그림 21-5와 같이 커패시터의 리드선에 조심스럽게 갖다 댈 수도 있다.

저항값과 저항의 정격 전력을 계산해서 저항이 지나치게 뜨거워지지 않을 정도의 적당한 시간 동안 커패시터가 방전되도록 한다.

시간 상수(RC)는 커패시터의 전압이 원래 값의 63.2%로 떨어질 때까지 걸리는 시간(s)을 말한다. 예를 들어, 300V로 충전된 100μF 커패시터(사진기의 플래시 장치에 사용된다)를 안전하게 10V로 방전시키려고 할 때, 10kΩ 저항의 시간 상수가 1초라고 하면, 저항을 커패시터에 연결했을 때 처음 1초 동안 전압이 190V, 다음 1초 동안 120V 등으로 떨어진다. 그 결과 7초가 지나면 전압은 안전한 7.6V가 된다.

저항이 열로 발산시키는 최대 전력은 다음 식으로 계산할 수 있다.

$$P = \frac{V^2}{R}$$

이 경우 소비 전력은 9W가 된다. 이 정도의 저항값이라면 저항의 크기가 물리적으로 꽤 크기 때문에, 어림셈을 잘못해서 1/4W의 표준 저항을 사용하면 저항에 연기가 날 가능성이 있다.

논의 사항

저항의 저항값을 높이면 저항에서 필요한 전력 크기가 줄어들지만 커패시터를 방전시키는 데 걸리는 시간은 늘어난다. 방전시키는 동안 멀티미터로 커패시터의 전압을 모니터링하는 것도 좋다.

높은 전압으로 충전된 커패시터는 위험하지만, 낮은 전압의 대용량 커패시터라도 단자가 단락되고 커패시터의 등가 직렬 저항(ESR)이 낮으면 엄청난 전류가 흐를 수 있다.

참고 사항

- 커패시터에 저장할 수 있는 에너지량을 계산하려면 레시피 3.7을 참고한다.

21.8 높은 전압 측정하기

문제

가지고 있는 멀티미터의 최대 전압 범위를 넘어서는 높은 전압을 측정하고 싶다.

해결책

같은 값의 저항을 사다리 형태로 이어 구성한 분압기를 사용해서 측정하려는 전압을 낮춘다. 이때 분압기가 측정되는 전압에 미치는 영향과 멀티미터의 입력 임피던스를 고려해야 한다. 또한, 사용되는 저항의 정격 전압이 충분히 높은지 확인한다.

그림 21-6은 측정 가능한 최대 DC 전압이 1,000V, 입력 임피던스가 10MΩ인 멀티미터를 사용해서 5kV 정도의 전압을 측정하는 방법을 보여준다.

분압기는 입력 전압을 1/10만큼 줄여 주기 때문에 계산이 쉽다. 저항값이 같은 저항을 10개(정확성 1% 이상) 사용할 때,

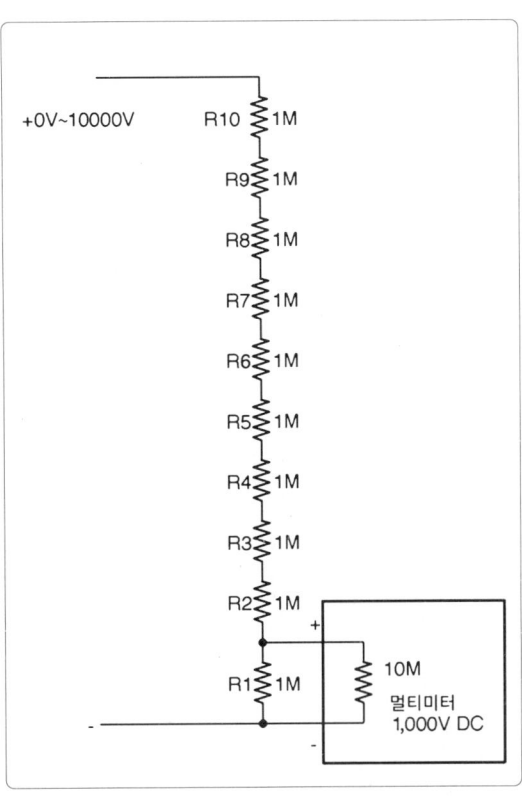

그림 21-6 분압기를 사용해서 높은 전압 측정하기

이들 저항이 같은 묶음에서 나왔다면 전체적인 시스템의 정확성이 늘어날 가능성이 높아진다. 저항의 값이 서로 비슷할수록 분압기의 성능이 높아지기 때문이다.

고려해야 할 사항이 몇 가지 더 있다. 먼저, 체인 형태로 연결된 저항이 높은 전압원의 출력을 얼마만큼 감당하는지 잊지 말고 계산해야 한다. 이 경우 10kV 전압

에서 부하가 10MΩ일 때 흐르는 전류의 크기는 1mA다.

> **고전압 리드선**
> 높은 전압을 측정하려면 손에 스파크가 튀지 않도록 아주 잘 절연된 고전압용 특수 리드선이 필요하다. 분압기도 상자에 넣어서 쉽게 건드리지 못하도록 해야 한다.
> 레시피 21.12도 참고한다.

각 저항에서 발생되는 열에너지는 1kV×1mA=1W로 상당한 크기다. 전력과 전압원에서의 부하를 줄이기 위해 높은 값의 저항(10MΩ 정도)을 사용하고 싶겠지만, 이렇게 하면 멀티미터의 임피던스가 높아져서 비슷한 값의 저항 2개가 병렬로 연결된 것 같은 역할을 하기 때문에 측정값이 거의 의미가 없어진다.

저렴하거나 중간 범위의 일반적인 멀티미터라면 입력 임피던스가 10MΩ에 불과하며, 이로 인해 전압의 측정값이 실제 값보다 약 10% 줄어든다.

논의 사항

그림 21-7의 회로도를 사용하면 멀티미터의 입력 임피던스를 구할 수 있다.

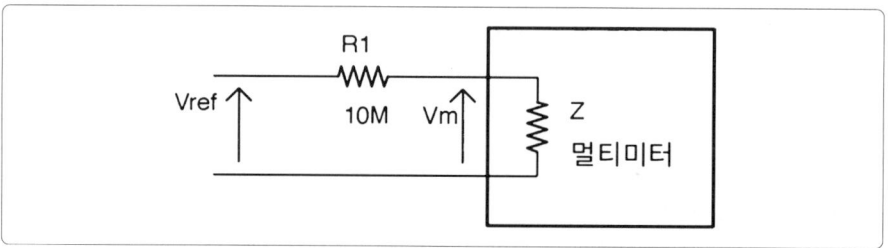

그림 21-7 가지고 있는 멀티미터의 입력 임피던스 확인하기

멀티미터(그림 21-7의 Z)의 입력 임피던스를 구하는 방법은 다음과 같다.

1. 안정적인 전압원(예를 들면 조정된 5V 공급)에 멀티미터의 리드선을 직접 연결해서 전압을 정확하게 측정하고 이 값을 기록한다(Vref).
2. 이제 그림 21-7에서 보는 것처럼 저항을 멀티미터의 양극 리드선과 직렬로 연결하고 멀티미터에 나타난 전압이 얼마인지 확인한다(Vm). 수치에 별 차이가 없다면, 더 높은 값의 저항(예를 들어 100MΩ)을 테스트해본다. 이렇게 테스트할 수 있다면 괜찮은 멀티미터를 갖고 있는 것이니 축하한다.

3. 다음 식을 사용해서 멀티미터(Z)의 임피던스를 계산한다.

$$Z = \frac{R}{\frac{V_{in}}{V_{out}} - 1}$$

예를 들어, R1 값이 10MΩ, 공급 전압이 10V라고 하면, 필자가 계측기로 측정한 Vm 값은 4.7V다. 숫자를 대입하면 다음과 같은 결과를 얻을 수 있다.

$$Z = \frac{R}{\frac{V_{in}}{V_{out}} - 1} = \frac{10M}{\frac{10}{4.7} - 1} = \frac{10M}{1.13} = 8.87 M\Omega$$

정기적으로 높은 전압을 측정할 계획이라면 전문가용 고전압 전압계를 구입한다. 전압계는 전압 범위가 아주 높을 뿐만 아니라 입력 임피던스도 보통 아주 높으며, 테스트하는 동안 측정되는 전압이 눈에 띄게 변할 정도로 회로에 부하를 가하지 않는다.

버퍼 이용 입력을 지원하는 고품질의 멀티미터를 구입한다면 아주 높은 저항과 연결해서 위의 방법을 사용해 볼 수도 있다. 이 경우 멀티미터의 입력 임피던스가 수백 MΩ에서 수 GΩ까지 올라가기도 한다.

참고 사항
- 저항을 분압기로 사용하는 데 대한 자세한 내용은 레시피 2.6을 참고한다.
- 정격 DC 전압의 측정은 레시피 21.2를 참고한다.

21.9 오실로스코프 사용하기

문제
오실로스코프를 사용해서 신호의 파형을 보고 싶다.

해결책
그림 21-8은 전면의 단자로 들어오는 1kHz 5V의 테스트용 신호를 표시해 주는 대표적이고 저렴한 오실로스코프를 보여준다.

오실로스코프에서 신호를 관찰해보자.

1. 최대 신호 전압을 어림짐작해서 y축 이득은 화면에 전체 신호가 나타날 수 있도록 해 주는 값으로 설정한다. 예를 들어, 여기에서는 신호가 5V이기 때문에 사

용되는 채널(채널 A)의 y축 이득을 수직 칸당 2V(2V/division, 칸은 화면에 표시되는 작은 정사각형)로 두면 충분하다. 의심스럽다면 수직 칸당 볼트 크기(V/division)를 최댓값으로 설정한다.

2. 트리거 수준을 조정하면서 범위가 정지해 신호의 이미지를 안정적으로 볼 수 있는 화면이 나오도록 한다.
3. x축 시간을 조정해서 파형이 보이도록 신호를 늘인다. 이 경우 x축 시간은 가로 칸당 500μs(500μs/division)로 전체 파형 하나가 두 칸(1ms)을 차지하므로 주파수는 1kHz가 된다.

논의 사항

오실로스코프 제품마다 조금씩 차이가 있기 때문에 앞의 방법에 사용되는 제어 기능은 설명서를 확인해야 한다.

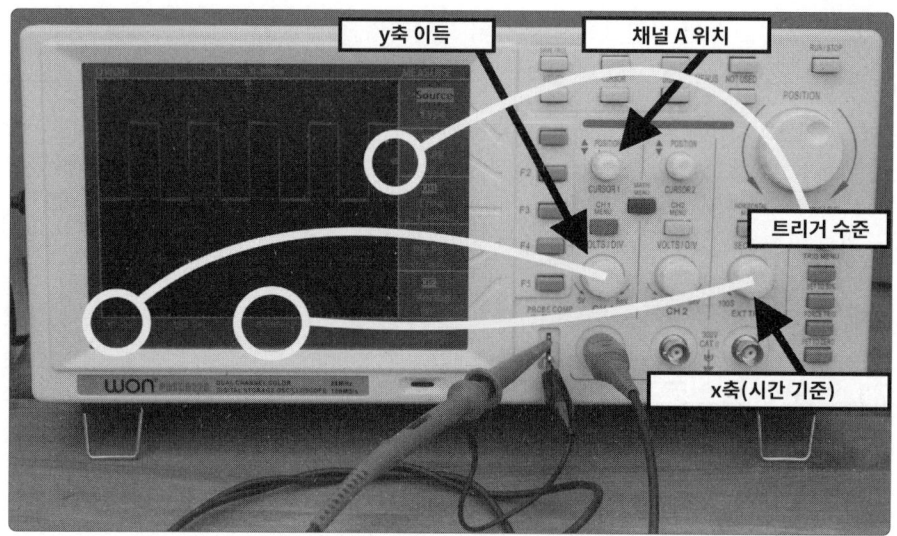

그림 21-8 오실로스코프에서 신호 표시하기

그림 21-8의 제품을 비롯한 대부분의 오실로스코프에는 신호 2개를 동시에 보여줄 수 있도록 채널을 2개 갖추고 있으며, 이 외에도 주파수와 신호 진폭의 자동 측정 등 여러 기능이 내장되어 있다.

오실로스코프의 가격은 수십 만 원에서 수백 만 원 사이지만 더 높은 주파수 범위, 선명한 화면, 고급 기능이 필요하다면 금액은 이보다 더 올라갈 수도 있다. 그림 21-8의 제품 같은 기본적인 20MHz 오실로스코프는 처음 시작할 때 사용하기 좋은 제품으로, 일단 구입하면 몇 년은 사용할 수 있다.

오실로스코프가 단독으로 사용되는 제품 외에도, 화면 없이 USB로 PC에 연결해서 오실로스코프 소프트웨어를 실행시키는 'PC 기반 장치'를 구입할 수도 있다. 단독으로 사용되는 오실로스코프처럼 PC 기반 오실로스코프도 다양한 가격과 품질로 판매된다. 필자는 항상 작업대 위에 놓여져 있고 부팅되기까지 기다릴 필요가 없는 단독 사용 제품을 선호하지만, PC 기반 제품에는 추가 기능이 있는 경우가 많고 무엇보다 컴퓨터 모니터의 크고 선명한 화면을 사용할 수 있기 때문에 PC 기반 제품을 좋아하는 사람들도 많다.

참고 사항

- 오실로스코프를 최대한 활용하기 위한 자세한 정보를 원한다면 설명서를 아주 자세히 들여다 보자. 전면의 제어 장치로는 금방 이해되지 않는 모든 기능들이 자세히 설명되어 있다.

21.10 함수 발생기 사용하기

문제

증폭기가 필터를 테스트하기 위해서 특정 주파수, 특정 진폭, DC 오프셋, 파형에서의 테스트 신호가 필요하다.

해결책

함수 발생기(function generator, 신호 발생기라고도 한다)를 사용한다.

그림 21-9에서 보는 것과 같은 함수 발생기는 일반적인 저가 제품으로, 최대 20MHz의 사인파, 구형파, 삼각파 중 2개를 독립적으로 발생시킨다.

함수 발생기의 사용 방법은 다음과 같다.

- 출력을 끈다.
- 원하는 파형을 선택한다(사인파와 구형파가 가장 일반적이다).
- p-p(피크투피크) 진폭을 설정한다.
- DC 오프셋을 설정한다.
- 오실로스코프의 채널 하나를 신호에 연결하고 함수 발생기의 출력을 켜서 신호

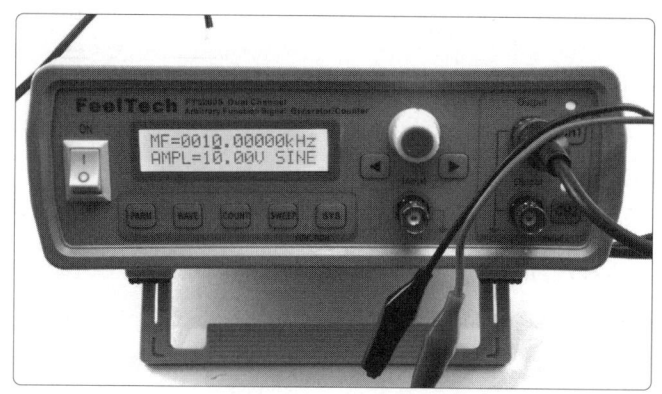

그림 21-9 저렴한 가격의 직접 디지털 합성(Direct Digital Synthesis, DDS) 함수 발생기

가 예상대로 나타나는지 확인해 볼 수 있다.
- 함수 발생기의 출력을 테스트하고 싶은 회로의 입력에 연결한다.
- 함수 발생기 출력을 켠다.

> **DC 오프셋을 잊지 말자**
>
> 단전압 증폭기나 기타 회로를 사용할 때 입력 신호가 각 주기마다 음의 값으로 움직이면 테스트하려는 회로가 손상될 수 있다.
>
> 그림 21-9와 같이 디지털 제어 기능이 있는 함수 발생기에서는 전체 AC 신호와 DC 오프셋을 분명히 설정해야 한다.

논의 사항

그림 21-10은 오실로스코프를 사용해서 2.5V DC 오프셋에서 함수로 생성된 2V 피크투피크 진폭의 10kHz 사인파 자취를 보여준다.

참고 사항

- 예산이 빠듯하다면 레시피 16.5에서처럼 직접 발진기를 만들 수 있다.

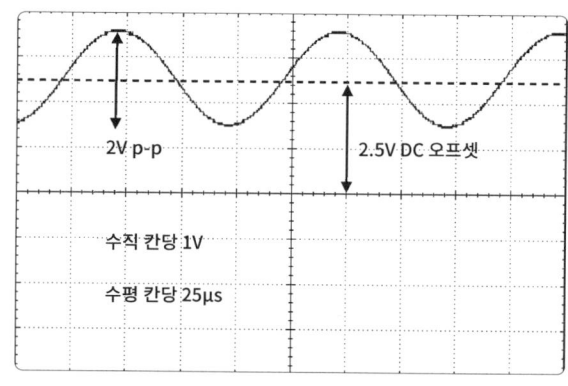

그림 21-10 파형 진폭과 DC 오프셋

21.11 시뮬레이션

문제

회로를 만들기 전에 회로에서 어떤 일이 일어나는지(필터가 제대로 작동되는지 등)를 시뮬레이션해보고 싶다.

해결책

회로 시뮬레이터 소프트웨어를 사용한다.

인터넷에서 무료로 제공되는 회로 시뮬레이터는 회로 시뮬레이션을 처음 시작할 때 사용하기 좋다. 파트심(PartSim)은 그와 같이 쉽게 사용할 수 있는 시뮬레이터 중 하나다. 파트심 계정에 가입한 뒤 시뮬레이터에서 회로를 그리면 된다. 그림 21-11은 레시피 16.3의 간단한 RC 필터 회로도를 보여준다.

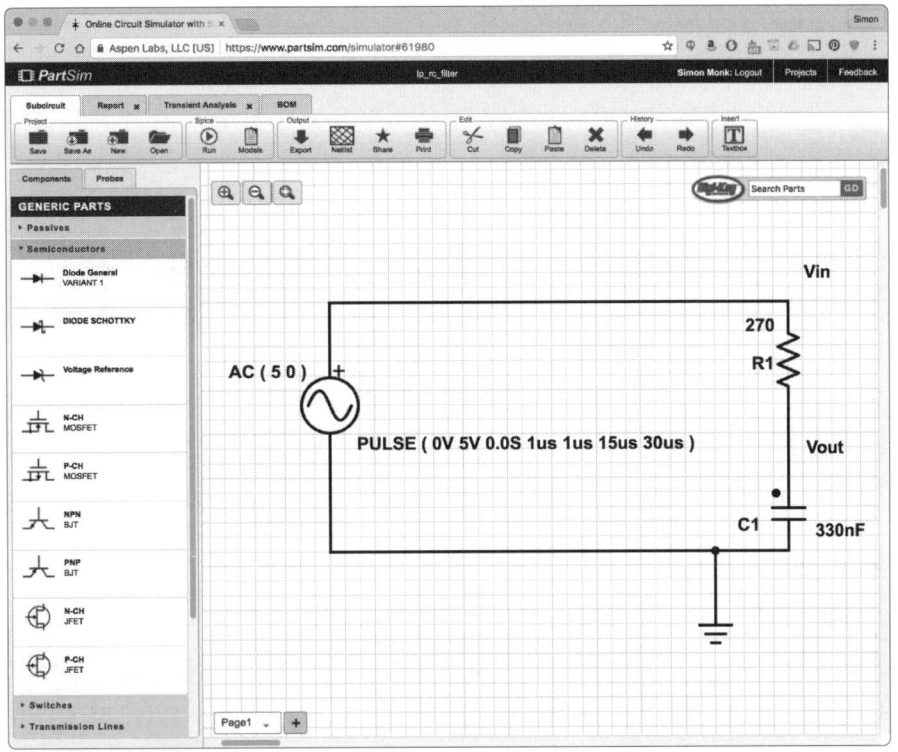

그림 21-11 파트심 회로도 편집기

R1과 C1을 그리는 것 외에 이를 구동하는 AC 전압원을 명시할 수도 있다. 이 경우

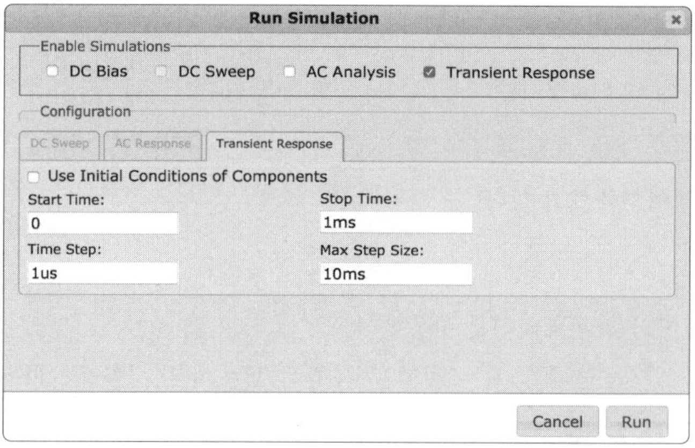

그림 21-12 시뮬레이션 파라미터

그림 21-11의 파라미터로 알 수 있듯이 테스트 신호는 5V 구형파(펄스)로, 상승과 하강 시간이 각각 1μs, 펄스 폭은 15μs, 전체 주기는 30μs이다. 이는 레시피 16.3의 32.7kHz 반송파와 거의 일치한다.

Run(실행) 버튼을 누르면 그림 21-12처럼 창이 뜨면서 시뮬레이션에 필요한 파라미터를 입력할 수 있다.

실행시킬 수 있는 시뮬레이션 유형은 다양하지만, 여기에서는 "Transient Response(과도 반응)"을 살펴본다. Start(시작)와 Stop(중단) 시간은 시뮬레이션 실행 시간을, Time Step(시간 간격)은 시뮬레이션 중 값이 계산되는 시간 간격을 결정한다.

Run(실행)을 클릭하면 그림 21-13처럼 창에 "transient response(과도 반응)"이라는 이름의 새로운 탭이 나타나면서 시뮬레이션 결과를 보여준다.

이를 통해 RC 필터로 출력이 아주 많이 감쇠되었음을 알 수 있다.

논의 사항

시뮬레이션은 아날로그 설계에서 아주 유용하다. 신호 발생기와 오실로스코프를 사용하면 프로토타입의 행동을 알 수 있는 것과 달리 시뮬레이션을 하면 회로의 행동을 알 수 있기 때문이다. 물리적인 형태를 가지고 있는 프로토타입은 제작 과정이나 부품 자체에 결함이 있어서 두 번째 프로토타입을 만들면 첫 번째와 다른 행동을 보일 수도 있다는 문제가 있다. 반면 시뮬레이션은 예상되는 행동을 신뢰할 수 있고 일관성 있는 방식으로 알려 준다.

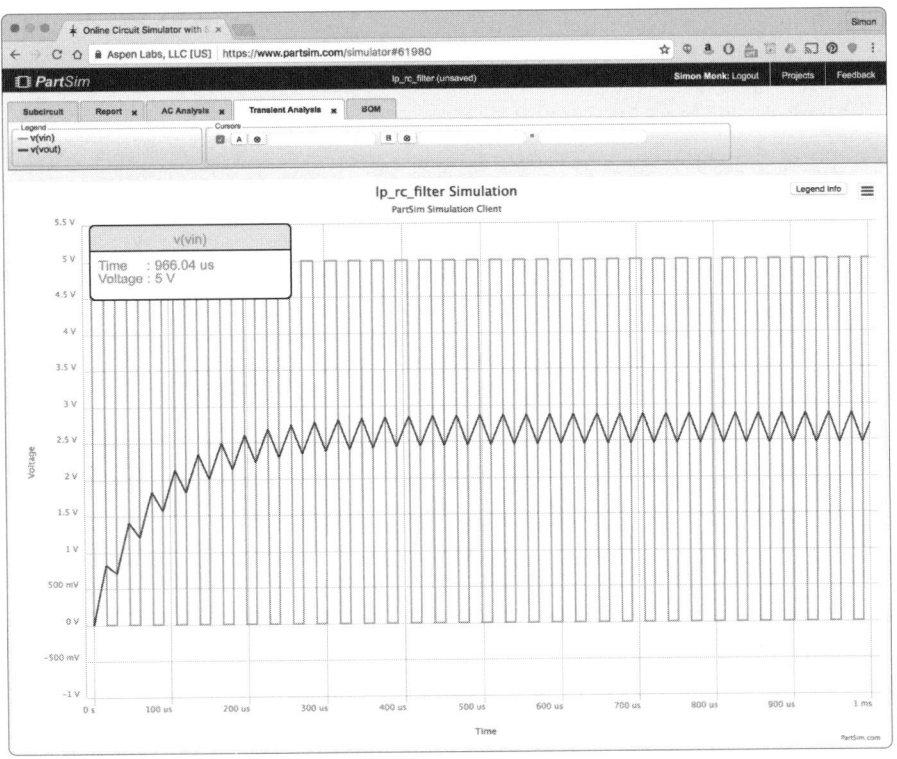

그림 21-13 파트심 시뮬레이션 결과

파트심과 같은 시뮬레이터는 이상적인 상태를 가정한 저항, 커패시터, 완벽한 OP 앰프 등의 부품 외에 특정 OP 앰프 모델 등 실제 부품 모델도 다양하게 갖추고 있다.

참고 사항

- 파트심은 오픈 소스인 스파이스(SPICE) 시뮬레이션 소프트웨어를 기반으로 한다. 자세한 내용은 *http://bwrcs.eecs.berkeley.edu/Classes/IcBook/SPICE/*를 참고한다.

21.12 높은 전압을 안전하게 사용하기

문제

감전사, 화상, 화재를 피할 수 있도록 높은 전압을 안전하게 사용하고 싶다.

해결책

높은 전압에 닿으면 죽는다고 생각하자.

약간의 과장이 섞여 있다 하더라도 높은 전압을 다룰 때에는 이러한 생각을 항상 염두에 두고 있는 편이 좋다. 솔직히 말해 50V가 넘는 전압은 무엇이든 무섭다. 그러니 높은 전압과 높은 전류라는 죽음의 조합을 가진 AC는 정말로 무서워해야 한다.

AC로 작업할 때 내가 반드시 지키는 규칙을 소개한다.

- AC로 작업하는 기술이나 경험이 충분하지 않다면 잘 아는 친구를 찾아 도움을 구하거나 아예 다른 방법을 찾는다.
- 프로젝트가 AC에 연결되어 있을 때는 프로젝트를 건드리지 않는다. 실제로 필자는 플러그를 눈앞에 두어서 플러그가 꽂혀 있지 않다는 것을 볼 수 있도록 한다. 플러그에 붙은 스위치를 믿지 말자.
- 피곤할 때는 이런 작업을 하지 않는다. 이럴 때 실수가 일어난다.
- 프로젝트에 사용한 커패시터는 반드시 방전시켜야 한다(레시피 21.7 참고).
- 높은 전압을 사용하는 프로젝트를 만든다면 프로젝트의 케이스를 제대로 만들어서 다른 사람들이 실수로 감전되는 일이 없도록 해야 한다.
- 프로젝트에 사용하는 금속은 무엇이든 접지한다.
- 사용하려는 전압과 전류에 맞도록 규격화된 표준 커넥터를 사용한다.
- 하려는 작업이 무엇인지 생각하고 전원을 넣기 전에 모든 것을 확인한다.

논의 사항

전미화상연합(American Burn Association)에 따르면 매년 미국에서 평균 400명이 감전사로 사망하고 4,400명이 전기로 인한 위험으로 부상을 입는다고 한다.

전류가 인체를 통과하면 심장이 정지할 위험 외에 화상을 입을 위험도 있다. 인체가 효과적으로 발열체의 역할을 하기 때문이다.

참고 사항

- 전미화상연합의 전체 보고서는 *http://www.ameriburn.org/Preven/ElectricalSafety Educator'sGuide.pdf*를 참고한다.

부품과 공급 업체   부록 A

부품

다음 표는 이 책에 사용된 부품을 찾는 데 도움이 될 것이다. 가능한 한 공급 업체별 제품 코드를 명시했다.

    메이커와 취미공학자들의 구미에 맞춘 전자부품 공급 업체들이 많이 있다. 표 A-1에는 그 중에서도 가장 인기 있는 곳들을 수록했다.

공급업체	홈페이지	비고
에이다프루트(Adafruit)	http://www.adafruit.com	모듈을 구매하기 좋음
디지키(DigiKey)	http://www.digikey.com	다양한 부품 구비
메이커셰드(MakerShed)	http://www.makershed.com	모듈, 키트, 도구를 구매하기 좋음
MCM 일렉트로닉스 (MCM Electronics)	http://www.mcmelectronics.com	다양한 부품 구비
마우저(mouser)	http://www.mouser.com	다양한 부품 구비
시드스튜디오(SeeedStudio)	http://www.seeedstudio.com	흥미로우면서도 저렴한 모듈
스파크펀(SparkFun)	http://www.sparkfun.com	모듈을 구매하기 좋음
몽크메이크	http://www.monkmakes.com	라즈베리 파이용 전자부품 키트 등
피모로니(Pimoroni)	https://shop.pimoroni.com	라즈베리 파이와 아두이노
폴룰루(Polulu)	https://www.pololu.com	모터 컨트롤러와 로봇 관련 부품 구매에 좋음
CPC	http://cpc.farnell.com	영국 기반. 다양한 부품 구비
파넬(Farnell)	http://www.farnell.com	전 세계 대상. 다양한 부품 구비
매플린(Maplin)	http://www.maplin.co.uk	영국 기반. 오프라인 거래. 라즈베리 파이와 아두이노
프로토픽(Proto-pic)	http://proto-pic.co.uk	영국 기반. 스파크펀, 에이다프루트 모듈 구비

표 A-1 부품 공급 업체

그 외에 다른 여러 부품들은 이베이(eBay)에서 구입할 수 있다.

부품 검색은 시간이 많이 걸리고 어렵다. 옥토파트(Octopart) 부품 검색 엔진을 사용하면 부품을 찾기가 훨씬 쉬워질 수 있다.

프로토타이핑 장치

이 책의 여러 하드웨어 프로젝트에서는 다양한 종류의 점퍼 선이 사용된다. 암단자와 수단자로 구성된 점퍼 선(라즈베리 파이 GPIO 커넥터를 브레드보드에 연결)과 양쪽이 수단자인 점퍼 선(브레드보드에서 연결을 만드는 용도)이 특히 유용하다. 양쪽이 암단자인 점퍼 선은 모듈을 GPIO 핀에 연결할 때 사용하면 좋다. 3인치(75mm)보다 긴 리드선은 거의 사용하지 않는다. 표 A-2에는 점퍼 선과 브레드보드 사양 몇 가지를 공급 업체와 함께 수록했다.

브레드보드, 점퍼 선, 부품 등은 처음 시작할 때 MonkMakes.com에서 판매하는 해킹 일렉트로닉스 키트(Hacking Electronics Kit)나 라즈베리 파이용 전자부품 스타터 키트(Electronics Starter Kit)로 구입하면 편리하다.

설명	공급 업체
양쪽이 수단자인 점퍼 선	스파크펀: PRT-08431, 에이다프루트: 759, 디지키: PRT-08431-ND
암단자와 수단자로 구성된 점퍼 선	스파크펀: PRT-09140, 에이다프루트: 825, 디지키: PRT-09140-ND
양쪽이 암단자인 점퍼 선	스파크펀: PRT-08430, 에이다프루트: 794, 디지키: PRT-08430-ND
절반 크기 브레드보드	스파크펀: PRT-09567 에이다프루트: 64, 디지키: 377-2094-ND
라즈베리 리프(26핀)	에이다프루트: 1772
라즈베리 리프(40핀)	에이다프루트: 2196
라즈베리 파이용 전자부품 스타터 키트	아마존, *monkmakes.com*
몽크메이크 프로토보드	아마존, *monkmakes.com/pb*
에이다프루트 라즈베리 파이용 퍼마프로토(절반 크기 브레드보드)	에이다프루트: 1148
에이다프루트 라즈베리 파이용 퍼마프로토(전체 크기 브레드보드)	에이다프루트: 1135
에이다프루트 퍼마프로토 HAT	에이다프루트: 2314, 디지키: 1528-1370-ND
나사 단자 어댑터 연결용 DC 배럴 잭 (암단자)	에이다프루트: 368, 디지키: 1528-1386-ND

표 A-2 프로토타이핑 장치

저항

표 A-3에는 이 책에서 사용된 저항과 이를 공급하는 업체를 수록했다.

10Ω 0.25W 저항	마우저: 293-10-RC, 디지키: 10QBK-ND
22Ω 0.25W 저항	마우저: 293-22-RC, 디지키: 22QBK-ND
100Ω 0.25W 저항	마우저: 293-100-RC, 디지키: 100QBK-ND
120Ω 0.25W 저항	마우저: 293-120-RC, 디지키: 120QBK-ND
150Ω 0.25W 저항	마우저: 293-150-RC, 디지키: 150QBK-ND
270Ω 0.25W 저항	마우저: 293-270-RC, 디지키: 270QBK-ND
330Ω 0.25W 저항	마우저: 293-330-RC, 디지키: 330QBK-ND
470Ω 0.25W 저항	마우저: 293-470-RC, 디지키: 470QBK-ND
1kΩ 0.25W 저항	마우저: 293-1k-RC, 디지키: 1.0kQBK-ND
3.3kΩ 0.25W 저항	마우저: 293-3.3k-RC, 디지키: 3.3kQBK-ND
4.7kΩ 0.25W 저항	마우저: 293-4.7k-RC, 디지키: 4.7kQBK-ND
10kΩ 0.25W 저항	마우저: 293-10k-RC, 디지키: 10kQBK-ND
22kΩ 0.25W 저항	마우저: 293-22k-RC, 디지키: 22kQBK-ND
33kΩ 0.25W 저항	마우저: 293-33k-RC, 디지키: 33kQBK-ND
100kΩ 0.25W 저항	마우저: 293-100k-RC, 디지키: 100kQBK-ND
180kΩ 0.25W 저항	마우저: 293-180k-RC, 디지키: 180kQBK-ND
1MΩ 0.25W 저항	마우저: 293-1M-RC, 디지키: 1.0MQBK-ND
1.8MΩ 0.25W 저항	마우저: 293-1.8M-RC, 디지키: 1.8MQBK-ND
10kΩ 트림포트	에이다프루트: 356, 스파크펀: COM-09806, 마우저: 652-3362F-1-103LF, 디지키: 3386P-103TLF-ND
포토레지스터	에이다프루트: 161, 스파크펀: SEN-09088, 디지키: NSL-5152-ND
1k 베타 3800 NTC의 T0 서미스터	마우저: 871-B57164K102J(베타가 3730인 점에 주의), 디지키: 495-75312-ND

표 A-3 저항

커패시터와 인덕터

표 A-4에는 이 책에서 사용된 커패시터와 인덕터, 그리고 이를 공급하는 업체를 수록했다.

1nF 50V	디지키: BC2659CT-ND, 마우저: 594-K102J15C0GF5TH5
10nF 50V	디지키: BC2662CT-ND, 마우저: 594-K103K15X7RF5UL2

10nF 1000V	디지키: 1255PH-ND, 마우저: 81-RDER73A103K3M1H3A
100nF 50V	디지키: 399-4151-ND, 마우저: 594-K104K15X7RF53L2
100nF 400V	디지키: EF4104-ND, 마우저: 581-SR758C104KAATR1
220nF 50V	디지키: BC2678CT-ND, 마우저: 594-K224K20X7RF5TH5
330nF 50V	디지키: 399-9882-1-ND, 마우저: 80-C330C334K5R
680nF 50V	디지키: 445-8519-ND, 마우저: 81-RCER71H684K2M1H3A
1μF 16V	디지키: 445-8614-ND, 마우저: 539-SN010M025ST
4.7μF 16V	디지키: 493-10248-1-ND, 마우저: 647-UMA1C4R7MCD2
10μF 16V	디지키: 493-10245-1-ND, 마우저: 667-ECE-A1CKS100
100μF 16V	디지키: P16379CT-ND, 마우저: 598-107CKS016M
220μF 25V	디지키: 493-6082-ND, 마우저: 667-EEU-FM1E221
470μF 35V	디지키: 493-12724-1-ND, 마우저: 667-ECA-1VM471
1000μF 25V	디지키: 493-12690-1-ND, 마우저: 667-EEU-FC1E102L
390nH 100mA	디지키: 445-1010-1-ND, 마우저: 542-9230-10-RC
4.7μH 250mA	디지키: 495-5567-1-ND, 마우저: 70-IR04RU4R7K
22uH 3A 인덕터	디지키: 495-5590-1-ND, 마우저: 580-12RS223C
33uH 3A 인덕터	디지키: 495-5705-1-ND, 마우저: 963-LHL13NB330K

표 A-4 커패시터와 인덕터

트랜지스터와 다이오드

표 A-5에는 이 책에서 사용된 트랜지스터와 다이오드, 그리고 이를 공급하는 업체를 수록했다.

FQP30N06L N채널 논리 수준 MOSFET 트랜지스터	마우저: 512-FQP30N06L, 스파크펀: COM-10213, 디지키: FQP30N06L-ND
FQP27P06 P채널 MOSFET 트랜지스터	스파크펀: COM-10349, 마우저: 512-FQP27P06, 디지키: FQP27P06-ND
2N3904 NPN 양극성 트랜지스터	스파크펀: COM-00521, 에이다프루트: 756, 마우저: 512-2N3904BU, 디지키: 2N3904TAFSCT-ND
2N3906 PNP 양극성 트랜지스터	스파크펀: COM-00522, 마우저: 512-2N3906TA, 디지키: 2N3906-APCTND
TIP120 달링턴 트랜지스터	에이다프루트: 976, CPC: SC10999, 마우저: 511-TIP120, 디지키: TIP120-ND
2N7000 MOSFET 트랜지스터	마우저: 512-2N7000, CPC: SC06951, 디지키: 2N7000TACT-ND

STGF3NC120HD IGBT	마우저: 511-STGF3NC120HD, 디지키: 497-4353-5-ND
IRG4PC30UPBF IGBT	마우저: 942-IRG4PC30UPBF
1N4001 다이오드	마우저: 512-1N4001, 스파크펀: COM-08589, 에이다프루트: 755, 디지키: 1N4001DICT-ND
1N4004 다이오드	마우저: 512-1N4004, 디지키: 1N4004FSCT-ND
1N4007 다이오드(1000V)	마우저: 821-1N4007, 디지키: 1N4007FSCT-ND
1N4148 다이오드	마우저: 512-1N4148, 디지키: 1N4148FS-ND
1N5819 쇼트키 다이오드	마우저: 512-1N5819, 디지키: 1N5819FSCT-ND
1N5919 5.6V 제너 다이오드	우저: 863-1N5919BG, 디지키: 1N5919BGOS-ND
BT136 트라이액	마우저: 583-BT136, 디지키: 568-12097-5-ND

표 A-5 트랜지스터와 다이오드

그림 A-1은 여기에 수록된 트랜지스터의 핀 배열을 보여준다.

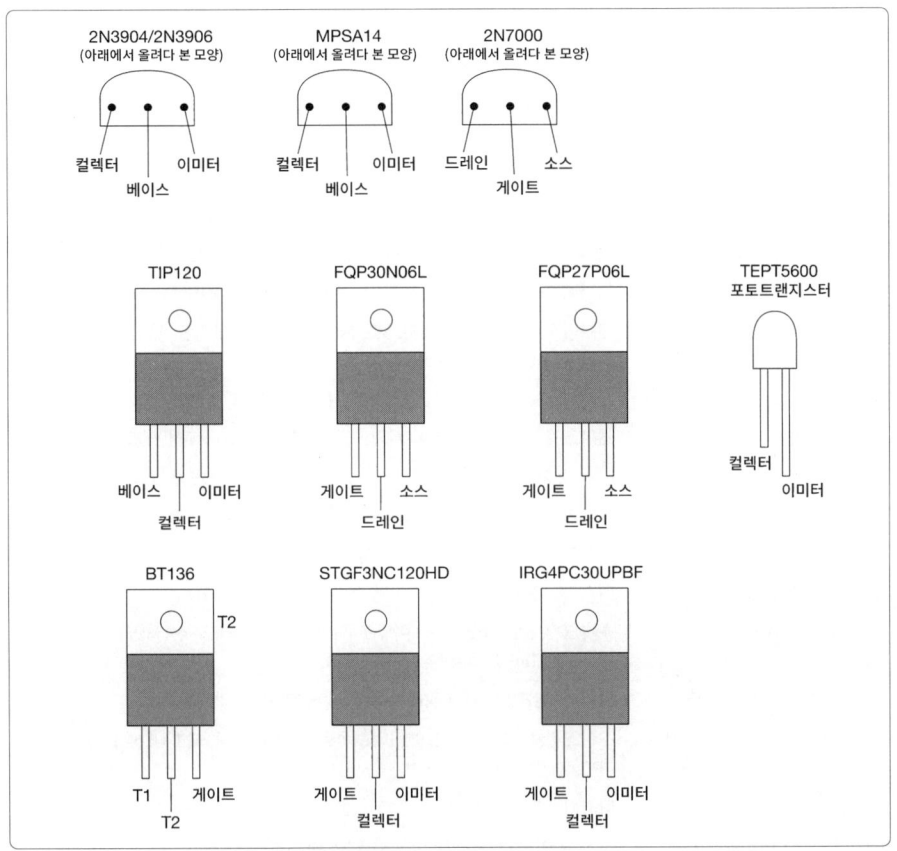

그림 A-1 트랜지스터의 핀 배열

집적회로

표 A-6에는 이 책에서 사용된 IC와 이를 공급하는 업체를 수록했다. 부품 명은 알파 벳순으로 정리했다.

74HC00 쿼드 NAND	디지키: 296-1563-5-ND, 마우저: 595-SN74HC00N
74HC4017 카운터 디코더	디지키: 296-25989-5-ND, 마우저: 595-CD74HC4017E
74HC4094 시프트 레지스터	디지키: 296-26002-5-ND, 마우저: 595-CD74HC4094E
74HC590 카운터	디지키: 296-1599-5-ND, 마우저: 595-SN74HC590AN
CD4047 발진기	디지키: 296-2053-5-ND, 마우저: 595-CD4047BEE4
DS18B20 온도 센서	스파크펀: SEN-00245, 에이다프루트: 374, 마우저: 700-DS18B20, CPC: SC10426, 디지키: DS18B20+-ND
L293D 모터 드라이버	스파크펀: COM-00315, 에이다프루트: 807, 마우저: 511-L293D, CPC: SC10241, 디지키: 497-2936-5-ND
LM2596-5V 스위처	디지키: LM2596T-5.0/NOPB-ND, 마우저:
LM311 비교기	디지키: 296-1389-5-ND, 마우저: 926-LM311N/NOPB
LM317 조정 가능한 전압 조정기	디지키: LM317AHVT-ND, 마우저: 595-LM317KCSE3
LM321 OP 앰프	디지키: LM321MFX/NOPBCT-ND, 마우저: 926-LM321MF/NOPB
LM741 OP 앰프	디지키: LM741CNNS/NOPB-ND, 마우저: 926-LM741CN/NOPB
LM7805 전압 조정기	스파크펀: COM-00107, 에이다프루트: 2164, 마우저: 511-L7805CV, CPC: SC10586, 디지키: 497-1443-5-ND
LM78L12 전압 조정기	디지키: LM78L12ACZFS-ND, 마우저: 512-LM78L12ACZ
LM79L12 전압 조정기	디지키: LM79L12ACZ/NOPB-ND, 마우저: 926-LM79L12ACZ/NOPB
MAX2606 VCO	디지키: MAX2606EUT+TCT-ND, 마우저: 700-MAX2606EUTT
MCP3008 8채널 ADC IC	에이다프루트: 856, 마우저: 579-MCP3008-I/P, CPC: SC12789, 디지키: MCP3008-I/P-ND
MCP73831 LiPo 충전기 IC	디지키: MCP73831T-2DCI/OTCT-ND, 마우저: 579-MCP73831T5ACIOT
NE555 타이머	스파크펀: COM-09273, 디지키: 296-1411-5-ND, 마우저: 595-NE555P
OPA365 OP 앰프	디지키: 296-20645-1-ND, 마우저: 595-OPA365AIDBVR
TDA7052 1W 전력 증폭기	디지키: 568-1138-5-ND, 마우저: 771-TDA7052ATN2112
TLV2770 OP 앰프	디지키: 296-1897-5-ND, 마우저: 595-TLV2770IP
TPA3122D2 15W 전력 증폭기	디지키: 296-23375-5-ND, 마우저: 595-TPA3122D2N
TMP36 온도 센서	스파크펀: SEN-10988, 에이다프루트: 165, 마우저: 584-TMP36GT9Z, CPC: SC10437, 디지키: TMP36GT9Z-ND
TPS61070 부스트 컨버터	디지키: 296-17151-1-ND, 마우저: 595-TPS61070DDCR
ULN2803 달링턴 드라이버 IC	스파크펀: COM-00312, 에이다프루트: 970, 마우저: 511-ULN2803A, CPC: SC08607, 디지키: 497-2356-5-ND
WS2812 픽셀 칩	디지키: 28085-ND
MOC3032 광 아이솔레이터	지키: MOC3032M-ND, 마우저: 512-MOC3032M

표 A-6 집적회로

그림 A-2는 여기에 수록된 IC의 핀 배열을 보여준다.

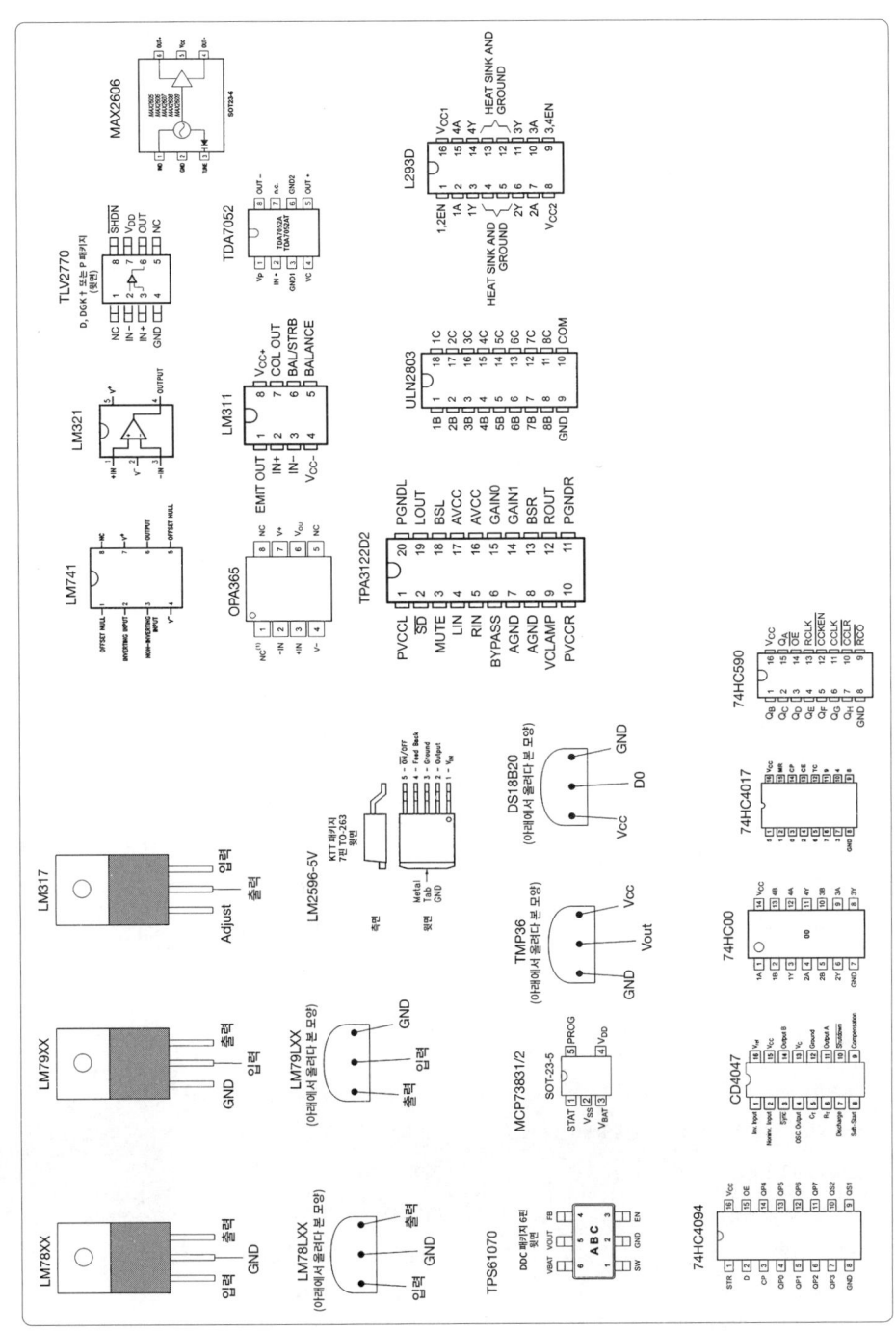

그림 A-2 IC의 핀 배열

광 전자부품

표 A-7에는 이 책에서 사용된 광 전자부품과 이를 공급하는 업체를 수록했다

5mm 빨간색 LED	스파크펀: COM-09590, 에이다프루트: 299, 마우저: 630-HLMP-3301, 디지키: 160-1853-ND
RGB 공통 캐소드 LED	스파크펀: COM-11120, 마우저: 713-104990023, 이베이
TSOP38238 IR 센서	스파크펀: SEN-10266, 에이다프루트: 157
4자리 7-세그먼트 공통 캐소드 LED 디스플레이	디지키: 67-1450-ND

표 A-7 광 전자부품

모듈

표 A-8에는 이 책에서 사용된 모듈과 그 외에 필자가 선호하는 모듈을 수록했다.

아두이노 우노	스파크펀: DEV-11021, 에이다프루트: 50, CPC: A000066, 디지키: 1050-1024-ND
라즈베리 파이3	에이다프루트: 3055, 디지키: 1690-1000-ND
전압 변환기(4신호용)	스파크펀: BOB-11978, 에이다프루트: 757
전압 변환기(8신호용)	에이다프루트: 395
LiPo 부스트 컨버터/충전기	스파크펀: PRT-11231
전력 스위치 테일	에이다프루트: 268
몽크메이크 서보식스 보드	monkmakes.com, 아마존
16채널 서보 컨트롤러	에이다프루트: 815
모터 드라이버 1A 듀얼	스파크펀: ROB-09457
라즈베리 파이 로봇 보드 V3	에이다프루트: 1940, Amazon
PIR 동작 탐지기	에이다프루트: 189
4×7-세그먼트 LED(I2C 백팩 포함)	에이다프루트: 878
2색 LED 정방형 픽셀 매트릭스(I2C 백팩 포함)	에이다프루트: 902
16×2 HD44780 호환 가능한 LCD 모듈	스파크펀: LCD-00255, 에이다프루트: 181
SSD1306 기반 OLED 디스플레이(0.96인치/1.2인치)	이베이
스테퍼 모터 HAT	에이다프루트: 2348
16채널 PWM HAT	에이다프루트: 2327
스퀴드 버튼	monkmakes.com, 아마존
라즈베리 스퀴드 RGB LED	monkmakes.com, 아마존

I2C OLED 디스플레이(128×64 픽셀)	이베이
에이다프루트 LiPo 충전기 모듈	에이다프루트: 1905
스파크펀 LiPo 충전기 모듈	스파크펀: PRT-10217
CC1101 RF 트랜시버 모듈	이베이

표 A-8 모듈

기타

표 A-9에는 이 책에서 사용된 기타 도구와 부품, 그리고 이를 공급하는 업체를 수록했다.

1200mAh LiPo 배터리	에이다프루트: 258
5V 릴레이	스파크펀: COM-00100
표준 서보모터	스파크펀: ROB-09065, 에이다프루트: 1449
9g 미니 서보모터	에이다프루트: 169
5V 1A 전원 공급 장치	에이다프루트: 276
저전력 6V DC 모터	에이다프루트: 711
0.1인치 헤더 핀	스파크펀: PRT-00116, 에이다프루트: 392
5V 5핀 단극성 스테퍼 모터	에이다프루트: 858
12V, 4핀 양극성 스테퍼 모터	에이다프루트: 324
접촉식 푸시 스위치	스파크펀: COM-00097, 에이다프루트: 504
미니어처 슬라이드 스위치	스파크펀: COM-09609, 에이다프루트: 805
회전 인코더(쿼드러처)	에이다프루트: 377
4×3 키패드	스파크펀: COM-08653
피에조 버저	스파크펀: COM-07950, 에이다프루트: 160
리드 스위치	에이다프루트: 375
8Ω 1W 스피커	에이다프루트: 1313

표 A-9 기타 도구와 부품

장치

선택할 수 있는 장치는 아주 많다. 필자는 언제나 제일 저렴한 장치부터 사용하기 시작해서 필요해지면 이를 업그레이드했다. 결국 바이올린을 배운다고 할 때 처음부터 스트라빈스키로 시작하는 것은 바보 같은 짓인 것과 마찬가지다!

표 A-10에 수록된 목록은 필자가 매일 사용하는 제품과 거의 비슷하며, 처음 시작할 때 길잡이가 되어 줄 제품들이다. 여기저기 둘러보다 보면 값싸고 좋은 장치를 구입할 수 있을 것이다.

기본 사양의 멀티미터	몽크메이크 해킹 일렉트로닉스(Hacking Electronics) 키트, 이베이
더 나은 사양의 멀티미터(텐마 72-7725)	아마존, 이베이
입문자 수준의 오실로스코프	에이다프루트: 681
작업대용 전원 공급 장치	디지키: BK1550-220V-ND
괜찮은 납땜 작업대	스파크펀: TOL-11704
납연기 제거기	이베이
히트싱크	이베이

표 A-10 장비

아두이노 핀 배열　부록 B

아두이노 우노 R3

그림 B-1은 아두이노 우노 R3의 핀 배열을 보여 준다.

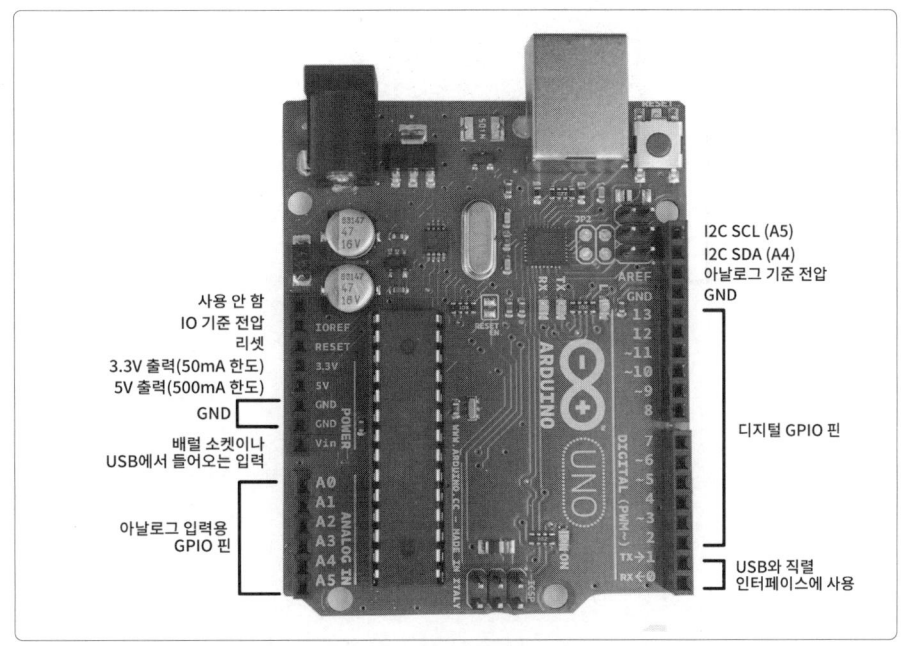

그림 **B-1** 아두이노 우노 R3 GPIO 핀 배열

아두이노 프로 미니

그림 B-2는 아두이노 우노 프로 미니의 핀 배열을 보여준다.

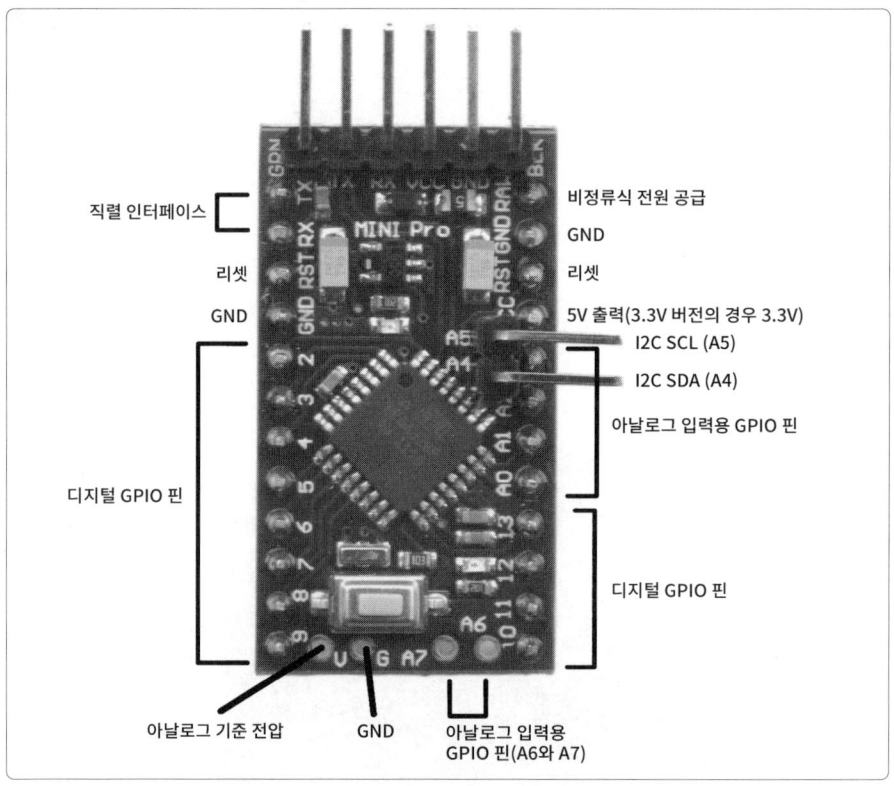

그림 B-2. 아두이노 우노 프로 미니의 핀 배열

라즈베리 파이 핀 배열   부록 C

라즈베리 파이 2 모델 B, B+, A+, 제로

그림 C-1은 현재 사용되는 40핀 GPIO 라즈베리 파이의 핀 배열을 보여 준다.

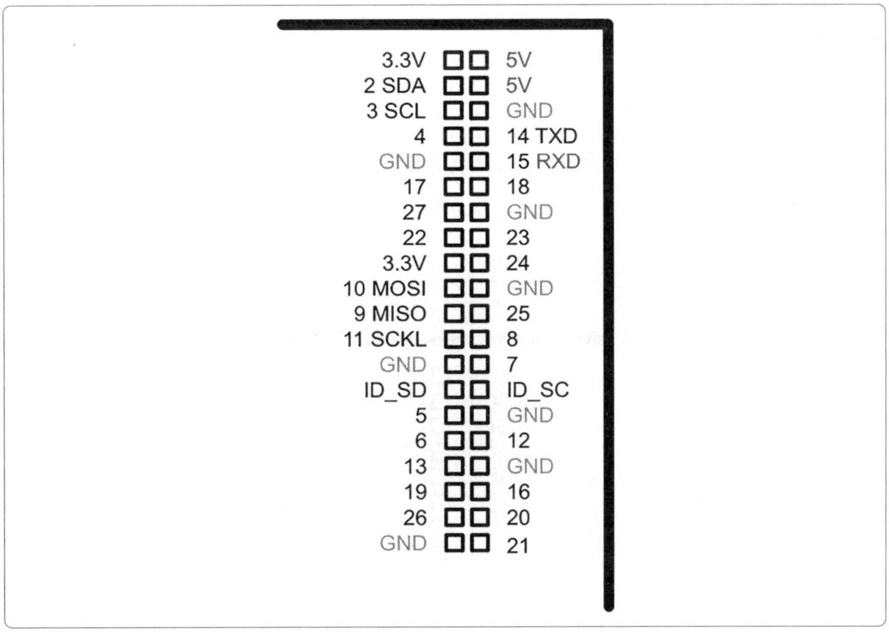

```
     3.3V  □□  5V
    2 SDA  □□  5V
    3 SCL  □□  GND
        4  □□  14 TXD
      GND  □□  15 RXD
       17  □□  18
       27  □□  GND
       22  □□  23
     3.3V  □□  24
  10 MOSI  □□  GND
   9 MISO  □□  25
  11 SCKL  □□  8
      GND  □□  7
    ID_SD  □□  ID_SC
        5  □□  GND
        6  □□  12
       13  □□  GND
       19  □□  16
       26  □□  20
      GND  □□  21
```

그림 C-1 40핀 라즈베리 파이 GPIO 핀 배열

라즈베리 파이 모델 B, Rev.2, A

라즈베리 파이를 사용하고 있다면 그림 C-2와 같은 모델 B Rev.2 보드일 가능성이 높다.

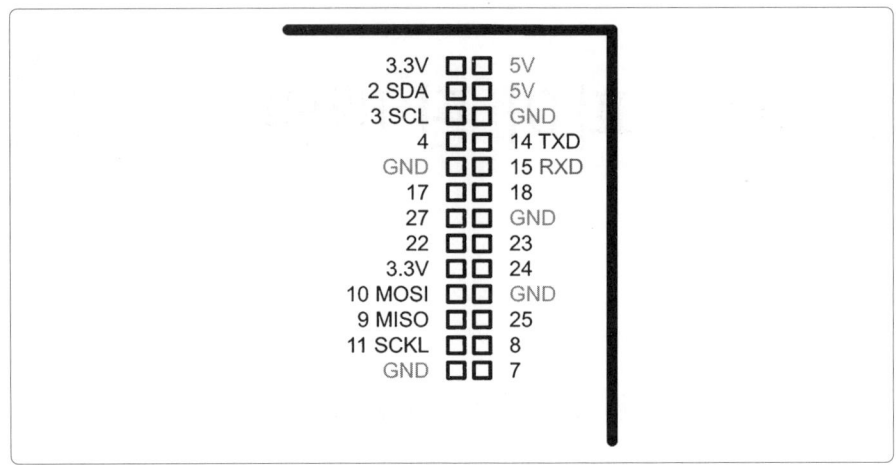

그림 C-2 라즈베리 파이 모델 B Rev.2와 모델 A의 GPIO 핀 배열

라즈베리 파이 모델 B, Rev.1

아주 초기에 공개된 버전인 라즈베리 파이 모델 B(Rev.1)는 그다음에 배포된 Rev.2와 핀 배열이 살짝 다르다. Rev.1 버전은 이후 버전의 핀 배열과 호환이 되지 않는 유일한 라즈베리 파이다. 호환이 되지 않는 핀은 그림 C-3에서 굵은 글씨로 표시했다.

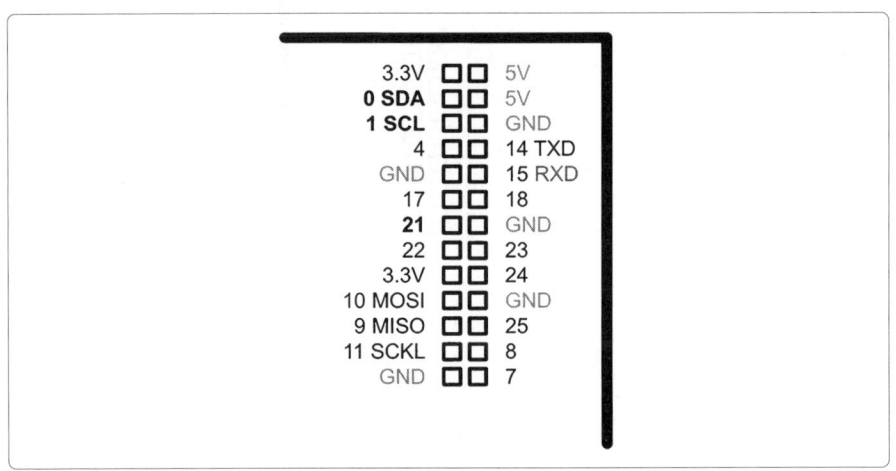

그림 C-3 라즈베리 파이 모델 B Rev.1의 GPIO 핀 배열

단위와 접두어 부록 D

단위

표 D-1에는 전자공학에서 가장 흔히 사용되는 단위를 실제 예에서 보게 되는 일반적인 범위와 함께 수록했다.

특성	단위	일반적인 범위
전류	A(암페어)	100nA~100A
전압	V(볼트)	1mV~1,000V
저항값	Ω(옴)	10mΩ~20MΩ
에너지	J(줄)	1J~1MJ
전력	W(와트)	1mW~10kW
전기 용량	F(패럿)	10pF~10F
인덕턴스	H(헨리)	
주파수	Hz(헤르츠)	음성: 20Hz~20kHz 무선: 3kHz~300GHz

표 D-1 흔히 사용되는 단위와 일반적인 범위 값

단위의 접두어

표 D-2는 전기 관련 단위나 그 외의 단위 앞에 붙는 접두어를 보여준다. Ω 대신 R, μ 대신 u를 사용하는 경우도 있다.

접두어	승수	지수 표현
p(피코)	1/1,000,000,000,000	10^{-12}
n(나노)	1/1,000,000,000	10^{-9}
μ(마이크로)	1/1,000,000	10^{-6}

m(밀리)	1/1,000	10^{-3}
k(킬로)	1,000	10^{3}
M(메가)	1,000,000	10^{6}
G(기가)	1,000,000,000	10^{9}

표 D-2 단위의 접두어